Prof. Wassilios E. Fthenakis (Hrsg.)
Andreas Eitel

Natur-Wissen schaffen

Band 1: Dokumentation des Forschkönige-Wettbewerbs

1. Auflage

Bestellnummer 50280

Bildungsverlag EINS

Universität Bremen

Deutsche Telekom Stiftung

Herausgeber: Prof. Dr. Dr. Dr. Wassilios E. Fthenakis

Bearbeitet von: Dipl.-Päd. Andreas Eitel

Unter Mitwirkung von: PD Dr. Annette Schmitt
Dr. Astrid Wendell
Dipl.-Päd. Marike Daut

Experten: Dagmar Winterhalter-Salvatore, Sozial- und Heilpädagogin
(Kommentierung der Projekte)
Dipl.-Geol. Mechthild Kummetz und
Dipl.-Biol. Sandra Lindhorst,
Universum® Bremen
(Ergänzung der Projekte durch Experimentiertipps)

Bitte zitieren als:

Fthenakis, W. E., Eitel, A., Winterhalter-Salvatore, D., Daut, M., Schmitt, A. & Wendell, A.: *Natur-Wissen schaffen. Band 1: Dokumentation des Forschkönige-Wettbewerbs.* Troisdorf, Bildungsverlag EINS.

In diesem Band wird aus Gründen der besseren Lesbarkeit und zur Vereinfachung von der Berufsgruppe der Erzieherinnen gesprochen; in diesen Fällen sind die männlichen Kollegen selbstverständlich immer mitbedacht.

www.bildungsverlag1.de
www.bildung-von-anfang-an.de

Bildungsverlag EINS
Sieglarer Straße 2, 53842 Troisdorf

ISBN 978-3-427-**50280**-7

Illustrationen (S. 4–5): Cornelia Kurtz
Fotos: Bildungsverlag EINS
Abbildungen Seiten 80, 157, 159, 179, 182, 204, 205: Universum® Bremen

Inhalt

Schwerpunkt der Projekte

 *Mathematik*

 *Naturwissenschaften*

 *Technik*

Beiliegende DVD
Auf der beiliegenden DVD werden die im Rahmen des Forschkönige-Wettbewerbs ausgewählten Projekte jeweils in einem ca. 10–15 Minuten langen Filmbeitrag vorgestellt. In diesen Beiträgen erzählen die beteiligten pädagogischen Fachkräfte unter anderem, wie die Projekte entstanden sind, welche Schwierigkeiten es bei der Durchführung gab und welche Tipps sie anderen Einrichtungen beim Umsetzen der Projekte geben. Außerdem werden die Bestandteile und der Verlauf der Projekte in Ausschnitten dargestellt. Gesamtlänge der DVD: ca. 260 Minuten

Schwerpunkt der Projekte
Mathematik *Naturwissenschaften* *Technik*

Dr. Klaus Kinkel und Dr. Ekkehard Winter

Vorwort

von Dr. Klaus Kinkel und Dr. Ekkehard Winter –

Die Deutsche Telekom Stiftung ist im November 2003 angetreten, um den Bildungsstandort Deutschland zu stärken. Mit unseren Programmen und Projekten konzentrieren wir uns auf die Themenfelder Mathematik, Naturwissenschaften und Technik, weil wir davon überzeugt sind, dass diese Bereiche besonderer Förderung bedürfen. Für ein rohstoffarmes Land wie unseres gilt: Wir müssen die hier liegenden Potenziale voll ausschöpfen, um langfristig eine starke Technologienation zu bleiben.

Die Aktivitäten der Stiftung beginnen dort, wo Bildung erstmalig institutionell stattfindet: in den Kindertageseinrichtungen. Mit unserem Projekt „Natur-Wissen schaffen" unterstützen wir Erzieherinnen und Erzieher dabei, Kindern frühe Kompetenzen in Mathematik, Naturwissenschaften, Technik und im Umgang mit Medien zu vermitteln. In enger Zusammenarbeit mit ihnen erarbeiten wir Hilfen aus der Praxis für die Praxis. Wir erstellen für sie Lehrmaterial und bieten ihnen künftig Fortbildungen zu unseren Schwerpunktthemen an. Und wir ermutigen sie, innovative Konzepte zu entwickeln, umzusetzen und Erfahrungen an andere interessierte Einrichtungen weiterzugeben.

Erster Meilenstein im Projekt „Natur-Wissen schaffen" war ein Wettbewerb für Kindertageseinrichtungen. Gesucht wurden erfolgreiche Konzepte für die Vermittlung mathematisch-naturwissenschaftlich-technischer Inhalte. Die 18 mit der Auszeichnung „Forschkönige" prämierten Projekte haben alle eines gemeinsam: Sie bieten Kindern besonders vielfältige Möglichkeiten für aktives und forschendes Lernen in der Welt von Zahlen, Natur und Technik. Und: Sie lassen sich auf andere Einrichtungen übertragen. Wie das möglich wird, erfahren Sie auf den folgenden Seiten.

Als gemeinnützige Stiftung legen wir Wert darauf, dass möglichst viele Erzieherinnen, Erzieher, Lehrerinnen und Lehrer, aber auch Eltern und vor allem die Kinder von unseren Erfahrungen und Erkenntnissen profitieren. Unser Ziel ist es, mit den Modellvorhaben der Deutsche Telekom Stiftung zum Nachdenken und Nachmachen anzuregen. Wir freuen uns, wenn dieser Band Ihnen dazu Anlass bietet.

Dr. Klaus Kinkel
Vorsitzender

Dr. Ekkehard Winter
Geschäftsführer

Vorwort

von Prof. Dr. Dr. Dr. Wassilios E. Fthenakis –

Dieser Band stellt das Ergebnis eines von der Deutsche Telekom Stiftung initiierten Wettbewerbs, des Forschkönige-Wettbewerbs, dar, bei dem Kindertageseinrichtungen durch eine bundesweite Ausschreibung aufgefordert waren, ihre Projekte zur Umsetzung der Bildungsbereiche frühe mathematische Bildung und Vermittlung naturwissenschaftlichen sowie technischen Verständnisses einzureichen. Aus der Vielzahl der eingereichten Beiträge hat eine mit Experten aus Wissenschaft und Praxis besetzte unabhängige Jury 18 Projekte mit unterschiedlicher theoretischer Fundierung ausgewählt. Diese vorzustellen und an deren Beispiel die vielfältigen Möglichkeiten bei der Organisation frühkindlicher Bildungsprozesse in den genannten Bildungsbereichen zu illustrieren, ist die Aufgabe dieses Bandes. Daraus ist ein spannendes Kompendium entstanden, das Ideen und Anregungen für die frühpädagogische Praxis liefert, die die tägliche Arbeit in den Kindertageseinrichtungen stimulieren und die Bildungsqualität bereichern können.

Um dieses Ziel zu erreichen, wird die ausführliche und anschauliche Beschreibung der Projekte durch pädagogische Kommentare ergänzt, die Stärken und Möglichkeiten der einzelnen Projekte hervorheben sowie Wege aufzeigen, wie manche Projekte erweitert bzw. weiterentwickelt werden können.

Neben der Projektbeschreibung enthält dieser Band, der erste einer Reihe des von der Deutsche Telekom Stiftung geförderten Projektes „Natur-Wissen schaffen“, in einem Einführungskapitel Hintergrundinformationen darüber, welche Bedeutung die Umsetzung früher mathematischer, naturwissenschaftlicher und technischer Bildung in vorschulischen Einrichtungen hat und welche Voraussetzungen Kindergartenkinder dafür mitbringen. Ergänzt werden diese Hintergrundinformationen mit Ausführungen darüber, wie Kinder in Tageseinrichtungen am besten lernen und wie Projekte geplant und durchgeführt werden können. Des Weiteren wird in diesem einführenden Teil darauf eingegangen, worauf bei der Auswahl und Durchführung von Experimenten zu achten ist.

Diese praxisorientierte Arbeit wurde durch die Expertise von Frau Dagmar Winterhalter-Salvatore, wissenschaftliche Mitarbeiterin am Staatsinstitut für Frühpädagogik in München, bereichert. Sie hat die einzelnen Projekte kommentiert, aus einer dritten Perspektive Fragen aufgeworfen und Anregungen und Hinweise zur Weiterentwicklung der einzelnen Projekte gegeben. Ihr gilt mein aufrichtiger Dank. Danken möchte ich auch Frau Dipl. Geol. Mechthild Kummetz und Frau Dipl. Biol. Sandra Lindhorst vom Universum Bremen für die Bereicherung dieser Veröffentlichung durch die Ergänzung der Projekte mit weiterführenden Experimenten.

Den wissenschaftlichen Mitarbeiterinnen im Projekt, Frau PD Dr. Annette Schmitt, Frau Dr. Astrid Wendell und Frau Dipl.-Päd. Marike Daut verdankt diese Arbeit viele konstruktive Hinweise und eine kritische Begleitung. Die Hauptverantwortung für die Dokumentation und Aufbereitung dieses Bandes oblag Herrn Dipl.-Päd. Andreas Eitel, wissenschaftlicher Mitarbeiter im Projekt, der zusätzlich die Last auf sich nahm, alle Einrichtungen zu besuchen und mit ihnen gemeinsam die Dokumentation der Projekte aufzubereiten. Ihm und allen Fachkräften aus den beteiligten Einrichtungen möchte ich meinen Dank und meine Anerkennung aussprechen.

Ich danke außerdem herzlich der Universität Bremen, der Universitätsleitung, den Fachbereichen 11 und 12 und dem Zentrum für Weiterbildung dafür, dass das Projekt „Natur-Wissen schaffen“ freundlich und offen aufgenommen wurde.

Diese Arbeit wäre ohne die finanzielle Unterstützung der Deutsche Telekom Stiftung nicht möglich gewesen. Herrn Thomas Schmitt ist die Initiative und die Organisation des Wettbewerbs zu verdanken und die Kooperation zwischen dem Projekt und der Stiftung hat sich erneut in vorzüglicher Weise bewährt. In diesem Zusammenhang möchte ich auch dem Beirat des Projekts „Natur-Wissen schaffen“ herzlich danken, der das Projekt durch seine wissenschaftliche Expertise unterstützt.

Last but not least gilt mein Dank dem Bildungsverlag Eins für seine Bereitschaft, diese Arbeit zu verlegen und sich immer wieder auf die Gestaltungswünsche des Projektes einzulassen.

Der Arbeit ist zu wünschen, auf viele interessierte Erzieherinnen und Erzieher zu stoßen, die darin eine konkrete Hilfe bei der Sicherung und Weiterentwicklung von Bildungsqualität erkennen und diese im Interesse unserer Kinder nutzen.

Prof. Dr. Dr. Dr. Wassilios E. Fthenakis
Leiter des Projektes „Natur-Wissen schaffen“ der Deutsche Telekom Stiftung an der Universität Bremen

1

Der Hintergrund

Mathematik, Naturwissenschaften und Technik –

Weshalb die Umsetzung dieser Bildungsbereiche im Kindergarten wichtig ist und welche Voraussetzungen Kindergartenkinder dafür mitbringen

Kinder sind kompetent. Sie verfügen über umfangreiche Ressourcen und haben viele Möglichkeiten. Kinder sind neugierig und möchten Dinge lernen. Dabei zeichnen sie sich durch einen unbändigen Erkundungs- und Forscherdrang aus. Sie stellen viele Fragen: Warum schwimmt ein Schiff? Warum regnet es? Warum leuchtet eine Glühbirne? Durch diese und ähnliche Fragen zeigen Kinder eine starke von innen heraus kommende Motivation, mehr über Phänomene der belebten und unbelebten Natur und über Technik zu erfahren. Das belegen nicht nur die häufigen Warum-Fragen zu diesen Themenbereichen, sondern auch das starke Interesse der Kinder an Medienangeboten, die naturwissenschaftliche und technische Fragestellungen aufgreifen. Zu den beliebtesten Sendungen zählen hier „Die Sendung mit der Maus" und „Löwenzahn". Außerdem haben Kinder ein natürliches Interesse am Beobachten, Erforschen und Experimentieren. Aber über welche kognitiven Voraussetzungen verfügen Kindergartenkinder, wenn es um eine forschende und entdeckende Auseinandersetzung mit ihrer Lebenswelt geht? Welchen Sinn macht es überhaupt, dass sich bereits Kindergartenkinder naturwissenschaftliche und technische Phänomene durch Erkunden und Experimentieren erschließen?

Kinder als Forscher und Entdecker

Zieht man neue entwicklungspsychologische Untersuchungen heran (vgl. Sodian/Koerber, 2004; Sodian, 2005), belegen diese, dass Kinder bereits über die kognitiven Voraussetzungen verfügen, die Welt zu erkunden und Theorien über diese zu bilden: Kindern wird die Fähigkeit zugeschrieben, sich Phänomenen der belebten und unbelebten Natur oder aus dem Bereich der Technik mit wissenschaftlichen Methoden zu nähern. Dabei sind Kinder bereits zu Erkenntnisprozessen in der Lage, bei denen Annahmen über verschiedene Phänomene aufgestellt, geprüft und gegebenenfalls verändert werden. Dazu kommt noch ein Nachdenken über diesen Erkenntnisprozess. Ein Reflektieren darüber, wie man etwas gelernt hat. Vorliegende Forschungsbefunde (vgl. Sodian/Koerber, 2004) deuten darauf hin, dass Kinder zwischen Vermutungen, ihren Überzeugungen und durch Beobachtung erhobenen Ergebnissen unterscheiden können. Sie verstehen auch, dass der Ausgang eines Experiments die Überprüfung und Veränderung der eigenen Überzeugungen zur Folge haben kann. Im Gegensatz zur Theorie Piagets schreiben neue wissenschaftliche Studien (vgl. Sodian, 2005) Kindergartenkindern bereits Fähigkeiten zu, die nach Piaget erst bei Grundschulkindern gegeben sind. Bei diesen Fähigkeiten handelt es sich um weitere Voraussetzungen für naturwissenschaftliches Forschen und damit verbundene Erkenntnis. Beispielsweise sind Kinder schon sehr viel früher als bisher angenommen in der Lage, die Perspektive anderer zu berücksichtigen. Kinder können diese egozentristische Sichtweise zugunsten der Annahme aufgeben, dass ein- und dasselbe Objekt aus unterschiedlichen Blickrichtungen verschieden wahrgenommen werden kann. Eine Perspektivenübernahme scheint also früher möglich als dies nach Piaget bisher angenommen wurde. Auch hinsichtlich der Fähigkeit, kausal zu denken, besagen neue wissenschaftliche Erkenntnisse (vgl. Sodian, 2005), dass Kindergartenkinder bereits nach den gleichen Prinzipien wie Erwachsene kausale Schlussfolgerungen ziehen. Mit kausalem Denken ist das Herstellen einer Beziehung zwischen Ursache und Wirkung gemeint. Kindergartenkinder gehen bereits davon aus, dass ein Ereignis eine Ursache hat. Dabei werden als mögliche Ursachen Ereignisse in Betracht gezogen, die zeitlich vor dem beobachteten Effekt stattgefunden haben. Kindergartenkinder stellen sich Fragen zu möglichen Ursachen für einen bestimmten beobachteten Effekt, sie begeben sich auf die Suche nach kausalen Mechanismen (Erklärungen). Zwischen dem kausalen Denken von Kindern im Vorschulalter und dem von Erwachsenen besteht also bereits in einigen Aspekten eine strukturelle Ähnlichkeit. Die Unterschiede im Denken sind vor allem durch die unterschiedliche Verfügbarkeit von themenspezifischem begrifflichem Wissen zu erklären.

Zusammenfassend lässt sich festhalten, dass Kinder ab dem Alter von drei Jahren die notwendigen Voraussetzungen haben, um sich mit naturwissenschaftlichen und technischen Phänomenen in ihrer Lebenswelt forschend und entdeckend auseinanderzusetzen. Durch einen Forschungsprozess, der kausales Denken einschließt, sind die Kinder in der Lage, gemeinsam mit Erwachsenen oder anderen Kindern eine Deutung für diese Phänomene zu entwickeln.

Naturwissenschaften erklären die Welt

Bleibt die Frage, welchen Sinn es macht, dass sich schon Kindergartenkinder mit naturwissenschaftlichen und technischen Inhalten auseinandersetzen und dabei wissenschaftliche Methoden nutzen. Es ist nicht von der Hand zu weisen, dass Kinder in einer Welt aufwachsen, die sehr stark durch Naturwissenschaften und Technik geprägt ist: Der Tag beginnt mit dem Klingeln eines Weckers, das entweder eine „mechanische" oder „elektrische Ursache" hat. Wenn der Lichtschalter im Bad betätigt wird, leuchtet die Glühbirne an der Decke. Beim Zähneputzen schäumt Zahncreme, wenn sie mit Wasser in Berührung kommt, und auf dem Frühstückstisch steht eine dampfende Tasse Tee. Auf dem Weg zum Kindergarten kommt man an einer Wiese vorbei, auf der gestern noch keine roten und gelben Blüten zu sehen waren. Aus diesen und ähnlichen Begebenheiten im Alltag von Kindern lässt sich erkennen, dass Phänomene mit naturwissenschaftlichem und technischem Hintergrund fester Bestandteil der Lebenswelt von Kindern sind. Für Kinder ergeben sich aus diesen Begebenheiten zahlreiche Fragen, denen sie gerne nachgehen möchten. Kinder möchten wissen, warum sich etwas auf eine bestimmte Art und Weise verhält und wie Dinge funktionieren. Die Auseinandersetzung mit naturwissenschaftlichen und technischen Inhalten im Kindergarten gibt Kindern die Möglichkeit, Antworten auf solche Fragen zu finden. An dieser Stelle gilt es, das natürliche Interesse sowie die Faszination und Begeisterung der Kinder für naturwissenschaftliche und technische Themen zu nutzen. Viele Themen aus den Inhaltsbereichen Naturwissenschaften und Technik lassen sich in Form von Projekten bearbeiten und damit aus verschiedenen Perspektiven beleuchten (siehe Abschnitt *„Wie können Projekte geplant und durchgeführt werden? – Projektarbeit in Kindertageseinrichtungen"* in diesem Band). Jüngere Kinder erkunden dabei mit allen Sinnen Phänomene aus ihrer Lebenswelt, während ältere Kinder diesen mit Hilfe von Experimenten auf den Grund gehen. Solche Experimente als ein Bestandteil von Projekten stoßen bei Kindergartenkindern auf hohe Resonanz. Auch bei attraktiven Alternativangeboten entscheidet sich ein Großteil der Kinder beispielsweise für die Teilnahme an der Durchführung eines Experiments (vgl. Lück, 2000). Die Beschäftigung mit naturwissenschaftlichen und technischen Inhalten hinterlässt bei den Kindern also einen bleibenden Eindruck. Aber vor allem bekommen Kinder durch solche Angebote Einsichten in Vorgänge ihrer Umwelt. Sie erhalten die Gelegenheit, gemeinsam mit Erwachsenen oder anderen Kindern eine Erklärung für Alltagsphänomene zu entwickeln und sie in einen Sinnzusammenhang zu stellen. Dadurch wird auch die Fähigkeit unterstützt, zukünftige Lebensbedingungen aktiv und eigenverantwortlich mitzugestalten. Das schließt auch einen verantwortungsvollen Umgang mit der Umwelt ein. Insgesamt versetzt dies Kinder in die Lage, sich in der Welt besser zurecht zu finden. Eine frühe Beschäftigung mit naturwissenschaftlichen und technischen Inhalten und damit verbundene positive Lernerfahrungen fördern außerdem das spätere Interesse der Kinder an Lernsituationen, die mit diesen Themen in Zusammenhang stehen. Das von den Kindern erworbene naturwissenschaftliche und technische Vorwissen dient in diesen Lernsituationen als Anknüpfungspunkt. Es stellt die Grundlage für eine Vertiefung des Wissens dar. Zusätzlich unterstützt der Aufbau von begrifflichem Wissen aus den Bereichen Naturwissenschaft und Technik im Zusammenspiel mit der Fähigkeit, das eigene Lernen zu reflektieren, die Entwicklung des Denkens. Dabei sollte es sich um einen systematischen Aufbau von Wissen handeln, der an den Vorstellungen der Kinder und den Phänomenen aus ihrem Alltag anknüpft. Mit einem systematischen Aufbau von Wissen ist hier gemeint, dass an bereits vorhandene Kenntnisse angeknüpft wird und zum anderen, dass eine Beschäftigung mit naturwissenschaftlichen und technischen Phänomenen angestrebt wird, die möglichst viele Facetten eines Phänomens berücksichtigt.

Des Weiteren werden durch die Beschäftigung mit naturwissenschaftlichen und technischen Inhalten auch Fähigkeiten wie genaues Beobachten gefördert. Das Wiedergeben der gemachten Beobachtungen in sprachlicher Form oder die Formulierung von Vermutungen im Vorfeld eines Experiments erweitern zudem die sprachliche Ausdrucksfähigkeit der Kinder.

Mathematik ist überall

Kinder treffen in ihrer Lebenswelt aber nicht nur auf Begebenheiten, die mit Naturwissenschaften und Technik in Verbindung stehen. Auch mathematische Phänomene sind an unzähligen Stellen zu finden. Schaut man sich den oben beschriebenen Start in einen Tag noch einmal durch eine „mathematische" Brille an, wird eine Reihe von mathematischen Phänomenen im Alltag von Kindern sichtbar. Das Klingeln des Weckers hat vielleicht einen bestimmten Rhythmus und die viel zu frühe Uhrzeit, die auf ihm zu sehen ist, wird durch Zahlen angezeigt. Der Lichtschalter im Bad befindet sich *neben* der Tür und *über* einer Steckdose. Die Zahncreme, die aus der Tube kommt, ist rot-weiß-blau. Sie hat also ein bestimmtes Muster. Wann die drei Minuten Zähneputzen vorbei sind, zeigt eine Sanduhr an. Die Grundform der Tasse Tee auf dem Frühstückstisch ist rund, während die Zuckerstücke eine rechteckige Grundform haben. In der Tasse befindet sich eine bestimmte Menge Tee und den Weg zum Kindergarten findet man nur, wenn man weiß, dass man nach der Wiese mit den rot und gelb blühenden Blumen nach links abbiegen muss. Geometrische Formen, Zahlen und Mengen tauchen also überall auf, und ohne Begriffe, die die Lage von Dingen im Raum beschreiben, wäre eine Orientierung nur schwer möglich. Das alles hat mit Mathematik zu tun, und ohne ein mathematisches Grundverständnis wäre ein Zurechtkommen im Alltag unmöglich. Mathematik dient dazu, Dinge zu ordnen und zu strukturieren. Außerdem lassen sich mit mathematischen Methoden eine Reihe von Alltagproblemen lösen. Wie sonst ließe sich beispielsweise ein Kuchen nach einem Rezept backen, wenn man die Menge der verschiedenen Zutaten nicht durch Abwiegen und Abmessen ermitteln könnte? Auch die Planung eines Tages wäre ohne eine mathematische Einteilung in Tageszeiten undenkbar. Wie auch das Auffinden des Lieblingsspielzeugs nur unter erschwerten Bedingungen möglich wäre, wenn Eltern oder Geschwister nicht mit Angaben „zur Lage im Raum" aushelfen würden.

Sind Kinder geborene Mathematiker?

Das sind schon eine Reihe von Gründen, die eine Umsetzung mathematischer Bildung im Kindergarten sinnvoll erscheinen lassen, aber sind Kindergartenkinder überhaupt in der Lage mathematisch zu denken? Hierbei schließt mathematisches Denken ein Grundverständnis über Zahlen, Mengen und Formen, eine Orientierung in Raum und Zeit sowie die Fähigkeit zu logischen Schlussfolgerungen ein. Zunächst lässt sich feststellen, dass Kinder ein natürliches Interesse an Zahlen, Mengen und Formen haben. Mit großer Ausdauer und Freude vergleichen, sortieren und ordnen sie verschiedene Dinge, die ihnen in ihrem Alltag begegnen. In diesem Prozess zeigen Kinder ihre Kreativität und verschaffen sich zahlreiche Erfolgserlebnisse. Ein Blick auf neue Forschungsergebnisse (vgl. Gisbert, 2004) zeigt, dass bereits Säuglinge in den ersten Lebensmonaten über eine Bereitschaft zum Zählen verfügen. Dabei registrieren sie die Veränderung einer Anzahl von Gegenständen oder die Häufigkeit einer sich wiederholenden Bewegung. Das Abschätzen von Mengen mit bis zu vier Objekten gelingt Kindern praktisch von Geburt an. Operationen mit mehr Objekten müssen erst gelernt werden. Dennoch verfügen Kindergartenkinder bereits über eine intuitive Mathematik, die auf verschiedenen Prinzipien des Zählens aufbaut. Diese wenden die Kinder dann an, ohne sich dessen bewusst zu sein. Zudem bringen Kinder von Geburt an grundlegende Kompetenzen mit, um sich im Raum zu orientieren und um Formen, Rhythmen sowie Muster zu erkennen (vgl. Rauh, 2002).

Neurobiologische Erkenntnisse (vgl. Klusemann/Fischer, 2004) zeigen, dass sich für Kinder zwischen dem 3. und 5. Lebensjahr ein optimales Lernfenster für die Entwicklung von elementarem mathematischem Denken und der Orientierung im Raum öffnet. Zusammenfassend kann man festhalten, dass Kindergartenkinder über die entwicklungspsychologischen Voraussetzungen verfügen, um sich mathematische Fähigkeiten anzueignen.

Mathematik entdecken

Möglich wird die Entwicklung mathematischen Denkens durch die Auseinandersetzung mit Materialien und vor allem durch die Interaktion mit anderen. Denn eine bestimmte Aktivität ist nicht von Natur aus „mathematisch". Sie wird von den beteiligten Personen als „mathematisch" definiert und erhält erst dadurch ihre Bedeutung. Konventionen legen fest, dass eine Aktivität oder Handlung dann „mathematisch" ist, wenn sie eine bestimmte Absicht verfolgt, wenn sie auf eine bestimmte Weise ausgeführt wird und wenn sie mit den festgelegten Regeln der Mathematik übereinstimmt. Das steht auch damit in Zusammenhang, dass Mathematik – ähnlich wie die Sprache – zwar auf angeborene Kompetenzen aufbaut, ihre Regeln aber kulturell geschaffen wurden und sozial gelernt werden müssen. Mathematik ist gleichzeitig auch eine sehr häufig genutzte Form des Denkens, die in so gut wie jeder Wissenschaft als Hilfsmittel Verwendung findet, um zu neuen

Erkenntnissen zu gelangen oder um technische Entwicklungen hervorzubringen. Auch wenn Kinder sich durch Experimente mit Phänomenen der belebten und unbelebten Natur beschäftigen, nutzen sie mathematische Kategorien, um zu messen, zu vergleichen oder zu ordnen. An dieser Stelle ist es dann wichtig, den Kindern bewusst zu machen, dass sie sich gerade intensiv mit Mathematik auseinandersetzen.

Mathematik kann man mögen

Entscheidend ist es, Kindern einen Zugang zur Mathematik zu ermöglichen, der eine spielerische, entdeckende und alle Sinne ansprechende Auseinandersetzung mit mathematischen Phänomenen einschließt. Ein solcher Zugang kann geschaffen werden, indem sich Kinder mit mathematischen Phänomenen beschäftigen, die einen Bezug zu ihrem Alltag haben. Wenn Kinder in Interaktion mit anderen Personen mathematischen Aktivitäten einen Sinn zuweisen können, trägt das zu einer freudigen, kreativen und forschenden Auseinandersetzung mit mathematischen Phänomenen bei. Die Beschäftigung mit alltagsbezogenen mathematischen Inhalten und Gesetzmäßigkeiten ermöglicht Kindern außerdem die Erfahrung von Beständigkeit, Verlässlichkeit und Wiederholbarkeit. Das alles führt zur Entwicklung eines positiven Bezugs zur Mathematik, der für spätere Lernprozesse von großem Vorteil ist. Voraussetzung dafür ist auch, dass Erwachsene Kinder in ihrem mathematischen Denken ernst nehmen und vor allem daran interessiert sind, was Kinder schon alles können und nicht daran, was sie nicht können. Kindern steht es zu, zunächst eine eigene – wenn auch anfangs noch unvollkommene – mathematische Denkweise zu entwickeln. Erwachsene sind bei der Lösung mathematischer Probleme häufig schon auf eine bestimmte Vorgehensweise fixiert und verlieren deshalb den Blick für andere sinnvolle Vorgehensweisen, die beispielsweise Kinder entwickeln. Kinder denken häufig anders, als Erwachsene es erwarten, vermuten und vielleicht auch möchten. Ebenfalls entscheidend für die Entwicklung eines positiven Bezugs zur Mathematik ist ein angemessener Umgang mit Fehlern. Es geht für Erwachsene und Kinder gemeinsam um den Aufbau eines positiv geprägten Fehlerverständnisses, das sogenannte Fehler als normalen Bestandteil in einem Lernprozess sieht und nicht als etwas, das unbedingt zu verhindern und sofort zu verbessern ist. Ein behutsames Reagieren auf mathematisch vermeintlich falsche Äußerungen beinhaltet folgendes: Es schließt ein Nachfragen ein, was sich ein Kind bei seiner Äußerung gedacht hat und auch, dass eine Aussage auch einfach mal so stehen bleiben kann. Dadurch wird verhindert, dass Kinder Mathematik vor allem mit Zurückweisung ihrer Aussagen in Verbindung bringen.

Fazit

Kinder begegnen mathematischen, naturwissenschaftlichen und technischen Phänomenen an vielen Stellen in ihrem Alltag mit großem Interesse. Eine forschende und entdeckende Auseinandersetzung mit diesen Phänomenen trägt dazu bei, dass Kinder Erklärungen finden, wie etwas funktioniert, weshalb sich Dinge auf eine bestimmte Art und Weise verhalten oder wie man etwas ordnen und strukturieren kann. Gemeinsam mit Erwachsenen oder anderen Kindern konstruieren sie sich dabei ein Bild von der Welt und entwickeln neues Wissen. Aus entwicklungspsychologischer Sicht bringen bereits Kindergartenkinder für diesen Prozess die notwendigen Voraussetzungen mit. Eine Mehrzahl der Bildungspläne und Erziehungsempfehlungen für den Elementarbereich werden der großen Bedeutung von mathematischer, naturwissenschaftlicher und technischer Bildung für die Entwicklung des Denkens bei Kindern und damit für das Zurechtkommen der Kinder in ihrer Lebenswelt gerecht, indem das Aufgreifen und Umsetzen solcher Inhalte in der pädagogischen Praxis empfohlen wird. Die in diesem Band beschriebenen Projekte stellen besonders interessante und bereits erprobte Formen der Umsetzung dieser Bildungsbereiche dar. Vielleicht können sie auch einen Teil dazu beitragen, dass immer mehr Kinder ihre vorhandenen Fähigkeiten als Forscher und Entdecker nutzen und weiterentwickeln.

Verwendete Literatur:

Bayerisches Staatsministerium für Arbeit und Sozialordnung Familie und Frauen & Staatsinstitut für Frühpädagogik (2006). Der Bayerische Bildungs- und Erziehungsplan für Kinder in Tageseinrichtungen bis zur Einschulung. Weinheim, Beltz.

Gisbert, K. (2004). Lernen lernen. Lernmethodische Kompetenzen von Kindern in Tageseinrichtungen fördern. Weinheim und Basel, Beltz.

Hoenisch, N. & Niggemeyer, E. (2004). Mathe-Kings: junge Kinder fassen Mathematik an. Weimar, Verlag das Netz.

Klusemann, H. W. & Fischer, B. (2004): Akademisierung von Elementar/Vorschulpädagogen an Fachhochschulen – am Beispiel der Fachhochschule Neubrandenburg. In: T. Hansel (Hrsg.) *Frühe Bildungsprozesse und schulische Anschlussfähigkeit.* (S. 232–262). Holzheim, Centaurus Verlag.

Lück, G. (2000): Naturwissenschaften im frühen Kindesalter: Untersuchungen zur Primärbegegnung von Kindern im Vorschulalter mit Phänomenen der unbelebten Natur. Münster, Lit-Verlag.

Lück, G. (2003): Handbuch der naturwissenschaftlichen Bildung. Freiburg, Herder.

Lück, G. (2004): Naturwissenschaft im frühen Kindesalter – Zur Vertiefung von Sachinteresse zwischen Verschulung und Spielerei. In: T. Hansel (Hrsg.): *Frühe Bildungsprozesse und schulische Anschlussfähigkeit.* (S. 118-137). Holzheim, Centaurus Verlag.

Oers, B. v. (2004): Mathematisches Denken bei Vorschulkindern. In: W. E. Fthenakis und P. Oberhuemer (Hrsg.): *Frühpädagogik international. Bildungsqualität im Blickpunkt.* (S. 313–329). Wiesbaden, Verlag für Sozialwissenschaften.

Rauh, H. (2002): Vorgeburtliche Entwicklung und Frühe Kindheit. In: R. Oerter und L. Montada (Hrsg.): *Entwicklungspsychologie.* (S. 131–140). Weinheim, PVU.

Sheridan, S. (2007): Sein eigenes Wissen schaffen. In: M. Berger und L. Berger (Hrsg.): *Portfolio in Vorschule und Schule.* (S. 8–14). Bremen, Fortbildning AB.

Sodian, B. (2005): Entwicklung des Denkens im Alter von vier bis acht Jahren – was entwickelt sich? In: B. Hauser und T. Guldimann (Hrsg.): *Bildung 4- bis 8-jähriger Kinder.* (S. 9–28). Münster, Waxmann.

Sodian, B., Koerber, S., et al. (2004). Naturwissenschaftliches Denken im Vorschulalter. Bildungsziele und Lernvoraussetzungen. In: T. Hansel (Hrsg.): *Frühe Bildungsprozesse und schulische Anschlussfähigkeit.* (S. 138–149). Holzheim, Centaurus Verlag.

Spiegel, H. & Selter, C. (2004): Kinder & Mathematik: Was Erwachsene wissen sollten. Seelze-Velber, Kallmeyer.

Kinder und Erzieherinnen konstruieren gemeinsam Welt und Wissen –

Wie Kinder in Tageseinrichtungen lernen

Unsere Vorstellung darüber, wie Kinder lernen, hängt zum einen von unserem Bild vom Kind ab und zum anderen von unserer Auffassung darüber, wie Menschen zu ihrer Sicht auf die Welt und zu ihrem Wissen gelangen. Außerdem steht damit in engem Zusammenhang, welche Rechte wir Kindern zugestehen.

Wenn wir das Kind als leeres Gefäß sehen, das von den wissenden Erwachsenen mit Inhalt gefüllt wird, geht damit ein Frage-Antwort-Muster als Methode der Wissensvermittlung einher: Der wissende Erwachsene stellt dem Kind Fragen, auf die er schon alle Antworten kennt. Auf diese Weise soll das Kind in eine bestimmte Richtung gelenkt und ihm ein vordefiniertes Wissen zugänglich gemacht werden. Allerdings wird das Kind so lediglich zum Rezipienten von Wissen, ohne dabei Einfluss auf seinen Lernprozess nehmen zu können. Eine solche Vorgehensweise spiegelt das Bild von einem armen und hilflosen Kind wider, das nicht in der Lage ist, die Verantwortung für seinen Lernprozess mitzutragen. Die Rollen sind klar verteilt: Auf der einen Seite der Erwachsene, der alle Antworten kennt, und auf der anderen Seite das Kind, das in seiner Sicht auf die Welt und in seinem Wissen noch große Defizite aufweist. Man muss sich die Frage stellen, wo bei der Gestaltung eines Lernprozesses in dieser Form für das Kind die Herausforderung liegt und vor allem, was Kinder durch ein solches Vorgehen lernen: Kann ihnen auf diese Weise bewusst werden, dass sie Einfluss auf ihre Umwelt nehmen können, dass sie ein im Vergleich zu Erwachsenen gleichberechtigter und gleichwertiger Teil der Gesellschaft sind?

Eine andere Sichtweise betrachtet das Kind ausschließlich auf der Grundlage entwicklungspsychologischer Theorien, die eine Einteilung der kindlichen Entwicklung in verschiedene Stufen vorsehen. Es wird danach gefragt, ob ein Kind ein bestimmtes Reifestadium schon erreicht hat. Dadurch wird das Kind in ein standardisiertes Mess- und Qualifikationssystem gezwängt und unabhängig von seinem Entwicklungsumfeld betrachtet. Die konkreten Erfahrungen, Theorien, Gefühle und Lebensumstände der Kinder finden dabei keine Beachtung: Auf ein Einbeziehen der Lebenswelt von Kindern wird verzichtet und die individuellen Wege des Kindes, ein Verständnis für seine Lebenswelt aufzubauen, werden übersehen. Diese Vorgehensweise leistet einer Klassifikation der Kinder Vorschub, indem danach aufgeteilt wird, ob ein Kind eine bestimmte Aufgabe bereits erfüllen kann bzw. ein definiertes Wissen aufweist. Dadurch wird eine Hierarchiebildung unter den Kindern gefördert, die eine Ausbildung von Machtstrukturen zur Folge hat. Kinder werden so zu Objekten gemacht, deren spezielle Fähigkeiten und Individualität keine Beachtung finden. Tendenziell trägt das zum Aufbau einer Kultur der Diagnose, Beurteilung und Therapie bei, bei der normative Beurteilungen von Kindern den Maßstab bilden. Eine solche Sicht- und Vorgehensweise versperrt den Blick auf das Leben der Kinder und auf ihre Art, Dingen Sinn zu verleihen und die Welt zu sehen.

Es stellt sich die Frage, ob wir Kinder respektieren, wenn wir uns solch ein Bild von ihnen machen und ob wir ihnen die Rechte einräumen, die ihnen zustehen. Außerdem muss man sich fragen, ob ein solches Verständnis über den Aufbau von Wissen angemessen ist und ob die Gestaltung von Lernprozessen in der beschriebenen Form zu einer qualitativ hochwertigen Bildung der Kinder führt.

Wenn man davon ausgeht, dass Kinder ein Recht auf die bestmögliche Bildung von Anfang an haben – so wie es im Übereinkommen über die Rechte des Kindes festgelegt ist (vgl. Der Bundesminister für Frauen und Jugend, 1993) –, dann schließt das ein, Kindern die Möglichkeit zu bieten, ihre Persönlichkeit und ihre Begabung voll zur Entfaltung zu bringen. Dabei steht Kindern auch das Recht auf umfassende Mitsprache bei der Gestaltung ihrer Lern- und Bildungsprozesse zu. Das geht mit einer Stärkung der kindlichen Autonomie und

der sozialen Mitverantwortung einher. Des Weiteren sind die Erfahrungen und Ideen der Kinder in diese Prozesse einzubeziehen. Geht man von einem Kind aus, das reich an Ressourcen und Kompetenzen ist, das von Geburt an einen eigenen Willen mitbringt zu lernen, zu entdecken und sich die Welt im Dialog mit anderen zu erschließen, dann hat das Auswirkungen auf die pädagogische Arbeit:

Wenn wir das Bild eines reichen Kindes vor uns haben, verfügen wir als Pädagogen und Eltern über reichhaltige Möglichkeiten. Wenn wir jedoch das Bild eines armen Kindes vor uns haben, dann verarmen wir als Eltern und Pädagogen (Loris Malaguzzi, Gründer der Vorschuleinrichtungen in Reggio Emilia, zitiert nach Dahlberg, 2004, S. 27).

Die Forschung zeigt, dass der Kontext für die Entwicklung des Kindes und für sein Lernen von zentraler Bedeutung ist und dass die Auffassung von Lernen in der frühen Kindheit als Vermittlung von vorgefertigten Wissenskomponenten keine Gültigkeit mehr hat (vgl. Fthenakis, 2004). Demnach stellt sich die Sicht des Kindes auf die Welt und sein Wissen als Ergebnis eines Prozesses dar, der durch die Interaktion der Kinder mit anderen Menschen bestimmt wird. Bildung wird als ein sozialer Prozess gesehen, in den Kinder und Erwachsene gleichermaßen aktiv einbezogen sind. Kinder bilden ihr Verständnis von der Welt, indem sie sich mit anderen über Dinge austauschen. Das Zuweisen einer Bedeutung und die Sinngebung von Dingen geschehen in Auseinandersetzung mit anderen. Ausgangspunkt ist die Annahme, dass die Welt und das Wissen über die Welt bzw. der Sinn und die Bedeutung von Dingen in einem gemeinsamen Prozess von Menschen ko-konstruiert und festgelegt werden. Das Verständnis von Welt und das Wissen entstehen durch ein wechselseitiges Aufeinander-Einwirken von Menschen und Gesellschaft. Diese Sichtweise bezeichnet man als sozial-konstruktivistische Perspektive. Das Lernen von Kindern wird demzufolge nicht als Weitervermittlung von bereits bestehendem, „fertigem" Wissen verstanden, sondern als kooperative und kommunikative Aktivität, an der Kinder und Erwachsene aktiv beteiligt sind und bei der gemeinsames Wissen und Kompetenzen neu aufgebaut werden. Zielsetzung kann es dabei nicht sein, bereits vordefinierte Lernergebnisse zu erreichen. Ein weiteres Merkmal solcher Lern- und Bildungsprozesse ist, dass sie nicht unabhängig von dem sozialen und kulturellen Umfeld ablaufen, in dem sie stattfinden: Die in einer Gesellschaft vorherrschenden kulturellen „Werkzeuge" wie Sprache, Schrift, Zahlen oder Medien sowie die dominierenden sozialen Gepflogenheiten und die Lebensumstände der Kinder beeinflussen und gestalten den Bildungsprozess mit. Die Gesellschaft bestimmende Werte und Normen haben ebenfalls Einfluss auf den Bildungsprozess und damit auf die kindliche Entwicklung. Welche Konsequenzen haben diese Annahmen für die pädagogische Arbeit?

Gestaltung der Interaktion zwischen Kind und Erzieherin

Geht man davon aus, dass sich die Zuweisung von Sinn und der Aufbau von Wissen in sozialen Prozessen vollziehen, kommt der Gestaltung von Interaktionsprozessen zwischen Kind und Erzieherin für die Entwicklung des Kindes eine entscheidende Bedeutung zu. Es stellt sich die Frage, wie diese kooperativen und kommunikativen Bildungs- und Lernprozesse gestaltet werden müssen, damit Kinder die Möglichkeit auf eine bestmögliche Bildung von Anfang an haben. Welche pädagogischen Leitlinien ergeben sich für die pädagogischen Fachkräfte?

Außer Frage steht, dass eine liebevoll und anregend gestaltete Lernumgebung die Grundlage für die Gestaltung effektiver Lernprozesse darstellt. Es geht darum, eine anregende Umgebung zu schaffen, in der sich die Kinder sicher und geborgen fühlen. Optimal ist es, wenn die Kinder an der Gestaltung dieser Lernumgebung beteiligt werden. Es reicht dann aber nicht aus, sich primär auf bei den Kindern einsetzende Selbstbildungsprozesse zu verlassen. Im Mittelpunkt der pädagogischen Arbeit sollte die Gestaltung einer Beziehung zu den Kindern stehen, die sich durch Dialog und Kommunikation auszeichnet. Grundlage dafür ist zunächst, eine reflektierende und fragende Haltung gegenüber den eigenen Lernprozessen wie auch gegenüber den

Lernprozessen des Kindes einzunehmen. Hinzu kommt, den Kindern aktiv zuzuhören und sich von ihren Hypothesen, Theorien und Ideen inspirieren zu lassen, um herauszufinden, welches Verständnis sie bereits für verschiedene Dinge aufgebaut haben. Erwachsene müssen bereit sein, von Kindern zu lernen. Gleichzeitig gilt es aber auch, die Theorien und Ideen der Kinder zu prüfen und in Frage zu stellen. Das von Kindern bereits erworbene Verständnis bildet dann zusammen mit ihren Ideen den Ausgangspunkt für die Gestaltung gemeinsamer kooperativer Lernaktivitäten, bei denen Kinder zum Denken und Reden ermutigt werden. Zu beachten sind dabei die unterschiedlichen Lernbedürfnisse von Kindern. Unterschiede gibt es hinsichtlich ihrer Interessen, Fähigkeiten, ihres Vorwissens sowie ihres bevorzugten Lernwegs bzw. bevorzugten Lerntempos. Bei der gemeinsamen Planung von Lernaktivitäten gilt es, an der kindlichen Neugier, an dem, was sie begeistert, an ihrer Freude am Ausprobieren, Experimentieren und Entdecken anzusetzen und ihnen selbsttätiges, aktives und individualisiertes Lernen zu ermöglichen. Die Kinder aktiv einzubeziehen bedeutet, ihnen möglichst viele Gelegenheiten zum Handeln, Denken und Experimentieren zu geben. Kinder sind besonders kreativ, ausdauernd und engagiert, wenn es darum geht, Aufgaben zu lösen, die unterschiedliche Lösungswege ermöglichen. Ein weiterer wichtiger Punkt bei der Gestaltung solcher kooperativer und kommunikativer Lernaktivitäten ist, Kindern herausfordernde Fragen zu stellen, die nicht auf eine bestimmte Antwort gerichtet sind, sondern einen offenen Denkprozess anregen. Bei der Gestaltung der Lernprozesse gilt es außerdem zu berücksichtigen, dass das Kind immer als „ganzer Mensch" mit all seinen Sinnen lernt.

Ganzheitliches Lernen

Beim Lernen arbeiten Wissen, Gefühle und Körper vernetzt miteinander zusammen. Kinder lernen besser, wenn sie sich auf vielfältige Weise mit einem Thema beschäftigen und möglichst viele Bezüge zum bearbeiteten Inhalt herstellen. Es geht nach Pestalozzi (vgl. Veidt, 1997) um ein Lernen, das Kopf, Herz und Hand anspricht. Für die Arbeit der pädagogischen Fachkraft bedeutet das zum einen, eine Verarbeitung des Inhalts in verschiedenen Formen anzuregen, bei der alle Sinne angesprochen werden, und zum anderen, den Kindern bereichsübergreifende Zugänge zum Thema zu ermöglichen. Mit bereichsübergreifenden Zugängen ist zunächst einmal das Einbeziehen verschiedener Bildungsbereiche gemeint (z. B. Naturwissenschaften, Mathematik, Sprache und Bewegung), aber auch, dass Themen mit dem Blick fürs Ganze in einen größeren Zusammenhang eingebettet werden. Neben der Nutzung verschiedener Sinneskanäle (Sehen, Hören, Fühlen, Riechen, Schmecken) bei der Verarbeitung des Inhalts bedeutet Ganzheitlichkeit zusätzlich, die Fantasie, Kreativität und Gestaltung der Umwelt durch das lernende Kind selbst zu unterstützen. Besonders für jüngere Kinder sind dabei Spielen und Lernen als Einheit zu betrachten: Kinder lernen durch spielerische Aktivitäten und im Austausch mit anderen Kindern oder Erzieherinnen. Auf diese Weise eignen sie sich Wissen an und entwickeln Verständnis für ihre Lebenswelt.

Bei der Gestaltung der Lernprozesse ist außerdem das Prinzip der Entwicklungsangemessenheit zu berücksichtigen. Darunter versteht man, Bildungsangebote so anzulegen, dass sie der sozialen, kognitiven, emotionalen und körperlichen Entwicklung des Kindes entsprechen. Ziel ist es dabei, sowohl eine Über- als auch eine Unterforderung der Kinder zu vermeiden. Entscheidende Bedeutung für die Qualität von kindlichen Bildungsprozessen hat die Frage nach dem Aufbau von lernmethodischer Kompetenz. Hierbei geht es darum, ob Kinder bei der Auseinandersetzung mit verschiedenen Inhalten auch das Lernen lernen.

Lernen lernen

Unter dem Begriff „Lernen lernen" versteht man, dass die Kinder die Fähigkeit erwerben, ihr eigenes Lernen zu organisieren und zu steuern (vgl. Gisbert, 2003). Dazu gehört auch, erkennen zu können, wann und wie man etwas gelernt hat. Zu lernen, wie man lernt, stellt die entscheidende Voraussetzung dar, sich lebenslang immer wieder neues Wissen aneignen zu können. Durch den Erwerb lernmethodischer Kompetenzen sind Kinder in der Lage, ihre Lernprozesse effektiver zu gestalten, weil sie so ein Bewusstsein dafür entwickeln, was und warum sie lernen. Auf diese Weise erschließt sich ihnen der Sinn und die Struktur von Lernprozessen leichter. Aber wie können pädagogische Fachkräfte Kinder beim Aufbau von lernmethodischer Kompetenz unterstützen? Durch die Anregung eines Nachdenkens über das eigene Denken mittels gezielt gestalteter sozialer Interaktionen ist es möglich, bei Kindern den Aufbau lernmethodischer Kompetenz zu bewirken. Dieses Nachdenken über das eigene Denken wird als Metakognition bezeichnet. Entwicklungspsychologische Forschung hat gezeigt, dass Kinder ab dem vierten Lebensjahr die Fähigkeit erwerben können, das eigene Denken zu reflektieren (vgl. Gisbert, ohne Jahr). Bei der Metakognition geht es um das Nachdenken darüber, wie man versteht, wie man sich erinnert und wie man zu einer Lösung kommt. Wenn die Kinder gemeinsam mit der Erzieherin in so genannten „metakognitiven“ Dialogen besprechen, wie sie etwas herausbekommen haben oder wie die Kinder vorgehen würden, wenn sie das, was sie gelernt haben, anderen beibringen möchten, erweitert das ihre lernmethodische Kompetenz. Sinn dieser Interaktion ist es, dass Kindern ihr Lernen bewusst wird und dass damit die Voraussetzung für die Reflexion ihrer Lernprozesse geschaffen wird. Zu beachten ist, dass der Aufbau lernmethodischer Kompetenz immer an die Auseinandersetzung mit bestimmten Inhalten zu knüpfen ist. Es ist nicht sinnvoll, „Lernen lernen“ als eigenständiges Thema zu bearbeiten. Die weiteren Veröffentlichungen des Projekts „Natur-Wissen schaffen“ knüpfen an diesen Punkt an und zeigen, wie Kinder bei der Bearbeitung von Inhalten aus den Bildungsbereichen Mathematik, Naturwissenschaften, Technik und Medien und durch die Dokumentation von Entwicklungs- und Lernprozessen beim Aufbau ihrer lernmethodischen Kompetenz unterstützt werden können. Weitere Information zum Projekt „Natur-Wissen schaffen“ und zu seinen Zielsetzungen finden sich am Ende dieses Bandes.

Verwendete Literatur:

Der Bundesminister für Frauen und Jugend, Bonn (Hrsg.) (1993): Übereinkommen über die Rechte des Kindes. UN-Konventionen im Wortlaut mit Materialien. Düsseldorf, Livonia Verlag.

Bayerisches Staatsministerium für Arbeit und Sozialordnung Familie und Frauen & Staatsinstitut für Frühpädagogik (2006). Der Bayerische Bildungs- und Erziehungsplan für Kinder in Tageseinrichtungen bis zur Einschulung. Weinheim, Beltz.

Dahlberg, G. (2004). Kinder und Pädagogen als Co-Konstrukteure von Wissen und Kultur: Frühpädagogik in postmoderner Perspektive. In: W. E. Fthenakis und P. Oberhuemer (Hrsg.): *Frühpädagogik international. Bildungsqualität im Blickpunkt.* (S. 13–30). Wiesbaden, Verlag für Sozialwissenschaften.

Fthenakis, W. E. (2004): „Der Bildungsauftrag in Kindertageseinrichtungen: ein umstrittenes Terrain?“ Zugriff am: 16.08. 2007, auf: http://www.familienhandbuch.de.

Gisbert, K. (2003): Wie Kinder das Lernen lernen. Vermittlung lernmethodischer Kompetenz. In: W. E. Fthenakis (Hrsg.) *Elementarpädagogik nach PISA. Wie aus Kindertagesstätten Bildungseinrichtungen werden.* (S. 78–105).

Gisbert, K. (ohne Jahr): „Lernmethodische Kompetenz: Wie Kinder das Lernen lernen.“ Zugriff am: 10.08. 2007, auf: http://www.ifp-bayern.de.

Liebertz, C. (2001): „Warum ist ganzheitliches Lernen wichtig?“ Zugriff am: 15.08. 2007, auf: http://www.kindergartenpaedagogik.de.

Pramling, I. (2004): Demokratie: Leitprinzip des vorschulischen Bildungsplans in Schweden. In: W. E. Fthenakis und P. Oberhuemer (Hrsg.) *Frühpädagogik international. Bildungsqualität im Blickpunkt.* (S. 161–174). Wiesbaden, Verlag für Sozialwissenschaften.

Pramling Samuelsson, I. & Asplund Carlsson, M. (2007): Spielend lernen: Stärkung lernmethodischer Kompetenzen. Troisdorf, Bildungsverlag EINS.

Veidt, A. (1997): Ganzheitlichkeit – eine pädagogische Fiktion?: Zur Polarität von Element und Ganzheit bei Johann Heinrich Pestalozzi. Wuppertal, Deimling.

Zitzlsperger, H. (1989): Ganzheitliches Lernen: Welterschließung über alle Sinne; mit Beispielen aus dem Elementarbereich. Weinheim, Beltz.

Wie können Projekte geplant und durchgeführt werden? –

Projektarbeit in Kindertageseinrichtungen

Eine Lernform, die besonders dazu geeignet ist, die Prinzipien und pädagogischen Ziele in die Praxis umzusetzen, wie sie im Abschnitt *„Kinder und Erzieherinnen konstruieren gemeinsam Welt und Wissen – wie Kinder in Tageseinrichtungen lernen"* formuliert wurden, ist der *Projektansatz*. In Projekten beschäftigt sich eine Gruppe von Kindern über eine längere Zeit hinweg mit einem Thema, dabei bearbeiten Kleingruppen verschiedene Aspekte des Themas, die einerseits die Kinder interessieren, die andererseits aber auch die pädagogischen Fachkräfte für sinnvoll halten (vgl. Katz & Chard, 2000a). In diesem Konzept ist Bildung als sozialer Prozess organisiert, den Erwachsene und Kinder gemeinsam gestalten und in dem es nicht um die Vermittlung von feststehendem Faktenwissen geht, sondern um die gemeinsame, kooperative Bearbeitung einer Fragestellung.

Der Projektansatz:

- **beteiligt Kinder aktiv an der Gestaltung ihrer Bildungsprozesse,** denn sie bestimmen über die Themen und die Aktivitäten eines Projektes mit
- **fordert auf, das Verständnis eines Themas ko-konstruktiv zu erschließen,** denn Kinder *und* Erzieherinnen bringen gleichermaßen ihre Ideen, Vorschläge und Erklärungen in das Projekt ein
- **stärkt die Kompetenz zur Kooperation und zu gemeinsamem Problemlösen,** denn die Kinder bearbeiten unterschiedliche Aspekte des Themas, tauschen sich über ihre Ergebnisse aus und entwickeln gemeinsam das „Gesamtbild" ihrer Erkundungen
- **begünstigt das Lernen in Sinnbezügen** denn ein Projekt steht immer in Bezug zu lebensweltlichen Erfahrungen des Kindes und umfasst auch das Lernen über Zusammenhänge und Bedeutungen
- **organisiert Lernen ganzheitlich,** denn Projekte umfassen immer unterschiedliche Aktivitäten und Herangehensweisen, die alle Sinne des Kindes ansprechen und Kompetenzen in verschiedenen Bildungsbereichen stärken
- **stärkt lernmethodische Kompetenzen,** denn den Kindern werden keine vorgefertigten Antworten vorgegeben, sondern sie werden unterstützt, eine Strategie zu entwickeln, etwas herauszubekommen und über ihr eigenes Lernen und Denken nachzudenken

Insbesondere in den Bildungsbereichen Naturwissenschaft, Technik und Mathematik kann der Projektansatz die pädagogische Arbeit einer Einrichtung gut ergänzen, unabhängig davon, nach welchen Konzepten sie ansonsten arbeitet. Denn in diesen Bildungsfeldern wird das Kind in besonderem Maße als „Forscher und Entdecker" angesprochen und in seinen Fähigkeiten zur Problemlösung, zu Erkundungen und Informationssuche zu einem Thema sowie zur Formulierung von Hypothesen und ihrer Überprüfung gestärkt – alle diese Fähigkeiten sind in einem Projekt gefordert und werden durch das Projektthema in einen sinnvollen Kontext gestellt. Beispielsweise knüpfen im Rahmen eines Projekts Experimente an eine Frage oder eine Hypothese an, die die Kinder zuvor bei der Erkundung ihres Themas entwickelt haben, und stehen so in einem Sinnbezug zu der Erlebenswelt des Kindes.

Wie also können in einer Tageseinrichtung Projekte zu naturwissenschaftlichen, technischen und mathematischen Themenstellungen vorbereitet, durchgeführt und ausgewertet werden?

Themenfindung

Am Anfang eines Projekts steht die Aufgabe, ein *geeignetes Projektthema* zu finden. An dieser Themenfindung sollten die Fachkräfte und die Kinder beteiligt sein. Denn ein gutes Projektthema greift Interessen der Kinder auf und gibt ihnen die Möglichkeit, diese zu vertiefen. Es ist aber auch mit den Interessen und Möglichkeiten der Fachkräfte und der Bildungseinrichtung vereinbar, so etwa mit den in einem Bildungsplan formulierten Zielen, den räumlichen und personalen Ressourcen der Einrichtung und lokalen Gegebenheiten (z. B. Möglichkeiten zu Exkursionen).

Häufig geben Erlebnisse und Ereignisse im unmittelbaren Umfeld der Kinder Anlass zu einem Projekt, zum Beispiel eine Baustelle in der Nachbarschaft, eine auffällige Wettererscheinung wie starker Schneefall oder ein Unwetter, ein Heißluftballon, der über die KiTa hinweggezogen ist. Die Fachkraft kann die Fragen und Hypothesen der Kinder zu diesen Ereignissen aufgreifen, und darauf aufbauend mit ihnen zusammen ein Projektthema entwickeln. Auch kann sich an ein abgeschlossenes Projekt ein neues anschließen, in dem Kinder eine weiterführende Fragestellung verfolgen wollen, die sich während der Projektarbeit ergeben hat. Und selbstverständlich kann der Impuls zu einem Projektthema auch von der Fachkraft ausgehen, indem sie das Interesse der Kinder für ein Thema weckt, bspw. durch eine Exkursion ins örtliche Wasserwerk oder in ein nahes mathematisch-naturwissenschaftliches Mitmachmuseum oder durch interessante Materialien und Geräte, die sie den Kindern vorstellt.

Damit aus solchen Anregungen und Anstößen ein erfolgreiches Projekt wird, sind – neben dem Interesse der Kinder für das Thema – einige weitere Kriterien zu beachten (vgl. Katz & Chard, 2000a; Katz & Chard, 2000b). So sollte der Gegenstand, um den es geht, von den Kindern unmittelbar *beobachtbar und erforschbar* sein. Das Thema sollte den Kindern also schon soweit *vertraut sein*, dass sie eigene Ideen und Hypothesen entwickeln können, es sollte *Möglichkeiten zu gefahrlosen Experimenten* bieten, und in der näheren Umgebung sollten *Erkundungen des Themas* möglich sein.

Im Themenkreis „Elektrizität" wäre beispielweise „Elektrische Geräte im Haushalt" ein besser geeignetes Thema als „Der elektrische Strom". Denn Kindern begegnet in ihrer Lebenswelt nicht „Elektrizität an sich", sondern in ihrer Funktion in ihrem Leben, also in Bezug dazu, was man mit Strom tut: Kochen, Backen, Waschen, Fernsehen usw. Erkundungen über elektrische Geräte sind in jeder Kindertagesstätte, Familie und Gemeinde leicht möglich: Die Kinder können ausrangierte Haushaltsgeräte auseinandernehmen, Geräte mit den Eltern gemeinsam bedienen, ein Elektrogeschäft im Ort besuchen und erkunden, wie die Geräte mit Strom versorgt werden. Auch gefahrlose Experimente zum Stromkreis sind mit einer Batterie und Lämpchen möglich.

Auch sollte die Fachkraft, wenn sie mit den Kindern ein Projektthema vereinbart, bedenken, inwieweit dieses Thema zu den besonderen *Gegebenheiten der Einrichtung und ihres Umfelds* passt, bspw.: Stärkt das Projekt einen besonderen *Schwerpunkt*, den die Einrichtung sich gesetzt hat? Deckt es sich mit dem für sie geltenden *Bildungsplan*? Nicht zuletzt sollte das Projektthema so gewählt werden, dass eine Beteiligung der *Familien der Kinder* möglich wird: Können die Eltern bspw. Objekte für eine „Ausstellung" beitragen? Gibt es in der Elternschaft „Experten", die die Gruppe zu einer Erkundung einladen oder die Erzieherin bei der Durchführung des Projekts beraten und unterstützen können? Zum Beispiel Handwerker, Wissenschaftler, Landwirte, Geschäftsinhaber oder Techniker?

Ein gutes Projektthema sollte zudem Raum für g*anzheitliches Lernen und vielfältige Lerngelegenheiten* geben. Es sollte unterschiedliche Fähigkeiten der Kinder ansprechen und fordern und sie zu unterschiedlichen Formen des Ausdrucks und kreativer Darstellung anregen. Beispielsweise wäre ein mathematisches Projekt mit der Themenwahl „Wir lernen die Uhrzeit" eng auf eine spezifische Fertigkeit der Kinder ausgerichtet. Ein breiter angelegtes Thema – etwa: „Wie messen die Menschen die Zeit?" – ließe dagegen mehr Raum für die Stärkung unterschiedlicher Kompetenzen und Ausdrucksmöglichkeiten, z. B.: Sand- und Sonnenuhren bauen, Zeitmessung in der Musik und beim Tanz kennenlernen (Metronom), Sonne und Mond beobachten und als Grundlagen der Zeitmessung diskutieren, „Zeit" in einfachen Tages- und Wochenplänen selbst darstellen, über die Zeit philosophieren und vieles mehr.

Überhaupt sollte ein Projektthema nicht zu spezifisch formuliert werden, sondern den Kindern die Freiheit geben, auch während des Projektverlaufs noch spezielle Fragen zu entwickeln und zu vertiefen. Ein zu allgemein gefasstes Projekt allerdings kann ebenfalls unbefriedigend verlaufen, da es nicht mit für die Kinder fassbaren Ergebnissen und Erkenntnissen abgeschlossen werden kann. Um zwei Extreme zu nennen: „Der Apfelbaum im KiTa-Garten" wäre ein zu spezielles, „Pflanzen" ein zu unspezifisches Thema.

Sobald die Gruppe sich auf ein Projektthema geeinigt hat, kann die Erzieherin mit der Vorbereitung und Planung des Projekts beginnen. Dabei legt sie die Aktivitäten und den Zeitplan des Projekts nicht starr fest, denn die Kinder sollen ja den Verlauf mitgestalten und auch neu auftauchende Fragen verfolgen können. Einiges aber können und sollten die Fachkräfte vor Beginn der Projektarbeit überlegen und vorbereiten. Zum Beispiel kann es notwendig sein, im Vorhinein besondere Materialien oder Bücher, Filme und andere Medien zu besorgen oder eine Exkursion zu organisieren (vgl. Textor, 1999). Auch können die Fachkräfte Ideen zusammentragen, in welcher Weise sie das Projekt stimulieren können, wenn es ins Stocken gerät oder die Kinder sich langweilen.

Der Einstieg in ein Projekt

Gemeinsam mit den Kindern beginnt die Projektarbeit mit einer *Bestandsaufnahme*: Was wissen die Kinder bereits über das Thema? Welche Erfahrungen haben sie gemacht? Was haben sie schon darüber gehört oder gesehen? Ihr Vorwissen und ihre Erfahrungen können die Kinder, entsprechend ihrem Entwicklungsstand, auf verschiedene Weise ausdrücken: In Rollenspielen, beim Malen und Zeichnen, in Erzählungen von Erlebnissen und indem sie sich über ihre Vermutungen und Hypothesen zu der Fragestellung austauschen. Es ist durchaus möglich, dass die Kinder in dieser Phase unzutreffende Erklärungen und Hypothesen vertreten. Sie sollten aber nicht vorschnell korrigiert werden, denn auch Irrtümer können sehr gut zum Erforschen und Hinterfragen eines Sachverhaltes anregen und zu einem befriedigenden „Aha-Effekt" führen (vgl. Katz & Chard, 2000a).

In dieser Einstiegsphase verschafft sich die Fachkraft ein Bild von dem Vorwissen und den Interessen der Kinder. Gleichzeitig entwickeln und präzisieren die Kinder in dieser Phase ihre Fragen an das Thema: Was wissen sie schon, wo sind sie sich unsicher, und was möchten sie gerne Neues über das Thema erfahren? Mit der Konkretisierung ihrer Fragen kann nun die Hauptphase des Projekts eingeleitet werden, in der die Gruppe gemeinsam etwas über das Thema herausfindet.

Der weitere Ablauf: Informationen sammeln und auswerten (Hauptphase des Projekts)

In dieser Phase des Projekts verschaffen sich die Kinder auf verschiedenen Wegen Informationen über ihr Thema, entwickeln Hypothesen, prüfen sie und tragen ihre Erkenntnisse zusammen. Je nach Interessen und Entwicklungsstand der Kinder können sich Kleingruppen mit unterschiedlichen Aspekten und Fragestellungen befassen und unterschiedliche Methoden der Informationsbeschaffung einsetzen. Dabei können sie *Informationen „aus erster Hand"* gewinnen, bspw. wenn sie sich eine Baustelle, eine Werkstatt oder eine Maschine anschauen, „Experten" wie den Bauleiter, den Handwerker oder den Maschinenführer interviewen, ihre Eltern und andere Verwandten zu dem Thema befragen oder eine Ausstellung zu dem Thema besuchen.

„Aus zweiter Hand" informieren sich Kinder durch Bücher, Filme, kindgerechte CD-ROMs zum Thema, Internet-Recherchen mit den Eltern und ähnlichem. Dies stärkt die in der „Wissensgesellschaft" grundlegende Kompetenz, sich gezielt Informationen zu beschaffen, wichtige Informationen von den irrelevanten zu unterscheiden und die Information für die eigene Frage auswerten zu können.

In *systematischen Erkundungen* des Themas stärken Kinder weitere grundlegende Kompetenzen des naturwissenschaftlichen und mathematischen Denkens:

- Sie *beobachten* Vorgänge genau (z. B. „Holz schwimmt auf dem Wasser")
- sie *explorieren* die Eigenschaften und das Verhalten von Objekten (z. B. „Was passiert, wenn man eine Gummiente untertaucht?")
- sie *vergleichen* Vorgänge und Objekte, finden Gemeinsamkeiten und Unterschiede (z. B. „ein Stück Holz schwimmt, ein Stein nicht") und bilden daraus *Klassen* ähnlicher Phänomene (z. B. „Objekte, die schwimmen, und solche, die sinken")
- sie *zeichnen ihre Beobachtungen auf* (z. B. mit Fotos oder einfachen mathematischen Methoden wie Strichlisten oder Diagrammen)
- sie führen *Messungen* durch (z. B. das Gewicht der Dinge, die schwimmen und derjenigen, die sinken) und

- sie *entwickeln Hypothesen* (z. B. [irrtümlich] „Dinge aus Holz schwimmen, solche aus Metall nicht; leichte Dinge schwimmen, schwere Dinge sinken").

Eine wichtige Herangehensweise, um die Hypothesen zu überprüfen, die Kinder bei ihrer Exploration der Umwelt entwickelt haben, ist das *Experimentieren* (siehe *Abschnitt „Auswahl und Durchführung von Experimenten"*). Denn im Experiment können Kinder ihre Vermutungen systematisch prüfen und zu neuen Einsichten kommen. Zum Beispiel können sie (auch wenn das Konzept „Dichte" für Kinder noch schwer zu verstehen ist [vgl. Lück, 2003]) bei Sink- und Schwimmversuchen herausfinden, dass auch Dinge aus Metall und schwere Dinge nicht untergehen, wenn sie die „richtige" Form haben, die ihr Gewicht „auf dem Wasser verteilt".

An die Erkundungen, Informationssuche und Experimente der Kinder schließt sich immer eine *Zusammenfassung und Darstellung* der bisherigen Erkenntnisse an. Kinder können dabei ihre Ergebnisse auf vielfältige Weise präsentieren, wobei sich die Darstellungsform nach ihrem Entwicklungsstand richtet. Bei jüngeren Kindern steht das Malen, Zeichnen und Bauen sowie das Rollenspiel im Vordergrund, z. B. wenn sie ihre Eindrücke von einem Besuch in einer Elektrowerkstatt malen, die Kulisse einer solchen Werkstatt bauen und sie einrichten und dieses Szenario für Rollenspiele (etwa: „Elektriker und Kunde in der Werkstatt") nutzen. Außerdem können sie ihre Beobachtungen und Ergebnisse ausdrücken, wenn sie anderen davon erzählen oder Fundstücke ausstellen und erklären. Ältere Kindergartenkinder stellen ihre Ergebnisse zunehmend auch symbolisch dar, z. B. mit Fotos, Zeichnungen und einfachen Diagrammen, die sie den anderen Kindern erläutern (vgl. Katz & Chard, 2000a).

Bei diesen Darstellungen des „Zwischenstandes" eines Projekts tauschen sich die Kinder, die in Kleingruppen verschiedene Aspekte des Projektthemas bearbeitet haben, über ihr Vorgehen und ihre Erkenntnisse aus und überlegen gemeinsam, was sie bisher über das Thema herausgefunden haben, welche Fragen noch offen sind oder sich neu ergeben haben, und wie sie diese im weiteren Projektverlauf klären könnten. Derartige Reflexionen der Lernergebnisse und des weiteren Vorgehens sollten das Projekt fortlaufend begleiten, denn in ihnen vollziehen sich die *gemeinsame Konstruktion* von Wissen der Kinder und der Fachkraft sowie die Mitgestaltung der Bildungsprozesse durch die Kinder.

Dieser Austausch stellt zudem eine wichtige Phase der Projektarbeit dar, insofern er eine hervorragende Gelegenheit zur Stärkung *lernmethodischer* und *sozialer Kompetenzen* gibt: Wenn Kinder ihre Ergebnisse zusammenfassen und darstellen, nehmen sie ihrem eigenen Lernen und Denken gegenüber eine reflexive Haltung ein, sie überlegen gemeinsam: *Was* haben wir über das Thema gelernt, *wie* haben wir gelernt, und *warum* haben wir das gelernt, was trägt das Gelernte zum Verständnis des Themas bei? Dabei erfahren sie nicht nur etwas über ihr eigenes Denken und Lernen. Sie erfahren auch etwas über die Lösungswege und Ideen anderer Kinder und entwickeln Wertschätzung für verschiedene Herangehensweisen. Damit stärken die Präsentation der Ergebnisse, der Austausch darüber und die Planung weiterer Erkundungen die *Kooperationsfähigkeit* der Kinder ebenso wie ihre Fähigkeiten, über das eigene Denken nachzudenken und das eigene Lernen zu planen (*metakognitive Kompetenzen*) (vgl. Gisbert, 2004), die eine wichtige Fähigkeit des *„kompetenten Problemlösers"* darstellen (vgl. Fritz & Funke, 2002).

Die **lernmethodische Kompetenz** befähigt das Individuum, diejenigen Lern- und Lösungswege (Lernstrategien) für Probleme und Herausforderungen auszuwählen, mit denen das Individuum persönlich am besten lernt und Probleme bewältigt (vgl. Gisbert 2004).

In ihrem Buch „Spielend Lernen: Stärkung lernmethodischer Kompetenzen" führen Ingrid Pramling Samuelsson und Maj Asplund Carlsson aus, wie Kinder bei der Entwicklung ihrer lernmethodischen Kompetenz unterstützt werden können.

Literaturhinweis:
Pramling Samuelsson, I. & Asplund Carlsson, M. (2007): Spielend lernen: Stärkung lernmethodischer Kompetenzen. Troisdorf, Bildungsverlag Eins.

Der Abschluss eines Projekts

Sinnvollerweise endet ein Projekt damit, dass die Kinder ihr Projektergebnis anderen *präsentieren*. Denkbare Abschlussaktivitäten sind bspw. eine „Ausstellung" von Werken oder Fundstücken, eine Aktivität, die die Gruppe anderen auf dem Jahresfest der Einrichtung anbietet, eine Diashow oder ein Videofilm über das Projekt, ein Theaterstück, das die Kinder zum Thema verfasst haben oder eine Wandpräsentation der Projektergebnisse (vgl. Katz & Chard, 2000a; Katz & Chard, 2000b; Textor, 1999).

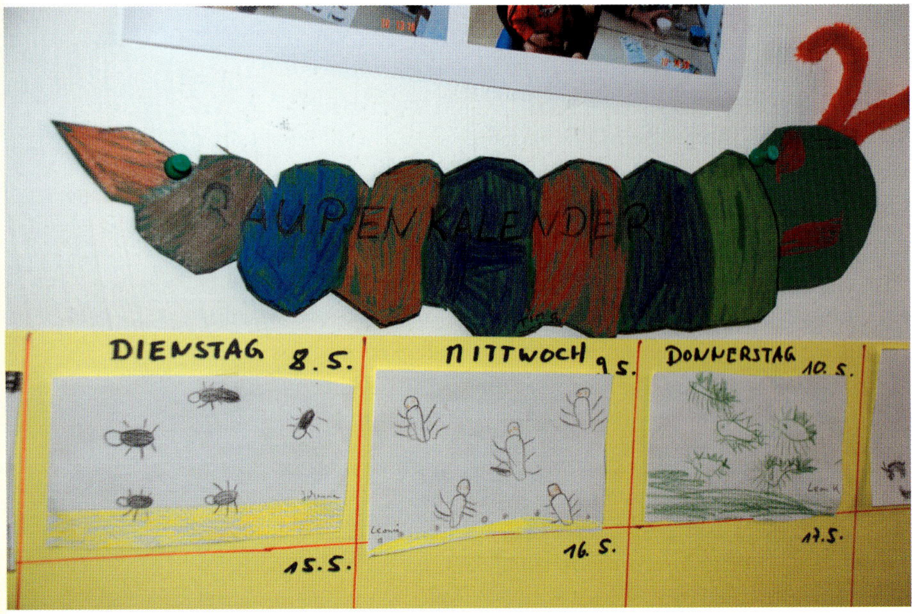

Derartige Formen der Präsentation bieten den Kindern einen befriedigenden Projektabschluss und ein besonderes Erfolgserlebnis, da ihre Bemühungen in einem sicht- und greifbaren Ergebnis münden und von anderen gewürdigt werden. Von besonderem Wert für das Lernen der Kinder sind darüber hinaus Präsentationen, die eine umfassende *Dokumentation* des Projektverlaufs beinhalten. **Ausführliche Dokumentationen**, die nicht nur das Projektergebnis, sondern auch Arbeiten der Kinder im Laufe des Projekts und Aufzeichnungen über ihre Lernaktivitäten, Gedanken und Ideen umfassen, **tragen auf verschiedenen Wegen zur Qualität der pädagogischen Arbeit bei** (vgl. Katz & Chard, 1996, siehe auch Fthenakis, 2000; Katz & Chard, 1996):

- Sie *unterstützen die Lernprozesse* der Kinder: Wenn Kinder im Verlauf des Projekts ihre Arbeit dokumentieren, verdeutlicht ihnen das ihre eigene Leistung und Lernfortschritte, *motiviert* sie zum Weiterlernen und regt die *Reflexion* über das eigene Lernen an. Zudem unterstützt es Kinder dabei, *voneinander zu lernen* und sich von den Ideen anderer anregen zu lassen, wenn sie die Arbeitsergebnisse und -schritte anderer in deren Dokumentation nachvollziehen können.
- Sie signalisieren den Kindern, *dass ihre Ideen und Bemühungen ernst genommen werden* und motiviert sie so zu sorgfältigem, engagiertem Arbeiten.
- Eine fortlaufende Dokumentation von Lernaktivitäten und -ergebnissen unterstützt den ständigen *Austausch* zwischen der Fachkraft und den Kindern und ihre gemeinsame Planung des Projektverlaufs.
- Die Projektdokumentation lässt *Eltern an den Lernerfahrungen ihrer Kinder in der Einrichtung teilhaben* und gibt ihnen – da sie über den Stand des Projekts informiert sind – die Möglichkeit, eigene Ideen einzubringen.
- Sie unterstützt Fachkräfte dabei, die *Lern- und Entwicklungsverläufe der einzelnen Kinder* nachzuvollziehen und ihr eigenes Vorgehen zu reflektieren.

Schritte der Projektplanung und -durchführung

1. Gemeinsame Themenfindung

- die Kinder suchen gemeinsam mit den Fachkräften nach einem Projektthema und legen es anschließend fest
- das geschieht abhängig von den Interessen der Kinder sowie von den Interessen und Möglichkeiten der Fachkräfte/der Einrichtung (z.B. auf der Grundlage eines Bildungsplans)

2. Planung und Vorbereitung des Projekts durch die Fachkräfte

- die Fachkräfte stellen einen groben Zeitplan auf und planen Aktivitäten
- der geplante Projektablauf lässt aber für die Kinder den Raum, diesen mitzugestalten und neu auftauchende Fragen einzubeziehen

3. Einstieg in das Projekt

- eine Bestandsaufnahme wird durchgeführt: Was wissen die Kinder bereits über das Projektthema?
- die Kinder präzisieren ihre Fragen an das Thema

4. Hauptphase des Projekts

- die Kinder sammeln auf verschiedene Weise Informationen zum Projektthema und werten diese aus
- die Kinder entwickeln und prüfen Hypothesen

→ dabei erfolgt eine Aufteilung der Kinder in Kleingruppen nach ihren Interessen und ihrem Entwicklungsstand; diese Kleingruppen bearbeiten unterschiedliche Aspekte des Themas

- nach den Aktivitäten (z. B. Informationssuche, Erkundungen, Experimente usw.) tauschen sich die Kinder mit anderen über ihr Vorgehen aus, stellen ihre bisherigen Erkenntnisse dar und fassen diese zusammen; die Kinder bearbeiten dabei die Frage, was sie wie und warum gelernt haben

→ daraus folgt, welche Fragen noch offen sind, ob sich neue Fragen ergeben haben und wie diese im weiteren Projektverlauf geklärt werden können

(diese beschriebenen „Unterschritte“ wiederholen sich in der Hauptphase mehrmals)

5. Abschluss des Projekts

- die Kinder präsentieren anderen ihre Projektergebnisse (z.B. durch eine Wandpräsentation, durch eine Ausstellung oder im Rahmen eines Festes)

Verwendete Literatur:

Fritz, A. & Funke, J. (2002): Planen und Problemlösen als fächerübergreifende Kompetenzen. *Lernchancen, 25*, (S. 6–14).

Fthenakis, W. E. (2000): Kommentar zum Projektansatz. In W. E. Fthenakis & M. R. Textor (Hrsg.), *Pädagogische Ansätze im Kindergarten* (S. 224–233). Weinheim, Beltz.

Gisbert, K. (2004): *Lernen lernen: Lernmethodische Kompetenzen von Kindern in Tageseinrichtungen fördern.* Weinheim, Beltz.

Katz, L. G. & Chard, S. C. (1996): The contribution of documentation to the quality of early childhood education. Zugriff am 06.09.2007, auf: http://www.ericdigests.org/1996-4/quality.htm.

Katz, L. G. & Chard, S. C. (2000a): Der Projekt-Ansatz. In: W. E. Fthenakis & M. R. Textor (Hrsg.), *Pädagogische Ansätze im Kindergarten* (S. 209–223). Weinheim, Beltz.

Katz, L. G. & Chard, S. C. (2000b): *Engaging children's minds: the project approach.* 2. Stamford, Ablex Publishing.

Lück, G. (2003): *Handbuch der naturwissenschaftlichen Bildung.* Freiburg: Herder.

Textor, M. R. (1999): Projektarbeit in Kindertageseinrichtungen: theoretische und praktische Grundlagen. Zugriff am 04.09.2007, auf: http://www.kindergartenpaedagogik.de/14.html.

Auswahl und Durchführung von Experimenten –

Worauf ist zu achten, damit sich Kinder mathematische, naturwissenschaftliche und technische Inhalte mit Hilfe von Experimenten erschließen?

Experimente stellen einen wichtigen Bestandteil von Projekten dar, wie sie auch in diesem Band beschrieben werden. Kinder verschaffen sich durch Experimentieren Zugang zu mathematischen und naturwissenschaftlich-technischen Inhalten. Mit Hilfe von Versuchen finden sie Erklärungen für beobachtete Phänomene. Aber welche Voraussetzungen müssen bei dieser Art der Auseinandersetzung mit mathematischen, naturwissenschaftlichen und technischen Inhalten erfüllt sein, damit Kinder durch Experimente Antworten auf ihre Fragen finden? Bei der Auswahl und Durchführung von Experimenten als Bestandteil eines Projekts gilt es eine Reihe von Punkten zu berücksichtigen:

Bezug zur Lebenswelt der Kinder

Zunächst sollten die Themen, mit denen sich die Experimente beschäftigen, einen Bezug zu den mathematischen, naturwissenschaftlichen und technischen Phänomenen haben, denen Kinder in ihrer Lebenswelt begegnen. Mit Hilfe der Experimente sollten Interessen und Fragestellungen der Kinder aufgegriffen werden und Möglichkeiten zur Bearbeitung und Weiterentwicklung dieser Interessen und Fragestellungen geschaffen werden.

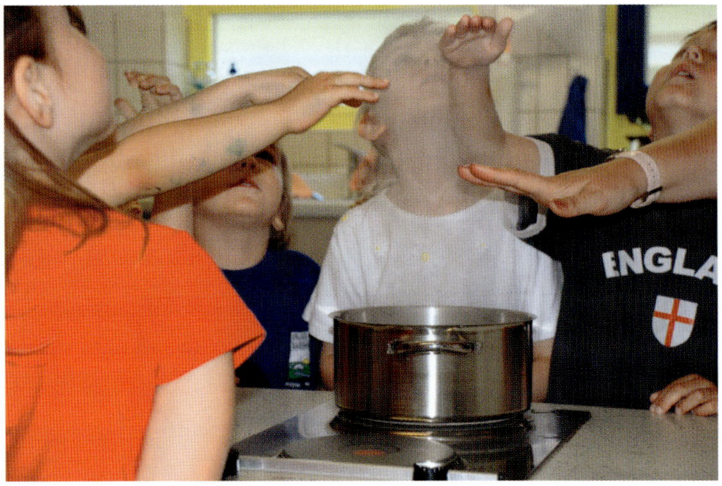

Ungefährliche und sichere Versuchsdurchführung

Zusätzlich muss in jedem Fall die Sicherheit der Kinder beim Experimentieren gewährleistet sein. Die Materialien, die bei den Versuchen zum Einsatz kommen, dürfen keine besonderen gesundheitlichen Risiken bergen. Die Gesundheit der Kinder darf in keinem Fall gefährdet werden. Selbst dann nicht, wenn die Kinder die Materialien auf eine unvorhersehbare oder unsachgemäße Weise verwenden.

Kindgerechte Lernatmosphäre schaffen

Grundsätzlich sollten die Experimente den Kindern die Möglichkeit bieten, durch Beobachten, Vergleichen und Messen Erfahrungen zu sammeln. Dabei sollten die Kinder Eindrücke mit all ihren Sinnen wahrnehmen können. Dazu ist die Schaffung einer kindgerechten Lernatmosphäre notwendig, die Kinder auch zu Kooperationen anregt. Eine wichtige Rolle spielt in diesem Zusammenhang eine für die Kinder überschaubare Anordnung der Materialien, die für das Experiment benötigt werden. Außerdem sollte das für den Versuch benötigte Material möglichst für jedes Kind zur Verfügung stehen, damit die Kinder mit den unterschiedlichen Materialien hantieren können. Für die Kinder sollte zudem gemeinsames Experimentieren zum Lösen der gestellten Aufgabenstellung möglich sein. Das trägt dazu bei, dass die Kinder die Forschungsarbeit in ihrem eigenen Tempo und nach ihren eigenen Vorstellungen bzw. Fragestellungen vornehmen können. Beim Experimentieren regt die Erzieherin die Kinder an, ihre Vorgehensweise und Lernprozesse zu reflektieren.

Ablauf von Experimenten

Idealerweise läuft die Auswahl und Durchführung eines Experiments folgendermaßen ab: Wenn ein Kind eine bestimmte Fragestellung beschäftigt, versucht die Erzieherin diese Fragestellung gemeinsam mit den anderen Kindern aufzugreifen und zu bearbeiten. Dazu wird zunächst einmal gemeinsam die Fragestellung besprochen und gleichzeitig überlegt, welches Material zur Bearbeitung eingesetzt werden kann und was man mit diesem Material tun muss, um eine Antwort auf die gestellten Fragen zu bekommen. Im Anschluss daran entwickeln die Kinder gemeinsam mit der Erzieherin einen geeigneten Versuchsaufbau bzw. Versuchsablauf. Dadurch ergeben sich für die Kinder gegenüber dem Experimentieren „nach Anleitung" eine Reihe von zusätzlichen Lerngelegenheiten, beispielsweise hinsichtlich des Aufbaus ihrer Problemlösefähigkeit oder ihrer Kreativität. Als Hilfsmittel zur Bearbeitung bestimmter Themen – beispielsweise im Rahmen eines Projekts – können aber auch Experimentiertipps herangezogen werden, wie man sie in verschiedenen Veröffentlichungen findet. Diese Literatur beschreibt den Verlauf bestimmter Experimente, listet die notwendigen Materialien auf und gibt Hinweise zur Entwicklung einer Erklärung der beobachteten Phänomene. Vor Beginn des Experiments formulieren die Kinder dann – wenn möglich – schon eine aus ihrer Sicht zutreffende Antwort auf die Fragestellung. Anschließend stellen die Kinder selbst das für den Versuch benötigte Material zusammen. In diesem Zusammenhang werden auch die einzelnen Materialien noch einmal vorgestellt, benannt und besprochen. Es wird auch geklärt, auf welche Weise man die Materialien verwenden kann. Im Anschluss daran gehen die Kinder gemeinsam mit der Erzieherin die einzelnen Arbeitsschritte des Experiments durch. Dazu können vorbereitete Fotos oder Zeichnungen genutzt werden. Auf diesen Fotos und Zeichnungen sind dann noch einmal die einzelnen Arbeitschritte des Versuchs zu sehen. Sie dienen den Kindern später beim Experimentieren zur Orientierung. Vor Beginn des eigentlichen Experimentierens formulieren die Kinder gemeinsam mit der Erzieherin ihre Vermutungen über den Ausgang des Versuchs. Die Vermutungen der Kinder werden schriftlich oder durch Bilder dokumentiert, um nach dem Experimentieren die gemachten Erfahrungen mit ihnen abgleichen zu können. Es folgt zunächst eine gemeinsame Durchführung des Experiments. Anschließend führen die Kinder den Versuch nochmals durch. Dabei regt die Erzieherin die Kinder dazu an, Materialien zu benennen sowie ihre Beobachtungen und Erkenntnisse mitzuteilen. Der Verlauf des Experiments wird anhand von Zeichnungen, Fotos und schriftlich festgehaltenen Kommentaren der Kinder dokumentiert. Diese Aufzeichnungen werden für die Dokumentation der kindlichen Lernprozesse, z. B. in einem Portfolio, genutzt. Diese Dokumentation dient zur Reflexion der Lernprozesse durch Kind und Erzieherin. So kann die lernmethodische Kompetenz des Kindes gestärkt werden, und die Dokumentationsergebnisse werden für die Planung zukünftiger pädagogischer Angebote genutzt. Aber auch beim Experimentieren selbst tragen die Kinder ihre Beobachtungen und Erkenntnisse zusammen und vergleichen diese mit ihren zuvor festgehaltenen Vermutungen. Dabei reflektieren sie gemeinsam mit der Erzieherin den Verlauf des Experiments und den Weg ihrer Erkenntnis. Im sich ergebenden Gespräch entwickeln die Kinder mit der Erzieherin eine Erklärung (Deutung) für die gemachten Beobachtungen. Im Laufe einer abschließenden Bewertung des Experiments überlegen die Kinder, ob die gestellten Fragen zufriedenstellend beantwortet wurden oder ob dazu noch weitere Experimente notwendig sind.

Der Ablauf von Experimenten

Die Kinder vollziehen gemeinsam mit der Erzieherin folgende Schritte:

1. Aufgreifen und Diskutieren einer Fragestellung, die die Kinder beschäftigt
2. Gespräch über die Auswahl von Materialien, mit denen die Fragestellung bearbeitet werden kann
3. Entwicklung eines geeigneten Versuchsablaufs/Versuchaufbaus
4. Formulieren einer möglichen Antwort auf die Fragestellung
5. Zusammenstellen der für den Versuch gebrauchten Materialien und Besprechung dieser Materialien
6. Durchgehen der einzelnen Arbeitsschritte des Experiments
7. Festhalten der Vermutungen über den Ausgang des Experiments
8. Gemeinsame Durchführung des Experiments
9. Zusammentragen der Beobachtungen und Erkenntnisse; Vergleich mit den vor dem Experimentieren geäußerten Vermutungen
10. Gemeinsame Entwicklung einer Deutung

Während des gesamten Verlaufs dokumentieren und reflektieren Kinder und Erzieherin gemeinsam:

- Wie sind wir vorgegangen?
- Was haben wir gelernt?
- Wie haben wir das herausgefunden, wie haben wir das gelernt?

Entwicklung einer kindgerechten Deutung der Experimente

Das gemeinsame Entwickeln einer kindgerechten Deutung hat bei der Durchführung von Experimenten einen hohen Stellenwert, denn es trägt bei den Kindern entscheidend zum Aufbau eines Verständnisses für mathematische, naturwissenschaftliche und technische Phänomene bei. Ohne eine solche Suche nach bildhaften Erklärungen bleiben bei den Kindern die entscheidenden „Warum"-Fragen unbeantwortet. Das Experimentieren ruft dann bei den Kindern vielleicht Staunen oder gesteigertes Interesse hervor, aber es trägt nicht zur Beantwortung ihrer Fragen und damit zum Aufbau von Wissen bei. Somit würde ein wichtiges Ziel mathematischer, naturwissenschaftlicher und technischer Bildung nicht erreicht. Gerade die Entwicklung einer Erklärung, durch die den Kindern Hintergründe bekannt werden, unterstützt die Kinder darin, von einem Phänomen auf ein anderes zu schließen. Kindern wird beispielsweise durch das Experiment mit einer Kerze und einem Glas und durch den dazugehörigen ko-konstruktiven Reflexionsprozess bewusst, dass eine Flamme zum Brennen Luft bzw. Sauerstoff braucht. Die Erzieherin kann diese Erkenntnis der Kinder nutzen, um gemeinsam mit den Kindern zu der Einsicht zu kommen, dass eine Kerze ebenfalls durch das Untertauchen in Wasser gelöscht werden kann, weil auch auf diese Weise die Zufuhr von Sauerstoff unterbunden wird. Aus Untersuchungen zur Erinnerungsfähigkeit von Kindern an Experimente (vgl. Lück, 2006) geht hervor, dass Experimente durch eine anschließende Deutung besser erinnert werden als Versuche, bei denen auf eine Deutung verzichtet wurde. Bei der Entwicklung der Deutung besteht die Aufgabe der Erzieherin vor allem darin, die Kinder durch Fragen zum Nachdenken anzuregen, ohne dabei gleich eine Erklärung vorwegzunehmen. Um den Kindern einen möglichst großen Lernerfolg zu ermöglichen, empfiehlt sich dabei ein ko-konstruktives Vorgehen wie es in diesem Band im Abschnitt *„Kinder und Erzieherinnen konstruieren gemeinsam Welt und Wissen – wie Kinder in Tageseinrichtungen lernen"* beschrieben wird. Durch das Erarbeiten von Analogien, bei denen Vergleiche zwischen bereits Bekanntem und dem beobachteten Ausgang des Experiments gezogen werden, kann die Entwicklung einer Deutung zusätzlich unterstützt werden. Auch hier ist ein Vorgehen der Erzieherin im Sinne der Ko-Konstruktion sinnvoll, bei dem gemeinsam mit den Kindern durch Rückfragen und Anregungen entsprechende Vergleiche und Übertragungen entwickelt werden. Bei der Deutung eines Versuchs mit einer Kerze und einem Glas könnten sich die Kinder beispielsweise vorstellen, dass Luft bzw. Sauerstoff für die Flamme wie Nahrung ist und dass sie ausgeht, wenn sie nichts mehr zu essen bekommt. Da eine Analogiebildung (sinngemäße Übertragung) häufig mit der Vereinfachung eines Zusammenhangs einhergeht, lassen sich nicht alle Naturphänomene auf diese Weise deuten, ohne zu stark von einer angemessenen Erklärung abzuweichen. Aus diesem Grund ist bei der Auswahl der Experimente auch zu berücksichtigen, ob mit Kindern überhaupt eine angemessene Erklärung entwickelt werden kann oder ob die Hintergründe eines Experiments dafür zu komplex sind. Kindern kann das Entwickeln einer Erklärung ebenfalls erleichtert werden, indem Eigenschaften und Verhaltensweisen, die eigentlich Lebewesen zugeschrieben werden, auf Phänomene der unbelebten Natur übertragen werden (Beseelung). Wenn es beispielsweise um die Oberflächenspannung von Wasser geht, hilft Kindern die Vorstellung von einzelnen Wassermolekülen, die sich fest an der Hand halten, um zu verstehen, warum eine Büroklammer auf einer Wasseroberfläche schwimmt oder warum ein Wasserläufer beim Überqueren eines Teichs nicht untergeht. Dazu könnten sich die Kinder beispielsweise alle fest an den Händen halten und beschreiben, was dadurch mit ihnen passiert. Vielleicht finden die Kinder dann heraus, dass sie auf diese Weise fest miteinander verbunden sind. Was bedeutet das dann für ein einzelnes Kind, das zwischen den anderen Kindern durchlaufen will? Was geschieht mit Dingen, die zwischen den Wassermolekülen hindurch wollen? Auch das Betrachten von einfachen schematischen Zeichnungen, die etwas zeigen, das mit dem bloßen Auge nicht zu erkennen ist, hilft Kindern beim Finden einer Erklärung für beobachtete Phänomene.

Verwendung preiswerter und leicht zu beschaffender Materialien

Ein weiterer Punkt, den man bei Auswahl der Experimente berücksichtigen sollte, ist die Möglichkeit, preiswerte und leicht zu beschaffende Materialien für die Versuchsdurchführung zu verwenden. Dadurch soll gewährleistet werden, dass genug Material für alle Kinder angeschafft werden kann und dass die Kinder die Experimente ihrem Forscherdrang entsprechend mehrmals durchführen können. Außerdem besteht bei der Verwendung von Materialien, die sich in jedem Haushalt finden, die Möglichkeit, dass Kinder die Versuche aus dem Kindergarten zu Hause noch einmal durchführen. Dadurch wird zum einen ein Bezug der Experimente zum Alltag der Kinder hergestellt und zum anderen werden die Eltern auf diese Weise in die Bildungsarbeit der Kindertageseinrichtung einbezogen. Das Herstellen eines solchen Alltagsbezugs ermöglicht den Kindern eine Übertragung ihrer Erfahrungen aus den Experimenten und den damit in Zusammenhang stehenden Erklärungen auf alltägliche Lebenssituationen. Experimente mit Backpulver und seiner Wirkung zeigen beispielsweise beim nächsten gemeinsamen Kuchenbacken in der Familie ihren Bezug zum Alltag der Kinder.

Balance zwischen herausfordernden und zuverlässig gelingenden Experimenten

Die ausgewählten Experimente sollten für die Kinder die Möglichkeit bieten, logisch kombinierend und gemeinsam Arbeitsvorgänge zu gestalten. Zugleich sollten die Versuche aber auch zuverlässig gelingen und sich durch Wiederholbarkeit auszeichnen, um den Kindern ein Erleben ihrer Kompetenz zu ermöglichen und gleichzeitig auch die Regelmäßigkeit von Naturgesetzen zu verdeutlichen. Es gilt, eine angemessene Balance zwischen herausfordernden Aufgabenstellungen und zuverlässig gelingenden Experimenten zu finden. Dabei sind auch die Konzentrationsfähigkeit von Kindern und ihre feinmotorischen Fähigkeiten zu berücksichtigen.

Verwendete Literatur:

Lück, G. (2005): Handbuch der naturwissenschaftlichen Bildung: Theorie und Praxis für die Arbeit in Kindertageseinrichtungen. Freiburg im Breisgau, Herder.

Lück, G. (2006): Was blubbert da im Wasserglas?: Kinder entdecken Naturphänomene. Freiburg im Breisgau, Basel, Herder.

Winterhalter-Salvatore, D. (ohne Jahr): „Mathematische, naturwissenschaftliche und technische Bildung im Kindergarten." Zugriff am: 6. 8. 2007, auf: http://www.ifp.bayern.de.

2

Die Projekte

Element Wasser

Städtische Tageseinrichtung für Kinder „Huchzermeierstraße“
Huchzermeierstraße 16
33611 Bielefeld

Ansprechpartnerin:
Frau Christina Langhorst

Telefon:
0521 – 51 66 22

Das Projekt im Überblick

Um was geht es?

Die Feststellung der Kinder, dass sie in ihrem Alltag häufig mit Wasser in Berührung kommen, und ihre mit diesem Element in Verbindung stehenden Fragen werden in einem mehrwöchigen Projekt aufgegriffen. Nach einem Einstieg, der auf das Lebens- und Erfahrungsfeld der Kinder Bezug nimmt, werden die Kinder an das Element Wasser herangeführt. Dazu führen die Kinder unterschiedliche Experimente durch, mit denen sie sich die speziellen Eigenschaften von Wasser erschließen. Es werden gemeinsam Vorlese-, Sach- und Bilderbücher betrachtet, die ebenfalls etwas mit Wasser zu tun haben und Fragen der Kinder zu diesem Thema aufgreifen. Im Rahmen weiterer Aktionen, dazu gehören beispielsweise gestalterische Aktivitäten, das Singen von Liedern oder auch die Durchführung von Singspielen, findet eine ganzheitliche Beschäftigung mit dem Element Wasser aus verschiedenen Perspektiven statt.

Was zeichnet das Projekt besonders aus?

Vielseitige Angebote – unterschiedliche Materialien – verschiedene Lernorte

Im Projekt „Element Wasser" wird den Kindern ein vielseitiges Angebot zum Thema Wasser unterbreitet. Sie haben die Möglichkeit, dieses Element an verschiedenen Orten ihrer direkten Umgebung wieder zu entdecken und zu untersuchen, z. B. in Form von Pfützen an Regentagen oder bei Exkursionen zu einem nahe gelegen Bach. Die Wahrnehmung der Kinder wird auf spielerische Weise geschult, sodass sie die Dinge des alltäglichen Lebens aus einer neuen, forschenden Perspektive sehen. Das Erlebte und Erfahrene wird dann in der Einrichtung vertieft, indem im Garten z. B. eine Wasserstelle errichtet oder nach „Wasserquellen" im Haus gesucht wird. Die Erforschung des Elementes Wasser endet damit aber nicht, sondern wird in gezielt eingesetzten Experimenten zu den Eigenschaften von Wasser erneut auf einer höheren Lernebene wieder aufgegriffen. Löslichkeit, Oberflächenspannung und Aggregatzustände werden experimentell erfahren und auch das Leben im Wasser wird buchstäblich zum Forschungsgegenstand gemacht. Hier tauchen die Kinder in neue und unbekannte Bereiche ein und erlangen neues Wissen über die vielfältigen Eigenschaften des Elementes Wasser oder über die Entstehung von Einzellern und die Entwicklungsstufen eines Frosches.

Ganzheitlicher Zugang

Durch die Einbindung des Projektes in ihre Erfahrungs- und Lebenswelt haben die Kinder die Möglichkeit, ihre Erfahrungen und ihr bestehendes Wissen mit einzubringen. Sie können ihren Eltern oder Geschwistern jederzeit die Orte ihres Forschens zeigen und die Ergebnisse durch Experimente untermauern.

Die ganzheitliche Sichtweise wird dadurch unterstützt, dass sich die Kinder dem Thema Wasser durch verschiedene Zugänge nähern, beispielsweise anhand von Bilderbüchern, Liedern oder einem Theaterstück.

Besonders hervorzuheben ist, dass die Erzieherinnen das Element Wasser für die Kinder in ganz unterschiedlichen Bildungsbereichen erfass- und erfahrbar machen. Die Kinder lernen im Freispiel, während Exkursionen und in strukturierten Handlungsabläufen – wie zum Beispiel Experimenten – Neues und Spannendes.

Mit allen Sinnen erfahren und lernen

Kinder lernen bewusst und nachhaltig, wenn sie Dinge mit allen Sinnen erfahren können. In diesem Projekt wird auf diese Vielfalt der Erfahrungen großer Wert gelegt. Wasser wird durch den Bau eines „Regenmachers" akustisch nachempfunden, am Bach hört man das Wasser plätschern, taktile Unterschiedlichkeit erfährt man durch die Aggregatzustände des Wassers. Sogar der Geschmackssinn wird durch das Kosten von Leitungs- und Salzwasser geschult, und das genaue Beobachten bei den Experimenten schärft die exakte Wahrnehmung. Lerninhalte werden durch verschiedene Sinne aufgenommen und als Gesamtbild des Wissens abgespeichert.

Welche Ziele verfolgt das Projekt?

Der Bildungsbereich Naturwissenschaften soll in der Einrichtung durch Projektarbeit umgesetzt werden. Im Rahmen dieser Projekte sollen die Kinder vielfältige Möglichkeit erhalten, naturwissenschaftliche Phänomene zu beobachten und dabei Zusammenhänge zwischen Ursache und Wirkung herzustellen. Durch ausgiebiges Experimentieren soll der Forscherdrang der Kinder geweckt werden. Für die Kinder sollen Gelegenheiten zur Überprüfung von Vermutungen und Annahmen entstehen, um so die Grundlage für zunehmende Erkenntnisse über Funktionen, Beschaffenheit und Zusammenhänge in ihrer Lebenswelt zu schaffen. Neben dem Schwerpunkt Naturwissenschaften sollen auch die Bildungsbereiche Kommunikation/Sprache, Musik/Rhythmus und Kunst/Gestaltung angesprochen werden. Ziel dieses speziellen Projekts ist eine ganzheitliche Beschäftigung mit dem Element Wasser. Es geht unter anderem darum, seine Funktion im Alltag der Kinder und seine Eigenschaften zu untersuchen.

Für welches Alter ist das Projekt geeignet?

3–6 Jahre

Welche Bildungsbereiche werden besonders unterstützt?

Naturwissenschaftliches Verständnis

Wie werden die Ziele des Projekts umgesetzt?

Das Projekt orientiert sich an den Interessen der Kinder. Ihre Fragen und ihre Beobachtungen werden zum Gegenstand der pädagogischen Planung. Von Beginn an werden die Kinder in die Planung einbezogen und sind damit aktive Mitgestalter ihres Bildungsprozesses. Ausgehend vom Bekannten, der Lebenswelt der Kinder, werden die unterschiedlichen Bereiche zusammen mit den Kindern erforscht. Spannende Experimente regen die Neugierde an und motivieren dazu, selbstständig nach eigenen Ideen weiterzuexperimentieren. Besonders zu erwähnen ist dabei, dass die Pädagoginnen den Kindern vielfältige Orte zur Umsetzung und spielerischen Weiterentwicklung bereitstellen. Eine Wasserstelle regt zum Plantschen und Erkunden ein. Die „Zucht“ von Pantoffeltierchen bringt Einblicke in die Entstehung von einfachen Organismen. So kann das neu erworbene Wissen immer wieder in der natürlichen Umwelt entdeckt werden. Sowohl die situationsorientierte Sichtweise findet in der Erarbeitung des Projektes ihren Niederschlag, als auch die strukturierte Aufbereitung eines naturwissenschaftlichen Bildungsbereiches. Beide pädagogischen Vorgehensweisen werden in Einklang gebracht und ergänzen sich gegenseitig.

Welche anderen Bildungsbereiche berührt das Projekt noch?

Ein ganzheitlicher Projektansatz berührt immer mehrere Bildungsbereiche und so wird auch hier durch verschiedene Aktivitäten bereichsübergreifend ein großer Teil von Bildungsbereichen integriert. Kreativität, musikalische Förderung durch Lieder und klassische Werke und Bewegung in Spiel und Tanz sind einige der Bildungsthemen, die in diesem Projekt integriert wurden.

Dem Bereich der Unterstützung sprachlicher Fähigkeiten und der Hinführung zum Literaturverständnis (Literacy) wird besondere Aufmerksamkeit gewidmet. Kinder lernen ihre Sprache differenziert einzusetzen, indem sie ihre Fragen exakt formulieren und Experimente erklären. Sie werden angeregt sich mit neuen Begrifflichkeiten auseinanderzusetzen und diese in ihren Wortschatz aufzunehmen. Bei der Durchführung von Experimenten ist eine genaue, aufeinander aufbauende Begrifflichkeit unabdingbar. Dadurch wird der Wortschatz der Kinder erweitert, und ihre Sprache wird differenzierter.

Bei der Planung und Weiterentwicklung des Projektes schulen die Kinder in Diskussionen ihre Sprache und lernen elementare Gesprächsregeln kennen. Kinder lernen Sprache im Dialog mit anderen, durch eigene Interessen an den Dingen in ihrer Umgebung und durch Handlungen, die einen Sinn ergeben (Sinnkonstruktion). Geschichten, Theaterstücke und vor allem Erfahrungen rund um das Buch fördern nicht nur die Abstraktionsfähigkeit, sondern auch die Freude und Lust am Lesen.

Welche Aspekte werden besonders berücksichtigt?

Kinder mit Migrationshintergrund werden durch Fragen zum Projektinhalt, bezogen auf ihr Heimatland, oder mit der Bitte um Übersetzung bestimmter Begriffe in ihre Muttersprache einbezogen.

Wie können die Eltern und Familien der Kinder am Projekt beteiligt werden?

Eltern werden nach Anregungen, Büchern, Zeitschriften, möglichen Ausflugszielen und Materialien zum Projektthema gefragt. Sie werden angeregt, sich Ausflügen, Wanderungen und Exkursionen anzuschließen. Auch um ihre Mithilfe beim Experimentieren mit den Kindern wird gebeten. Es findet eine fortlaufende Information der Eltern durch Elternbriefe, persönliche Ansprache sowie durch Informationen des Kita- und Elternrats statt. Ausstellungen, Projektmappen und Fotodokumentationen, die im Eingangsbereich der Einrichtung auf die Eltern warten, machen die tägliche Projektarbeit transparent.

Welchen Bezug hat das Projekt zur pädagogischen Konzeption der Einrichtung?

Die pädagogische Konzeption der Einrichtung sieht eine Umsetzung von 13 unterschiedlichen Bildungsbereichen vor, durch die für Kinder interessante und wichtige Themen in ihrer Vielfalt und Komplexität erfassbar gemacht werden. Diese Bildungsbereiche sollen so in die pädagogische Arbeit integriert werden, dass die Kinder ganzheitlich am konkreten Beispiel und durch eigenes Erleben und Erfahren lernen können. Eine ganzheitliche Umsetzung beinhaltet auch, dass immer mehrere Bildungsbereiche gleichzeitig angesprochen werden. Zur Umsetzung der genannten Richtlinien eignet sich besonders gut das Arbeiten in Projekten. Diese Arbeitsform ermöglicht auch die besondere Berücksichtigung der Interessen und Bedürfnisse der Kinder.

Welche Erfahrungen hat die Einrichtung mit diesem Projekt gemacht?

Das Projekt hat gezeigt, wie wissbegierig und neugierig Kinder auf naturwissenschaftliche Themen sind. Den Kindern fällt es leicht, sich solche Inhalte zu erschließen und sich so ihre Welt zu „erobern“. Das Projekt hilft den Kindern, Zusammenhänge zu verstehen und bewusster mit der Umwelt umzugehen. Dabei werden sie zunehmend selbstständiger und selbstsicherer. Ihre Erkenntnisse geben die Kinder an ihre Eltern und Geschwister weiter, die auf diese Weise ebenfalls von dem Projekt profitieren.

Welche Kompetenzen der Kinder werden gestärkt?

Selbstgesteuertes Lernen

Wichtigster Aspekt ist die Freude am Entdecken, Erkunden und damit der Spaß am Lernen. Die Kinder werden mit Freude zu aktiven Lernern, indem sie sich von bekannten zu neuen Bereichen wagen. Sie gestalten ihren Lernweg selbst, indem sie verschiedene Angebote wählen können. Lösungen werden bei den Fragen nicht vorgegeben, sondern die Kinder erstellen selbst ihre Hypothesen über das „Warum“. Sie versuchen dann, eigene Antworten zu finden. Die Erzieherinnen begleiten sie bei diesem Prozess, das Erforschte zu deuten und in Worte zu fassen.

Dieses Projekt ermöglicht neben selbstgesteuertem Lernen und einer bewussten Übernahme von Verantwortung für die Natur die Entwicklung des Selbstvertrauens in die eigenen Fähigkeiten. Selbstbewusst begeben sich die Kinder auf den Weg des Forschens und Lernens. Dies geschieht in der Gewissheit, dass die Erzieherinnen ihnen mit Rat und Unterstützung zur Seite stehen.

Naturwissenschaftliche Phänomene werden auf der Suche nach Ursache und Wirkung in Experimenten konkret und kindgerecht erfahren. In spielerischer Weise durchlaufen die Kinder den Prozess naturwissenschaftlicher Auseinandersetzung mit diesen Phänomenen. Ausgangspunkt bei diesem Prozess sind die Beobachtungen der Kinder, die zu einer Fragestellung führen. Anschließend gelangen die Kinder über das Experiment zu einer Antwort.

Auch die Eltern werden in diesen Prozess partnerschaftlich mit einbezogen. So wird das Projekt zum Lern- und Betätigungsfeld der Institution und des Elternhauses.

Das Projekt – Ausführliche Beschreibung

Ansatzpunkt des Projekts waren Feststellungen der Kinder, dass sie in ihrem Umfeld sehr oft mit Wasser in Berührung kommen. Auf die Frage, wo überall in ihrer Umgebung Wasser zu finden ist, konnten die Kinder zahlreiche Antworten geben: in der Badewanne, in der Dusche, in der Toilette, im Aquarium, in der Gießkanne, in einer Mineralwasserflasche, in Pfützen. Die Forschungsfragen der Kinder werden aufgegriffen und als Ausgangspunkt bei der Erarbeitung und Umsetzung des Projekts genutzt.

Im Verlauf des Projekts werden unterschiedliche Orte und Gelegenheiten genutzt, um sich intensiv mit dem Projektthema zu beschäftigen: Im morgendlichen Stuhlkreis oder in Kleingruppen finden Gespräche und Bilderbuchbetrachtungen statt, im Gruppenraum oder im Garten werden gemeinsam Experimente durchgeführt, im Turnraum werden Bewegungs-, Rhythmus- und Tanzangebote gemacht, Ausflüge werden genutzt, um sich in der näheren Umgebung auf die Suche nach Wasser zu machen, und in einer Kleingruppe wird ein Theaterstück erarbeitet.

Der Einstieg

Zu Beginn des Projekts findet durch verschiedene Aktionen eine Annäherung an das Element „Wasser“ statt: Im Garten der Einrichtung wird eine Wasserstelle in Betrieb genommen, die es den Kindern beispielsweise möglich macht, Wasser zu schöpfen, Sand mit Wasser zu vermischen oder Bachläufe zu bauen.

An einem Regentag machen die Kinder einen Spaziergang, um Pfützen und ihre Entstehung genauer zu betrachten.

Zurück in der Einrichtung machen sich die Kinder auf die Suche nach Dingen, die etwas mit Wasser zu tun haben. Sie fragen sich, wo sich im Kindergarten überall Wasser befindet und wozu es genutzt wird.

Eine weitere Exkursion führt die Kinder dann zu einem nahe gelegenen Bach, aus dem mit Schöpfkellen Wasserproben entnommen werden. Diese Proben untersuchen die Kinder anschließend mit Lupen und vergleichen sie mit Wasser aus dem Wasserhahn.

Im Rahmen einer weiteren Aktion wird in der Einrichtung ein Aquarium aufgestellt, in dem die Kinder über einen längeren Zeitraum die Entwicklung von Kaulquappen zu Fröschen verfolgen können.

Singen, Spielen und Lesen

Es werden gemeinsam die Lieder „Wasser ist zum Waschen da“ (Peheiros), „Der musikalische Wasserhahn“ (Klaus W. Hoffmann), „Es regnet, es regnet“ (Traditional), „Guten Morgen, liebe Sonne“ (Traditional), „Groß ist die Sonne“ (Traditional) gesungen.

Auch zum Projektthema passende Spiele wie zum Beispiel „Fischer, Fischer, wie tief ist das Wasser?“ werden durchgeführt. Bei diesem Spiel werden zunächst eine Start- und eine Ziellinie festgelegt. Ein Kind ist der Fischer und stellt sich hinter die Ziellinie. Die übrigen Kinder stehen an der Startlinie. Dann fragen die Kinder an der Startlinie:

„Fischer, Fischer, wie tief ist das Wasser?“ Der Fischer denkt sich eine Wassertiefe aus und antwortet: „Zwei Meter!“ Die Kinder an der Startlinie entgegnen dann: „Wie kommen wir da rüber?“ Dann überlegt sich der Fischer eine Fortbewegungsart und ruft beispielsweise: „Ihr müsst hüpfen!“ Die Kinder hüpfen der Ziellinie entgegen. Auch der Fischer bewegt sich auf die gleiche Fortbewegungsart auf die übrigen Kinder zu und versucht so viele Kinder wie möglich zu fangen. Die Kinder, die es hinter die Ziellinie geschafft haben, können nicht mehr gefangen werden. Die gefangenen Kinder müssen mit dem Fischer mitkommen. Dann beginnt das Spiel von vorne, indem die Kinder an der Startlinie wieder fragen, wie tief das Wasser ist. Es werden so viele Runden gespielt, bis nur noch ein Kind übrig ist.

Die Kinder schauen sich gemeinsam mit den Erzieherinnen die Bilder- und Vorlesebücher „Plock, der Regentropfen“, „Der kleine Wassermann“ und „Komm mit ans Wasser“ an (siehe Auflistung der Literatur, die bei der Erarbeitung des Projekts verwendet wurde). Das Buch „Plock, der Regentropfen“ wird speziell bei der Beschäftigung mit dem natürlichen Wasserkreislauf eingesetzt.

Die Anregungen aus den Vorlese- und Bilderbüchern werden als Anregung zum Malen und Basteln verwendet.

Kreative Gestaltungsideen

Die Kinder gestalten aus Luftballons selbst „Plock, den Regentropfen“ und basteln Seerosen, die aufgehen, wenn man sie ins Wasser legt. Die Gruppenräume werden durch verschiedene blaue Papiere und Tücher in eine Unterwasserwelt verwandelt, in der sich der „kleine Wassermann“ sicher wohl fühlen würde. Dazu basteln die Kinder aus Luftballons und Krepppapier „Wassergeister“. Die Kinder malen mit Wasser- und Aquarellfarbe zu Musik von Smetana („Die Moldau“). Mit farbigen Glassteinen werden Wassermandalas gelegt. Zum Stück „Aquarium“ aus dem Karneval der Tiere tanzen und bewegen sich die Kinder mit Tüchern. Im Rahmen der Beschäftigung mit dem natürlichen Wasserkreislauf stellen die Kinder einen „Regenmacher“ her, indem sie in eine Pappröhre zahlreiche Nägel schlagen, danach Reis oder kleine Steine einfüllen und abschließend die Röhre abdichten. Dreht man die Röhre und lässt so die Füllung durch die Nägel rinnen, erinnert das Geräusch an Regen. Die Kinder falten Schiffchen aus Papier und erproben ihre Schwimmfähigkeit.

Experimente zur Erforschung der Eigenschaften von Wasser

Im Gruppenraum oder auf dem Außengelände werden verschiedene Experimente durchgeführt, um Wasser und seine Eigenschaften zu erforschen.

Mit verschiedenen Gefäßen und mit Wasser gefüllten Wannen erproben die Kinder, wie viel Wasser in unterschiedliche Gefäße passt und wie sich Wasser beim Umfüllen verhält.

Die Kinder erforschen unter einem Mikroskop Wasserproben unterschiedlicher Herkunft. Leitungswasser wird mit Wasser aus einem Aquarium, einem Teich und einem Bach verglichen. Ihre Beobachtungen malen die Kinder auf. Die im Bach-, Teich- und Aquariumwasser gefundenen Lebewesen (Einzeller) werfen bei den Kindern eine weitere Frage auf: Lassen sich auch in Leitungswasser solche Lebewesen „ansiedeln“? Um diese Frage zu beantworten, legen die Kinder in ein mit Leitungswasser gefülltes Glas etwas Laub und kleine Äste. Nach einigen Tagen untersuchen die Kinder das Wasser in dem Glas

Die Oberflächenspannung von Wasser untersuchen die Kinder mit Hilfe von Münzen und einem Glas Wasser. Die Kinder lassen die Münzen nacheinander in das Glas gleiten, das bis zum Rand mit Wasser gefüllt ist. Sie beobachten, wie stark sich der „Wasserberg" über den Rand des Glases wölbt, bis es ausläuft. Auch die Auswirkung von Spülmittel auf die Oberflächenspannung von Wasser wird erforscht, indem die Kinder einen Tropfen Spülmittel in ein kurz vor dem Überlaufen stehendes Glas geben.

Die Mischbarkeit von Wasser mit anderen Flüssigkeiten erproben die Kinder, indem sie Wasser beispielsweise mit Speiseöl, Essig oder Sirup mischen.

mit dem Mikroskop und stellen fest, dass sich zahlreiche Einzeller – zum Beispiel Pantoffeltierchen – in dem Wasser angesiedelt haben.

Im Rahmen einer weiteren Versuchsreihe erproben die Kinder in einem Gefäß die Schwimmfähigkeit unterschiedlicher Gegenstände: Welche Dinge schwimmen, welche gehen unter? Sie stellen sich die Frage, von welchen Eigenschaften es abhängt, ob etwas schwimmt oder untergeht.

Die Kinder erforschen die Löslichkeit von Stoffen mit Hilfe einer Apparatur zur Filterung von Regenwasser. Bei dieser Apparatur wird das mit Erde verunreinigte Wasser durch verschiedene Schichten geleitet, um auf diese Weise die Feststoffe vom Wasser zu trennen. Auch mit einem Trichter und einer entsprechend großen Filtertüte lässt sich die Wiedergewinnung von Feststoffen aus einer Lösung realisieren.

Zur Untersuchung der Löslichkeit von Stoffen werden zwei Gläser mit Wasser bereitgestellt. In einem Glas befindet sich Leitungswasser und im zweiten eine Salzlösung. Eine Salzlösung lässt sich leicht herstellen, indem man Salz in kochendes Wasser gibt. Eine konzentrierte Salzlösung erhält man, wenn sich im Topf ein Bodensatz bildet, weil das Wasser kein Salz mehr lösen kann. Die Lösung über dem Bodensatz wird für den Versuch verwendet. Die Kinder machen mit dem Finger eine Geschmacksprobe. Dazu tunken sie einen Finger in das Glas, schlecken ihn ab und vergleichen so den Geschmack der beiden Wasserproben. Achtung: Kinder dürfen Salzwasser nicht trinken! Für Kinder ist eine Lösung mit hohem Salzgehalt giftig! Die Kinder stellen fest, dass die beiden Lösungen unterschiedlich schmecken, obwohl sie gleich aussehen. Eine Lösung schmeckt salzig, aber wo ist das Salz? Um dieser Frage nachzugehen, erwärmen die Kinder auf einem Löffel ein wenig Salzlösung über einer Kerze. Nach einer gewissen Zeit verdunstet das Wasser und das zuvor gelöste Salz bleibt zurück und wird sichtbar.

Bei einem weiteren Versuch zu den Eigenschaften von Wasser bzw. zur Löslichkeit von Stoffen bemalen die Kinder ein Stück Küchenkrepp an einem Ende nebeneinander mit drei bis vier unterschiedlichen Farben. Dieses Ende des Küchenkrepps wird dann in eine mit Wasser gefüllte Untertasse gelegt. Die Kinder beobachten, dass sich das Wasser in dem Küchenkrepp „hochzieht" und dabei einen Teil der Farbe auflöst und mitzieht.

Zur Erforschung der unterschiedlichen Aggregatzustände von Wasser legen die Kinder Eiswürfel in ein Aquarium. Dann beobachten sie, was nach einer Weile mit den Eiswürfeln passiert. Auch die Frage, woher Regen kommt und wohin die durch Regen entstandenen Pfützen nach einer Weile wieder verschwinden, hat mit der Fähigkeit von Wasser zu tun, unterschiedliche Aggregatzustände anzunehmen. Der natürliche Wasserkreislauf rückt in die Aufmerksamkeit der Kinder.

Mit Sachbüchern verdeutlichen sich die Kinder den Kreislauf aus Verdunstung, Kondensation und Niederschlag. Um die Bedeutung von Wärme bei der Verdunstung zu verdeutlichen, machen die Kinder einen Versuch, bei dem sie zwei Schälchen mit ein wenig Wasser füllen. Eins der Schälchen wird in den Schatten gestellt, das zweite in die Sonne. Die Kinder beobachten, aus welchem Schälchen das Wasser schneller verdunstet ist.

Im Rahmen einer weiteren Versuchsreihe werden verschiedene Gegenstände in ein Aquarium gelegt. So können die Kinder beobachten, wie sich dadurch die „optische Erscheinung" der Gegenstände verändert.

Bei allen Experimenten achten die Fachkräfte darauf, die Deutung der Versuche gemeinsam mit den Kindern zu entwickeln und sie ihnen nicht einfach vorzugeben. Durch Fragen und in Diskussionen werden die Kinder angeregt, eine eigene Deutung des Wahrgenommenen zu entwickeln.

Über den genauen Ablauf der einzelnen Experimente und ihren wissenschaftlichen Hintergrund informieren die Bücher „Handbuch der naturwissenschaftlichen Bildung", „Mein erstes Buch vom Wasser", „Naturwissenschaft & Technik", „Schwimmen und Sinken", „Die Wasser-Werkstatt" und „Experimente mit den vier Elementen" (siehe aufgelistete Literatur, die bei der Erarbeitung des Projekts verwendet wurde).

Wie lässt sich das Projekt erweitern?

Evolution – das Leben kam aus dem Meer

Die Kinder haben ja bereits die Beobachtung gemacht, dass ein Großteil unseres Planeten mit Wasser bedeckt ist. War dies schon immer so? Was wissen wir und die Kinder von der Geschichte unserer Erde? Seit der „Dinowelle", und den „Ice Age"-Filmen kennen viele Kinder das Erscheinungsbild der Erde während der Eiszeit sowie die Tier- und Pflanzenwelt der damaligen Zeit. In die weit zurückliegende Vergangenheit unseres Planeten einzutauchen, stellt für Kinder eine große Faszination dar.

Recherchearbeiten anhand von Büchern, Filmen und Dokumentationen liefern erste Einblicke in die Welt von gestern. Der Besuch eines naturkundlichen Museums oder einer geologischen Mineraliensammlung vertiefen das Erforschen. Systematisch kann der Verlauf der Evolution mit den Kindern nachvollzogen werden: Von Urmeeren und alten Kontinenten bis zur Entstehung des Lebens im Wasser. Von der Eroberung des Landes durch Pflanzen und Tiere bis zur Geschichte der Menschen.

Mit einer Zeitmaschine in die Vergangenheit

Aus Rädern, Rohren, Schläuchen usw. bauen sich die Kinder eine Zeitmaschine, mit der sie in die Vergangenheit reisen. Auf einem großen Tisch oder einer Holzplatte entsteht nach und nach die Erde, wie sie vor Millionen von Jahren aussah. Die ersten Kontinente, das trübe Urmeer und die ersten Lebewesen werden gefertigt. Nach und nach entstehen das Erdaltertum, das Erdmittelalter und die Erdneuzeit. Der Kindergartenraum wird durch Dekorationen mit eigentümlichen Wesen und selbst gemalten Bildern aus der frühen Zeit zum Urzeitzimmer. Bekannte Experimente wie das Schmelzen von Eis oder das Verdunsten von Wasser verdeutlichen den Kreislauf, durch den Leben erst möglich wurde. Die Entstehung von Einzellern im trüben Wasser gehört ja schon zum Erfahrungsschatz der Kinder.

Leben am und im Wasser

Auf der heutigen Erde gibt es eine Vielzahl von Pflanzen und Tieren, die entweder im Wasser oder an Land leben. Mit den Kindern erkunden wir die heimische Tier- und Pflanzenwelt. Von den Fischen in den Flüssen über die Regenwürmer im Boden bis zu den Schmusekatzen zu Hause. Der Lebensraum von Pflanzen und Tieren wird näher erforscht. Was brauchen Pflanzen und Tiere zum Wachsen und Gedeihen?

Pflanzen sterben beispielsweise ohne Wasser ab. Ebenso ist Licht zum Gedeihen notwendig. In einer geschlossenen Schachtel werden

Bohnenkeime angesät. Nur durch wenige Löcher dringt Licht in die Schachtel. Die Pflanzen suchen sich den nächsten Weg, um ans Tageslicht zu gelangen.

Nachdem der Kindergarten schon den ersten Schritt zur Naturbeobachtung gegangen ist, könnte gemeinsam mit den Kindern ein Aquarium eingerichtet werden. Das stärkt neben der Verantwortungsübernahme für regelmäßiges Füttern der Fische und dem Reinigen des Wasserbassins die Freude an der Beobachtung des Lebens unter Wasser.

Eine kleine Reise in die Vergangenheit liefern selbst ausgegrabene Erdschichten im Wald. In einem Glas wird der Humus der vergangenen Jahre nacheinander gesammelt (ganz unten die lehmige Erde, dann der lockere Humus, die noch nicht zersetzten Blätter und zuletzt die braunen Blätter des vergangenen Herbstes).

Urzeitfest

Das Projektende wird durch ein großes Urzeitfest gefeiert, zu dem Eltern und Nachbarn sowie Kinder und Lehrer der Grundschulen eingeladen werden. An Experimentiertischen werden einzelne Versuche mit Wasser durchgeführt. Bücher und Bilder führen in die Erdgeschichte ein. Selbstgefertigte Collagen und Bilder zeigen das Leben von damals. Die Bildungsarbeit des Kindergartens wird damit für jeden sichtbar.

Welche Literatur wurde bei der Erarbeitung des Projekts verwendet?

Ardley, N., Streeter, C., et al. (1991): Mein erstes Buch vom Wasser. Nürnberg, Tessloff.

Bernstein, R. (2004): Naturwissenschaft & Technik. St. Ingbert, Kiga-Fachverlag für Anwendbare Pädagogik.

Challoner, J. & Kurzke, L. (1997): Schwimmen und sinken. Lüneburg, Saatkorn.

Hoffmann, K. W. (2007): „Der musikalische Wasserhahn“ auf: www.klauswhoffmann.de/32986.html.

Kersten, D. & Berger, U. (2004): Die Wasser-Werkstatt: spannende Experimente rund um Eis und Wasser. Freiburg i. Br., Velber.

Köthe, R. & Friedl, P. (2001): Experimentier-Buch: 175 Experimente aus Physik, Chemie und Biologie. Nürnberg, Tessloff.

Krekeler, H. & Napp, D. (2001): Experimente mit den vier Elementen. Ravensburg, Ravensburger Buchverlag.

Lück, G. (2004): Handbuch der naturwissenschaftlichen Bildung. Freiburg, Herder.

Michaelis, W. & Behning, F. (1997): Plock, der Regentropfen. Lüneburg, Saatkorn.

Mitgutsch, A. (2002): Komm mit ans Wasser. Ravensburg, Ravensburger Buchverlag.

Preussler, O. (2003): Der kleine Wassermann. Stuttgart, Thienemann.

Raupen-Schmetterlinge-Insekten – Naturbeobachtung und Experimente

Kindergarten Löwenzahn
Vinxelerstraße 39
53639 Königswinter-Vinxel

Ansprechpartner: Frau Elfriede Peter und Frau Marion Mohr
Telefon: 0 22 23 – 2 61 69
E-Mail: verwaltung@kiga-loewenzahn-vinxel.de

Das Projekt im Überblick

Um was geht es?

Es wird eine Beobachtungsecke eingerichtet, in der Raupen aufgezogen werden. Die Kinder dokumentieren die Entwicklung einer Raupe zum Schmetterling und beschäftigen sich intensiv mit Fragen, die mit diesem Prozess in Verbindung stehen. Dazu werden passende Bücher betrachtet, verschiedene Dinge gebastelt und eine Exkursion in den Wald und auf eine Wiese durchgeführt.

Was zeichnet das Projekt besonders aus?

Entwicklungsangemessenheit

Kinder sind an den Vorgängen in der Natur interessiert. Gehen Erwachsene eher mit Vorbehalt an die Beobachtung und Auseinandersetzung mit Insekten, Spinnen und anderem Kleingetier, so sind Kinder fasziniert von der Welt in diesem Mikrokosmos. Gerade die Verwandlung eines Kriechtieres (Raupe) in einen Schmetterling versetzt die Kinder in Erstaunen. Bei diesem Projekt erhalten die Kinder die Möglichkeit, diesen Verwandlungsprozess zu beobachten und die Fürsorge für die zukünftigen Schmetterlinge zu übernehmen. Das Projekt ist so gestaltet, dass Kinder gleich welchen Alters in ihrer sozialen, kognitiven und emotionalen Entwicklung gefördert werden. Verantwortlich für das Portionieren des Futters und die Reinigung des Schmetterlinghauses müssen sich die Kinder mit der Gruppe absprechen, um einen verlässlichen (Versorgungs-)Plan zu erstellen und diesen auch einzuhalten. Anhand von Büchern und im Gespräch mit den Erzieherinnen während der Fragestunde der Forschergruppe können ältere Kinder ihr Wissen und ihren Wortschatz erweitern und somit erste Erkenntnisse aus der Biologie erlangen. Während der Entwicklungsprozess des Schmetterlings begleitet wird, erhalten die Kinder einen emotionalen Bezug zu diesem Lebewesen.

Lernen in Zusammenhängen

Die Beschäftigung mit den Schmetterlingen beschränkt sich nicht nur auf die Beobachtung des Tieres, sondern die Kinder erfahren auch, wo z. B. Raupen zu finden sind, welche Nahrung in welchem Stadium gebraucht wird, wie der Körper aufgebaut ist, welche Pflanzen bevorzugt werden und wie wichtig es ist, achtsam mit der Natur umzugehen. Ausgehend von der Beobachtung und den daraus resultierenden Fragen werden konkrete Fragestellungen formuliert, die dann wiederum bearbeitet werden. Mit Tonpapier, Pfeifenputzer usw. wird die Lebensumwelt des Schmetterlings gestaltet, Bilder- und Sachbücher eröffnen die Möglichkeit, Schmetterlinge zu klassifizieren und ihre Eigenschaften zu erforschen. Bei Spaziergängen kann dann das Gelernte wirklichkeitsnah erfahren werden.

Aufbau von Lernhaltung – Ausdauer (Beobachtung)

In einer technisierten Welt, in der vieles in kurzer Zeit erledigt werden muss, ist es umso wichtiger, den Kindern die Ruhe und Zeit zu geben, die sie für ihre Beobachtungen und Lernerfahrungen brauchen. Dieses Projekt eignet sich besonders gut, die Konzentration der Kinder auf das Wesentliche zu lenken, nämlich Geduld und Ausdauer zu haben, um die Verwandlung der Raupe in einen Schmetterling zu begleiten. Hier lässt sich durch Knopfdruck keine Beschleunigung des Vorganges erreichen. Die Kinder erfahren, dass Dinge Zeit benötigen, um zu reifen. Sie erkennen, dass es notwendig ist, Ausdauer zu zeigen, damit sich ein Erfolg einstellt. Die Zeit des Wartens wird durch die Erarbeitung der Fragestellungen effektiv genutzt, und damit wird dem Kind auf natürliche Weise ein wichtiger Aspekt des Lernens vermittelt.

Welche Ziele verfolgt das Projekt?

Die Kinder sollen bewusst an Vorgängen in der Natur teilnehmen und dabei Umweltbewusstsein und Verantwortungsgefühl entwickeln. Systematisches Beobachten und präzises Formulieren dieser Beobachtungen soll geübt werden. Sich den Kindern stellende Fragen sollen aufgegriffen und im weiteren Projektverlauf bearbeitet werden.

Wie werden die Ziele des Projekts umgesetzt?

Eigenverantwortlichkeit der Kinder bei Planung und Durchführung

Die Erzieherinnen legen großen Wert darauf, dass die Kinder ihre Planung und Durchführung im Projekt eigenverantwortlich übernehmen. Nach einem gemeinsam aufgestellten Plan werden die Raupen und später die Schmetterlinge versorgt. Den Kindern echte Verantwortlichkeit zu übertragen bedeutet, ihnen volles Vertrauen zu schenken und als Erzieherin nicht in eine kontrollierende Haltung zu verfallen. Durch die Gewissheit, eigenständig handeln zu dürfen, werden Selbstbewusstsein und Autonomie der Kinder nachhaltig gestärkt. Wem vertraut wird, der traut sich etwas zu.

Werteorientierung und Achtung der Natur stärken

Die Achtung und Wertschätzung gegenüber der Natur und ihren Lebewesen gehört ebenfalls zu den Leitzielen dieses Projekts bzw. dieser Einrichtung. Den Kindern wird Zeit und Raum gegeben, sich mit den Vorgängen in der Natur zu beschäftigen. Durch intensive Beobachtung und Unterstützung von Seiten der Erzieherinnen bei Problemen und Fragen sowie durch die Einbindung der Eltern, können sich die Kinder gemäß ihrem Alter und ihrer Entwicklung den Phänomenen der Natur forschend nähern. Die Grundhaltung, dass jedes Lebewesen seinen Platz auf der Erde hat, wird als ethischer Wert vermittelt.

Umweltbewusstsein anregen

Durch die Ausweitung des Projekts auf andere Kleintiere, deren natürlicher Lebensraum erforscht wird, richtet sich der Blick der Kinder auf ihre direkte Umwelt. Kenntnisse über die Pflanzenvielfalt und ihrer Rolle bei der Ernährung von Tieren, eröffnen Einblicke in Kreisläufe der Natur. Dabei wird die Notwendigkeit erkannt, die Natur in ihrer Schönheit zu bewahren.

Für welches Alter ist das Projekt geeignet?

5–6 Jahre

Welche Bildungsbereiche werden besonders unterstützt?

Naturwissenschaftliches Verständnis

Welche anderen Bildungsbereiche berührt das Projekt noch?

Ethische Bildung

Kinder erfragen und erforschen unvoreingenommen die Welt. Sie stellen Grundfragen nach Sinn und Wert von Dingen wie auch nach Leben und Tod. Als kleine Philosophen und Theologen wollen sie den Dingen auf den Grund gehen. In diesem Projekt, das durch die Achtung der Natur und aller Lebewesen getragenen wird, erfahren sie die Notwendigkeit, unsere Welt wertzuschätzen und zu schützen. Sie erleben, dass die Natur auch das Sterben (Tod einer Raupe) beinhaltet und können, unterstützt durch die Erzieherinnen, Antworten auf Sinn- und Bedeutungsfragen suchen.

Sprache und Wortschatz

Bilder- und Sachbücher regen nicht nur zum Weiterforschen an, sondern leisten einen wichtigen Beitrag zur Sprachförderung und Literacy-Erziehung (Hinführung zur Literatur, Lesekompetenz). Beim Formulieren von Fragen und bei der Weitergabe ihres neu erworbenen Wissens verwenden die Kinder Sprache differenziert und erweitern ihren Wortschatz.

Kunst-Ästhetik

Die Nachbildung und kreative Gestaltung der Natur fordert von den Kindern nicht nur, Beobachtetes bildlich und plastisch umzusetzen, sondern regt auch ihre Fantasie und Kreativität an. Mit unterschiedlichen Materialien wie Holz und Papier werden Schmetterlinge in allen Farben und Variationen angefertigt.

Wie können die Eltern und Familien der Kinder am Projekt beteiligt werden?

Die Eltern werden im Vorfeld über die Planung von Projekten informiert und gegebenenfalls um Mithilfe gebeten. In diesem konkreten Fall sollen die Eltern den Kindern helfen, den heimischen Garten nach Raupen abzusuchen, die die Kinder dann mit in die Einrichtung bringen können. Wenn das Projekt bereits läuft, wird den Eltern in einem Elternbrief regelmäßig über dessen Entwicklung berichtet. Beispielsweise erfahren sie, wie weit sich die Raupen entwickelt haben.

Auf diese Weise erhalten die Eltern auch genaue Informationen zu den Zielen der pädagogischen Arbeit, die mit dem Projekt in Zusammenhang stehen.

Welchen Bezug hat das Projekt zur pädagogischen Konzeption der Einrichtung?

In der Konzeption der Einrichtung werden unter anderem „Verantwortungsbewusstsein", „Achtung vor der Natur" und „Umweltbewusstsein" als zentrale Aspekte aufgeführt, die in der pädagogischen Arbeit umgesetzt werden sollen. Die Kinder sollen sich schon früh mit Vorgängen in der Natur auseinandersetzen und ihr Bewusstsein für diese Vorgänge schärfen. Sie sollen erkennen, dass es beispielsweise keinen Sinn macht, Pflanzen zu zertreten oder die Ruhe der Tiere im Wald zu stören. Das Projekt bietet dazu gute Ansatzpunkte, weil es Kinder bewusst an Vorgängen in der Natur teilhaben lässt und gleichzeitig Gelegenheit bietet, für andere Lebewesen Verantwortung zu übernehmen. Im Projektverlauf können weitere Schwerpunkte der Konzeption wie zum Beispiel „Stärkung des Gruppengefühls", „Knüpfen sozialer Kontakte" und „Sprachförderung" umgesetzt werden. Denn das Projekt ermöglicht gemeinsames Beobachten und Erleben von Vorgängen in der Natur. Die Kinder übernehmen dabei als Gruppe Verantwortung für ein Lebewesen. Anschließend bietet sich die Gelegenheit, diese eigenen neuen Erfahrungen in Worte zu fassen.

Welche Erfahrungen hat die Einrichtung mit diesem Projekt gemacht?

Die Kinder nahmen äußerst interessiert und motiviert am Projekt teil. Auch Kinder, die bisher als eher zurückhaltend galten, brachten sich intensiv ein. Die Kinder waren beispielsweise besonders bemüht, den Raupen ein gemütliches „Zuhause" zu schaffen. Die Verantwortung für die Pflege der Raupen und Schmetterlinge zu übernehmen, war für viele Kinder eine unvergessliche Erfahrung. Es lag an ihnen allein, ob die Raupe genug Futter hatte und in einer sauberen Umgebung leben konnte. Diese gemeinsame Verantwortung für das Überleben der Tiere stärkte das Gruppengefühl und trug zur Schaffung neuer sozialer Kontakte bei. Das Projekt weckte auch die Neugier der Kinder für Vorgänge in der Natur und ihren Forschergeist. Einige Kinder äußerten den Wunsch, später auch einmal Forscher zu werden.

Welche Kompetenzen der Kinder werden gestärkt?

Entwicklung von Werten und Orientierungskompetenz

Im Streben des Kindes nach sozialer Zugehörigkeit werden vorgelebte Werte der Erziehenden an erster Stelle verinnerlicht. Die Fachkräfte unterstützen die Kinder, ihre Einstellungen zueinander und zur Umwelt zu entwickeln. Ethische Fragen werden miteinander besprochen, wie z. B. das Töten eines Insektes, und verschiedene Sichtweisen werden vermittelt. Unvoreingenommene Einstellungen und die Akzeptanz anderer Meinungen sind dabei Basiselemente.

Soziales Miteinander

Die Förderung der sozialen Kompetenz ist ein Grundpfeiler der Elementarpädagogik. Sie wird unter anderem getragen durch die Verantwortung für das eigene Handeln, der Verantwortung anderen Menschen gegenüber und der Verantwortung für Umwelt und Natur. Die Kinder lernen in diesem Projekt, sich als Gruppe verantwortlich zu fühlen. Sie müssen sich gegenseitig absprechen, um den Pflegeplan zu garantieren. Dabei kooperieren sie in verschiedenen Projektaktivitäten und erleben gemeinsam die Erfolge ihres Handelns. Dies stärkt das positive Gruppengefühl.

Die Kinder lernen mit- und voneinander, erweitern ihr Wissen durch die Recherchearbeiten in Büchern und in den Forscherarbeitsgruppen. Damit werden sie in ihrer Kommunikationsfähigkeit nachhaltig unterstützt.

Das Projekt – Ausführliche Beschreibung

Zu Beginn des Projekts wird in einem Raum, der für alle Kinder den ganzen Tag frei zugänglich ist, eine Beobachtungsecke eingerichtet. Diese Beobachtungsecke wird mit einem Raupenaufzuchtset, selbst gesammelten Raupen und entsprechenden Sachbüchern ausgestattet. Es werden neben einem Schmetterlingspavillon alle Materialien, die zur Pflege und Fütterung der Raupen notwendig sind, auf einer kleinen Kommode bereitgestellt.

Ein solches Set zur Aufzucht von Raupen (Distelfalter-Komplettset) lässt sich beispielsweise im Onlineshop Ingana (Insekten Garten Natur) bestellen. Das Set enthält 10, 20 oder 35 Raupen, eine für die einfache Aufzucht ausreichende Menge an Kunstfutter, einen Aufzuchtbehälter, einen Löffel zum Portionieren des Futters, einen Pinsel zum Umsetzen der Raupen, ein Fliestuch zum Abdecken der Behälter, einen Karton zum Aufkleben der Puppen sowie eine ausführliche Beschreibung. Der Onlineshop ist unter www.ingana.de zu finden. Auch der Onlineshop des Bund für Umwelt und Naturschutz (BUND) e.V. bietet ein Schmetterlingsaufzuchtset an (www.bundladen.de).

Im Vorfeld des Projekts werden die Kinder aufgefordert, nach Möglichkeit im eigenen Garten nach Raupen zu suchen. Gefundene Raupen werden in einem Einmachglas untergebracht und in den Kindergarten transportiert. Dort ist auch eine Unterbringung in einem Lupenbecher möglich.

Damit sich die Kinder selbstständig über Raupen und Schmetterlinge informieren können, liegen in der Beobachtungsecke die Bücher „Der Schmetterling – meine erste Tierbibliothek“, „Mein farbiger Naturführer“, „Raupen und Schmetterlinge“ sowie „ Der große Ravensburger Naturführer“ bereit (siehe bei der Erarbeitung des Projekts verwendete Literatur). Anhand dieser Bücher ist es möglich, die beobachteten Stadien der Raupenentwicklung mit Bildmaterial zu vergleichen.

Die Pflege der Raupen wird den älteren Kindern zur Aufgabe gemacht. In Kleingruppen von 8–10 Personen findet mit diesen Kindern zusätzlich ein- bis zweimal in der Woche eine vertiefende Bearbeitung von Fragen statt, die mit der Aufzucht der Raupen in Zusammenhang stehen. Diese wöchentlichen Treffen der Forschergruppen dauern jeweils etwas eine Stunde.

Als Einstieg in das Projekt wird in allen Gruppen das Buch „Die kleine Raupe Nimmersatt“ vorgelesen und besprochen (siehe bei der Erarbeitung des Projekts genutzte Literatur). Anschließend basteln die Kinder gemeinsam einen Raupenbaum. Dazu schneiden sie aus braunem Tonpapier einen Stamm und Äste aus. Zusammen mit aus grünem Tonpapier ausgeschnittenen Blättern werden der Stamm und die Äste an die Wand geklebt. Dazu basteln die Kinder unterschiedlich farbige Raupen, die aus kreisrunden Teilen unterschiedlicher Größe zusammengesetzt werden. Die einzelnen Kreise zeigen den gegliederten Aufbau einer Raupe. Zusätzlich werden die einzelnen Teile mit Füßen und zwei Fühlern versehen. Das Anbringen der fertigen Raupen auf den einzelnen Ästen des Baums bildet den Abschluss dieser Bastelarbeit.

Die Aufzucht der Raupen

Zur Organisation der Aufzucht und der Beobachtung der Raupen wird ein Forschungskalender erstellt. In diesem Kalender bekommt jedes Kind aus der Forschergruppe einen Tag zugeordnet, an dem es den Entwicklungsstand der Raupen, Puppen oder Schmetterlinge durch eine Zeichnung dokumentiert. An diesem Tag ist das Kind auch für die Fütterung der Tiere, ihre Pflege und das Saubermachen des Schmetterlingspavillons zuständig. Auf diese Weise beobachten die Kinder die unterschiedlichen Stadien der Entwicklung einer Raupe zu einem Schmetterling und üben, Verantwortung zu übernehmen.

Die Raupen werden zunächst mit Blättern gefüttert, die geschlüpften Schmetterlinge erhalten dann eine Zuckerlösung, die auf Blätter und Blüten geträufelt wird. Nach dem Schlüpfen der Schmetterlinge wird die Frage aufgegriffen, was Schmetterlinge eigentlich fressen, wenn sie nicht in Gefangenschaft leben und gefüttert werden. Mit Hilfe der Bilder in den Sachbüchern erschließen sich die Kinder dann gemeinsam mit den Erzieherinnen, wie sich Schmetterlinge ernähren. Auf diese Weise wird den Kindern auch bewusst, dass Pflanzen mit ihren Blüten die Lebensgrundlage für Insekten sind. Sie erkennen, welche Folgen es für die Insekten hat, wenn beispielsweise Blüten sinnlos abgerissen oder zertreten werden.

Die Kinder werden während des Projekts aufgefordert, ihre Beobachtungen möglichst präzise in Worte zu fassen. Daraus ergeben sich Ansatzpunkte für die Unterstützung sprachlicher Kompetenzen. Die Kinder sollen Fachausdrücke kennenlernen oder Formulierungen finden, die diese umschreiben.

Es wird während des gesamten Projekts so vorgegangen, dass die Kinder systematisch beobachten und dann die sich daraus ergebenden Fragen weiter bearbeiten. Dabei wird versucht, die Beobachtungen in eine verallgemeinernde Betrachtung einzubetten.

Die schrittweise Vorgehensweise sieht folgendermaßen aus:

1. Beobachtung von Insekten
2. Bestimmung des Insekts anhand von Abbildungen oder Eigenschaften
3. Bearbeitung der aufkommenden Fragen (z. B. nach der Nützlichkeit eines Insekts) mit dem Ziel einer verallgemeinernden Betrachtung des Sachverhalts

Bei allen Punkten spielen auch immer ethische Fragen eine Rolle, beispielsweise ob ein Insekt getötet werden darf.

Ergänzende Angebote

Parallel zur Beobachtung der Raupen und ihrer Pflege basteln die Kinder Schmetterlinge aus unterschiedlichen Materialien wie zum Beispiel Filtertüten, Tonkarton, Pfeifenputzern, Holz oder Seidenpapier. Außerdem führen sie verschiedene Versuche durch.

Um zu erforschen, welche Farben Insekten besonders anziehen, bereiten die Kinder mit Zuckerwasser gefüllte Glasschälchen vor. Diese Glasschälchen werden auf verschiedenfarbige Unterlagen (rotes, gelbes, grünes und blaues Tonpapier) im Außenbereich des Kindergartens gestellt. Anschließend beobachten die Kinder, wie viele Insekten zu welchem Schälchen fliegen. Dabei wird auch besprochen, welchen Nutzen Pflanzen davon haben, wenn sich Insekten auf den Blüten niederlassen. Auf diese Weise verstehen die Kinder, dass Pflanzen Blüten bestimmter Farbe haben, um sich ihre Fortpflanzung zu sichern.

Um das Insekt „Ameise" etwas genauer unter die Lupe nehmen zu können, befeuchten die Kinder einen Zuckerwürfel und ziehen mit ihm eine Spur auf einem Stück Pappkarton. Dann wird im Außenbereich der Einrichtung eine Stelle gesucht, an der sich Ameisen befinden. Dort legen die Kinder den Pappkarton ab und beobachten, was passiert.

Exkursion

An die Erfahrungen der Kinder mit den Raupen und Schmetterlingen anknüpfend, wird zur Vorbereitung des Waldtags der Schmetterling als Vertreter der Klasse Insekt betrachtet. Die Kinder erarbeiten gemeinsam mit den Erzieherinnen Merkmale, an denen man Insekten erkennen kann. Als Hauptmerkmale lassen sich die drei Beinpaare und der dreigliedrige Körperbau nennen. Auch das Verhalten von Insekten wird untersucht. Es geht um die Frage, welche Insekten nützlich und welche schädlich sind.

Die Kinder machen sich, ausgerüstet mit Becherlupen, Sammeldosen und einer Reihe von Büchern („Der große Ravensburger Naturführer", „Mein farbiger Naturführer"), auf den Weg in den Wald, um verschiedene Insekten einzufangen und zu bestimmen. Mit den eingesammelten Insekten wird anschließend die Beobachtungsecke im Kindergarten erweitert. Zusätzlich informieren sich die Kinder gemeinsam mit den Erzieherinnen in den Büchern „Die Ameise", „Die Biene" und „Der Marienkäfer" (siehe bei der Erarbeitung des Projekts verwendete Literatur) über Insekten, die in ihrer unmittelbaren Umgebung zu finden sind.

Wie lässt sich das Projekt erweitern?

Kooperation mit Naturschützern

Durch das Projekt aus der Biologie wurden die Kinder sensibilisiert, den Kreislauf der Natur zu achten. Vielleicht befindet sich in der Umgebung der Einrichtung ein Naturschutzgebiet, das von einer Stiftung oder einem Verein betreut wird. Dies könnte als Ausgangspunkt einer Kooperation zwischen großen und kleinen Naturschützern genutzt werden.

Bilderbuch und Schautafel

Angelehnt an die Geschichte der kleinen Raupe Nimmersatt werden mit den Kindern verschiedene Szenarien des Umweltschutzes erarbeitet. Es geht um die Frage, was passiert, wenn es nicht mehr genügend Blätter zum Fressen gibt.

Zu Themen wie „Abholzung" oder „Zerstörung der Natur durch Bauvorhaben" usw. recherchieren die Kinder gemeinsam mit ihren Eltern. Dabei entdecken die Familien sicherlich viel Wissenswertes über ihre Heimat und gehen mit anderen Augen durch die Natur. Die Leitfragen der Recherche sind: Gab es früher mehr Wälder in der Gegend? Gibt es Bildmaterial aus dieser Zeit? Wer kann uns von damals berichten?

Die von den Kindern und Eltern zusammengetragenen Erfahrungen werden durch Bilder und Zeichnungen auf einer großen Schautafel präsentiert.

Naturwissenschaftliche Experimente

Um den Fragen nachzugehen, was passiert, wenn unser Wasser verschmutzt wird und welche Konsequenzen Wasserverschmutzung für Tiere und Pflanzen hat, können einige Experimente durchgeführt werden: Dazu wird ein großes Behältnis mit Wasser gefüllt. Anschließend werden Steine, Erde und Pflanzenreste hinzugefügt. Das Ganze wird umgerührt. Eine braunschwarze Brühe bildet sich. Doch nach einiger Zeit setzen sich die Stoffe ab und das Wasser beginnt sich zu klären. Fazit: Natürliche Stoffe verunreinigen das Wasser nicht dauerhaft. Auch zum Gießen von Pflanzen kann auf diese Weise verunreinigtes Wasser verwendet werden.

Im Rahmen eines weiteren Versuchs wird Salz in einen mit Wasser gefüllten Behälter geschüttet. Das Salz löst sich auf und lässt das Wasser milchig werden. Aber was geschieht, wenn mit diesem Wasser eine Pflanze gegossen wird? Die Pflanze wird nach einer gewissen Zeit absterben.

Ganz verheerend wirkt sich die Wasserverschmutzung durch Öl aus. Um das zu verdeutlichen, wird zuerst Öl und dann Wasser in ein großes Glas geschüttet. Die beiden Flüssigkeiten verbinden sich nicht und das Öl löst sich im Wasser auch nicht auf, sondern schwimmt nach kurzer Zeit auf der Oberfläche. Es braucht viel Mühe, Wasser und Öl wieder zu trennen. Man kann versuchen, das Öl abzuschöpfen oder das Öl-Wasser-Gemisch zu filtern. Welche Auswirkungen Öl auf am und im Wasser lebende Tiere hat, finden die Kinder im Rahmen einer Recherche heraus.

Forschertagebücher

Jedes Kind erstellt sein eigenes Tagebuch, das auch mit nach Hause genommen werden kann. Bilder von Exkursionen, gepresste Blätter und Blumen, Bodenproben in kleinen Tüten sowie Abbildungen von heimischen Pflanzen und Tieren werden in das Forschertagebuch eingeklebt. Eigene Abbildungen von Experimenten werden hinzugefügt. So entsteht nach und nach ein Sammelband der naturwissenschaftlichen Erfahrungen eines jeden Kindes.

Welche Literatur wurde bei der Erarbeitung des Projekts verwendet?

Carle, E. & Christen, V. (2005): Die kleine Raupe Nimmersatt. Hildesheim, Gerstenberg.

Fuhr, U., Sautai, R., et al. (1993): Die Biene. Mannheim, Meyers Lexikonverlag.

Gomel, L., Amann, R., et al. (2005): Die Ameise. Esslingen, Esslinger Verlag Schreiber.

Héliadore, Delafosse, C., et al. (1998): Der Schmetterling. Mannheim, Meyers Lexikonverlag.

Hensel, W. (2001): Der große Ravensburger Naturführer: Tiere und Pflanzen unserer Heimat. Ravensburg, Ravensburger Buchverlag.

Perols, S. & de Bourgoing, P. (1991): Der Marienkäfer. Mannheim, Meyers Lexikonverlag.

Rogez, L. (2006): Raupen und Schmetterlinge. Würzburg, Arena-Verlag.

Tracqui, V. & Lorne, P. (2005): Der Schmetterling. Esslingen, Esslinger Verlag Schreiber.

Watts, B. & Tripp, R. G. (1992): Die Honigbiene. Hanau; Salzburg; Bern, Peters.

Würmli, M. (2002): Mein farbiger Naturführer: Vögel, Säugetiere, Insekten, Fische, Haustiere und Pflanzen. Berlin, Vehling.

www.wunder-wasser-welt

Ev. Kindertagesstätte der Markuskirchengemeinde
Striegauer Weg 11
40627 Düsseldorf

Ansprechpartnerin: Frau Claudia Fundheller
Telefon: 02 11 – 27 87 35
E-Mail: kita.markus@web.de

Das Projekt im Überblick

Um was geht es?

Das Element Wasser wird im Laufe eines Kindergartenjahrs unter verschiedenen Aspekten (Nutzung von Wasser im Alltag; Wasser als Lebensraum; Wasser und seine Eigenschaften; Künstlerisch-kreative Auseinandersetzung mit dem Thema „Wasser"; Wasser als wertvolle, lebenswichtige Ressource) ganzheitlich bearbeitet. Einführenden Projektwochen folgen weiterführende Angebote, die den Kindern über einen längeren Zeitraum für ihre Forschungsaktivitäten zur Verfügung stehen.

Was zeichnet das Projekt besonders aus?

Partizipation von Eltern

Familie und Kindergarten sind gemeinsam für das Wohlergehen von Kindern verantwortlich. Diese Institutionen gestalten gemeinsam die Lebenswelten der Kinder und prägen maßgeblich die kindliche Entwicklung. Oft aber wissen Familie und Kindergarten wenig voneinander, und damit lebt das Kind in zwei voneinander abgegrenzten Welten, in denen unter Umständen unterschiedliche oder sogar widersprüchliche Einflüsse wirken. Erziehungspartnerschaft bedeutet, dass Familie und Kindergarten sich füreinander öffnen. Erziehung und Bildung wird als gemeinsame Aufgabe wahrgenommen und beide Seiten machen ihre Erziehungsvorstellungen transparent und kooperieren zum Wohle der ihnen anvertrauten Kinder miteinander. Das Team der Tageseinrichtung fordert die Eltern aktiv auf, sich am Prozess der Erziehungs- und Bildungsarbeit zu beteiligen. Es heißt die Eltern willkommen, integriert sie als kompetente Mitstreiter und informiert sie kontinuierlich über den Entwicklungsverlauf ihres Kindes.

Kinder als Ko-Konstrukteure

Das Kind wird als eigenständiges Wesen gesehen und als Konstrukteur seiner individuellen Wirklichkeit und Entwicklung verstanden. In dieser Tageseinrichtung gibt es Lerngemeinschaften und kleinere Interessensgruppen, in denen die Kinder miteinander nach ihren Interessen forschen und experimentieren können. Durch Beobachtungen und Gespräche finden Kinder und Erwachsene gemeinsam im ko-konstruktiven Prozess heraus, welche Themen gerade spannend sind. Es wird nach Möglichkeiten gesucht, wie die Kinder ihre Kenntnisse vertiefen können. Dieses Projekt stellt Kindern eine anregende Lernumgebung zur Verfügung, in der sie alle Facetten des Bereichs Wasser erfahren und erforschen können, z. B. in kleinen Projekten oder Einzelexperimenten.

Lernen in Projekten

Die thematischen Projekte entstehen aus Beobachtungen, Erlebnissen, Gesprächen und Impulsen der Kinder und der Erwachsenen. Der Prozess der kindlichen Aktivität und die Fragen der Kinder werden zum Projekt, wenn ihnen genügend Zeit, Raum und Material zur Verfügung gestellt werden. Den Erzieherinnen kommt die Rolle des dialogischen Begleitens zu. Dazu gehört das Beobachten, Dokumentieren und Impulsgeben als Herausforderung und die Zumutung von Themen. Ideen der Kinder werden gemeinsam weiterentwickelt und sowohl für die Kinder, als auch für die Eltern informativ dokumentiert, z. B. durch eine Diashow im Flurbereich.

Dokumentation des Projektverlaufs

Die Dokumentation dient gleichermaßen als Ideensammlung und als kollektives Gedächtnis. Dokumentation ist eine Methode des professionellen Handelns sowie eine Möglichkeit zur Selbst-Reflexion/Selbst-Evaluation der hochwertigen Arbeit des Teams. Dokumentation ist die Grundlage einer Pädagogik des Zuhörens und der Partizipation der Kinder, sie macht Lernen erst sichtbar. Für die Erzieherinnen ist sie die Basis zum Erkennen und Verstehen von Bildungsprozessen. Kindern hilft sie, ihre Lernprozesse zu überdenken, zu strukturieren und ihre eigenen Lernstrategien zu verbessern.

Welche Ziele verfolgt das Projekt?

Verschiedene Aspekte und Funktionen des Elements Wasser sollen erfahrbar gemacht werden. Die Kinder sollen sich mit der Nutzung von Wasser in ihrem Alltag auseinandersetzen und dabei auch die Eigenschaften von Wasser kennenlernen. Außerdem soll deutlich werden, dass Wasser auch ein Lebensraum ist, der geschützt werden muss. Die Kinder sollen erfahren, dass mit Wasser bestimmte sinnliche Wahrnehmungen und Emotionen verknüpft werden können. Den Kindern soll der Wert von Wasser als lebenswichtige und in manchen Teilen der Erde knappe Ressource bewusst werden. Eine zusätzliche allgemeine Zielsetzung des Projekts ist es, die Neugier der Kinder zu wecken, ihre Stärken zu entdecken, besonderen individuellen Begabungen Entfaltungsmöglichkeiten zu bieten sowie das Selbstvertrauen der Kinder und ihre Anstrengungsbereitschaft zu stärken. Die Umsetzung dieser Ziele soll mit dem Aufbau von Wissen und vor allem mit dem Erwerb von Lernkompetenzen einhergehen. Den Kindern soll über die aktive, freiwillige Beteiligung an Aktionen und eine anschließende reflektierende Betrachtung bewusst werden, auf welche Weise und wann sie etwas gelernt haben.

Wie werden die Ziele des Projekts umgesetzt?

Bildung von Anfang an

Kinder haben ein Recht auf Bildung. Die Verwirklichung dieses Rechts bedeutet einen wichtigen Schritt hin zu mehr Chancengleichheit. Durch die frühe Bildung in Kinderkrippe und Kindergarten sollen die Persönlichkeit, die Begabung und die geistigen und körperlichen Fähigkeiten des Kindes voll zur Entfaltung kommen. Auf dem Weg des „lebenslangen Lernens" ist nach der Familie der Elementarbereich eine wichtige Station. Viele Pädagogen betonen die Bedeutung des frühkindlichen Lernens und die Fähigkeiten des Kleinkindes zum selbsttätigen Lernen, zu Konzentration und Selbstkontrolle. Diese Kindertageseinrichtung bietet den Kindern ein breit gefächertes Angebot an Bildungsthemen und begleitet sie auf ihrem Weg des Lernens und Wissen-Wollens.

Projektarbeit als fester Bestandteil des pädagogischen Handelns

Der Projektarbeit kommt in der Bildungsarbeit der Kindertageseinrichtung eine große Bedeutung zu. Die Kinder werden in den, ausgehend von ihrer Lebenswelt konzipierten, Projekten mit verschiedenen Lebenssituationen konfrontiert. Dadurch erwerben sie kognitive, soziale und emotionale Kompetenzen. Es ergeben sich ihnen Chancen, wichtige Erfahrungen für ihr jetziges und späteres Leben zu machen. Kindertageseinrichtungen sind aufgerufen, auf die heutige Lebenswelt der Kinder mit Projektarbeit zu reagieren, die auf folgenden Prinzipien und pädagogischen Zielen beruht: Öffnung von Kindertageseinrichtungen hin zu ihrem Umfeld, Handlungsorientierung, Erfahrungslernen, Selbsttätigkeit, Partizipation, Kompetenzförderung, Lernen lernen. Projektarbeit ist auch eine Form der Elternmitarbeit und der Öffentlichkeitsarbeit. Durch sie wird das Interesse an der pädagogischen Arbeit im Kindergarten geweckt und diese transparent für alle gemacht.

Für welches Alter ist das Projekt geeignet?

1–10 Jahre

Welche Bildungsbereiche werden besonders unterstützt?

Naturwissenschaftliches Verständnis

Welche anderen Bildungsbereiche berührt das Projekt noch?

Ein umfassendes Bildungskonzept

Das vorgestellte Projekt dieser Einrichtung und die damit angestrebte frühpädagogische Bildung im Kindergarten umfasst eine Vielzahl an Bildungsbereichen: Ethische/religiöse Bildung, sprachliche Bildung, mathematische Bildung, naturwissenschaftlich-technische Bildung, Umweltbildung, Medienbildung, bildnerische/kulturelle Bildung, musikalische Bildung, Bewegungserziehung/Sport sowie gesundheitliche Bildung. Das Team setzt die genannten Bildungsbereiche in den Angeboten im Rahmen des Projekts altersangemessen und kindorientiert um.

Wie können die Eltern und Familien der Kinder am Projekt beteiligt werden?

Zu Beginn des Kindergartenjahres werden die Eltern in einem Brief begrüßt und über die wichtigsten Entwicklungen, Termine sowie das geplante Jahresthema informiert. Damit verbunden ist die Aufforderung, zur Umsetzung des Jahresthemas eigene Ideen und Anregungen einzubringen. Im Verlauf der weiteren Planung wird im Eingangsbereich der Einrichtung eine Liste ausgehängt, auf der die für das Projekt benötigten Materialien zusammengestellt sind. Die Eltern werden dann gebeten, das Projekt durch Materialspenden zu unterstützen. Eltern, die das Projekt durch ihren beruflichen Hintergrund oder andere Kompetenzen unterstützen können, werden von den Erzieherinnen direkt angesprochen und um Hilfe gebeten. Im Gemeindebrief werden ebenfalls Informationen zum Projekt und dem dafür benötigten Material veröffentlicht, um auf diese Weise Gemeindemitglieder zu gewinnen, das Projekt zu unterstützen.

Während der Projektwochen werden einige Projektbestandteile bewusst im Eingangsbereich installiert, um die Eltern auf das Projekt und seine Inhalte aufmerksam zu machen. Auch das Programm der nächsten Projekttage wird ausgehängt. Nach Abschluss einer Projektwoche wird das Programm durch eine Fotodokumentation ersetzt. Zusätzlich läuft im Eingangsbereich gelegentlich eine Diashow ab, die zum einen den Eltern Einblicke in das Projektgeschehen bietet und zum anderen die Kinder anregt, über ihre Erlebnisse zu berichten und zu reflektieren.

Am Ende des Kindergartenjahres feiern die Kinder und Erzieherinnen gemeinsam mit Eltern, Nachbarn und Anwohnern ein Abschlussfest, das sich thematisch am Projekt orientiert.

Welchen Bezug hat das Projekt zur pädagogischen Konzeption der Einrichtung?

Die Konzeption der Einrichtung sieht eine ganzheitliche und kindzentrierte Beschäftigung mit Themen vor. Dieser Grundsatz wird auch auf die Erarbeitung und Durchführung von Projekten übertragen. Folglich soll ein Projekt Angebote zur Ernährungs-, Bewegungs- und Kreativitätsförderung sowie zu den Bereichen Natur, Musik/Tanz/Rhythmik, Kultur, Sprache/Kommunikation beinhalten. Grundsätzlich wird die Form der Projektarbeit gewählt, weil dies in besonderer Weise ermöglicht, die individuellen Bedürfnisse der Kinder, ihre Lebenssituation, ihren Entwicklungsstand und ihre persönlichen Stärken zu berücksichtigen.

Um die Fähigkeiten der Kinder zu entdecken und zu fördern, wird eine beobachtende Haltung nach dem situationsorientierten Ansatz mit dem Ziel, systematisch zu lernen, verbunden. Ausgangspunkt ist die Grundannahme, dass Kinder genau dann besonders nachhaltig und effektiv lernen, wenn sie sich für eine Sache interessieren. Zur Erfassung dieser aktuellen Interessen von Kindern sind strukturierte und dokumentierende Beobachtungen notwendig. Zufällige Beobachtungen im Alltag reichen nicht aus. Zielsetzung dieser strukturierten Beobachtungen ist es, alle Stärken der Kinder zu erkennen und an diese – beispielsweise während einer Projektwoche – anzuknüpfen. Um systematisches Lernen zu ermöglichen, müssen ausgehend von den strukturierten Beobachtungen aufeinanderfolgende Aktionen geplant werden. Die Planung dieser aufeinanderfolgenden Aktionen muss so erfolgen, dass Kinder die Erweiterung ihres Erfahrungshorizonts bewusst erleben und dabei ein systematisches, aufeinander aufbauendes Wissen entwickeln können. Bei der Planung der Aktionen muss aber nicht nur darauf geachtet werden, was ein Kind aufgrund der Beobachtungen zu diesem Zeitpunkt möglicherweise braucht, sondern auch darauf, was man ihm zutrauen und wozu man es herausfordern kann.

Um das Bildungsangebot für die Kinder möglichst vielfältig zu gestalten und damit ihre Lernprozesse zu unterstützen, sollen möglichst viele Ressourcen in die Planung der Angebote einbezogen werden. Zu diesen Ressourcen gehören neben den Fachkräften, die wiederum Fortbildungsangebote – beispielsweise die der Fachberatung – nutzen, auch die Eltern der Kinder sowie weitere Personen aus dem Umfeld der Einrichtung. In diesem Zusammenhang sieht die Konzeption der Einrichtung auch vor, mit den Eltern eine Partnerschaft einzugehen und aufzubauen, auf deren Grundlage gemeinsam die wahrgenommene Entwicklung der Kinder begleitet und reflektiert wird.

Welche Erfahrungen hat die Einrichtung mit diesem Projekt gemacht?

Es ist zu beobachten, dass die Kinder durch ihre Forschungsaktivitäten zu Experten für bestimmte Fragen werden. Dabei entwickeln sie Selbstsicherheit, zeigen Neugier und Verantwortungsbewusstsein. Die Fütterung und Pflege der Fische wird beispielsweise von den Kindern übernommen. Infolgedessen beanspruchen die Kinder mehr Freiraum für ihre Aktivitäten. Das führte dazu, dass in der Einrichtung ein neues An- und Abmeldesystem eingeführt wurde, das den Kindern ermöglicht, sich in der Einrichtung frei zu bewegen und alle laufenden Angebote nach ihrer eigenen Interessenslage zu nutzen. Das hat zur Folge, dass sich die Kinder hoch motiviert zeigen, möglichst viel zu entdecken, zu erforschen, sich zu bewegen, Kontakte zu pflegen und Neues zu erleben. Im Verlauf des Projekts konnten die Fachkräfte an Kindern oder an sich selbst Fähigkeiten entdecken, die sie bisher nicht bemerkt hatten.

Welche Kompetenzen der Kinder werden gestärkt?

In diesem Projekt werden die in allen Bildungsplänen der Bundesländer festgeschriebenen Basiskompetenzen gefördert. Dazu gehören:

- personale Kompetenz (Selbstwahrnehmung, motivationale, kognitive, psychische Kompetenz)
- Kompetenz zum Handeln im sozialen Kontext (Entwicklung von Werten, Verantwortungsübernahme, demokratische Teilnahme)
- lernmethodische Kompetenz (Lernen, wie man lernt)
- kompetenter Umgang mit Veränderungen und Belastungen

Ein ausgereiftes, bereichsübergreifendes Konzept, das den Kindern die Bildungsbereiche durch anregende Lernangebote vermittelt, schafft eine Basis für das zukünftige Leben der Kinder. Dieses Konzept sollte mit dem Prinzip der Ganzheitlichkeit und dem Fördern von Freude und Neugier am Lernen verbunden werden.

Das Projekt – Ausführliche Beschreibung

Das Projekt soll eine Auseinandersetzung mit dem Element Wasser unter Berücksichtigung verschiedener thematischer Aspekte ermöglichen. Dazu gehören „Nutzung von Wasser im Alltag", „Wasser und seine Eigenschaften", „Wasser als Lebensraum", „Künstlerisch, kreative Auseinandersetzung mit dem Thema Wasser" und „Wasser als wertvolle, lebenswichtige Ressource".
Die Beschäftigung mit dem Thema Wasser unter den oben genannten Aspekten soll auf verschiedenen Ebenen vollzogen werden. Dazu gehören die Ernährungs-, Bewegungs- und Kreativitätsförderung sowie ein Einbeziehen der Bereiche Natur, Musik/ Tanz/ Rhythmik, Kultur sowie Sprache und Kommunikation.

Das gesamte Projekt wird – in mehreren Projektwochen verteilt – über das ganze Kindergartenjahr durchgeführt. Zwischen den einzelnen Projektwochen stehen den Kindern die verschiedenen genutzten Materialien weiterhin und dauerhaft zur freien Verfügung.

Nutzung von Wasser im Alltag

Die Auseinandersetzung mit dem Aspekt „Nutzung von Wasser im Alltag" soll deutlich machen, wofür Wasser im Alltag gebraucht wird und für welche Tätigkeiten es verwendet wird. Aus diesem Grund wird gemeinsam gekocht: Zusammen mit den Erzieherinnen bereiten die Kinder verschiedene Gerichte zu, bei denen Lebensmittel im Wasser gegart werden. Anschließend werden dann die selbst zubereitete Suppe sowie die gekochten Kartoffeln und Eier gemeinsam verspeist.
Im Rahmen einer weiteren Aktion erkunden die Kinder, an welchen Stellen und zu welchem Zweck in der Einrichtung Wasser gebraucht wird. Dazu machen sie sich in den verschiedenen Räumen der Einrichtung nach „Wasserverbrauchsstellen" auf die Suche und tragen anschließend ihre Beobachtungen zusammen.

Einige Kinder machen im Laufe des Projekts eine Exkursion zur Feuerwehr und informieren sich über die Bedeutung von Wasser bei der Brandbekämpfung.

Wasser und seine Eigenschaften

Hier geht es um die verschiedenen Eigenschaften von Wasser, denen mit Hilfe von Experimenten – wie zum Beispiel zur Mischbarkeit von Flüssigkeiten oder zu den Aggregatzuständen von Wasser – nachgegangen wird.

Bei Versuchen zur Mischbarkeit von Wasser mit anderen Substanzen experimentieren die Kinder mit Speiseöl, Wasserfarbe, Tinte, Sand, Zucker, Mehl und Salz. Die Kinder führen die unterschiedlichen Substanzen mit Wasser zusammen und beobachten, was passiert. Die Erzieherinnen regen die Kinder an, ihre Beobachtungen während des Experimentierens zu beschreiben und anderen Kindern davon zu berichten. Beim Mischen der unterschiedlichen Substanzen stellen die Kinder beispielsweise fest, dass sich manche Flüssigkeiten, wie z. B. Speiseöl, nicht mit Wasser verbinden. Andere wiederum lösen sich in Wasser auf, verfärben es oder ergeben mit Wasser zusammen eine zähe, klebrige Masse, wie z. B. Mehl.

Die verschiedenen Aggregatzustände von Wasser (fest, flüssig, gasförmig) erarbeiten sich die Kinder, indem sie Wasser auf dem Herd erhitzen, um darin Lebensmittel zu garen. Die Kinder beobachten, was durch das Erhitzen mit dem Wasser geschieht. Dabei regt die Erzieherin die Kinder an, ihre Beobachtungen in Worte zu fassen. Bevor die Kinder die Herdplatte einschalten, messen sie die Wasserhöhe im Topf. Einige Zeit später, nachdem das Wasser gekocht hat und ein Teil des Wassers in Form von Dampf aus dem Topf „verschwunden" ist, messen die Kinder die Wasserhöhe erneut. Anschließend formulieren die Kinder ihre Vermutung, was mit dem „fehlenden" Wasser passiert ist.

Auch der Zustand der Lebensmittel wird von den Kindern untersucht. Dabei stellen die Kinder beispielsweise fest, dass kochendes Wasser den Zustand von Lebensmitteln verändert: Eier werden durch das Kochen hart, Kartoffeln dagegen weich.

Dass Wasser im gasförmigen Zustand besonders „energiegeladen" ist, erleben die Kinder auch bei Versuchen mit einer Dampfmaschine. Diese Versuche verschaffen den Kindern einen Einblick in die Funktionsweise einer dampfbetriebenen Maschine. Gleichzeitig erleben die Kinder, welche Kraft Wasser in „Dampfform" hat und wie man diese Kraft nutzen kann, um Maschinen anzutreiben.

Im Rahmen einer weiteren Versuchsreihe stellen die Kinder Eiswürfel her, indem sie Wasser in einen Eiswürfelbehälter füllen und diesen ins Gefrierfach stellen. Nach einer gewissen Zeit holen die Kinder den Eiswürfelbehälter wieder heraus und machen mit den entstanden Eiswürfeln verschiedene Experimente: Dazu werden ein paar Eiswürfel auf einen Teller gelegt und eine Weile bei Zimmertemperatur dort belassen. Einige andere Eiswürfel geben die Kinder in eine mit Wasser gefüllte Schüssel. Die Kinder beobachten, was mit den Eiswürfeln passiert und vergleichen, wie lange es dauert, bis das gefrorene Wasser wieder flüssig wird.

Der Bau einer Wetterstation, mit der man die Regenmenge messen kann, stellt den Einstieg in das Thema „Wasserkreislauf" dar. Das Aufgreifen dieses Themas ist die Fortführung der Beschäftigung mit den Aggregatzuständen von Wasser. Die Kinder führen über einen längeren Zeitraum einen „Wetterkalender", in den sie täglich die Menge des Niederschlags eintragen. Darauf aufbauend wird erforscht, wie Regen entsteht und wie sich dieser Prozess in den Wasserkreislauf aus Verdunstung, Kondensation sowie Niederschlag einordnen lässt. Anschließend malen die Kinder den Wasserkreislauf auf. Im Rahmen eines Experiments bauen die Kinder ein Mini-Gewächshaus, indem sie eine Pflanze in einen Plastikbecher pflanzen und diese durch einen Plastikbecher abdecken. In einem solchen abgeschlossenen System beobachten die Kinder wie Wasser durch Wärmezufuhr verdunstet, wenn sie das Mini-Gewächshaus in die Sonne stellen. Als Folge der Verdunstung kondensiert dann am oberen Plastikbecher der Wasserdampf und tropft nach einer Weile auf die Pflanze herunter.

In einer Werkstatt bauen die Kinder Schiffe aus verschiedenen Materialien, um die Schwimmfähigkeit unterschiedlicher Materialien zu testen. Dazu sägen die Kinder aus Holz eine Schiffsform aus. Als weiteres Material steht Styropor zur Verfügung, das mit einem Küchenmesser in Schiffsform gebracht wird. Aus Rundhölzern oder Schaschlikspießen konstruieren die Kinder verschiedene Aufbauten für ihr Schiff und befestigen daran Fahnen und Segel aus Folie oder Papier. Zusätzlich falten die Kinder noch Schiffchen aus Papier. In einer mit dem Wasserschlauch vergrößerten Pfütze im Außenbereich werden die unterschiedlichen Schiffskonstruktionen zu Wasser gelassen. Die Kinder erproben, ob alle Schiffe gleich gut schwimmen bzw. gleich stabil sind. Neben der Schwimmfähigkeit untersuchen die Kinder die Windanfälligkeit der Schiffe.

Um beispielsweise das Verhalten von Wasser beim Umschütten in verschiedene Gefäße zu untersuchen oder um unterschiedliche Wassermengen abzumessen und zu vergleichen, steht den Kindern ein Wannentisch zum selbstständigen Experimentieren zur Verfügung. Zur Ausstattung des Wannentischs gehören Schläuche, Gießkannen, Spritzen, Schüsseln, Strohhalme, Kännchen, Trichter sowie Messbecher. Im Umgang mit den Schläuchen entdecken die Kinder beispielsweise das Prinzip des Springbrunnens oder des Saughebers. Ergänzt wird die Ausstattung durch Materialien mit unterschiedlicher Schwimmfähigkeit wie zum Beispiel Holz, Styropor, Federn, Muscheln, Glasnuggets oder Korken.

Im Sandkasten haben die Kinder ebenfalls die Gelegenheit mit Wasser und Schläuchen zu experimentieren. Dazu stehen den Kindern Schläuche mit unterschiedlich großem Durchmesser sowie Eimer und Trichter zur Verfügung. Die Kinder verlegen die Schläuche und nutzen die Trichter, um sie mit Wasser zu befüllen. Sie beschäftigen sich mit der Frage, wie man die Schläuche verlegen muss, um Wasser von einer Stelle zu einer anderen zu transportieren.

Weiterführende Informationen zu den beschriebenen Experimenten und Aktionen finden sich in den Büchern „Spielraum Wasser: Praxisideen und Spiele für Kindergruppen", „Handbuch der natur-

wissenschaftlichen Bildung“ und „Löwenzahn – Erlebnis Wasser: vom Tautropfen zur Talsperre“ (siehe aufgelistete Literatur, die bei der Erarbeitung des Projekts verwendet wurde).

Das Kindergartenbüro der Diakonie in Düsseldorf (www.kiki-duesseldorf.de) unterstützt das Projekt als Fachberatung und stellt verschiedene Experimentierstationen zur Verfügung, die „Wasser-Phänomene“ für die Kinder erlebbar machen. An der Experimentierstation „Strudelwirbel“ sehen die Kinder, wie ein Strudel entsteht. Es handelt sich um einen sogenannten „Auslaufstrudel“, wie ihn die Kinder auch bei ablaufendem Wasser aus einem Waschbecken oder einer Badewanne beobachten können. Die Experimentierstation „Wasserspiegel“ zeigt den Kindern, dass die Wasseroberfläche ähnliche Eigenschaften wie ein Spiegel hat. An der Station kann mit einem Schweinwerfer Licht auf eine Wasserfläche geworfen werden, das dann auf ein weißes Tuch reflektiert wird. Wenn die Kinder dabei die Wasseroberfläche in Bewegung versetzen, lässt sich eine Veränderung der Reflexion auf dem Tuch beobachten. Die Experimentierstation „Flusslandschaft“ besteht aus einer länglichen Edelstahl-Wanne, in die Erde, Steine und Sand gefüllt werden können. Die Wanne weist ein Gefälle auf, das die Kinder variieren können. Am oberen Ende ist ein Wasserbehälter angebracht, aus dem Wasser in die Wanne fließt. Auf diese Weise können die Kinder beobachten, wie sich das Wasser seinen Weg durch Sand und Steine bahnt. Dabei bilden sich typische Elemente eines Flusslaufs wie zum Beispiel Gabelungen, Ablagerungen oder ein Mündungsdelta.

Wasser als Lebensraum

In Zusammenhang mit dem thematischen Aspekt „Wasser als Lebensraum“ geht es um die Frage, wie es möglich ist, im Wasser zu leben, und wer eigentlich im Wasser lebt. Gleichzeitig sollen die Kinder ein ökologisches Bewusstsein entwickeln, indem ihnen klar wird, dass eine Verschmutzung von Wasser den Lebensraum von Fischen und anderen Wasserbewohnern zerstört.

Zur Bearbeitung dieser Fragen wird aus einer kleinen Gruppe von Kindern eine Arbeitsgemeinschaft gegründet, die sich die Erforschung umliegender Gewässer zum Ziel setzt. Die Kinder machen sich, ausgerüstet mit Fotokameras, Gläsern, Dosen und Eimern auf den Weg, um

aus verschiedenen Gewässern – wie zum Beispiel Bächen, Seen, Pfützen am Wegrand – Proben zu entnehmen. Die Proben werden in Gläser gefüllt und anschließend verglichen. Zurück in der Einrichtung beschriften die Kinder die befüllten Gläser und stellen sie an einem gut einsehbaren Platz auf. Die Kinder der Forscher-AG erklären dann anderen Kindern, Eltern und Erzieherinnen, woher das Wasser kommt und wie die Proben genommen wurden. Anschließend wird ein Tisch zum Mikroskopieren eingerichtet. Dort haben die Kinder Gelegenheit, ihre Wasserproben genau zu untersuchen. Dazu geben die Kinder ein paar Tropfen ihrer Proben auf unterschiedliche Objektträger und legen dünne Plastikplättchen darüber. Danach schieben die Kinder den Objektträger unter das Mikroskop. Auf diese Weise lernen die Kinder die Funktionsweise eines Mikroskops kennen und gehen gleichzeitig der Frage nach, weshalb die Wasserproben unterschiedlich aussehen. Zum Vergleich mikroskopieren die Kinder in diesem Zusammenhang auch Leitungswasser, Öl oder gefärbtes Wasser. Die Kinder untersuchen außerdem, in welchen Proben sich Lebewesen finden lassen.

Zur weiteren Auseinandersetzung mit dem Aspekt „Wasser als Lebensraum“ richten die Kinder ein Aquarium ein. Während der Vorbereitungen zum Aufstellen des Aquariums finden Gespräche mit den Kindern zu den Bestandteilen eines Aquariums, zu erforderlichen Lebensbedingungen von Wasserbewohnern sowie speziell zur Pflege von Fischen statt. Die Kinder helfen anschließend beim Aufstellen des Aquariums mit und erleben so die einzelnen Schritte, die notwendig sind, bevor die Bewohner „einziehen“ können. Zunächst wird das Wasser eingefüllt, danach kommen die Pflanzen und mit einigem zeitlichen Abstand werden dann Fische, Krebse und Schnecken eingesetzt. Die Kinder beobachten in den folgenden Wochen, wie sich Krebse häuten und Wasserschnecken vermehren. Begleitend dazu wird eine Exkursion in einen Aqua-Zoo durchgeführt, um sich dort eingehend über das Leben von Tieren im Wasser zu informieren. Zusätzlich untersuchen die Kinder Fisch- und Schneckeneier unter dem Mikroskop. Die Einrichtung eines Büchertischs soll in diesem Zusammenhang das Sammeln weiterer Informationen ermöglichen.

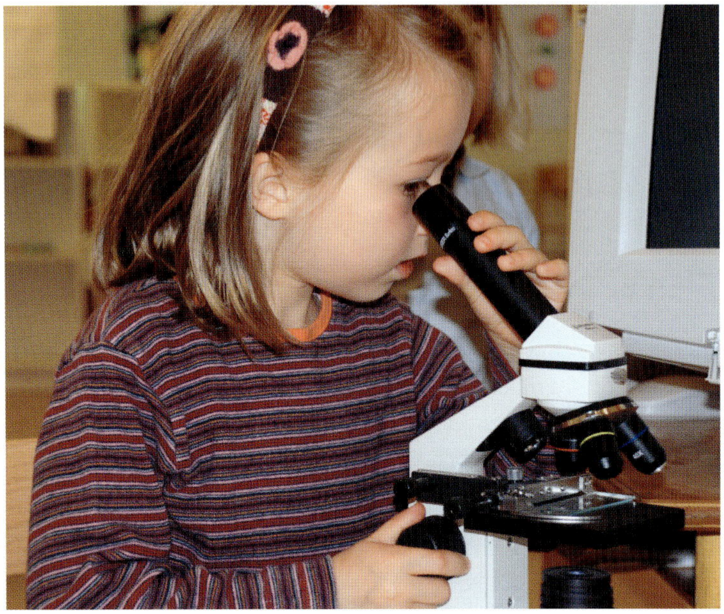

Dazu sollen auf dem Büchertisch zum Thema des Projekts passende Bücher ausgestellt werden. Dabei handelt es sich unter anderem um Sachbücher, die Kinder für ihre Recherche zu verschiedenen Projektthemen nutzen können („Muscheln und Schnecken“, „Das Leben im Wasser“). Außerdem werden auch Bücher zur biblischen Schöpfungsgeschichte („Die Schöpfungsgeschichte“), Bilderbücher („Komm mit ans Wasser“, „Fisch ist Fisch“, „Swimmy“) und Lesebücher („Sturm-Stina“) bereitgestellt. Senioren, die in der Einrichtung einmal wöchentlich zu Besuch sind, Erzieherinnen oder Hortkinder lesen den jüngeren Kindern regelmäßig vor oder betrachten mit ihnen gemeinsam ein Bilderbuch. Durch die zusammengestellte Literatur sollen die Kinder zum Erzählen hinsichtlich des Projektthemas aufgefordert oder zur Durchführung weiterer Erkundungen angeregt werden. Weitere Angaben zu den Büchern finden sich in der aufgelisteten Literatur, die bei der Erarbeitung des Projekts verwendet wurde.

Ergänzt wird das Angebot zum Thema „Wasser als Lebensraum“ mit kreativen Aktionen wie zum Beispiel dem Basteln von Fischen und Meerjungfrauen, dem Schminken von Händen als Fische oder dem Singen von „Fischliedern“ („Schwaps, der Goldfisch“, „Lied der Fische“, „Fünf kleine Fische“).

Künstlerisch, kreative Auseinandersetzung mit dem Thema „Wasser“

Die Auseinandersetzung mit diesem Aspekt soll Kindern Gelegenheit bieten, sich mit dem Thema „Wasser“ auf kreative Weise zu beschäftigen. Im Mittelpunkt stehen sinnliche Wahrnehmungen und Emoti-

onen in Zusammenhang mit Wasser. Dabei sollen insgesamt die Möglichkeiten zur sinnlichen Wahrnehmung gefördert werden.

Unter dem Motto „Große Künstler malen Wasser“ betrachten, besprechen und malen die Kinder Bilder von Claude Monet („Wasserlilien“), William Turner („Schneesturm auf dem Meer“) und Joan Miro („Badende Frau“). Die Kinder sollen dadurch die vielfältige Gestalt, Farbe, Form und Bedeutung des Wassers erkennen und gleichzeitig dafür sensibilisiert werden, diese Unterschiede künstlerisch darzustellen. Zur Durchführung des Angebots wird zunächst ein Raum verdunkelt und ein Bild mit einem Overheadprojektor an die Wand projiziert. Die Kinder äußern dann spontan ihre Ideen und Assoziationen zu dem gezeigten Bild. Zusätzlich regt die Erzieherin die Kinder durch Fragen dazu an, genau hinzuschauen und das Bild differenziert wahrzunehmen: Welche Formen hat der Maler benutzt? Welche Farben kannst du erkennen? Welche besonderen Dinge fallen dir an dem Bild auf? Welche Farbe hat das Wasser? Ist das Wasser wild oder ruhig? Sieht das Wasser gefährlich aus? Anschließend erzählt die Erzieherin von dem Maler, der das Bild gemalt hat, und erläutert, was er mit seinem Bild darstellen möchte. Danach gehen die Kinder daran, die gewonnenen Eindrücke in einem eigenen Bild umzusetzen. Dazu wird an jedem Malplatz mit Kreppband ein DIN A3 großes Papier befestigt. Zu beachten ist, dass es beim Malen der Bilder nicht darum geht, das Bild möglichst genau nachzumalen. Im Vordergrund steht, die eigenen Eindrücke, wie Wasser auf diesen Bildern dargestellt wird, künstlerisch umzusetzen. Ein weiteres Malangebot regt die Kinder an, ihre emotionale Wahrnehmung in Verbindung mit dem Element Wasser in Bildern sichtbar werden zu lassen. Dazu malen die Kinder großflächig mit Wasserfarben, während im Hintergrund Wassergeräusche oder Händels „Wassermusik" zu hören ist.

Im Rahmen eines weiteren Kreativ-Angebots basteln die Kinder Schüttelgläser bzw. Schneekugeln. Dazu wird eine Plastikfigur – beispielsweise aus einem Überraschungsei – mit Sekundenkleber an den Deckel eines Einmachglases geklebt. Das Glas füllen die Kinder mit Wasser auf. Damit das Wasser klar bleibt, werden ein paar Tropfen Glycerin und Spülmittel hinzugefügt. Anschließend lassen die Kinder Glitter in das Wasser rieseln und schrauben das Glas fest zu.

Zum Herstellen von Pustebildern mischen die Kinder Wasserfarben mit viel Wasser und platzieren mit einem Pinsel Farbkleckse auf einem Blatt Papier. Danach verteilen sie die „Pfützen" auf dem Blatt, indem sie mit einem Strohhalm auf die Farbkleckse pusten.

Bei einer anderen Aktion bauen die Kinder aus Flaschen ein Glockenspiel. Dazu weichen sie zunächst acht Glasflaschen (0,75 l) in Wasser ein, um die Etiketten leicht ablösen zu können. Danach schlagen die Kinder – beispielsweise mit einem Xylophonschlägel – die Flaschen an, um festzustellen, welche Töne dadurch entstehen. Die Kinder stellen fest, dass alle Flaschen beim Anschlagen den gleichen Ton ergeben. Gemeinsam mit einer Erzieherin überlegen die Kinder, wie man es schafft, dass die Flaschen unterschiedlich klingen. Anschließend füllen die Kinder die Flaschen stufenweise mit Wasser und schrauben sie zu.

Durch Ausprobieren erfahren die Kinder dann, welche Flaschen hohe und welche tiefe Töne produzieren. Um die unterschiedlichen Tonhöhen auch optisch durch unterschiedliche Farben deutlich zu machen, füllen die Kinder in jede Flasche die gleiche Menge Tinte.

Wasser als wertvolle, lebenswichtige Ressource

Die Auseinandersetzung mit sozial-ethischen Aspekten des Themas Wasser soll bei den Kindern zu einem Selbstverständnis führen, sich selbst als Teil der Schöpfung zu begreifen und gleichzeitig Verantwortungsgefühl für das Wohlergehen aller Menschen auf dieser Erde zu entwickeln.

Es geht dabei vor allem um die Frage, weshalb Wasser für Menschen so wichtig ist. Deshalb werden die weltweit ungleiche Verteilung dieser lebenswichtigen Ressource und mögliche damit verbundene Auswirkungen thematisiert.

Im Rahmen der Vorbereitung eines Familiengottesdienstes wird der Aspekt „Wasser als wertvolle, lebenswichtige Ressource" aufgegriffen. Dazu werden das Leben und die Sorgen von Menschen in Afrika im Hinblick auf den dort herrschenden Wassermangel bewusst gemacht. Die Kinder führen ein Rollenspiel auf („Thema Wasser: Wenn Leila Wasser holt"), das die Geschichte von Leila, einem kleinen afrikanischen Mädchen, erzählt (siehe aufgelistete Literatur, die bei der Erarbeitung des Projekts verwendet wurde). Dieses Mädchen kann nicht zur Schule gehen, weil es sich täglich für ihre Familie um Wasser kümmern muss. Am Ende der Geschichte wird in der Nähe des Dorfs, in dem das Mädchen lebt, ein Brunnen gegraben. Das macht dem Mädchen Hoffnung, ihre Familie bald einfacher mit Wasser versorgen zu können. Als Kontrast zu dieser Geschichte präsentieren die Kinder dann den alltäglichen und manchmal auch verschwenderischen

Gebrauch von Wasser in unserer Gesellschaft. Dazu zeigen sie bildhaft verschiedene Verwendungsmöglichkeiten von Wasser, die ihnen während der vorherigen Projektwochen begegnet sind. Am Ende des Gottesdienstes verteilen die Kinder selbst getöpferte Brunnen und bitten die Besucher um Spenden zur Unterstützung eines Projekts in Afrika, das den Bau von Brunnen zum Ziel hat.

Wie lässt sich das Projekt erweitern?

In dieser Tagesstätte wurde das Element Wasser den Kindern mit all seinen Phänomenen und Erscheinungsbereichen interessant vermittelt. Eine mögliche Erweiterung wäre beispielsweise die Erarbeitung der Bereiche Luft, Erde und Feuer.

Exemplarische Darstellung des Bereichs Luft
Luft ist im Gegensatz zu Wasser nicht fassbar. Man sieht, riecht und schmeckt sie nicht. Doch sie ist überall zu finden. Mit folgenden Versuchen und Aktionen kann man sich dem Element Luft nähern:

Eigenschaften von Luft

Luft verdichtet sich
- hält man den Finger fest an den Ventilansatz einer Luftpumpe und möchte die Luft herausdrücken, spürt man den Gegendruck der Luft
- ein aufgeblasener Luftballon lässt sich nur bedingt zusammendrücken

Luft hat eine Temperatur
- eine Papierspirale bewegt sich bei warmer Luft (Heizung, Kerze) nach oben
- eine Flamme wird durch die herabsinkende Luft beim Öffnen eines Kühlschranks gelöscht
- Temperaturmessungen im beheizten Raum am Boden und unter der Decke ergeben unterschiedliche Ergebnisse

Luft hat Kraft
- über eine lange Schnur wird ein Strohhalm gefädelt und an diesen mit Tesafilm ein aufgeblasener Luftballon befestigt; wird der Luftballon nun losgelassen, saust dieser entlang der Schnur
- ein Windrädchen wird durch die Luft – den Wind – bewegt

Luft ist überall und nimmt Raum ein
- in mehrere Gläser werden Steine, Murmeln, Erde usw. gefüllt, eines bleibt leer (Luft); durch Tasten, Riechen und Wiegen werden Eigenschaften der Stoffe bestimmt; die Luft im Glas ist nicht „erfassbar" und dennoch ist das Glas nicht leer: stülpt man dieses Glas mit der Öffnung nach unten senkrecht in eine Wasserschüssel, bemerkt man nach dem Herausnehmen, dass der Innenrand des Glases trocken geblieben ist; die Luft lässt sich auch „sichtbar" machen, indem man das Glas unter Wasser schräg hält, denn dann lassen sich aufsteigende Luftblasen beobachten

Luft und Fliegen

Luft strömt
- bläst man auf einen an die Lippen gehaltenen Papierstreifen, hebt sich dieser
- eine Kerze, die hinter einem Glas steht, wird ausgepustet, wenn man von vorne auf das Glas pustet

Luft trägt
- verschiedene Dinge fallen unterschiedlich schnell zu Boden (Blatt, Papier, Feder, Stein usw.)
- ein gut gebauter Papierflieger kann schon weite Strecken zurücklegen

Luft bietet Widerstand
- wenn man bei starkem Wind mit einem Schirm oder geöffneten Mantel gegen den Wind rennt, merkt man den Luftwiderstand deutlich
- nachdem ein kleiner Fallschirm gebaut wurde (an den vier Ecken eines Taschentuches werden Fäden befestigt, an deren vier Enden wird z. B. eine kleine Spielfigur befestigt), kann man das Herabgleiten des Schirmes beobachten

Luft und Schall

Luft überträgt Schall
- verschiedene Gegenstände werden durch Anschlagen zum Klingen gebracht.
- man legt die Hände an den Mund, um den Schall zu verstärken, wenn man jemanden in der Ferne ruft

Luft und Leben
Ohne Luft (Sauerstoff) zu atmen, können wir nicht leben. Darum kann man die Luft nur eine gewisse Zeit anhalten. Das Lungenvolumen einer Person kann gemessen werden, indem man ein großes Glas mit der Öffnung nach unten in ein Wasserbecken stellt. Danach platziert man das Ende eines Schlauchs so im Wasserbecken, dass er in das Glas hineinragt. Bevor ein Kind, so lange es kann in das andere Ende des Schlauchs hineinbläst ohne neu Luft zu holen, muss die Wasserhöhe im Becken bestimmt werden. Die ausgeatmete Luft gelangt in das Glas und verdrängt das Wasser. Das Glas ist nun mit Luft anstatt mit Wasser gefüllt. Dadurch steigt der Wasserspiegel im Wasserbecken an. Aus den unterschiedlichen Wasserständen lässt sich das Lungenvolumen berechnen.

Welche Literatur wurde bei der Erarbeitung des Projekts verwendet?

Bezdek, M. & Bezdek, P. (2005): Spielraum Wasser: Praxisideen und Spiele für Kindergruppen. München, Don Bosco.

Brandt, P. (2001): Erlebnispädagogik – Abenteuer für Kinder: Theorie und Projektideen. Freiburg im Breisgau, Herder.

Burnie, D. & Schmidt, M. (1999): Spannendes aus dem Reich der Natur. München, Christian.

Cornell, J. (2006): Mit Cornell die Natur erleben: Naturerfahrungsspiele für Kinder und Jugendliche; der Sammelband. Mülheim an der Ruhr, Verlag an der Ruhr.

Graw, M. & Vereinigung Deutscher Gewässerschutz e.V. (2004): Ökologische Bewertung von Fließgewässern. Bonn, Vereinigung Deutscher Gewässerschutz (VDG) e.V.

Kirchhoff, R., Klima, K., et al. (ohne Jahresangabe). Wasser – Natur pur!? – Teil 1. Dortmund, Gemeinnützige Gesellschaft Gesamtschule e.V., Landesverband Nordrhein-Westfalen. Zu beziehen über: www.ggg-nrw.de

Kirchhoff, R., Klima, K., et al. (ohne Jahresangabe). Wasser – Natur pur!? – Teil 2. Dortmund, Gemeinnützige Gesellschaft Gesamtschule e.V., Landesverband Nordrhein-Westfalen. Zu beziehen über: www.ggg-nrw.de

Köthe, R. & Friedl, P. (2001): Experimentier-Buch: 175 Experimente aus Physik, Chemie und Biologie. Nürnberg, Tessloff.

Krekeler, H. & Napp, D. (2004): Tolle Experimente für Kinder. Ravensburg, Ravensburger Buchverlag.

Kuntz-Veit, R. (2007): „Thema Wasser: Wenn Leila Wasser holt." auf: http://www.brot-fuer-die-welt.de/downloads/werkheft_gottesdienst_30-35_wenn-leila.pdf.

Lück, G. (2006): Handbuch der naturwissenschaftlichen Bildung: Theorie und Praxis für die Arbeit in Kindertageseinrichtungen. Freiburg im Breisgau, Herder.

Schmotz, C. & Stohrer, U. (1998): Wasser, Feuer, Luft & Erde: die Elemente erleben und begreifen. Freiburg/Br., Christophorus-Verlag

Trerotola, R. (2005): Löwenzahn – Erlebnis Wasser: vom Tautropfen zur Talsperre. Hamburg, Xenos Verlag.

Zimmer, R. (2007): Handbuch der Sinneswahrnehmung: Grundlagen einer ganzheitlichen Bildung und Erziehung. Freiburg im Breisgau, Herder.

Wasser marsch – Einführung einer Experimentierecke zum Element Wasser

Kindergarten Weststadt III
Brombeerweg 7
74348 Lauffen a.N.

Ansprechpartnerin: Frau Katja Neuwirth
Telefon: 0 71 33 – 96 38 31
E-Mail: kitawestdrei@lauffen.de

Das Projekt im Überblick

Um was geht es?

Das Projekt beschreibt die Bearbeitung des Themas „Wasser“ unter verschiedenen Aspekten durch selbstständiges Experimentieren der Kinder, angeleitete Durchführung von Versuchen und die Herstellung von Bezügen zur Lebenswelt der Kinder. Bei der Planung des Projekts werden sowohl die Kinder als auch die Eltern einbezogen. Die Einrichtung einer Experimentierecke, die auch für eine forschende und entdeckende Tätigkeit im Hinblick auf andere Themen genutzt werden kann, wird in den Projektablauf integriert.

Was zeichnet das Projekt besonders aus?

Schaffung von Bildungsinseln

Das Projekt „Wasser marsch“ orientiert sich am Konzept der Bildungsinseln, die im Orientierungsplan des Landes Baden-Württemberg niedergeschrieben sind. In diesen Bildungsinseln werden zu verschiedenen Bildungsfeldern Projekte und Angebote initiiert sowie Freiräume zur Selbstgestaltung im Spiel geschaffen. Dies setzt unter anderem eine Veränderung der Raumkonzeption voraus. Im Sinne der Reggio-Pädagogik wird der Raum „als dritter Erzieher“ gesehen. Motiviert durch Fachliteratur und Fortbildung entschloss sich das Team, eine Experimentierecke für naturwissenschaftliche Experimente einzurichten. Der Themenschwerpunkt sollte den Kindern bekannt und in ihrem Alltag erfahrbar sein. Die Wahl fiel auf das Thema Wasser, was mit all seinen Eigenschaften erforscht und erkundet werden sollte. Damit die Bildungsinsel möglichst selbstständig und ideenreich genutzt werden kann, werden die Kinder in die Handhabung der Materialien eingeführt. In ausgewiesenen Schubfächern befinden sich für alle Kinder zugängliche Experimentierutensilien. Neugierde und Experimentierfreude werden mit Lupen, Magneten, Taschenlampe usw. geweckt. Feste Regeln geben Sicherheit im verantwortungsvollen Umgang miteinander und beim Forschen und Erfinden.

Bildung im Sinne der Ko-Konstruktion

Die Bildungsarbeit im Kindergarten wird als Prozess des Teams durch Weiterqualifizierung in Fortbildungen und anhand von Literatur umgesetzt. Die Neugestaltung herkömmlicher Arbeit wird als ganzheitliche Veränderung verstanden. Das Team öffnet sich und schafft Räume für Kinder, in denen sie individuell spielen und lernen können. Die Kinder werden als aktive und selbstbestimmte Menschen in Entscheidungen und Veränderungen miteinbezogen. Die pädagogische Arbeit wird transparent, indem Eltern als Partner bei der Entwicklung von Bildungsarbeit im Kindergarten gesehen und zur Mitarbeit aufgefordert werden. Durch die Schaffung von Bildungsinseln wird der Kindergarten zum Bildungsort für alle.

Umgang mit individuellen Unterschieden

Mädchen und Jungen entwickeln gleichermaßen Interesse an der Auseinandersetzung mit den Naturwissenschaften. Die Freude, mit Wasser zu experimentieren, die Eigenschaften des Wassers wie seine Oberflächenspannung, seine Tragfähigkeit und seine Aggregatszustände zu erforschen, wird von allen Kindern gleich welchen Alters oder Geschlechts mit Ausdauer und Spaß untersucht. Zur Unterstützung von Migrantenkindern und Kindern, die in ihrer Ausdrucksweise noch Hilfe benötigen, werden Bildkärtchen zu den Experimenten eingesetzt und die einzelnen Versuche anschaulich vorgeführt. Damit sich ein sehbehindertes Kind mit allen Sinnen am Experimentiertisch zurechtfinden kann, werden Utensilien gewählt, die sich in Farbgebung, Größe und Beschaffenheit ertasten und damit unterscheiden lassen.

Welche Ziele verfolgt das Projekt?

Kinder sollen die Möglichkeit haben, sich selbstständig mit naturwissenschaftlichen Fragestellungen zu beschäftigen. Das Angebot in der Experimentierecke und die angeleiteten Versuchsdurchführungen sollen sie beim Aufbau naturwissenschaftlicher Erkenntnisse unterstützen. Die Fragen der Kinder zu Naturphänomenen sollen dann in einem angemessenen kommunikativen Gruppenprozess mit anderen Kindern bearbeitet werden. Dabei sollen die Kinder Sinnfragen stellen sowie einfühlsam und mitfühlend miteinander nach Antworten suchen. Eine nachhaltige Vertiefung der Erkenntnisse soll durch das Herstellen von Bezügen zwischen den gemachten Erfahrungen und der Lebenswelt der Kinder erreicht werden. Die Umsetzung des Projekts soll ganzheitlich erfolgen und damit verschiedene Bildungsbereiche einschließen (Körper, Sinne, Sprache, Denken, Gefühl/Mitgefühl, Sinn/Werte/Religion).

Für welches Alter ist das Projekt geeignet?

3–6 Jahre

Welche Bildungsbereiche werden besonders unterstützt?

Naturwissenschaftliches Verständnis

Welche anderen Bildungsbereiche berührt das Projekt noch?

Im Zuge des umfassenden Projekts werden neben dem Bildungsbereich Naturwissenschaft eine Vielzahl anderer Entwicklungs- und Lernfelder für das Kind erschlossen. Wasser ist ein Lieblingselement der Kinder: Es regt zum Plantschen, Schwimmen und Spritzen an. Welches Kind baut nicht gerne Stauseen, Dämme oder Wasserläufe oder ist fasziniert von der Kraft des Wassers bei Wasserfällen oder bei Wellen am Meer?

Musik
Wasser kann auf verschiedene Weise im Bildungsbereich Musik eine Rolle spielen: Das Rauschen des Baches, das Dröhnen einer Wasserwelle oder das Geräusch einzelner Wassertropfen kann in verschiedener Form zur Stärkung musikalischer Kompetenzen eingesetzt werden. Klassische Musik bedient sich oft des Themas Wasser. Wassergeräusche können aufgenommen und mit Instrumenten nachempfunden werden, so entsteht ein musikalisches Werk zum Thema Wasser.

Tänzerische Bewegungserziehung
Durch Bewegungen können Regen und Schnee tänzerisch dargestellt werden. Denkbar sind auch Übungen mit dem Schwungtuch, bei denen die Wellen des Wassers nachgeahmt werden.

Umwelterziehung
Durch den umweltbewussten Umgang mit Wasser wird die verantwortungsvolle Sorge für unser Leben auf der Erde gestärkt. Ohne Wasser gäbe es keine Pflanzen, Tiere und auch keine Menschen. Verschmutztes Wasser bedroht Lebensräume von Tieren und Pflanzen.

Alltagskompetenz
In unseren alltäglichen Verrichtungen kommen wir ständig mit Wasser in Kontakt, wir waschen, duschen, baden uns, spülen das Geschirr und waschen die Wäsche, gießen die Blumen und trinken Wasser.

Wie werden die Ziele des Projekts umgesetzt?

Bildungsinseln zur Förderung Personaler Kompetenz
Das Kind als Akteur seiner eigenen Entwicklung gestaltet aktiv den Bildungsprozess in der Kindertageseinrichtung mit. In sogenannten Bildungsinseln werden zu den verschiedenen Bildungsthemen Angebote für die Freispielzeit gemacht, Projekte erarbeitet und unter Anleitung der Pädagoginnen durchgeführt. Im Sinne dieser Veränderung des Raumkonzepts wurde ein Platz geschaffen, an dem sich Kinder intensiv und eigenständig mit Phänomenen beschäftigen können. Die Experimentierecke zum Erforschen von Wasser bietet den Kindern die Möglichkeit, sich spielerisch mit Freude und Neugierde an das Erkunden dieses Elements zu wagen. Angelehnt an die Pädagogik von Malaguzzi (Vertreter der Reggio-Pädagogik) kommt der Lernumgebung eine sehr wichtige Funktion zu. Der Raum fordert zum Entdecken auf und motiviert das Kind, seine innere Kreativität zu entfalten und Freude am Lernen zu entdecken.

Pädagogische Ausgewogenheit von Lernen und lernendem Spiel
In der Ausgewogenheit von Spiel und angeleitetem Lernen erhalten die Kinder erste Einblicke in naturwissenschaftliches Forschen. Sie werden in den Gebrauch von Materialien und deren Handhabung eingeführt und können dann spielerisch in der Freispielzeit eigene Ideen ausprobieren.

Welche Aspekte werden besonders berücksichtigt?

Auf Kinder mit Migrationshintergrund wird besonders eingegangen, indem die Anleitung der Experimente durch die Erzieherinnen mit Bildkärtchen und Fotos ergänzt werden. Auf diese Weise wird für Kinder mit sprachlichen Schwierigkeiten das Nachvollziehen der Versuche erleichtert und gleichzeitig ein selbstständiges Wiederholen der Versuche möglich. Außerdem werden die sich beim Experimentieren bietenden Möglichkeiten zur Unterstützung der Sprachentwicklung genutzt, indem die Kinder zum Benennen von Dingen oder zur Formulierung ihrer Beobachtungen angeregt werden.

Die Beschaffenheit (Größe, Farbe) der Utensilien zum Experimentieren wird den Bedürfnissen von Kindern mit einer Sehbehinderung angepasst.

Wie können die Eltern und Familien der Kinder am Projekt beteiligt werden?

Die Eltern werden auf einem Elternabend zunächst über das Projekt informiert. Danach sollen sie sich selbst mit dem Projektthema beschäftigen und ihre Ideen hinsichtlich der Schwerpunktsetzung des Projekts äußern. Ziel des Elternabends ist auch, die Eltern zum gemeinsamen Experimentieren mit den Kindern zu motivieren (siehe auch ausführliche Projektbeschreibung).

Welchen Bezug hat das Projekt zur pädagogischen Konzeption der Einrichtung?

Das pädagogische Konzept der Einrichtung orientiert sich an Grundsätzen der Reggio-Pädagogik, die den Raum als „Dritten Erzieher" sieht. Der Raum wird zusammen mit den Tätigkeiten der Erzieherinnen als wichtiges Element im Erziehungs- und Bildungsprozess gesehen. Durch das Bereitstellen interessanter Materialien sollen die Wahrnehmungs- und Ausdrucksmöglichkeiten der Kinder gestärkt werden. Eine transparente räumliche Struktur ermöglicht den Kindern außerdem vielfältige Erkundungen und Lernschritte. Gleichzeitig werden in den Räumen verschiedene Möglichkeiten zum Austausch, Spielen und gemeinsamen Arbeiten von Kindern und Erwachsenen geboten (vgl. Lingenauber, 2004). Das Einrichten einer Experimentierecke versucht, diese Grundsätze in die Praxis umzusetzen. Es werden Materialien mit einem starken Aufforderungscharakter zur Verfügung gestellt, die dem Kind eine selbstständige forschende und entdeckende Tätigkeit ermöglichen. In der Konzeption der Einrichtung wird das Kind als Konstrukteur seines eigenen Wissens gesehen. Es ist in der Lage, gemeinsam mit kompetenten Fachkräften und anderen Kindern sein eigenes, unverkennbares Wissen zu konstruieren. Die Fachkräfte unterstützen das Kind bei der Konstruktion seines Wissens, indem sie offene Fragen stellen, die zu weiteren Aktivitäten anregen. Die forschende Tätigkeit des Kindes, die durch das Projekt möglich wird, unterstützt diesen Prozess der Wissenskonstruktion. Das Wissen der Kinder entwickelt sich in Abhängigkeit von ihren eigenen Interessen und Fragen. Deshalb werden die Ideen der Kinder zum Projektthema in die Planung einbezogen, und es kann eine Übertragung der Erkenntnisse und Erfahrungen der Kinder aus dem Projekt in ihren Alltag erfolgen.

Die Einrichtung arbeitet in offenen Gruppen und trägt so dem Wunsch der Kinder nach Bewegung einerseits und nach Rückzugsmöglichkeiten andererseits Rechnung.

Welche Erfahrungen hat die Einrichtung mit diesem Projekt gemacht?

Es ist zu beobachten, dass die Kinder am Experimentieren und dem damit verbundenen selbstständigen Handeln großen Spaß haben. Sie zeigen dabei großes Engagement und tauschen sich bei der Durchführung von Versuchen mit anderen aus. Die Kinder unterstützen sich gegenseitig mit Erklärungen. Auf diese Weise findet neben einer Unterstützung sozialer Kompetenzen auch eine Stärkung sprachlicher Kompetenz statt. Die Fachkräfte sind erstaunt, welche vielfältigen Lösungswege Kinder beim Experimentieren finden. Viele Kinder erzählen auch zu Hause von ihren Experimenten und zeigen ihren neugierig gewordenen Eltern bei Gelegenheit die Experimentierecke.

Welche Kompetenzen der Kinder werden gestärkt?

Aufbau von Basiskompetenzen
Im Umgang mit Phänomenen, die unseren Alltag begleiten, werden Kinder in vielfacher Weise in ihren Basiskompetenzen gefördert. Wasser ist allen Kindern ein vertrautes Element, das sie fasziniert. Im eigenständigen Erforschen und Untersuchen entwickelt das Kind ein positives Selbstkonzept. Durch das Experimentieren nimmt es Einfluss auf Veränderungen, wird selbstbewusst und autonom im Handeln.

Im Kontakt mit anderen Kindern erlernt es Strategien für das soziale Miteinander, es stimmt sich mit anderen Kindern ab, ist einmal bestimmendes, einmal sich unterordnendes Mitglied in der Experimentierecke.

Kennenlernen verschiedener Lernwege
Das Kind erfährt verschiedene Lernwege, verknüpft unterschiedliche Arbeitsfolgen und kombiniert und erkennt Zusammenhänge logischer Abfolgen. Beobachtetes wird experimentell erforscht und wieder zurückgekoppelt, indem es auf Alltagssituationen übertragen wird.

Das Projekt – Ausführliche Beschreibung

Ausgangspunkt des Projekts sind Überlegungen zu einem sinnvollen Raumkonzept. Ein solches Konzept soll auch einen Platz beinhalten, an dem sich Kinder selbstständig mit Naturphänomenen auseinandersetzen können, wie zum Beispiel in einer Experimentierecke. Ein Element, an dem Kinder großes Interesse haben, ist Wasser. Kinder mögen Spiele mit Wasser besonders gerne. Außerdem spielt Wasser in vielen Alltagssituationen der Kinder eine Rolle. Aus diesem Grund wird die Beschäftigung mit dem Element „Wasser“ unter verschiedenen Aspekten als Thema der Experimentierecke bzw. des Projekts gewählt. Bei der Planung des Projekts werden sowohl die Kinder als auch die Eltern einbezogen.

Das Projekt sieht eine Bearbeitung des Projektthemas durch selbstständiges Experimentieren der Kinder, angeleitete Durchführung von Versuchen und die Herstellung von Bezügen zur Lebenswelt der Kinder vor. Dabei wird auch auf eine ganzheitliche Umsetzung geachtet, die unterschiedliche Bildungsbereiche einschließt. In Bezug auf den Bildungsbereich „Körper“ geht es beispielsweise darum, dass Menschen Wasser zum Leben brauchen. Das Wahrnehmen von Wasser in verschiedenen Aggregatzuständen wird dem Bildungsbereich „Sinne“ zugeordnet. Eine Förderung der Sprache findet beim Austausch der Kinder während der Durchführung von Experimenten statt. Der Bildungsbereich „Denken“ wird besonders berücksichtigt, wenn es um das Aufstellen von Hypothesen und das Äußern von Vermutungen geht. Das „Mitgefühl“ der Kinder wird beispielsweise angesprochen, wenn sie eine Pflanze sehen, die Wasser braucht. Im Bereich des Bildungsbereichs „Sinn, Werte, Religion“ geht es darum zu verstehen, dass Trinkwasser nicht in unbegrenzter Menge vorhanden ist und dass es sich bei Wasser um ein lebensnotwendiges und deshalb kostbares Gut handelt, das man nicht verschwenden darf.

Bei allen Experimenten und Aktionen entwickeln die Kinder gemeinsam mit den Erzieherinnen eine Deutung für das Wahrgenommene und Erlebte. Die Kinder stellen dazu vor den Experimenten Vermutungen an, wie sich etwas verhalten könnte. Beim Experimentieren und danach werden wahrgenommene Ergebnisse mit den Vermutungen verglichen. Die Erzieherinnen unterstützen dabei die Entwicklung einer angemessenen Deutung durch offene Fragen und die Anführung anschaulicher Vergleiche.

Ideen der Kinder zum Projektthema einbeziehen

Die Ideen der Kinder zum Thema werden gesammelt, indem jede Gruppe in der Einrichtung eine Kinderkonferenz durchführt. Im Rahmen dieser Konferenz erläutert dann zunächst eine Erzieherin das Thema des Projekts, und anschließend äußern die Kinder dazu ihre Ideen. Im Projektverlauf sollen möglichst viele Ideen der Kinder aufgenommen werden, um den Kindern damit für ihre eigenen Einfälle Wertschätzung entgegenzubringen und gleichzeitig die Interessen der Kinder zu berücksichtigen. Die Ideen der Kinder werden an verschiedenen Stellen aufgegriffen: Im Rahmen der Durchführung angeleiteter Experimente, bei im Kindergartenalltag wiederkehrenden Aktionen wie z. B. einem Badetag/Kochtag oder bei der Einführung neuer Angebote, die den Kindern später dauerhaft zur Verfügung stehen.

Selbstständiges Experimentieren

In der gesamten Freispielzeit haben die Kinder Gelegenheit, die Experimentierecke mit ihren Materialien selbstständig zu nutzen. Zur Ausstattung der Experimentierecke gehört ein Wannentisch, auf dem die Versuche durchgeführt werden. Zusätzlich werden in einem Schrank Schubfächer mit für Kinder frei zugänglichen Materialien bereitgestellt. Diese Schubfächer enthalten verschiedene Gefäße zum Schütten von Wasser, Schüsseln, Pipetten, Trichter, Lupen, Farben zum Einfärben von Wasser, Schläuche sowie verschiedene Gegenstände, die zur Untersuchung der Schwimmfähigkeit genutzt werden können (Büroklammern, Holzstücke, kleine Steine, Korken, Münzen).

Eine Einführung der Materialien findet an bestimmten Vormittagen statt. Als Ansprechpartner steht den Kindern eine Erzieherin zur Verfügung, die das Vorgehen der Kinder in der Experimentierecke beobachtet und bei Bedarf die Forschungsaktivitäten der Kinder durch offene Fragen oder weitere Anregungen unterstützt. Gemeinsam mit den Kindern werden Regeln vereinbart, wie man sich in der Experimentierecke verhält. Dazu gehören ein sachgerechter Umgang mit den Materialien und das Aufräumen vor dem Verlassen der Experimentierecke. Die Durchführung ihrer Versuche dokumentieren die Kinder mit Zeichnungen und Fotos.

Durchführung von Versuchen und Aktionen

Die Erzieherinnen führen gemeinsam mit den Kindern regelmäßig Versuche und Aktionen durch, um das Thema „Wasser" unter verschiedenen Aspekten zu bearbeiten. Zur Vertiefung werden die gleichen Versuche mehrmals angeboten.

Ablauf von Experimenten

Die naturwissenschaftlichen Experimente laufen dabei immer nach dem gleichen Grundschema ab: Nachdem die Erzieherin kurz in die Fragestellung des Experiments eingeführt hat, setzen sich die Kinder mit den Materialien auseinander, die für das Experiment benötigt werden. Dazu betrachten, befühlen und besprechen die Kinder die Materialien. Im Anschluss malt jedes Kind ein benötigtes Utensil auf eine Karte, die dann noch beschriftet wird. Die Karten heften die Kinder an eine Pinnwand, die in vier Kategorien unterteilt ist: „Was benötigen wir für das Experiment?", „Die einzelnen Arbeitsschritte

des Experiments", „Vermutungen/ Ideen" sowie „Ergebnis". Als nächstes betrachten sich die Kinder dann vorbereitete Fotos, auf denen die einzelnen Arbeitsschritte des Experiments dargestellt sind. In einem Gespräch erläutert die Erzieherin die Fotos und gibt weitere Hinweise zum Ablauf des Experiments. Die Fotos werden in der richtigen Reihenfolge unter der Rubrik „Die einzelnen Arbeitsschritte des Experiments" an der Pinnwand angebracht. Anschließend treffen die Kinder unter Zuhilfenahme der Fotos mit den einzelnen Arbeitsschritten die für das Experiment notwendigen Vorbereitungen. Vor der Durchführung des Experiments fragt die Erzieherin die Kinder nach ihren Vermutungen, wie das Experiment ausgehen wird. Im folgenden Gespräch äußern die Kinder dann ihre Ideen und malen am Ende auf, wie sie sich den Ausgang des Experiments vorstellen. Diese Zeichnungen werden dann ebenfalls unter der entsprechenden Rubrik („Vermutungen/ Ideen") an die Pinnwand geheftet. Danach wird das Experiment einmal gemeinsam durchgeführt und anschließend selbstständig von allen Kindern wiederholt. Dabei regt die Erzieherin die Kinder an, ihre Beobachtungen zu äußern. In einem folgenden Gespräch werden die Beobachtungen bzw. das Ergebnis des Experiments mit den vorher geäußerten und aufgemalten Vermutungen verglichen. Die Kinder und die Erzieherin versuchen im Verlauf dieses Gesprächs, gemeinsam eine Erklärung für das beobachtete Geschehen zu entwickeln. Gemeinsam wird nach anschaulichen Vergleichen gesucht, die das Beobachtete erklären. Zum Abschluss des Experiments malen die Kinder das beobachtete Ergebnis auf und heften ihre Zeichnung unter der entsprechenden Rubrik an die Pinnwand.

Einheit 1: Den Unterschied zwischen nass und trocken kennen lernen

Um den Unterschied zwischen nass und trocken kennen zu lernen, finden verteilt auf mehrere Tage unterschiedliche Angebote statt: Die Kinder bauen im Sandkasten nacheinander mit trockenem und nassem Sand, um sich mit dem Unterschied zwischen nassen und trockenen Materialien auseinanderzusetzen. Außerdem fühlen sie mit geschlossenen Augen verschiedene Materialien einmal in nassem und einmal in trockenem Zustand (Stoff, Sand, Holz, Steine).

In der Experimentierecke werden Versuche zur Löslichkeit von Stoffen in Wasser gemacht: Die Kinder geben Kakao, Zucker, Salz, Puderzucker, Öl und Essig in verschiedene mit Wasser gefüllte Gefäße und beobachten, ob sich der Stoff im Wasser auflöst und wie sich das Wasser verändert. Danach werden Schiffchen aus unterschiedlichen Materialen gebaut (Kork, Styropor, Papier, Holz, Knete). Im Anschluss untersuchen die Kinder, wie sich die Schiffchen verhalten, wenn sie eine gewisse Zeit geschwommen sind bzw. wie sich unterschiedliche Materialien durch Kontakt mit Wasser verändern.

Im Freien wird ein Fußparcours aufgebaut, bei dem die Kinder barfuß über Steine, Äste, Rindenmulch, Palisaden, Stroh und durch eine mit Wasser bzw. Sand gefüllte Wanne laufen. Die Materialien, aus denen der Parcours besteht, werden auf der einen Seite angefeuchtet. Wenn die Kinder dann gleichzeitig mit einem Fuß über nassen und mit dem anderen über trockenen Sand laufen, haben sie den direkten Vergleich zwischen nass und trocken. Auch beim Badetag wird der Unterschied zwischen nass und trocken erlebt. Die Kinder vergleichen, wie sich trockene und nasse Badekleidung anfühlt. Sie laufen barfuß über den zuerst trockenen Rasen, der dann mit einem Gartenschlauch gewässert wird. Danach massieren sich die Kinder gegenseitig mit trockenen und nassen Waschlappen. Auch bei der Pflege der Pflanzen in der Einrichtung erleben die Kinder den Unterschied zwischen nass und trocken, indem sie durch Fühlen mit ihren Fingern feststellen, ob Pflanzen Wasser brauchen.

Zusätzlich wird der Wasserkreislauf mit Elementen aus der Rhythmik umgesetzt. Dazu spielen die Kinder die Reise eines kleinen Wassertropfens nach und stellen sie mit verschiedenen Instrumenten dar. Als Grundlage werden die Bücher „Quacki, der kleine freche Frosch" und „Mit Kindern Bach und Fluss erleben" verwendet (siehe aufgelistete Literatur am Ende der Projektbeschreibung). Die Kinder versuchen, für die folgenden Dinge eigene Bewegungen zu finden: Wellen im Meer, das Spritzen über Stromschnellen in einem Fluss, das Trocknen von Wasser in der Sonne, das Aufsteigen beim Verdunsten, schwerer und leichter Regen. An einem Regentag bietet sich zusätzlich die Möglichkeit, Regen zu beobachten und anzuhören. Die Kinder

lassen es sich dabei auf die Hand regnen. Dazu wird ein Regengedicht vorgelesen („Es regnet" von Friedel Hofbauer; zu finden in „Rhythmik für alle Sinne"). Danach setzen die Kinder das Gedicht in verschiedener Weise durch Klatschen, leises und lautes Sprechen sowie einen Sprechkanon um. Anschließend wird das Lied „Hör mal wie die Regentropfen in den Pfützen tanzen" gesungen, das neben weiteren Anregungen zur Umsetzung von Themen mit Elementen der Rhythmik aus dem Buch „Rhythmik für alle Sinne" von Susanne Peter-Führe stammt (siehe Literatur, die bei der Erarbeitung des Projekts verwendet wurde).

Einheit 2: Wasser reagiert auf äußere Einflüsse (Die Aggregatszustände von Wasser)

Um zu erforschen, wie Wasser auf Wärme und Kälte reagiert, machen die Kinder verschiedene Versuche, die nach dem bereits beschriebenen Grundschema ablaufen: Auf dem Herd wird Wasser in einem Topf erhitzt. Sobald das Wasser zu dampfen beginnt, halten die Kinder ihre Hand in angemessenem Abstand über den Topf und merken, dass sie nach einer gewissen Zeit feucht wird. Für einen weiteren Versuch stellen die Kinder mit einer entsprechenden Form Eiswürfel her. Nach dem Herausnehmen der Eiswürfel aus dem Gefrierfach beobachten die Kinder, was mit den Eiswürfeln bei Zimmertemperatur passiert. Im Winter können auch mit Wasser gefüllte Plastikbecher über Nacht ins Freie gestellt werden. Mit dem Phänomen der Verdunstung setzen sich die Kinder auseinander, indem sie mit Wasser auf Pflastersteine malen. Nach einer gewissen Zeit stellen die Kinder dann fest, dass die Bilder wieder verschwunden sind. Das gleiche Phänomen lässt sich beobachten, wenn man eine Schale mit Wasser auf die Heizung oder in die Sonne stellt.

Ausführliche Hinweise zu diesen und weiteren Experimenten rund um das Thema Wasser finden sich in den Büchern „Meine Welt der Experimente: 100 erste Versuche zum Selbermachen", „Die besten Experimente für Kinder", „Spannende Experimente: Naturwissenschaft spielerisch erleben", „Das große Buch der Experimente: über 200 spannende Versuche, die klüger machen" und „Experimentieren und Entdecken: mehr als 30 Experimente zu Luft und Wasser" (siehe aufgelistete Literatur, die bei der Erarbeitung des Projekts verwendet wurde).

Einheit 3: Kraft des Wassers erforschen

Die Kinder legen um eine Wasserspielanlage Dämme aus Sand und kleinen Ästen an. Damit untersuchen sie die Kräfte, die fließendes Wasser ausübt. Dabei stellen sie fest, dass die Dämme früher oder später unterspült und mitgerissen werden. Fließendes Wasser ist in der Lage, Gegenstände wie Schiffchen oder Sandförmchen zu transportieren. In den Sandkasten eingeleitetes Wasser kann Kuhlen ausschwemmen und große Mengen Sand wegspülen.

Außerdem können die Kinder mit einer wasserspritzenden Blume, die an einen Gartenschlauch angeschlossen ist, Versuche machen. Durch den Stiel dieser Blume aus Plastik fließt Wasser, das dann aus der Blüte wieder herauskommt. Durch den Druck des Wassers bewegt sich die Blume hin und her. Dreht man das Wasser ab, steht die Blume still.

Die Utensilien, die für Versuche genutzt werden, stehen den Kindern anschließend weiterhin in der Experimentierecke zur Verfügung. Auf diese Weise können die Kinder die Versuche jederzeit und beliebig oft wiederholen.

Einheit 4: Wasser als lebensnotwendiges und kostbares Gut

Zur Einführung dieses Aspekts wird mit Dias über das Leben in Afrika berichtet. Es werden zum Vergleich Bilder von Landschaften während der Regenzeit und während der Trockenzeit gezeigt. Die Kinder erfahren, wie mühsam es für Menschen in Afrika ist, sich mit Wasser zu versorgen. Mit Hilfe eines Eimers wird gezeigt, wie viel Wasser einer Familie am Tag zur Verfügung steht. Die Kinder überlegen gemeinsam, für welche Dinge Wasser gebraucht wird: Zum Kochen, zum Spülen, zum Waschen und vor allem als Trinkwasser. Wasser ist also sehr wertvoll und sollte nicht verschwendet werden. Die Kinder denken darüber nach, wo sie Wasser sparen können.

Dass Wasser zum Überleben unbedingt erforderlich ist, erfahren die Kinder durch einen Versuch mit Kresse. Bei diesem Versuch werden drei Schalen mit Kressesamen bepflanzt. Im weiteren Verlauf des Versuchs werden nur zwei der Schalen gegossen. In diesen beiden Schalen wächst die Kresse. Wenn die Kresse aufgegangen ist, wird nur noch eine dieser Schalen weiter gegossen. Die Kinder stellen fest, dass die Kresse ohne Wasser gar nicht wächst und dass nicht mehr weiter gegossene Kresse eingeht.

Herstellung von Bezügen zur Lebenswelt von Kindern

Im Morgenkreis wird zur Einstimmung auf das Thema das Lied „Der musikalische Wasserhahn" von Klaus W. Hoffmann gesungen (siehe zugrunde liegende Literatur). Dabei kommen die in dem Lied erwähnten Dinge wie Wasser, Tassen, Handtuch, Messer, Gabeln und Suppentopf zum Einsatz.

Die Erzieherinnen achten in Gesprächen und bei anderen Aktivitäten mit den Kindern darauf, wo sich Bezüge zwischen den bereits durchgeführten naturwissenschaftlichen Versuchen und den von Kindern erlebten Alltagssituationen herstellen lassen. Beispielsweise machen die Erzieherinnen die Kinder auf den gasförmigen Zustand von Wasser beim Suppe- oder Teekochen aufmerksam oder weisen nach einem Sommerregen auf den aufsteigenden Dunst hin. Es wird aber auch umgekehrt angestrebt, dass Erzieherinnen von Kindern als interessant erlebte Situationen aufgreifen und dann einen diese Situation erklärenden Versuch vorbereiten. Wenn die Kinder zum Beispiel bei einem Spaziergang an einem Fluss ein großes Schiff sehen und sich fragen, weshalb ein so großes und schweres Ding überhaupt schwimmt, können daraufhin in der Experimentierecke Versuche zum Schwimmen und Sinken von Gegenständen angeboten werden. Die Kinder experimentieren dabei mit Knetmasse und bearbeiten so die Frage, ob die Schwimmfähigkeit auch von der Form eines Materials abhängig ist (Knetmasse als Kugel bzw. Schiff geformt).

Einbeziehen der Eltern

Die Eltern werden auf einem Elternabend in das Projekt einbezogen. An diesem Abend wird zunächst „Wasser" als Thema des Projekts vorgestellt und dann die Experimentierecke als mögliche Form der Umsetzung präsentiert. Außerdem erhalten die Eltern einen Einblick in die Ziele, die mit dem Projekt verfolgt werden. Anschließend werden die Eltern gebeten, sich in Kleingruppen Gedanken zu machen, welche Schwerpunkte im Projekt gesetzt werden können. Dazu erhalten sie verschiedene Bücher, die sich mit Wasser unter verschiedenen Aspekten beschäftigen (siehe zugrunde liegende Literatur). Außerdem bekommen sie ein vorbereitetes Blatt mit der Bitte, zu den aufgeführten Bildungsbereichen (Körper, Sinne, Sprache, Denken, Gefühl/ Mitgefühl, Sinn/ Werte/ Religion) Ideen aufzuschreiben, wie diese im Hinblick auf das Projektthema einbezogen werden können. Die erarbeiteten Vorschläge werden dann im Plenum diskutiert. Die Eltern sollen also durch den Elternabend nicht nur über das Projekt informiert werden, sondern haben auch die Möglichkeit, sich intensiv mit dem Projektthema zu beschäftigen, um selbst Neues zu diesem Thema zu erfahren oder neue Bezüge herzustellen.

Gleichzeitig möchten die Erzieherinnen die Eltern motivieren, gemeinsam mit den Kindern in der Einrichtung Experimente durchzuführen. Zeigt ein Elternteil Interesse, wird ein möglicher Termin abgestimmt. Das für die Versuche benötigte Material stellt die Einrichtung. Die Erzieherinnen weisen die Eltern bei der Vorbereitung darauf hin, dass der Schwerpunkt beim Experimentieren auf dem Sammeln von Erfahrungen liegt und nicht auf dem „Füttern" der Kinder mit Informationen.

Wie lässt sich das Projekt erweitern?

Entdeckung des Wassers in der direkten Umgebung

Wasser ist für Kinder ein bekanntes Element und doch nimmt dessen Erkundung kaum ein Ende. Die Kindergartenkinder haben vielfältige Möglichkeiten, Wasser mit all seinen Eigenschaften am Experimentiertisch zu erforschen. Sie erfahren, was es mit diesem Element auf sich hat. Gezielte Experimente verschafften ihnen Einblicke in die Eigenschaften des Wassers. Der Bezug zur konkreten und für die Kinder erlebten Umgebung ist unabdingbar. Erst durch die Umsetzung eines Bildungsinhaltes in die Lebenswelt des Kindes wird dieser zum nachhaltigen Weiterforschen und Neugierigbleiben auffordern.

Wasser in der Lebenswelt der Kinder

Ein Projekt kann den Blick nach außen richten, indem die Kinder auf „Wassersuche" gehen. Wie kommt das Wasser in den Wasserhahn? Wasserhähne werden in ihrer technischen Funktion untersucht. Im Baumarkt werden erste Recherchen über Wasserrohre, Leitungen und eventuelle Wasserinstallationen erarbeitet. Der Besuch einer Baustelle mit Häusern im Rohbau gibt Einblicke in den Verlauf von Wasserrohren in den noch unverputzten Wänden. Können die Kinder im Gebäude des Kindergartens die Verlegung der Wasserrohre nachvollziehen? Eventuell existieren noch Baupläne und die damalige Firma kann ihr Fachwissen dem Kindergarten zu Verfügung stellen. Ein Experiment erklärt, warum unser Leitungswasser aus den Rohren bis zu unseren Wasserhähnen kommt: Dazu wird ein Trichter an einem Schlauch befestigt. Das Schlauchende wird mit dem Finger zugehalten und der Trichter mit Wasser gefüllt. Das Ende des Schlauches befindet sich unter dem Trichter. Wenn man den Finger weg tut, sprudelt das Wasser aus dem Schlauch. Exkursionen zu einem Wasserwerk oder Wasserturm untermauern das Wissen über die Wasserversorgung der Haushalte. Im Anschluss könnte es um die Frage gehen, wohin das Wasser (Waschwasser, Badewasser, Spülwasser, …) denn „geht".

Exkursionen zu Seen und Flüssen in der Umgebung: Der Fluss und seine Geschichte – Kinder gehen auf Entdeckungsreise

Wasser befindet sich nicht nur in den Häusern, sondern kann an vielen Orten der Gemeinde/Stadt entdeckt werden. Gerade bei einem Kindergarten, der in unmittelbarer Nähe eines großen Flusses gelegen ist, kann auf die Ortsgeschichte zurückgegriffen werden. Vor Ort lassen sich Brunnen, Freibäder, Seen und Bäche entdecken. Sicherlich gibt es Geschichten, Erinnerungen oder sogar historische Begebenheiten zu den Orten des Wassers. Unter Einbindung der Eltern und vor allem auch Großeltern werden Erzählungen von damals und heute gesammelt. In Stadtarchiven wird Bildmaterial gesichtet, Bücher werden gesucht und den Geschichten der Großeltern gelauscht. Wie sah z. B. der Fluss zu früheren Zeiten aus: Gab es dort Schiffe, wurde sein Wasser zur Bewässerung oder zu industriellen Nutzung gebraucht? All diese Fragen können nachhaltig als gemeinsames Projekt von Kindergarten, Schule, Gemeinde und den Familien durchgeführt werden. Diese Einbindung, vor allem auch der älteren Generation, schafft gegenseitige Wertschätzung und gibt den Kindern wichtige Einblicke in das Leben ihres Heimatortes.

Experimente im Kindergarten zur Schiffbarmachung, Schwimmfähigkeit von Schiffen, zu Flussläufen, zur Funktion eines Brunnens bis zu Sicherheitsregeln bezüglich des Wassers untermauern in einer umfassenden Sichtweise die Beschäftigung mit den Naturwissenschaften und der Technik im Kindergarten.

Welche Literatur wurde bei der Erarbeitung des Projekts verwendet?

Deparnay, A., Spangenberg, A., et al. (2003): Mit Kindern Bach und Fluss erleben: Fließgewässer – Lebensadern der Landschaft; Akademie für Natur- und Umweltschutz Baden-Württemberg (Umweltakademie). Stuttgart, Hirzel.

Hoffmann, K. W. (2007): „Der musikalische Wasserhahn" auf: www.klauswhoffmann.de/32986.html.

Kersten, D. (2006): Meine Welt der Experimente: 100 erste Versuche zum Selbermachen. Bindlach, Gondolino.

Keske, A. & Allman, H. (2004): Die besten Experimente für Kinder. München, Bassermann.

Krekeler, H. & Rieper-Bastian, M. (2005): Spannende Experimente: Naturwissenschaft spielerisch erleben. Ravensburg, Ravensburger Buchverl.

Peter-Führe, S. (2003): Rhythmik für alle Sinne: ein Weg musisch-ästhetischer Erziehung. Freiburg im Breisgau u. a., Herder.

Schreiber, A. (2004): Das große Buch der Experimente: über 200 spannende Versuche, die klüger machen. Bindlach, Gondolino.

Wagner, E. (2000): Quacki, der kleine freche Frosch: 37 lustige Klanggeschichten für Kinder von 3 – 8. München, Don-Bosco-Verlag.

Weinhold, A. (2004): Experimentieren und Entdecken: mehr als 30 Experimente zu Luft und Wasser. Ravensburg, Ravensburger Buchverlag Maier.

Weiterführende Literatur

Lingenauber, S. (Hrsg.) (2004): Handlexikon der Reggio-Pädagogik. projektverlag, Bochum, Freiburg.

Forschen und Experimentieren mit Vorschulkindern

Ev. luth. Kindertagesstätte der Hainhölzer Kirche
Hüttenstraße 24
30165 Hannover

Ansprechpartnerinnen: Frau Renate Dreßler und Frau Irmtraud Lohs
Telefon: 05 11 – 3 52 00 86
E-Mail: kts.hainholz.hannover@evlka.de

Das Projekt im Überblick

Um was geht es?

Kinder werden als Forscher und Entdecker gesehen, die von Geburt an ihre Lebenswelt sehr genau beobachten. Mit großem Tatendrang stellen sie viele Fragen und zeigen großes Interesse an Phänomenen der belebten und unbelebten Natur. Um ein Angebot zu schaffen, das diesen Prozess unterstützt, wird ein Forscherraum eingerichtet, in dem Kinder regelmäßig in Kleingruppen Experimente durchführen. In der Freispielzeit besteht für alle Kinder die Möglichkeit, den Forscherraum zu nutzen. Die Durchführung der Experimente wird dokumentiert. Diese Dokumentation wird einem Portfolio hinzugefügt. Kinder, die über einen längeren Zeitraum an diesem Angebot teilnehmen, können sich zum Forscher-Meister „ausbilden" lassen.

Was zeichnet das Projekt besonders aus?

Altersangemessen „Lernen lernen"

Die pädagogische Arbeit dieser Einrichtung zeichnet sich besonders durch die Entwicklung und Begleitung der Kinder auf ihrem Weg zum Lernen lernen aus. Systematisch werden Basiskompetenzen aufgebaut, indem die Erzieherinnen jedem Kind in seiner Entwicklung grundlegende Erfahrungen vermitteln. Die Jüngeren beschäftigen sich spielerisch mit dem dargebotenen Material, sie können probieren und gemäß ihrer Interessen erste Forschungen unternehmen. Dabei steht die Wahrnehmung mit allen Sinnen, das genaue Hinschauen und Beobachten im Vordergrund. Ältere Kinder werden unterstützt, aus dem Beobachteten Schlüsse zu ziehen, Fragen abzuleiten und mögliche Antworten in Form von Hypothesen aufzustellen. Die Versprachlichung nimmt dabei einen wichtigen Stellenwert ein.

Voneinander Lernen

Die jüngeren Kinder können jederzeit als „Gastforscher" an den naturwissenschaftlichen Experimenten der Großen teilnehmen. Im altersgemischten Miteinander erhalten die Kinder die Möglichkeit voneinander zu lernen. Die jüngeren Kinder eifern dem Tun der älteren nach und die Großen können ihr Wissen in der Wiederholung für die Kleinen vertiefen. Die innere Differenzierung von Lernangeboten bietet den Kindern die Möglichkeit, sich gemäß ihrem Alter, aber vor allem gemäß ihrem Entwicklungsstand, weiterzuentwickeln. Rückstände in der Entwicklung werden ausgeglichen, ohne dass das Kind defizitorientiert gesehen wird.

Vorbereitete Lernumgebung

Durch die Einrichtung eines Forscherraumes erhalten alle Kinder die Möglichkeit, sich in der Freispielzeit mit den Materialien vertraut zu machen und deren Handhabung kennen zu lernen. Durch Wiederholung der Experimente können die Kinder ihr Wissen festigen oder ausbauen. Unterstützung und Hilfe erhalten die kleinen Forscher durch eine Fachkraft, die die Angebotszone betreut und die Kinder in ihrem spielerischen Lernen beobachtet und ihre Aktivitäten dokumentiert.

Dokumentation der Lernwege

In den Versuchsreihen zum Themenbereich Wasser bauen die einzelnen Experimente aufeinander auf, sie umfassen den gesamten Komplex der Eigenschaften dieses Elementes. Durch die Wiederholbarkeit und die Weiterentwicklung der Experimentreihen können die Erzieherinnen den Lernweg der Kinder begleiten und dokumentieren. Nicht nur der Verlauf der Experimente wird in einer Art Forschertagebuch festgehalten, sondern die eigene Einschätzung und die Kommentierung der Kinder werden niedergeschrieben, sie dienen der Dokumentation einer beobachteten und pädagogisch begleitenden Entwicklungsdiagnostik. Das Dokumentationsmaterial ermöglicht den Einblick in die Erziehung und Bildung der Kinder in dieser Einrichtung.

Welche Ziele verfolgt das Projekt?

Die Kinder sollen eine naturwissenschaftliche Basiskompetenz erwerben. Dazu gehört neben dem Aufbau von Wissen über naturwissenschaftliche Phänomene auch die Entwicklung einer sinnlichen Wahrnehmungsfähigkeit, die den Kindern genaues Beobachten ermöglicht. Die Bereitschaft, nach Antworten zu suchen, Sinnfragen zu stellen und sich dabei mit verschiedenen Lösungsmöglichkeiten auseinanderzusetzen, schließt eine solche Basiskompetenz ebenfalls ein. Ein weiterer Bestandteil einer solchen Basiskompetenz ist die Überführung von Beobachtungen und angestellten Vermutungen in eine sprachliche Form. Diese sprachlichen Fähigkeiten sollen durch das Aufstellen und Reflektieren von Forschungshypothesen und die Dokumentation von Versuchen gestärkt werden. Im Projektverlauf sollen gemeinsam Problemlösestrategien erarbeitet werden. Dabei soll auch die Ausdauer der Kinder und ihre Konzentration gefördert werden. Die Kinder sollen erfahren, dass Abläufe in der unbelebten Natur durch eine hohe Verlässlichkeit gekennzeichnet sind.

Wie werden die Ziele des Projekts umgesetzt?

Kinder als aktive Lerner

Die Konzeption der Einrichtung orientiert sich am Kind als aktivem Lerner und Forscher. Individuelle und entwicklungsangemessene Förderung unterstützt die Basis der Bildungsangebote des Kindergartens. Kinder nehmen aktiv an den Lerneinheiten teil und können in den Freispielphasen ihr Wissen untermauern und festigen. Das Prinzip der offenen Arbeit befähigt die Kinder, gemäß ihrem Interesse in gruppenübergreifenden Lerninseln zu lernen und soziale Kontakte zu pflegen.

Konsistenz im Bildungsverlauf – der Übergang von der Kindertageseinrichtung zur Grundschule

Lernen muss gelernt werden. Um gut für den Übergang gerüstet zu sein, sollte ein Kind Konzentrationsfähigkeit, ein gewisses Maß an Arbeitshaltung, exakte Wahrnehmungsfähigkeit und einen fundierten Wortschatz als Basiskompetenzen erworben haben. Durch die exakte Durchführung und Dokumentation von Experimenten werden die Kinder in ihrer Wahrnehmung, dem genauen Hinschauen, in ihrer Kommunikation, dem Erklären und Hypothesen-Erstellen und in der Zusammenarbeit mit anderen Kindern, im sozialen Miteinander gestärkt – alles Grundvoraussetzungen für einen guten Start in die Schule.

Kooperation mit den Eltern

In der gemeinsamen Verantwortung von Erzieherinnen und Eltern für die Bildung der Kinder ist es unabdingbar, dass die Eltern in den Erziehungsprozess mit einbezogen werden. Indem sie Einblicke erhalten, können sie sich konstruktiv an der Bildungsarbeit beteiligen. Bei Hospitationen können die Eltern das Forschen ihres Kindes begleiten. Der Entwicklungsverlauf der Kinder wird durch Portfolios dokumentiert und bei Elternabenden genutzt, um die derzeitige und zukünftige pädagogische Arbeit vorzustellen. Diese Zusammenarbeit fördert gegenseitiges Vertrauen und Respekt und unterstützt das gemeinsame Wirken, Kinder in ihren Interessen und Neigungen zu fördern.

Für welches Alter ist das Projekt geeignet?

3–6 Jahre

Welche Bildungsbereiche werden besonders unterstützt?

Naturwissenschaftliches Verständnis

Welche anderen Bildungsbereiche berührt das Projekt noch?

In dieser Kindertageseinrichtung gibt es verschiedene Angebote für die Kinder. Neben der naturwissenschaftlichen Forschergruppe bestehen Kreativgruppen mit Künstlern und Sängern und eine Feinschmeckergruppe. Diese Gruppen treffen sich zeitweise, um zusammen ein Sachgebiet kennen zu lernen und zu erarbeiten.

Welche Aspekte werden besonders berücksichtigt?

Das Fragenstellen, die Entwicklung von Antworten und das genaue Schildern von Beobachtungen beim Experimentieren fordern und fördern die sprachlichen Fähigkeiten der Kinder. Die Kinder üben durch das Kommentieren der Versuche, Gesehenes in Worte zu fassen. Durch die Benutzung unterschiedlicher und teilweise bisher unbekannter Materialen erweitern Kinder ihren Wortschatz.

Der immer gleiche Ausgang von Experimenten aus der unbelebten Natur schafft bei Kindern Sicherheit. Kinder schätzen die hohe Verlässlichkeit von Versuchen, die unabhängig davon, wie oft sie wiederholt werden, das gleiche Phänomen zeigen.

Wie können die Eltern und Familien der Kinder am Projekt beteiligt werden?

Die Eltern werden auf Elternabenden über die Angebote zur naturwissenschaftlichen Bildung in der Einrichtung informiert. Außerdem erhalten sie Gelegenheit, in der Einrichtung zu hospitieren oder durch einen Blick in das Portfolio der Kinder, in dem alle Versuche dokumentiert werden, mehr über die Forschungsaktivitäten der Kinder zu erfahren. Wenn die Eltern beim Experimentieren dabei sein wollen, werden individuell Termine vereinbart. Auch bei Ausflügen haben die Eltern die Gelegenheit, die Forschungsaktivitäten ihrer Kinder hautnah mitzuerleben.

Welchen Bezug hat das Projekt zur pädagogischen Konzeption der Einrichtung?

Die pädagogische Konzeption der Einrichtung sieht eine offene Arbeit vor, die auch die Einrichtung von Funktionsräumen einschließt. Der Forscherraum, in dem die Kinder selbstständig oder unter Anleitung Versuche durchführen können, ist ein solcher Funktionsraum. Das Konzept der offenen Arbeit räumt Kindern die Möglichkeit ein, selbst zu entscheiden, mit was sie sich gerne beschäftigen möchten. Kinder werden als geborene Lerner gesehen, die bestrebt sind, die Welt zu verstehen und Handlungskonzepte zu erwerben. Dabei lernt jedes Kind auf seine eigene Weise und verknüpft Erfahrungen, Beobachtungen und Erlebnisse zu seinem Bild von der Welt. Durch Bildungsangebote wie Forscherraum und Forschergruppen soll sich die Eigenmotivation der Kinder entwickeln. Diese Motivation soll für die Umsetzung der Bildungsangebote genutzt werden. Naturwissenschaftliches Forschen stellt dabei neben einigen anderen Bereichen einen Schwerpunkt in der pädagogischen Arbeit der Einrichtung dar. Forschen und Experimentieren bietet den Kindern die Möglichkeit, ihre kognitiven Fähigkeiten auszubilden, indem sie Erfahrungen auf der Grundlage sinnlicher Wahrnehmungen machen und sich daraus in sozialer Interaktion mit anderen ihr Bild von der Welt konstruieren. Durch ihre Forschungsaktivitäten können Kinder Erklärungen für Naturphänomene finden. Zu beachten ist dabei, dass Eigenaktivität der Kinder zugelassen wird und dass die Gestaltung der Lernprozesse ergebnisoffen, ohne Zeitdruck und nach einem vom Kind vorgegebenen Lernrhythmus erfolgt.

Welche Erfahrungen hat die Einrichtung mit diesem Projekt gemacht?

Die Kinder nehmen mit Begeisterung an den Forschergruppen teil. Sie setzen sich hochmotiviert mit naturwissenschaftlichen Inhalten auseinander und haben Freude an dieser Auseinandersetzung. Auch die Möglichkeit des „freien Forschens“ wird von den Kindern intensiv genutzt. Viele Kinder können es anschließend kaum erwarten, in die festen Forschergruppen zu kommen. Das Angebot, den „Forsch-Meister“ zu machen, wird von den Kindern ebenfalls stark genutzt. Insgesamt haben die positiven Erfahrungen mit dem Projekt dazu beigetragen, dass naturwissenschaftliches Forschen und Experimentieren in der Einrichtung zu einem festen konzeptionellen Bestandteil der pädagogischen Arbeit geworden ist.

Welche Kompetenzen der Kinder werden gestärkt?

Motivationale Kompetenz

Um Lernen zu können und zu wollen, müssen Kinder die Freude und Neugierde, Neues wissen zu wollen, erfahren haben. Die Lernmotivation ist die Voraussetzung für konzentriertes Lernen. Diese Motivation basiert auf der Lernumgebung, den Lerninhalten, den spannenden Experimenten und den Möglichkeiten eines jeden Kindes, sich aktiv mit dem Lerngegenstand beschäftigen zu können.

Motivation ist der Motor, an einer Aufgabe zu bleiben, auch wenn nicht gleich alle Fragen gelöst werden, also der Aufbau von Arbeitshaltung und Durchhaltevermögen, das den schulischen Erfolg entscheidend ausmacht.

Kognitive Kompetenz

Die Kinder werden durch logisch aufeinander aufbauende Experimentierreihen systematisch an das Lernen herangeführt. Dabei erhalten sie Zeit und Raum, Gelerntes selbsttätig zu wiederholen sowie durch Hilfe und Unterstützung, Worte und Erklärungen für das Beobachtete zu finden. Im Laufe der Zeit werden aus „Forschungsanfängern“ Experten, die den anderen mit Rat und Tat zu Seite stehen können.

Sprache und differenzierter Wortschatz
Gute Sprachlichkeit und ein differenzierter Wortschatz bedingen positive Leistungen in der Schule und auf dem weiteren Lernweg. Neben diesen Hauptfähigkeiten muss das Kind aber auch Vertrauen in seine Verbalität erlangen, es muss sich zutrauen, sein Wissen anderen mitzuteilen, frei zu reden und ohne Scheu komplexere Sachverhalte zu erörtern.

Das Projekt – Ausführliche Beschreibung

Forschergruppen, bestehend aus Kindern im Alter von 4–6 Jahren führen wöchentlich gemeinsam mit einer Fachkraft verschiedene Experimente durch. Zuvor wird den Kindern in Gesprächsrunden angeboten, an den Forschergruppen teilzunehmen. Kinder, die gerne mitmachen möchten, melden sich und werden in Kleingruppen eingeteilt. In den einzelnen Forschergruppen sollen nicht mehr als sechs Kinder teilnehmen, damit in den Kleingruppen intensiv gearbeitet werden kann. Außerdem soll auch genügend Material zur Verfügung stehen, damit die Kinder auf jeden Fall alle Experimente selbstständig und in ihrem eigenen Tempo durchführen können. Die Arbeit in Kleingruppen gibt der Fachkraft zudem mehr Möglichkeiten, auf einzelne Kinder einzugehen. Den Kindern fällt es in einer kleineren Gruppe leichter, miteinander ins Gespräch zu kommen und sich einzubringen. Nach etwa drei Monaten werden die Forschergruppen wieder aufgelöst. Danach wird erneut gefragt, wer gerne in einer Forschergruppe mitmachen möchte, und es werden neue Forschergruppen gebildet. Interessierte Kinder können dann erneut mitmachen.

Um sich auf das Experimentieren in den Forschergruppen vorzubereiten oder um Experimente aus den Forschergruppen zu wiederholen, haben die Kinder zusätzlich die Möglichkeit, die Materialien im Forscherraum ohne gezielte Anleitung zu nutzen. Dieses Angebot richtet sich besonders an die 3–4jährigen Kinder, um so ihr Interesse für naturwissenschaftliche Fragestellungen zu wecken. Als Ansprechpartner steht in dieser Zeit immer eine Fachkraft zur Verfügung, die bei Bedarf und nach Aufforderung durch die Kinder Unterstützung gibt. Bevor die Fachkraft selbst Hilfestellung gibt, motiviert sie die Kinder, sich gegenseitig zu unterstützen.

Die Forschungsaktivitäten finden in einem Gruppenraum statt, der zu einem Forscherraum umgerüstet wurde. Dieser Raum steht den Kindern den ganzen Tag zum freien Experimentieren und damit zur Beantwortung ihrer Forschungsfragen zur Verfügung. Während sich die festen Forschergruppen treffen, ist der Raum für andere Kinder geschlossen.

Der Raum wird thematisch in verschiedene Bereiche eingeteilt und hält folgende Angebote bereit:

- verschiedene Waagen, Maßbänder, Lineale und Uhren zum Messen und Wiegen
- ein Wasserspieltisch mit verschiedenen Gefäßen, Strohhalmen, Trichtern
- Plätze, an denen verschiedene Versuche gemacht werden können (z. B. zur Löslichkeit von Stoffen, zur Entstehung von Gasen); an den Plätzen angebrachte Fotos zeigen Schritt für Schritt den Ablauf der Versuche
- ein Spiegelzelt und andere Materialien, mit denen sich optische Phänomene erzielen und untersuchen lassen (Ferngläser, Lupen, Periskope)

- ein Leuchttisch, auf dem verschiedene Objekte betrachtet werden können, z. B. verschiedenfarbige durchsichtige Tafeln aus Plastik, die übereinandergelegt neue Farben ergeben
- Material, mit dem Stromkreise und verschiedene elektrische Schaltungen aufgebaut werden können
- Mikroskope und Becherlupen zur Untersuchung verschiedener Objekte (z. B. gepresste Blätter, Sand, Zucker, Salz)
- Material zum Thema „Magnetismus": z. B. ein Geschicklichkeitsspiel mit Strohhalmen, die innen an verschiedenen Stellen mit Magneten bestückt sind; Bilderrahmen, die mit magnetischen (Metallspäne) und nicht magnetischen Stoffen (Sand) gefüllt sind, mit Hilfe eines Magnets lassen sich die Stoffe dann trennen; verschieden starke Magnete, mit denen sich die Wirkung von Magneten auf unterschiedliche Substanzen und Gegenstände untersuchen lässt

Materialien, die für die Durchführung der Versuche in den Forschergruppen benötigt werden, stehen danach für eine bestimme Zeit auch weiterhin im Forscherraum zur Verfügung.

Um eine ganzheitliche Beschäftigung mit Themen zu gewährleisten, werden die Inhalte der Forschergruppe auch in anderen Angeboten aufgegriffen. Neben den Forschern gibt es in der Einrichtung auch die „Sänger", die „Künstler" und die „Feinschmecker". Diesen Gruppen können sich die Kinder ebenfalls anschließen, indem sie in den Gesprächsrunden ihr Interesse signalisieren.

Zum Thema Erntedank gibt es beispielsweise in den vier Gruppen folgende Aktionen:

Die Forscher nehmen Äpfel auseinander und schauen nach, woraus ein Apfel eigentlich besteht und wie er aufgebaut ist. Dazu benutzen die Kinder Lupen und Mikroskope. Das Kerngehäuse wird untersucht, und die Kinder überlegen, wozu es gut ist. Anschließend beobachten die Kinder, wie sich aufgeschnittene Äpfel an der Luft verändern. In Rahmen eines Langzeitversuchs pflanzen die Kinder Apfelkerne ein, beobachten die Entwicklung der Pflanzen und übernehmen ihre Pflege. Die Feinschmecker bereiten Äpfel auf verschiedene Arten zu, vergleichen den Geschmack unterschiedlicher Sorten und sprechen über die Herkunft von Äpfeln bzw. darüber, wie sie geerntet werden. Die Künstler malen Äpfel mit verschiedenen Techniken und stellen apfelförmige Gebilde aus unterschiedlichen Materialen wie zum Beispiel Ton her. Die Sänger singen Erntelieder und führen passende Tänze auf.

Hinweise zur Durchführung von Experimenten

Die Experimente sollen so aufgebaut sein, dass sie die Neugier der Kinder wecken. Um sicher zu stellen, dass Experimente den gewünschten Verlauf nehmen, sollten die Fachkräfte sie vorher einige Male selbst ausprobieren. Die Kinder führen dann in den Forschergruppen alle Experimente selbstständig durch und gestalten den zeitlichen Ablauf

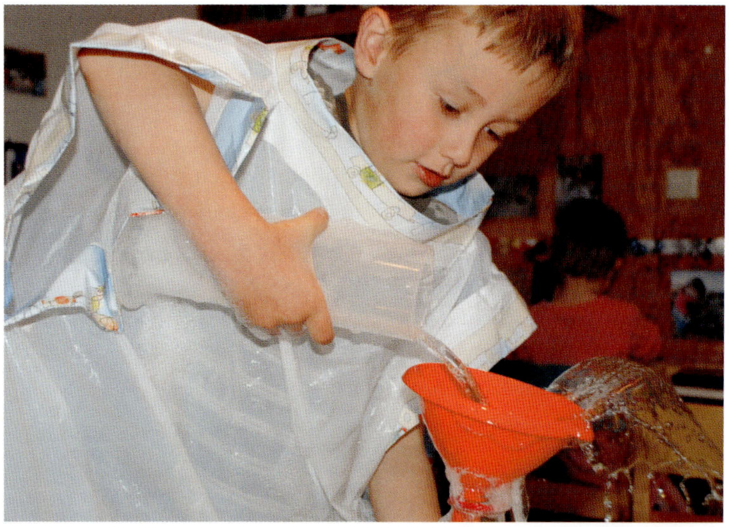

der Versuche. Deshalb sollen die Experimente auch ungefährlich sein. Die verschiedenen Versuche werden thematisch aufeinander aufgebaut, um ein systematisches Forschen der Kinder zu unterstützen. Das Programm in den Forschergruppen wird dazu in Versuchsreihen zu jeweils einem Thema aufgeteilt. Die Versuchsreihe zum Thema „Wasser" beschäftigt sich beispielsweise mit der Schwimmfähigkeit von Stoffen, mit der Mischbarkeit von Flüssigkeiten, mit der Löslichkeit von Stoffen in Wasser, mit der Oberflächenspannung von Wasser und mit seinen Aggregatszuständen. Weitere Versuchsreihen befassen sich mit den Themen Luft, Elektrizität, Feuer, Magnetismus oder Pflanzen.

Die Komplexität und der Schwierigkeitsgrad der einzelnen Versuche bauen aufeinander auf. Dadurch können die Erzieherinnen feststellen, ob die Kinder ein bestimmtes Prinzip bereits verstanden haben oder ob noch Fragen offen sind.

Das Aufstellen der Vermutungen über den Verlauf und den Ausgangs von Versuchen sowie die Deutung der Experimente nehmen die Kinder gemeinsam mit den Erzieherinnen vor, wobei die Kinder ein Vorrecht auf die erste Äußerung haben.

Ablauf der Experimente in den festen Forschergruppen

Zu Beginn wird die Aufgabenstellung besprochen. Die Kinder formulieren dann gemeinsam mit den Erzieherinnen Hypothesen über den Verlauf und den Ausgang des Experiments. Danach führen die Kinder das Experiment durch und berichten sich anschließend gegenseitig ihre Beobachtungen. Kinder und Erzieherinnen suchen gemeinsam nach Antworten auf sich ergebende Fragen und versuchen, eine Deutung des Experiments zu entwickeln. Auf diese Weise werden die Warum-Fragen der Kinder beantwortet. Bei Bedarf kann das Experiment mehrmals wiederholt werden.

Ausbildung zum „Forscher-Meister“

Kinder, die schon über einen längeren Zeitraum Mitglied einer Forschergruppe sind, können eine „Ausbildung“ zum „Forscher-Meister“ machen. Im Rahmen dieser Ausbildung entwickeln sich die Kinder zu Experten für bestimmte Versuche. Sie kennen dann den Ablauf eines Versuchs, wissen welche Materialien benötigt werden und können erklären, weshalb sich etwas auf eine bestimmte Art und Weise verhält. Nach dem Ablegen ihrer „Meisterprüfung“ können die Meister-Forscher selbstständig andere Kinder beim Experimentieren unterstützen.

Dokumentation der Versuche

Alle in den Forschergruppen durchgeführten Experimente werden von den Fachkräften dokumentiert, indem der Verlauf der Versuche und die begleitende Diskussion schriftlich und mit Fotos festgehalten werden. Bei der Versuchsdurchführung werden die einzelnen Stadien dokumentiert und die entsprechenden Kommentare der Kinder festgehalten. Das Dokumentationsmaterial wird genutzt, um die Eltern über die Forschungsaktivitäten zu informieren, um daran die Arbeit der Fachkräfte zu reflektieren und um Anschauungsmaterial für die forschenden Kinder zu erstellen. Außerdem findet die Dokumentation der Forschungsaktivitäten in der Öffentlichkeitsarbeit der Einrichtung Verwendung.

Das erstellte Material wird im Forscherraum in einem Ordner gesammelt und nach einer gewissen Zeit zu einem Buch mit Spiralbindung zusammengefasst. Außerdem wird das Dokumentationsmaterial zur Ergänzung der Portfolios der an den Forschergruppen teilnehmenden Kinder genutzt. Jedes Kind hat sein eigenes Portfolio, das seine Entwicklung dokumentieren soll.

Die Versuche werden beispielsweise folgendermaßen dokumentiert:

Versuch: „Tauchen, ohne nass zu werden“

Jedes Kind erhält eine Glasschale, ein Glas und ein Papiertaschentuch. Außerdem stehen mit Wasser gefüllte Gießkannen bereit. Die Kinder füllen ihre Glasschale halbvoll mit Wasser. Das Papiertaschentuch knüllen sie zusammen und legen es in das Glas.

Fachkraft: Ist es möglich, dass wir das Glas ins Wasser tauchen und dass dabei das Tuch im Glas trocken bleibt?

Kinder: Nein, das geht nicht!

Fachkraft: Ich glaube aber, dass es geht.

Die Kinder probieren verschiedene Möglichkeiten aus.

Anna: Ich weiß wie, ich stelle das Glas einfach in die Schale und es kommt kein Wasser hinein.

Fachkraft: Klasse, das ist eine Möglichkeit … ich kenne aber noch eine …

Die Kinder probieren weiter. Andreas, ein Kind, das für diesen Versuch gerade seine Forscher-Meister-Ausbildung macht, zeigt, wie es nicht klappt. Dabei fordert er die Kinder auf, es selbst zu probieren: Legt man das Glas in die Schale, wird das Tuch nass. Wenn die Papiertücher nass sind, bekommen die Kinder ein neues Tuch.

Plötzlich ruft ein Kind …

Carlotta: Ich hab's … ich drehe das Glas einfach um und tauche es schnell unter bis es unten ist.

Sofort probieren es alle Kinder aus: Ist das Tuch im Glas tatsächlich trocken geblieben? Die Kinder heben das Glas wieder an und prüfen es nach. Es ist trocken!

Fachkraft: Warum ist das Tuch trocken geblieben?

Philippos: Weil das Papier darin festgeklebt ist.

Leon: Das Wasser läuft schnell wieder heraus.

Die anderen Kinder wissen es nicht so genau. Dann nehmen die Kinder das Papier wieder aus dem Glas und untersuchen es genau.

Andreas: Ist in dem Glas 'was drin?

Kinder: Nein!

Andreas: Ich glaube doch.

Fachkraft: Es gibt etwas überall um uns herum, was da ist, aber nicht sichtbar ist.

Andreas: *fächelt sich Luft zu*
Wenn ich so mach, dann merke ich sie.

Tim: Ach ja, da ist Luft drin im Glas.

Emre: Das glaube ich auch.

Denise: Ach Quatsch, da ist nichts drin.

Andreas: Doch, sonst könnte ja Wasser reinlaufen. Aber die Luft lässt das Wasser nicht rein, weil sie bis zum Rand hoch ist.

Carlotta: Das glaube ich auch.

Aylin: Ich nicht.

…

Ergänzende Informationen zur Durchführung dieses Versuchs finden sich im „Handbuch der naturwissenschaftlichen Bildung" ab Seite 111 (siehe aufgelistete Literatur am Ende der Projektbeschreibung).

Wie lässt sich das Projekt erweitern?

Wie bereits im gemeinsamen Projekt zum Erntedankfest durchgeführt, könnte den jungen Forschern eine Übertragung ihrer Erkenntnisse aus den Experimenten in ihre Lebenswelt näher gebracht werden. Bereichsübergreifende Projekte, die sich an der Lebenswirklichkeit und am Alltag der Kinder orientieren, unterstützen das vernetzte Denken, den kreativen Zugang zum Forschen und Erfinden und untermauern den nachhaltigen Aspekt der Wissensaneignung.

Licht und Schatten, Licht und Farben sind Phänomene, die die Kinder besonders faszinieren. Gerade der Schatten verändert Gegenstände und lässt aus einfachen Dingen Fantasiewesen erstehen. Ein Projekt könnte diesen Gedanken aufgreifen und mit den Kindern bereichsübergreifend bearbeiten.

Optische Experimente und Spiele mit Farben

Am „Leuchttisch" werden verschiedene Gegenstände unterschiedlicher Form und Beschaffenheit, wie Gläser, Holzwürfel, CDs, Spiegel, Buntpapier, Tonpapier usw. im Dunkeln beleuchtet. Einige Gegenstände lassen das Licht durch, andere spiegeln es zurück, andere wiederum bilden einen objektgleichen Schatten. Erste Erkenntnisse der Lichtdurchlässigkeit von Materialien, der Reflexion und des Erscheinens des Farbspektrums der Regenbogenfarben durch Bestrahlen einer CD werden erworben.

Bau eines Farbmobiles

Mehrere CDs werden untereinander an einer langen Schnur befestigt und an die Zimmerdecke, nahe einem Fenster, gehängt. Daneben werden kleine Spiegel (Fliesenspiegel, erhältlich in jedem Baumarkt) auf die gleiche Weise als Mobile gestaltet.

Bau eines Farbrades

Bei den Mobiles werden durch den Einfall von Licht, z. B. durch Sonnenstrahlen, die Farben des Lichtes erkennbar. Auf einem Farbrad kann man dagegen die Farben verschwinden lassen. Aus Pappe wird eine Kreisscheibe von 8–10 cm Durchmesser geschnitten. Die Scheibe wird in sechs Sektoren geteilt und mit Rot, Orange, Gelb. Grün, Blau, Indigo und Violett bemalt. In die Mitte des Kreises wird ein Loch gestochen und ein Bleistift befestigt. Dreht man diese Scheibe ganz schnell, erscheint sie weiß, da unsere Augen dem schnellen Wechsel nicht folgen können.

Ziel eines jeglichen Experimentes ist es, dabei zusammen mit den Kindern das Beobachtete und Erfahrene in ihre Lebenswelt zu transferieren. Wo können wir diese Phänomene beobachten? Was wissen die Kinder darüber, welcher Sinn steckt dahinter?

Welche Literatur wurde bei der Erarbeitung des Projekts verwendet?

Lück, G. (2005): Neue leichte Experimente für Eltern und Kinder. Freiburg, Herder.

Lück, G. (2006): Handbuch der naturwissenschaftlichen Bildung: Theorie und Praxis für die Arbeit in Kindertageseinrichtungen. Freiburg im Breisgau, Herder.

Lück, G. (2006): Was blubbert da im Wasserglas?: Kinder entdecken Naturphänomene. Freiburg im Breisgau; Basel, Herder.

Lück, G. & Demski, C. (2006): Leichte Experimente für Eltern und Kinder. Freiburg, Herder.

Lück, G. & Gaymann, P. (2005): Eiweisheiten: Experimente rund ums Ei. Freiburg, Herder.

Experimentiertipps des Universum® Bremen

Autorinnen für das Universum® Bremen, Wiener Str. 2, 28359 Bremen, www.universum-bremen.de:
Mechthild Kummetz, Dipl.-Geol.; wissenschaftlich-pädagogische Leiterin Bildung im Universum® Bremen
Sandra Lindhorst, Dipl.-Biol. und Naturpädagogin; Mitarbeiterin in der Ausstellung Universum® Bremen

Universum® Bremen

Einführung

Die vorliegenden Experimentiertipps basieren auf Erfahrungen in Projekten zur frühen naturwissenschaftlichen Bildung im Universum® Bremen. Sie beinhalten knappe theoretische Hintergrundinformationen für pädagogische Fachkräfte und sind mit meist einfachen Alltagsgegenständen durchführbar. Um einen umfassenderen Einblick in die naturwissenschaftlichen Inhalte und pädagogische Herangehensweise zu erhalten, ist eine vertiefende eigene Auseinandersetzung unumgänglich.

Es hat sich als sinnvoll gezeigt, Experimente und Konstruktionen in eine Geschichte einzubinden. Hier soll es um Wasser- und Luftgeschichten gehen. Die Einbindung in Geschichtenform ist frei gestaltbar und von den erwachsenen Begleitern einzubringen. Dazu ist viel Fantasie und Kreativität gefragt. Eigene Fragen und Fragen der Kinder zu den Themen können dabei helfen: Ist Wasser immer nass? Hat Luft ein Gewicht? Kann man Luft fühlen? Wie stark ist Wasser? Wie könnte ein Lufttanz aussehen? Lässt sich ein Sturm malen?

Die eigenen Fragen motivieren ungemein, sich intensiv einer Sache zu widmen. Insgesamt sollte den Kindern dafür viel Zeit für Wiederholungen und eigene Ideen gelassen werden. Beim Experimentieren können weitergehende Fragen zur Erschließung von Sachverhalten entwickelt werden und selbstständig Vermutungen aufgestellt und überprüft werden.

Die Experimentiertipps sollen dabei mehr sein, als das bloße Durchführen. Sie sollen anregen, sich im Alltag forschend und entdeckend auch den physikalischen Eigenschaften von Wasser und Luft zu nähern. So zeigt der Versuch *Wasserraum* die Eigenschaft des Wassers, die Umgebung auszufüllen. Bei der Beschäftigung mir den Versuchen *Spritzende Bögen* und *Kraftvolles Wasser* wird erlebbar, wie stark Wasser ist. Das merken wir auch, wenn wir gegen einen Wasserstrom schwimmen oder die Hände flach auf eine Wasseroberfläche legen. Ist viel Wasser übereinander, entsteht aufgrund des Gewichts ein enormer Druck. Der Druck in der Tiefsee ist so groß, dass wir nicht ohne spezielle Geräte tauchen können. Auch Luft hat ein Gewicht und bei genauerer Betrachtung ganz ähnliche Eigenschaften. Mit den Experimenten *Luft ist nicht nichts*, *Luft drückt* und *Luftballonrakete* kann Luft sichtbar und spürbar gemacht werden. Luft kann man nicht sehen und wenn nicht gerade ein starker Wind weht, spürt man sie auch nicht. Dabei ist sie überall um uns herum und nimmt jeden freien Platz ein. Wie wichtig Luft und Wasser sind, kann mit den Kindern in einem Vorgespräch erörtert werden.

Die Versuche sind insgesamt als Impulse zu verstehen, die möglichst viele verschiedene Tätigkeiten beinhalten. Kinder sollten so viel wie möglich selbst tun, sich in der Gruppe austauschen und angeregt werden, ihre Ergebnisse in einem Forscherheft festzuhalten. Zu diesen naturwissenschaftlichen Techniken gehört auch das genaue Beobachten und Beschreiben. Dazu sollte man Kinder immer wieder anhalten und darauf aufmerksam machen, dass sie in die Rolle eines Wissenschaftlers oder einer Forscherin schlüpfen.

Die meisten Versuche eignen sich für Forschergruppen, die sich über einen längeren Zeitraum regelmäßig treffen. Immer sind Erwachsene gefragt, sich partnerschaftlich mit den Kindern auf den Weg zu machen.

Das gemeinsame Erlebnis steht an den ausgewählten Versuchen im Vordergrund. Ziel ist es, eine lebhafte Kommunikation zu entfachen und zu motivieren, sich weiter mit dem Thema zu beschäftigen. In einem Abschlussgespräch sollte die Möglichkeit bestehen, Ergebnisse zu präsentieren und zu überlegen, wie es weitergeht.

1. Wasserraum

Beschreibung
In diesem Versuch experimentieren die Kinder mit Volumen, Formen und Gewichten. Häufig täuscht die äußere Form eines Gefäßes über den Inhalt. Wie viel Wasser ist ein Liter? Was wiegt Wasser?

Versuch
1l Messbecher
Verschiedene Gefäße, in die mindestens 1 Liter passt
Gefrierbeutel
Gefrierbeutelklemme
Wasser
Große Wanne
Balkenwaage mit Gewichten

Die Kinder füllen genau einen Liter Wasser immer wieder von einem Gefäß in das nächste. Der Gefrierbeutel wird ebenfalls gefüllt und mit einer Klemme verschlossen. Vorab geben die Kinder Vermutungen ab, wie voll das jeweilige Gefäß sein wird.
Mit der Waage ermitteln die Kinder das Gewicht von einem Liter Wasser. Dabei sollten sie darauf aufmerksam gemacht werden, dass das zu befüllende Gefäß ebenfalls ein Gewicht hat.

Impulse
- → Bespreche mit deinen Forscherpartnern, wie die unterschiedlichen Gefäßformen genannt werden.
- → Was meinst du, wie viel Wasser passt in die Gefäße?
- → Wie viel wiegt ein Liter Wasser? Vergleiche das Gewicht mit anderen Dingen, die du findest (z. B. Stein, Spielzeug).
- → Finde unterschiedliche Verpackungen, in denen sich ein Liter Flüssigkeit befindet. Was für Formen begegnen dir?
- → Zeichne die verschiedenen Gefäßformen auf und deute an, bis wohin der eine Liter Wasser gereicht hat.

Erläuterung
Wasser kann sich an verschiedene Gefäßformen anpassen. Je nach Form scheint ein Liter Wasser viel oder wenig zu sein. Die Kinder finden heraus, dass das Volumen von einem Liter Wasser immer gleich bleibt. Ein Liter Wasser wiegt ein Kilogramm.
Mit der Balkenwaage wird deutlich, dass das Gewicht des Wassers eine Seite nach unten drückt und ein Gegengewicht gefunden werden muss. Die Kinder machen bei diesem Versuch grundlegende Erfahrungen mit Volumen und Gewichten. Sie geben den Kindern ein besseres Verständnis für die nachfolgenden Versuche.

Spielidee Waschanlage
Die Kinder stellen sich in zwei Reihen gegenüber auf und stellen eine „Waschanlage“ dar. Jeder geht nun nacheinander einzeln hindurch und wünscht sich ein Programm von den anderen Kindern, z. B. „Ich lasse mich vom Flusswasser hin- und herschaukeln.“, „Ich stehe in einem Regenschauer.“, „Ich bin tief im Meer und ganz viel Wasser drückt mich.“

2. Spritzende Bögen

Beschreibung
Kinder haben sich möglicherweise schon einmal gefragt, woher der Druck auf den Ohren kommt, wenn man taucht. Die *Spritzenden Bögen* machen dieses Phänomen deutlich: Je mehr Wasser übereinander gestapelt ist, desto höher ist der Druck.

Versuch
Saubere Plastikflasche (1,5 – 2 Liter) ohne Deckel
Trichter
Dünner Nagel
Klebefilm
Permanentmarker
Messbecher
Wasser
Größere Schüssel

Auf der Flasche werden zunächst drei übereinanderliegende Punkte mit dem Permanentmarker markiert. Der Abstand von Punkt zu Punkt sollte etwa 5 cm betragen. Mit Hilfe eines Erwachsenen bohren die Kinder mit dem Nagel Löcher an die markierten Stellen. Die Löcher werden anschließend mit Klebefilm wieder verschlossen und die Flasche mit Wasser gefüllt. Nachdem die Flasche in die Schüssel gestellt wurde, wird der Klebestreifen abgezogen.

Impulse
- → Was meinst du, wie fließt das Wasser aus den Löchern, wenn der Klebestreifen abgezogen wird?
- → Hast du eine Idee, warum das Wasser unten stärker rausschießt als weiter oben?
- → Was passiert, wenn du die oberen zwei Löcher zuklebst und zwei weitere Löcher in Höhe des unteren Loches bohrst?

- → Bist du schon einmal im Schwimmbad getaucht? Wie fühlte sich das an? Was, meinst du, hat das mit den *Spritzenden Bögen* zu tun?
- → Zeichne die Flasche mit den Wasserstrahlen.

Abb. 1: Spritzbögen – Wieso spritzt es aus dem untersten Loch am weitesten?

Erläuterung
Wer schon einmal im Schwimmbad getaucht ist, hat bemerkt, dass es auf den Ohren drückt. Je tiefer und je mehr Wasser übereinander liegt, desto größer ist dabei der Druck.

Wasser besteht aus vielen kleinen Teilchen, die alle ein Gewicht haben. Der Wasserdruck nimmt deshalb mit zunehmender Tiefe zu. Dies zeigt sich eindrucksvoll in dem Versuch. Wird der Klebestreifen von der präparierten Flasche abgezogen, spritzt der Strahl aus dem untersten Loch am stärksten. An den Löchern weiter oben ist der Wasserdruck geringer.

3. Kraftvolles Wasser

Beschreibung
Wasser nimmt verschiedene Formen an, drückt und ist in Bewegung – es fließt in einem Bach, tropft vom Himmel oder strömt aus einem Wasserhahn. In diesem Versuch erfahren Kinder, wie fließendes Wasser ein Wasserrad antreibt.

Versuch
Feste Knete
2 Filmdosen
Holzspieß
Schere
Gießkanne
Wasser

Als Erstes werden aus zwei Filmdosen Schaufelräder ausgeschnitten. Dazu machen die Kinder mit der Schere von der Öffnung bis zum Boden vier Einschnitte pro Dose. Anschließend wird der Boden entfernt. Nun den Knetklumpen zu einer kleinen Rolle Formen und den Holzspieß als Achse mittig hindurch stecken. Die Filmdosenstücke bilden in der Knete die Schaufelräder. Anschließend halten die Kinder ihr Wasserrad in fließendes Wasser aus einer Gießkanne oder in einen Bach.

Impulse
- → Halte deine Hand in fließendes Wasser. Was spürst du?
- → Was passiert, wenn du eine Schaufel deines Wasserrades ins Wasser hältst?
- → Finde heraus, wo du dein Wasserrad überall ausprobieren kannst!
- → Mit welcher Geschwindigtkeit fließt das Wasser, wenn sich dein Wasserrad drehen soll?
- → Fällt dir ein, wo überall Wasser schnell und wo überall es langsam fließt?
- → Läuft das Wasserrad mit mehr Schaufelrädern besser?
- → Mit zwei Astgabeln oder Besteckgabeln, die du an beiden Seiten des fließenden Wassers mit dem Stiel in den Boden steckst, hast du eine dauerhafte Auflage für dein Wasserrad.
- → Zeichne alle Wasserräder auf, die du schon einmal gesehen hast.

Abb. 2: Der 12 m lange Flusslauf mit dem Wasserrad im Universum® Bremen.

Erläuterung
Das Wasserrad macht deutlich, dass Wasser Kraft hat. Jedes einzelne Schaufelrad wird dort, wo es in das fließende Wasser gehalten wird, in Bewegung versetzt. Die Achse dreht sich. Schon vor über 2000 Jahren nutzen die Menschen Wasserräder. Sie trieben zum Beispiel in Mühlen große Steinräder an, die Getreide zu Mehl zerquetschten.

Heute gibt es Wasserkraftwerke, in denen die Bewegung des Wassers über Turbinen und Generatoren in Strom umgewandelt wird.

Hinweis
Um einen Alltagsbezug herzustellen, lohnt sich ein Besuch in einer alten Wassermühle. Hier können Kinder große Wasserräder sehen und herausfinden, wozu sie benutzt wurden.

4. Luft ist nicht nichts

Beschreibung
Nicht nur Wasser hat ein Gewicht, auch Luft wiegt etwas. Sie ist überall, deshalb ist es gar nicht so leicht, Luft zu wiegen. Mit einfachen Luftballons und einem Holzspieß finden Kinder heraus, dass Luft nicht nichts ist.

Versuch
Holzspieß
Bindfaden
Klebeband
2 große gleichartige Luftballons
Stecknadel

Als Balkenwaage dient ein Holzspieß, in dessen Mitte ein Bindfaden geknotet wird. Der nur am Faden hängende Holzspieß sollte dabei eine Waagerechte bilden. Jetzt werden beide Luftballons gleich groß aufgeblasen. Im Anschluss daran befestigen die Kinder auf jeden Luftballon etwas Klebeband. An je ein Ende des Holzspießes werden die beiden Luftballons frei hängend montiert. Jetzt sticht ein Kind vorsichtig mit der Nadel in die abgeklebte Stelle eines Ballons.

Impulse
- Glaubst du, dass Luft etwas wiegt?
- Hast du eine Idee, wie wir ganz viel Luft auf eine Waage legen können?
- Was meinst du, ist ein aufgeblasener Luftballon schwerer als ein unaufgeblasener?
- Was passiert, wenn aus einem der beiden Luftballons die Luft herausgelassen wird?
- Beobachte auch, was geschieht, wenn aus dem zweiten Ballon ebenfalls die Luft herausgelassen wird.
- Überlege, wo dir eine Balkenwaage schon einmal begegnet ist.
- Zeichne alles in dein Forscherheft, was dir wichtig ist.

Erläuterung
Wir merken meist nur, wenn es windig ist, dass Luft nicht nichts ist. Dass Luft ein Gewicht hat, nehmen wir normalerweise gar nicht erst wahr. Dabei wiegt ein Liter trockene Zimmerluft ca. 1,2 g. Das erscheint nicht viel, wenn man bedenkt, dass ein Liter Wasser fast tausendmal so viel wiegt.

Im Versuch *Luft ist nicht nichts* erfahren Kinder, dass Luft etwas wiegt. Sie beobachten, dass die Seite mit dem aufgeblasenen Ballon absinkt. Es befinden sich viel mehr Luftteilchen in dem aufgepusteten Ballon als in dem schlaffen.

Kinder sollten darauf aufmerksam gemacht werden, dass es schwierig ist, Luft zu wiegen, da überall um den Luftballon herum auch Luft ist. Das wird im nachfolgenden Versuch nachvollziehbar.

5. Luft drückt

Beschreibung
Um die Erde herum liegt eine kilometerdicke Schicht aus Luft. Die vielen Luftteilchen übereinander erzeugen an der Erdoberfläche einen enormen Druck, den wir normalerweise nicht wahrnehmen. Erst wenn wir im Gebirge Urlaub machen oder fliegen, merken wir in unseren Ohren eine Veränderung des Luftdrucks. In dem Versuch *Luft drückt* wird mit einfachen Mitteln der uns umgebende Luftdruck deutlich.

Versuch
Große glatte Zeitungsseite
Stabiles dünnes Lineal
Tisch mit glatter Oberfläche

Das Lineal wird so auf die Tischplatte gelegt, dass es zu 1/4 übersteht. Danach wird das auf dem Tisch liegende Linealstück mit der Zeitungsseite bedeckt. Im Anschluss daran sollte die unter der Zeitung befindliche Luft ausgestrichen werden. Jetzt wird ein Kind aufgefordert, mit einer schnellen Bewegung auf das überstehende Linealstück zu schlagen.

Impulse

- Denkst du, dass die Zeitung auf dem Lineal wegfliegt?
- Was passiert, wenn du schnell auf das Lineal schlägst?
- Hast du eine Idee, warum es schwerer fällt, eine glatte Zeitungsseite wegzuschlagen als eine zerknüllte?
- Was passiert, wenn du die glatte Zeitungsseite langsam versuchst wegzudrücken?
- Wenn du schon einmal in den Bergen warst oder geflogen bist: Konntest du eine Veränderung in deinen Ohren spüren? Was meinst du, woher das kommt?
- Frage deine Forscherpartner, Eltern, Geschwister oder Nachbarn, ob sie den Luftdruck schon einmal gespürt haben.

Erläuterung

Luft besteht aus vielen kleinen Teilchen. Um die Erde herum bilden sie eine kilometerdicke Luftschicht, die am Erdboden mit ca. 15 Tonnen (wie 1 bis 2 voll beladene Lastwagen) auf die Zeitung drückt! Dass wir davon nicht zerdrückt werden, liegt daran, dass die Luft von allen Seiten einen gleichmäßigen Druck ausübt. Zudem wird der äußere Luftdruck durch den Innendruck von Körpern oder Gegenständen ausgeglichen.
Mit der Höhe nimmt der Luftdruck ab, weil weniger Luft übereinander gestapelt ist. Wenn wir in die Berge fahren, merkt unser empfindliches Trommelfell im Ohr die Druckveränderung.
In dem Versuch liegt viel Luft auf der Oberfläche der Zeitung. Durch den schnellen Schlag auf das Lineal, spüren die Kinder den vollen Luftdruck auf die Zeitung. Bewegt man das Lineal langsam herunter, gelangt Luft auch zwischen Zeitung und Lineal bzw. Tisch. Dann drückt Luft wieder von unten und gleicht den Druck von oben aus. Die Zeitung lässt sich mit dem Lineal leicht hochheben. Wäre unter der Zeitung absolut gar keine Luft, könnte kein Mensch die Zeitung hochheben.

6. Luftballonrakete

Beschreibung

Neben Wasser ist auch Luft immer in Bewegung. Der Versuch *Luftballonrakete* zeigt, was strömende Luft bewirken kann. Kinder erfahren das Rückstoßprinzip mit Hilfe von einem Luftballon, einem Strohhalm und einer Schnur.

Versuch

Längliche Luftballons unterschiedlicher Größe
Etwa 6 m lange glatte Schnur
Klebeband
Strohhalm

Die Schnur wird zunächst durch den Strohhalm gefädelt und in einem Raum straff gespannt. Dabei wird der Strohhalm an ein Ende der Schnur positioniert. Nachdem der Luftballon fest aufgepustet wurde, hält ein Kind die Öffnung zu. Ein anderes Kind befestigt den Luftballon mit Klebeband an dem Strohhalm so, dass die Öffnung von der Schnurstrecke wegzeigt. Die Luftballonrakete startet, sobald der Luftballon losgelassen wird.

Impulse

- Hast du schon einmal einen aufgepusteten Luftballon losgelassen? Was ist passiert?
- Wie weit ist deine Luftballonrakete geflogen?
- Was meinst du, warum fliegt deine Rakete?
- Glaubst du, dass die Rakete genauso gut und weit fliegen kann, wenn sie größer oder kleiner ist? Teste verschiedene Luftballons!
- Zeichne deine Rakete auf, wie sie durch die Gegend saust. Vielleicht malst du auch die ausströmende Luft in dein Bild.

Erläuterung

Strömt zusammengepresste Luft aus der Ballonöffnung, saust die Luftballonrakete in die entgegengesetzte Richtung. Die Luft drückt sie die Schnur entlang. Die Kraft der ausströmenden Luft auf den Luftballon wird Rückstoß genannt. Die zusammengepresste Luftmenge und die Größe der Öffnung bestimmen die Stärke des Rückstoßes und die Geschwindigkeit der Rakete.
Alle Raketen stoßen etwas aus, um sich fortbewegen zu können. Bei einem Düsenflugzeug sind es sehr heiße Gase.

Wissenswerkstatt

Kindertagesstätte der ev. Christusgemeinde
Flügelstraße 21
40227 Düsseldorf

Ansprechpartner: Frau Rita Scherer und Frau Renate Bestmann
Telefon: 02 11 – 78 44 28
E-Mail: kita.fluegelstrasse@evdus.de

Das Projekt im Überblick

Um was geht es?

In der Wissenswerkstatt treffen sich wöchentlich Kinder im Alter von 3–10 Jahren, um gemeinsam Experimente durchzuführen. Der Einstieg wird mit zwei Handpuppen gestaltet, die über das aktuelle Thema in der Wissenswerkstatt berichten. Die Kinder führen selbstständig Experimente durch und versuchen, für ihre Beobachtungen Erklärungen zu finden. Zum Abschluss jeder Wissenswerkstatt wird ein Märchen erzählt, das noch einmal den Ablauf des durchgeführten Experiments und seine wissenschaftliche Erklärung aufgreift.

Was zeichnet das Projekt besonders aus?

Altersmischung

Die Familienwirklichkeiten haben sich in den letzten Jahrzehnten maßgeblich geändert. So sind unterschiedliche Familienformen entstanden (z. B. alleinerziehender Elternteil, „Patchwork-Familien"). Die Geburtenzahl ist in Deutschland rückläufig, viele Kinder wachsen als Einzelkinder auf. Diese Familienwirklichkeiten haben Auswirkung auf die Lebensumwelt der Kinder, die „Verinselung" der Kindheit nimmt zu. In der breiten Altersmischung von drei bis zehn Jahren können die Kinder Erfahrungen sowohl in der gegenseitigen Rücksichtsnahme als auch in der Konfliktbewältigung machen, die den Erfahrungen mit Geschwistern ähnlich sind.

Lernsituationen in altersgemischten Gruppen greifen die natürlichen Alltagserfahrungen der Kinder in Familien mit Geschwistern auf. Es ist zu beobachten, wie mühelos die Kleinen von den Großen lernen. Kinder lernen wesentlich leichter und motivierter von Kindern, die ihrem Denken und ihrer Entwicklung zeitlich nahe sind. Die Älteren können Verantwortung übernehmen, sich in ihrer Rolle des „Größeren" gestärkt fühlen und durch die Unterstützung der Jüngeren ihre eigenen Kompetenzen verfestigen.

Altersübergreifendes Lernen

Im gemeinsamen, altersübergreifenden Lernen werden die wichtigsten sozialen Erfahrungen wie Helfen und Hilfe erhalten (Kooperationsfähigkeit), Voneinander und miteinander lernen (Teamfähigkeit), Rolle des Beschützers (Verantwortungsbewusstsein), Achtung und Rücksichtsnahme vor dem Anders-Sein und Anders-Können (Toleranzfähigkeit) und Teilhabe der Jüngeren an den Lerninhalten der Älteren (Lernmotivation) nachhaltig eingeübt und verinnerlicht.

Innere Differenzierung der Angebote

Um allen Kindern einer breiten Altersmischung gerecht zu werden, müssen die Angebote dem Entwicklungsstand der Kinder angepasst werden. Dies verlangt von Erzieherinnen ein hohes Maß an pädagogisch fundierter Ausarbeitung der Lernangebote. Während der Auseinandersetzung mit den naturwissenschaftlichen Inhalten bleibt die „Lerngruppe" als Ganzes bestehen. Die Erzieherinnen müssen durch pädagogische und didaktische Maßnahmen der Individualität jedes einzelnen Kindes gerecht werden. Dabei ist die Auswahl, das Gestalten und Handhaben der Maßnahmen von entscheidender Bedeutung. Dies gelingt im Rahmen dieses Projekts, indem die jüngeren Kinder durch einen emotionalen Zugang zu naturwissenschaftlichen Inhalten in ihrem Erkunden anspornt werden. Ein solcher Zugang wird durch Märchen geschaffen. Diese Form der Auseinandersetzung kommt der Fantasiewelt der jüngeren Kinder entgegen. Die älteren Kinder werden zudem durch die konkrete und strukturierte Beschäftigung mit Naturgesetzen zum forschenden Lernen motiviert.

Welche Ziele verfolgt das Projekt?

Das Projekt möchte durch die Beschäftigung mit naturwissenschaftlichen Inhalten die Fähigkeit der Kinder zum kreativen Denken anregen. Die Kinder sollen herausgefordert werden, anhand beobachteter Phänomene eigene Erklärungen zu entwickeln. Die Vertiefung naturwissenschaftlicher Inhalte soll durch das Erzählen von Märchen unterstützt werden, die den Ablauf und die Deutung von Versuchen ansprechend und entwicklungsgemäß darstellen. Außerdem wird die Förderung der Kinder hinsichtlich ihrer sprachlichen Kompetenz angestrebt.

Wie werden die Ziele des Projekts umgesetzt?

Mit allen Sinnen wahrnehmen – Bereichsübergreifendes Arbeiten

Vor allem jüngere Kinder lernen mit allen Sinnen, sie lernen also ganzheitlich. Wahrnehmung ist dabei die Basis aller Entwicklung. Für eine gleichmäßige Entwicklung aller Fertigkeiten ist eine „Mischkost“ verschiedener Sinnesreize (Tasterfahrungen, Bewegungserfahrungen, Geruch, Geschmack, Sehen, Hören) förderlich. Die heutige Lebensumwelt bietet Kindern allerdings häufig eine Überlastung mit optischen oder akustischen Reizen und einen Mangel an Bewegungserfahrungen. Damit werden die körperfernen Sinne (Sehen, Hören) überstimuliert und die körpernahen Sinne (Tasten, Riechen, Schmecken) vernachlässigt. Die frühen Verknüpfungen, die z. B. durch erste Tast- und Bewegungserfahrungen stimuliert werden, bilden die Basis für die spätere Entwicklung höherer geistiger Fertigkeiten wie z. B. Raumorientierung und mathematische Kompetenzen. Den Erzieherinnen im Projekt gelingt es, dieser Grundvoraussetzung der Entwicklung und Bildung gerecht zu werden, indem sie Experimente mit verschiedenen anderen Bildungsbereichen wie Sprache, Bewegung, Musik und Kreativität verbinden und so ein Lernen mit allen Sinnen möglich machen.

Emotionaler Zugang zu Bildungsinhalten – Verbindung von Naturwissenschaften und Märchen

Märchen erleben heißt „Welt erfahren“. Dieses Prinzip ist in der Kindergartenpädagogik fest verhaftet. Geschichten und Märchen sind nicht nur erste Schritte in eine Welt der Bücher und der Literatur, sondern sie sind Wegbegleiter der Kinder. Sie geben Grundorientierung, Hoffnung, Zuversicht, ohne dabei realitätsfern zu sein. Eine besondere Bedeutung kommt der Beziehung von Märchen und kindlicher Entwicklung zu. Das magische Denken und die Beseelung der Welt helfen den Kindern, ihre Umwelt zu begreifen und Entdecktes in ihre Welt zu integrieren. Naturwissenschaften dagegen sind real und folgen festen Gesetzen. Sie beziehen sich auf wiederholbare und verlässliche Phänomene. Dabei helfen sie Beobachtetes zu erforschen, Zusammenhänge zu verstehen und die Welt begreifbar zu machen.

Zusammenarbeit mit Eltern – Ressourcensuche

Wie auch in allen anderen Erziehungs- und Bildungsaufgaben des Kindergartens ist eine offene und vertrauensvolle Erziehungspartnerschaft zwischen Erzieherinnen und Erziehungsberechtigten anzustreben. Gerade eine offene Elternmitarbeit hat gezeigt, mit welchem reichhaltigen Reservoir an Erfahrungen, Kenntnissen und Fertigkeiten Eltern den Kindergartenalltag durch ihre aktive Mitarbeit bereichern können. Bei der Ressourcenermittlung auf Seiten der Eltern im naturwissenschaftlichen, mathematischen und technischen Bereich werden auf beiden Seiten positive Erfahrungen gemacht. Bei der Mitgestaltung von Projekten, der Beschaffung von Materialien und bei der Vermittlung von Kooperationseinrichtungen wie Betrieben, Laboren usw., ebenso bei der Akzeptanz und Wertschätzung der Kindergartenarbeit durch die Eltern können Veränderungen beobachtet werden. Eltern sind in diesem Prozess einerseits als Kompetenzträger gefragt, sie machen sich andererseits wie die Pädagoginnen mit ihren Kindern auf den Weg, um spezifische Fragen zu lösen und Wissen zu erwerben.

Für welches Alter ist das Projekt geeignet?

3–6 Jahre und Hortkinder

Welche Bildungsbereiche werden besonders unterstützt?

Naturwissenschaftliches Verständnis

Welche anderen Bildungsbereiche berührt das Projekt noch?

Sprache
Die Einübung einer Fachsprache und einer literarischen Sprache dienen der Entwicklung einer umfassenden Sprachkompetenz.

Kreativität und Musik
Durch die Einbeziehung musikalischer Elemente wird ein Gesamtbild von Wort und Musik vermittelt. Musik zu hören verlangt aktives Zuhören, verknüpft Sprachbildung und Stimmbildung und ist Ausdruck von Fantasie und Kreativität. Diese Kreativität ermuntert die Kinder, neue und unerwartete Wege zu gehen, die Entwicklung ihrer Persönlichkeit und Individualität wird dadurch unterstützt.

Welche Aspekte werden besonders berücksichtigt?

Die Vermittlung sprachlicher Fähigkeiten ist neben der Bearbeitung naturwissenschaftlicher Inhalte ein wesentlicher Schwerpunkt des Projekts. Die Durchführung und Deutung von Versuchen bietet zahlreiche Anknüpfungspunkte, um sprachliche Fähigkeiten zu fördern. Beispielsweise werden die Kinder angehalten, ihr Handeln bei der Versuchsdurchführung zu kommentieren. Außerdem bieten sich viele Gelegenheiten, alte Begriffe zu festigen oder neue Begriffe einzuführen. Dabei kann es sich sowohl um „Alltagsbegriffe" als auch um Fachausdrücke handeln.

Wie können die Eltern und Familien der Kinder am Projekt beteiligt werden?

Die Eltern werden durch Aushänge in der Einrichtung über die Aktivitäten und Themen der Wissenswerkstatt informiert. Damit verbunden ist die Aufforderung, die Wissenswerkstatt bzw. die Durchführung der einzelnen Versuche durch ihre – beispielsweise beruflichen – Kenntnisse zu unterstützen.

Welchen Bezug hat das Projekt zur pädagogischen Konzeption der Einrichtung?

Die Bildungsvereinbarung des Landes Nordrhein-Westfalen, an der sich die pädagogische Konzeption der Einrichtung orientiert, sieht die Umsetzung des Bildungsbereichs Natur und kulturelle Umwelt(en) vor. Der Zugang zur Natur soll dabei nicht auf analytisch-erklärende Weise erfolgen, sondern auf der Ebene des Sammelns, Betrachtens, Umgehens und Ausprobierens. Die innere Verarbeitung von Erfahrungen soll bei den Kindern durch die Anregung von naturwissenschaftlich-logischem Denken unterstützt werden. Bei der Auseinandersetzung mit biologischen, physikalischen und anderen naturwissenschaftlichen Themen ist an Phänomenen anzusetzen, die Kindern in ihrer Lebenswelt begegnen. In der Wissenswerkstatt werden diese Phänomene aufgegriffen und bearbeitet. Der Methode des forschenden Lernens kommt dabei besondere Bedeutung zu.

Welche Erfahrungen hat die Einrichtung mit diesem Projekt gemacht?

Die Kinder nehmen motiviert und konzentriert an der Wissenswerkstatt teil. Die Beschäftigung mit naturwissenschaftlichen Inhalten macht ihnen Spaß. Die Altersmischung hat sich bewährt. Die Kindergartenkinder profitieren von den Schulkindern und umgekehrt. Die Schulkinder üben sich in Rücksicht auf Jüngere, während die Kindergartenkinder durch die gemeinsame Aktivität mit den Schulkindern besonders motiviert werden.

Welche Kompetenzen der Kinder werden gestärkt?

Kreativität
Schaut man heute in die Berufswelt, gerade in technischen Bereichen, so werden vielerorts kreative Konzepte gefordert. Die Förderung des kreativen Denkens und Handelns sind die Postulate der Zukunft. Gerade Kinder gehen noch unvoreingenommen auf Neues zu, sie sind noch nicht beengt durch festgelegte Konzepte. Diese wichtige Fähigkeit gilt es zu bewahren und zu unterstützen.

Literacy und sprachlicher Ausdruck
Die Hinführung in die Welt der Bücher und damit zur Literatur wird immer wichtiger. Sprache verarmt immer mehr, weil den Kindern teils zu wenig vorgelesen wird, das Medium Fernsehen das Buch verdrängt und eine Kurzsprache durch SMS usw. die Ausformulierung und die gute Sprachlichkeit in den Hintergrund setzt. Kindergarten und Grundschule haben die Aufgabe, den Kindern die Faszination von Geschichten und Märchen zu vermitteln und damit den Weg für die Sprachkultur der zukünftigen Generation zu gewährleisten.

Regelverständnis
Soziales Miteinander und Verständigung erfordern Regeln. Dieses altersgemischte Projekt übt solche Regeln ein, indem die Kinder aufeinander Rücksicht nehmen, den anderen aussprechen lassen, tolerant gegenüber dem Noch-Nicht-Können sind und sich gegenseitig wertschätzen.

Das Projekt – Ausführliche Beschreibung

Die Wissenswerkstatt findet einmal in der Woche statt. Es sind alle Kinder der Einrichtung eingeladen, an diesem freiwilligen Angebot teilzunehmen.
Zu Beginn werden die Kinder von Professor „Zwickzwack“ und dem Bären „Fridolin“ begrüßt. Die beiden Handpuppen führen die Kinder in das Thema der Wissenswerkstatt ein. Fridolin ist sehr neugierig und wissbegierig. Er stellt Professor Zwickzwack, der auf alles eine Antwort weiß, viele Fragen. Dieser Einstieg soll abwechslungsreich, interessant und lustig gestaltet werden, um die Kinder für die anschließende Stunde zu motivieren. Um den Ablauf der Wissenswerkstatt abwechslungsreich zu gestalten, werden zusätzlich rhythmische und musikalische Bewegungselemente eingebaut.

Anschließend bespricht die Erzieherin mit den Kindern die Regeln, die für das Arbeiten in der Wissenswerkstatt gelten: Wichtige Punkte sind dabei, dass sich die Kinder gegenseitig ausreden lassen, wenn sie ihre Deutung der Versuche erläutern und dass auch jüngeren Kindern genügend Zeit zum Überlegen zugestanden wird, ehe das während des Experimentierens wahrgenommene Phänomen besprochen wird.

Bevor das Experiment durchgeführt wird, erklärt die Erzieherin, was an diesem Tag geplant ist. Bei der Vorführung des Versuchs kommentiert die Erzieherin die einzelnen Schritte ihres Handelns. Die Kinder wiederholen anschließend die einzelnen Schritte des Versuchs selbstständig. Nach Möglichkeit sollte jedes Kind den Versuch einmal selbst durchführen.

Deutung der Experimente

Nach Abschluss des Experiments versuchen die Kinder, ihre Beobachtungen zu deuten. In einem Gespräch äußern die Kinder ihre Erklärung für die während des Experimentierens beobachteten Vorgänge. Die Erzieherin moderiert diesen Prozess und gibt durch offene Fragen weitere Anregungen, eine angemessene Erklärung für den Verlauf eines Versuchs zu finden. Auf diese Weise entwickeln die Kinder und die

Erzieherin gemeinsam eine Deutung des Versuchs und beantworten so sich stellende Warum-Fragen.

Um die Kinder bei diesem Prozess zu unterstützen, erzählt die Erzieherin zum Abschluss der Wissenswerkstatt ein Märchen, das den Ablauf oder die Deutung des Versuchs enthält. Die Kinder werden durch Märchen emotional besonders angesprochen. Auf diese Weise soll die Erinnerung der Kinder an den Sachverhalt verbessert werden und ihnen gleichzeitig eine sprachliche Hilfestellung gegeben werden, beispielsweise bei der Übernahme von Fachausdrücken in den eigenen Wortschatz. Die Form des Märchens hilft dabei, die wissenschaftliche Erklärung eines Experiments für Kinder verständlich und anschaulich zu formulieren.

Experiment zur Schwimmfähigkeit von Gegenständen

Die Kinder erproben die Schwimmfähigkeit unterschiedlicher Gegenstände. Dazu wählen sie aus einer Reihe von Gegenständen einen aus und formulieren zur Schwimmfähigkeit dieses Gegenstands eine Vermutung. Dann legen sie ihren Gegenstand in einen mit Wasser gefüllten Behälter und beobachten, ob der Gegenstand schwimmt oder untergeht. Auf diese Weise sammeln die Kinder Informationen zur Dichte und zum Volumen von Gegenständen. Die Kinder erforschen auch, welche Form ein Gegenstand haben muss, damit er schwimmt.

Nähere Informationen zu Versuchen zur Schwimmfähigkeit finden sich in dem Buch „Das große Buch der Experimente“ (siehe Literatur, die bei der Erarbeitung des Projekts verwendet wurde). Die älteren Kinder werden besonders herausgefordert, indem sich beispielsweise auch Steine aus Styropor und eine Knetkugel, in die ein mit Luft gefüllter Behälter eingearbeitet ist, unter den zur Auswahl stehenden Gegenständen befinden. Wenn diese Gegenstände wider Erwarten doch Schwimmen, wird gemeinsam nach einer Erklärung gesucht.

Märchen zum Thema „Schwimmfähigkeit“: Das Archimedesprinzip

Es war einmal vor langer Zeit, da lebte im fernen Griechenland ein großer und mächtiger König. Er war unermesslich reich, und so beschloss er, sich eine neue, noch prächtigere Krone aus Gold machen zu lassen. Er rief seinen Goldmacher zu sich, übergab ihm einen Goldbarren und befahl ihm, eine neue Krone daraus zu machen. Als aber die Krone fertig war, die mit ihrem Glanz alles überstrahlte, kamen dem König Zweifel, ob der Goldmacher vielleicht doch etwas von dem Gold behalten hatte. Das fehlende Gold könnte er beim Herstellen der Krone durch ein billiges Metall ersetzt haben. Diese Gedanken kamen dem König, weil er nicht nur sehr reich und mächtig war, sondern auch überaus geizig.

Nicht weit vom Palast des Königs entfernt lebte ein Mann, der hieß Archimedes. Er war im ganzen Land für seine Weisheit und Klugheit bekannt. Der König ließ Archimedes in seinen Palast rufen. Dann befahl er ihm herauszufinden, ob der Goldmacher ihn betrogen hatte. Der König versprach, Archimedes mit einem Beutel voller Gold zu belohnen, wenn er es schaffe, den Goldmacher zu überführen. Wenn aber nicht, so war sein Los der tiefste Kerker bei Wasser und Brot.

Diese Aufgabe stellte Archimedes vor große Probleme. Denn die Krone durfte natürlich nicht zerstört werden, um herauszufinden, ob der Goldmacher einen Teil des Goldes durch ein billiges Metall ersetzt hatte. Archimedes überlegte und überlegte, aber es wollte ihm keine Antwort einfallen. Am Abend bevor Archimedes wieder in den Palast kommen sollte, wollte er zur Beruhigung noch einmal ein Bad nehmen. Als er ins Wasser stieg, bemerkte er, dass das Wasser am Rand der Wanne immer höher stieg und überschwappte. Plötzlich wusste er, wie er die Aufgabe, die ihm der König gestellt hatte, lösen konnte. Er sprang aus dem Wasser und rannte nackt wie er war auf den Marktplatz und schrie ganz laut „Heureka!". Das ist griechisch und heißt: „Ich habe es gefunden!".

Archimedes hatte nämlich erkannt, dass die Menge an Wasser, die aus der vollen Wanne gelaufen war, genau der Ausdehnung seines Körpers entsprach. Um die Aufgabe, die ihm der König gestellt hatte, zu lösen, tauchte er einmal die neue Krone und dann einen Goldbarren in eine volle Badewanne. Vorher hatte er beides gewogen und festgestellt, dass Goldbarren und Krone gleich schwer waren. Anschließend maß er die Menge des Wassers, das aus der Wanne gelaufen war. Da die Krone mehr Wasser verdrängte als der Goldbarren und somit bei gleichem Gewicht mehr Platz einnahm, konnte sie nicht aus reinem Gold sein. Der Goldmacher hatte tatsächlich etwas Gold weggenommen und dafür ein billiges und leichteres Metall mit dem übrigen Gold gemischt.

Archimedes war von seiner Entdeckung so begeistert, dass er auch noch herausfinden wollte, weshalb manche Dinge schwimmen und andere wiederum untergehen. Er hatte nämlich die Vermutung, dass das auch etwas damit zu tun hat, wie viel Wasser ein Gegenstand verdrängt. Nach einigen Versuchen mit seiner Badewanne und verschiedenen Gegenständen, die er in die Wanne fallen ließ, fand er dann heraus, dass alle Gegenstände, die schwammen, eine Sache gemeinsam haben: Die Menge an Wasser, die sie verdrängen, ist immer schwerer als die Gegenstände selbst. Ob etwas schwimmt, hängt also nicht nur davon ab, wie schwer etwas ist, sondern auch davon welche Ausdehnung ein Gegenstand hat, also davon, wie viel Platz er braucht.

Glücklich über das, was er mit seinen Versuchen herausgefunden hatte, ging Archimedes am nächsten Tag zum König und berichtete ihm vom Betrug des Goldmachers. Als Lohn bekam er einen Beutel voller Gold und lebte glücklich bis zum Ende seiner Tage. So hatte Archimedes sein „Archimedesprinzip" entdeckt – und ihr Kinder auch!

Märchen zum Thema „Oberflächenspannung von Wasser": Der Wasserläufer

Es war einmal ein Tal inmitten von Afrika. Die Tiere lebten dort glücklich und zufrieden, denn es gab für alle reichlich Futter und Wasser. Aber dann geschah es, dass der Regen ausblieb und das Gras verdorrte. Alle Tiere litten dadurch großen Hunger und Durst. Da beschlossen die Tiere, sich auf die Suche nach Nahrung zu machen, um nicht zu verhungern: Löwen und Elefanten, Nashörner und Zebras, große und kleine Tiere. Lange Zeit wanderten sie durch die staubige Ebene. Überall sahen sie vertrocknetes Gras und verdorrte Bäume. Eines Tages aber kamen sie zu einem großen, breiten Fluss. Die Tiere freuten sich, weil sie jetzt zumindest wieder etwas zu trinken hatten. Der Löwe meinte, dass es auf der anderen Seite des Flusses bestimmt saftige grüne Wiesen und Bäume mit vielen Blättern gäbe. Aber der Fluss versperrte ihnen den Weg. Da sprach der Löwe: „Ich werde hinüberschwimmen und nachschauen, ob wir dort leben können." Aber schon nach kurzer Zeit verließen ihn seine Kräfte und er musste wieder zurück schwimmen. Da sprach der Elefant: „So will ich mein Glück versuchen." Aber der Fluss war viel zu tief und der Elefant

musste wieder umkehren. Da sprach auf einmal der Wasserläufer, das kleinste Tier von allen: „Jetzt werde ich mich auf den Weg machen, um zu sehen, was dort zu finden ist." Die anderen Tiere lachten und riefen: „Wie willst du den weiten Weg schaffen? Du bist doch viel zu klein." Der Wasserläufer aber antwortete: „Ich werde einfach auf der Haut des Wassers über den See flitzen." „Wasser hat doch keine Haut.", sagte der Löwe. „Du wirst schon sehen.", antwortete der Wasserläufer. Dann sprang er auf das Wasser und siehe da: Er ging nicht unter. Nur eine kleine Delle war zu sehen, dort wo seine Beine das Wasser berührten. Nach kurzer Zeit war von dem Wasserläufer nichts mehr zu sehen und die übrigen Tiere dachten, dass er bestimmt ertrunken sei. Als dann die Dunkelheit hereinbrach, beschlossen die Tiere, am Ufer zu übernachten und am nächsten Tag weiterzuziehen. Als der Morgen graute und die Tiere schon aufbrechen wollten, kam plötzlich der Wasserläufer wieder zurück. Er erzählte, dass er am gegenüberliegenden Ufer des Flusses ein wunderschönes Tal mit dichtbelaubten Bäumen und grünen Wiesen entdeckt hatte. Die übrigen Tiere freuten sich sehr. Dann rief der Wasserläufer: „Ich kann euch auch zeigen, an welchen Stellen der Fluss nicht so tief ist, damit ihr auf die andere Seite kommt." So geschah es, dass die Tiere eine neue Heimat fanden und glücklich weiterleben konnten.

Märchen zum Thema „Magnetismus": Der Zauberer von Magnesia

Vor langer Zeit lebte in der Stadt Magnesia ein alter, von allen gefürchteter Zauberer. Dieser Zauberer beherrschte einen ganz besonderen Zauber. Denn er konnte alles, was aus Metall war, festhalten. Keiner wagte sich in die Nähe seines Hauses, denn an den Mauern hingen, wie von unsichtbarer Hand festgehalten, Nägel, Schwerter und Werkzeuge. In dieser Stadt lebte auch ein kleiner Junge, der sehr mutig war und der vor dem Zauberer keine Angst hatte. Dieser Junge wollte unbedingt herausfinden, mit welchem Trick der Zauberer alles aus Metall an seine Mauern bannte. Eines Tages ging er zum Haus des Zauberers und klopfte an die Tür. Als ihm dann ein kleiner alter Mann öffnete, der gar nicht so gefährlich aussah, war der Junge sehr überrascht. „Was willst du?", fragte der Zauberer. „Ich will das Zauberhandwerk erlernen und bei dir in die Lehre gehen", antwortete der Junge. Der Zauberer überlegte lange und sagte dann: „Na gut, ich bin einverstanden. Du kannst bei mir in die Lehre gehen. Tritt ein." Er führte den Jungen durch das Haus. Schließlich kamen sie zu einer Tür, in der ein goldener Schlüssel steckte. Da sprach der Zauberer: „Wenn dir dein Leben liebt ist, so betrete niemals diesen Raum." Der Junge versprach, diesen Raum niemals zu betreten. Am nächsten Morgen musste der Zauberer in eine entfernte Stadt reisen und ließ den Jungen allein zurück. Nachdem der Zauberer weg war, sagte der Junge zu sich: „Ich wüsste zu gern, was sich hinter dieser Tür mit dem goldenen Schlüssel befindet." Weil der Junge nicht nur sehr mutig, sondern auch sehr neugierig war, hielt er es nicht aus und betrat den verbotenen Raum. Aber sein Erstaunen war groß, denn in dem Raum befand sich nur ein großer Haufen Steine, an denen alle möglichen Dinge aus Metall hingen. Die Steine sahen genauso aus wie die, aus denen das Haus des Zauberers gebaut worden war. „Das sind gar keine normalen Steine, sondern Magnete, die alles, was aus Metall ist, anziehen.", sagte der Junge zu sich. Auf diese Weise entdeckte der neugierige Junge, dass der Zauberer in Wirklichkeit gar keine Zauberkräfte hat und die Bewohner von Magnesia nur von ihm getäuscht wurden. Der Junge lief in die Stadt zurück und erzählte allen von seiner Entdeckung. Von diesem Tag an hatte kein Stadtbewohner mehr Angst vor dem Zauberer von Magnesia.

Dokumentation der Experimente

Um die Erinnerung der Kinder an den Verlauf und die Deutung der Versuche zu überprüfen, bittet eine Erzieherin einige Kinder ein paar Tage später darum, den Versuch noch einmal zu beschreiben. Die Ausführungen der Kinder werden wortwörtlich in einem Buch festgehalten. Für jedes Kind wird ein solches Buch erstellt, das alle durchgeführten Experimente enthält.

Wie lässt sich das Projekt erweitern?

Der erzählende (narrative) Aspekt der Welt der Zahlen

Zahlen besitzen seit Beginn der Menschheitsgeschichte eine symbolische Bedeutung. Wir finden sie in Erzählungen, Märchen und Liedern, aber auch in vielfältigen kulturellen und religiösen Zusammenhängen. Die abstrakten Zahlen erhalten dadurch Inhalt und Sinn. Wir verbinden Spiritualität mit realen Ordnungseinheiten. Der narrative Aspekt der Zahlen berührt die subjektiven Gefühle. Das Märchenhafte entspricht der Lebenswelt der Kinder, in der Realität und Fantasie eng miteinander verwoben sind.

Märchen und Zahlen

Mit den Kindern begeben wir uns auf Zahlensuche in den klassischen Märchen. Die Kinder werden motiviert, zu Hause, die Älteren auch in der Bibliothek, nach Märchen zu suchen, in denen Zahlen eine zentrale Rolle spielen, z. B.: die sieben Schwäne, Brüderchen und Schwesterchen, Rumpelstilzchen, die drei Brüder, Schneewittchen und die sieben Zwerge, Dornröschen. Gemeinsam werden die Bücher angeschaut, von den Älteren vorgelesen und zu jedem Märchen eine Bilderreihe gestaltet. Die Märchen oder Zahlenmotive können mit unterschiedlichen Techniken (Wasserfarben, Wachsmalstifte) gemalt, mit Materialien (Wolle, Papier, Pfeifenputzer) gestaltet oder als Angebotsecke ausgebaut werden. In dieser Märchenecke laden Kissen und Polster zum Verweilen ein. Die Decke wird mit dunkelblauem Stoff abgehängt, Duftöle regen den Geruchssinn an, das Licht wird gedämpft und Lavalampen vermitteln eine heimelige Stimmung. Es entsteht ein Raum, der zu Ruhe und Meditation einlädt. Dort finden zu bestimmten Zeiten Märchenstunden statt, oder Märchenbücher können angeschaut werden.

Musik, Reime und Zahlen

In vielen Kinderliedern (Mein Hut, der hat drei Ecken; Drei Chinesen mit dem Kontrabass; Es war eine Mutter, die hatte vier Kinder) spielen Zahlen eine große Rolle. Mit den Kindern kann ein Zahlen-Lieder-Buch zusammengestellt und künstlerisch ausgestaltet werden. Reime und traditionelle Kinderspiele ranken sich ebenfalls um die Zahlen (Kaiser, wie viel Schritte gibst du mir?, Hüpfkreuz, Zwei kleine Zappelmänner). Unter der Beteiligung der Eltern und Großeltern kann ein unschätzbarer Fundus an Liedern und Reimen gesammelt werden, vielleicht mit Bekanntem oder In-Vergessenheit-Geratenem, das wieder entdeckt wird.

Zahlenfest

Ein Zahlenfest mit Eltern, Erzieherinnen und allen Kindern bildet den krönenden Abschluss des Projekts. Zahlenwege führen zu den verschiedenen Präsentationen wie Märchenbüchertisch, Liederecke, Kinderspielbereich usw. Mitgebrachte Kuchen können mit Zahlen dekoriert werden.

Welche Literatur wurde bei der Erarbeitung des Projekts verwendet?

Keske, A. & Allman, H. (2007). Die besten Experimente für Kinder. München, Bassermann.

Schreiber, A. (2004). Das große Buch der Experimente: über 200 spannende Versuche, die klüger machen. Bindlach, Gondolino.

Weiterführende Literatur

Gruber, W., Riahi, N., et al. (2006). Die Reise der kleinen Sonne: Märchensammlung zur naturwissenschaftlichen Bildung für Kinder von 4 bis 7. Elternausgabe. Vorlesebuch. Troisdorf, Bildungsverlag EINS.

Winterhalter-Salvatore, D. (2006). Die Reise der kleinen Sonne: Praxisbuch für Erzieherinnen. Troisdorf, Bildungsverlag EINS.

1, 2, 3, 4, Eckstein, alles will entdeckt sein! – Eine Reise durch das Land der Mengen und Zahlen

Kindertagesstätte der ev. Kirchengemeinde Horn
Luisental 27
28359 Bremen

Ansprechpartner:
Frau Christel Hahn-Schalk und Frau Christel Mevenkamp
Telefon: 04 21 – 23 68 44
Email: horn@kiki-bremen.de

Das Projekt im Überblick

Um was geht es?

Das Projekt zeigt, wie sich Kinder während eines Kindergartenjahres mit mathematischen „Erscheinungen“ in ihrer Umgebung beschäftigen können. Ansatzpunkt dieser Beschäftigung sind Zahlen, Mengen und Muster, die sich in den alltäglichen Aktivitäten der Kinder wieder finden. Nach einem gemeinsamen Einstieg ins Projekt können die Kinder aus einer Vielzahl von Angeboten auswählen, die sich mit dem Wiegen, Messen und Zählen von Dingen beschäftigen. Die Durchführung eines selbst gestalteten Wochenmarkts bietet den Kindern zum Abschluss des Projekts die Gelegenheit, ihre neuen Erkenntnisse anzuwenden.

Was zeichnet das Projekt besonders aus?

Authentisches Lernen in realen Lebensbezügen

Für Kinder sind Lernformen, deren Inhalte an ihrem Leben und ihren Interessen anknüpfen und die sie selbst steuern, grundlegend für ihr späteres lebenslanges Lernen. Diese Kindertagesstätte räumt den Kindern Gestaltungsmöglichkeiten ein und etabliert dadurch eine Lernkultur, in der freies Explorieren gestattet ist. Wichtig sind authentische, wissenschaftsähnliche Aufgabenstellungen, in denen sich die realen Fragen der Kinder widerspiegeln. Nur so kann Wissen auch auf andere Lebenssituationen übertragen werden. Bereichsübergreifende Lernformen, wie sie im Projekt im Verbund mit beispielsweise Kreativität, Bewegung, Literacy, usw. initiiert wurden, fördern vernetztes und integratives Denken. Ganzheitliches Lernen ist für Kinder nicht aufgeteilt in Entwicklungsphasen oder Lernbereiche. Kinder sind an allem um sich herum interessiert, an Zahlen, Buchstaben und naturwissenschaftlichen Phänomenen.

Grundlagen für Lernprozesse schaffen

Lernen baut auf emotionalem Wohlbefinden, psychischer Sicherheit und positivem Selbstwertgefühl aller am Lernprozess Beteiligten auf. Als Grundpfeiler gilt die Engagiertheit der Kinder und Erwachsenen. Die Erzieherinnen schaffen es in diesem Projekt durch die Vielfalt der Angebote, jedes Kind individuell anzusprechen und seine Neugierde zu wecken.

Aufbau eines Grundkonzepts der Mathematik

Bereits im Kindergarten verfügen die meisten Kinder über zentrale Vorläuferfähigkeiten für mathematisches Lernen. In den ersten Lebensjahren bildet sich die Grundlage für späteres mathematisches Denken heraus, indem das Kind Erfahrungen mit Regelmäßigkeiten, Mustern, Formen, Größen, Gewicht, Zeit und Raum macht. Eine bedeutsame Vorläuferfunktion stellt dabei die Mengenwahrnehmung dar. Je früher Erfahrungen über mathematische Zusammenhänge gesammelt und mathematische Phänomene konkret sowie mit allen Sinnen erlebt werden, desto leichter fällt der Eintritt in die Schule. In diesem mathematischen Projekt werden alle relevanten Basiselemente früher mathematischer Bildung angeboten. Das Kind entdeckt seine Freude am Umgang mit Formen, Mengen, Zahlen sowie Raum und Zeit. Es erwirbt mathematisches Wissen und Können sowie die Fähigkeit, mathematische Probleme und Lösungen sprachlich zu formulieren. Es lernt, nach mathematischen Gesetzmäßigkeiten zu handeln und verfügt somit über Handlungsschemata für die Bewältigung mathematischer Fragestellungen im Alltag.

Welche Ziele verfolgt das Projekt?

Durch das Projekt soll es für die Kinder möglich werden, Mathematik in Form von Zahlen, Mengen und Mustern in ihrer Lebenswelt wahrzunehmen. Die Kinder sollen herausfinden, wann sie in ihrem Alltag überall Zahlen, Mengen und Mustern begegnen. Verbunden mit der Wahrnehmung dieser mathematischen Phänomene im Alltag ergeben sich für die Kinder weiterführende Fragen. Die Aufgabe des Projekts und damit auch die der Erzieherinnen besteht darin, die Anregungen, die sich für die Kinder durch die Wahrnehmung mathematischer Inhalte ergeben, aufzugreifen und als Ausgangspunkt zur Bearbeitung dieser Inhalte zu nutzen. Es geht auch darum, gemeinsam mit den Kindern eine Vorstellung zu entwickeln, dass das, was man gerade tut bzw. womit man sich beschäftigt, etwas mit Mathematik zu tun hat.

Wie werden die Ziele des Projekts umgesetzt?

Entdeckendes Lernen

Lernen, Selbständigkeit und Kreativität gedeihen am besten in einem entspannten Lernklima. Je größer der Freiraum für entdeckendes Lernen ist, desto mehr wird Lernen als Freude und nicht als Zwang erlebt. Dadurch wird Eigenaktivität angeregt und Lernlust für ein Thema geweckt und gestärkt. In Form von Projekttagen, die einem Jahresthema unterliegen, setzt das Team der Kindertagesstätte frühe mathematische Bildung anregend und engagiert um. Wenn Kinder eigenaktiv an ihren Aufgabenstellungen knobeln und dabei nicht nur vorgegebene Wege gehen, sondern gemeinsam mit anderen Kindern nach Gesetzmäßigkeiten und Mustern suchen und eigene Lösungen konstruieren, dann erleben sie Lernen als Abenteuer. Das Kindertagesstättenteam vermittelte diese Lust am Lernen durch ein ausgereiftes Konzept und eine gut vorbereitete Lernumgebung. Mit geeigneten Themen und passendem Lernmaterial werden die Lernaktivitäten der Kinder gezielt begleitet und dokumentiert.

Teiloffenes Konzept

Bei diesem aus dem Situationsansatz stammenden Konzept verbleiben die Kinder in ihrer Stammgruppe, sie können eine feste Bindung zu ihrer Gruppenerzieherin aufbauen und feste Freundschaften schließen. Zu bestimmten Zeiten haben sie jedoch die Möglichkeit, gruppenübergreifend zusammen mit anderen Kindern an Projekten oder anderen Aktivitäten teilzunehmen. Neue Freunde werden gefunden und durch den erweiterten Aktionsradius werden die Kinder selbstständiger und selbstbewusster.

Für welches Alter ist das Projekt geeignet?

3–6 Jahre

Welche Bildungsbereiche werden besonders unterstützt?

Mathematisches Verständnis

Welche anderen Bildungsbereiche berührt das Projekt noch?

Bewegung

Im Projekt werden verschiedene Bewegungsspiele angeboten, in denen Zählkompetenz, geometrische Einordnung oder Reihenbildung besonders gestärkt werden. Gerade die Vertiefung mathematischer Strukturen in motorische Abläufe motiviert die Kinder, mit Freude am Spiel teilzunehmen, und vertieft nachhaltig deren Wissensaneignung.

Kreativität

Dass Mathematik ein wesentlicher Bestandteil nicht nur von Regelspielen ist, wird auch in der Erstellung von Spielen deutlich. Ideen der Gestaltung und kreativen Ausweitung, wie z. B. Spielsteine durch Kuscheltiere zu ersetzen, erweitern den Ideenreichtum der Kinder.

Sprache

Mathematik ist von Sprache nicht zu trennen, hier wird aber ein Bilderbuch unter mathematischem Blickwinkel betrachtet. Das vernetzte Denken und der gedanklich kreative Zugang werden zum Hauptbestandteil der Bildungsarbeit.

Wie können die Eltern und Familien der Kinder am Projekt beteiligt werden?

Die Eltern werden im Rahmen eines Elternabends über das Projekt informiert und nach ihren Ideen zum Projektthema gefragt. Im Laufe des Projekts werden die Eltern zu einem Weihnachtsmarkt und zu einem Wochenmarkt eingeladen, auf dem die Kinder selbst hergestellte Produkte verkaufen.

Welchen Bezug hat das Projekt zur pädagogischen Konzeption der Einrichtung?

Die Einrichtung arbeitet nach einem teiloffenen Konzept, bei dem sich die Kinder an drei Tagen in der Woche gruppenübergreifend für bestimmte Aktivitäten entscheiden können. Dem Projekt liegt der Ansatz des forschenden und entdeckenden Lernens zu Grunde, nach dem Kinder selbstbestimmt, aus eigener Motivation sowie selbsttätig lernen sollen. Damit verbunden ist die Vorgabe, dass der „Gegenstand“, an dem gelernt wird, aus der Lebenswelt der Kinder stammt. Auf diese Weise soll sichergestellt werden, dass die Kinder den Lerngegenstand für sich in einen Sinnzusammenhang stellen können. Auf das Projektthema bezogen bedeutet dies, dass sich die Kinder nach Zahlen, Mengen und Mustern in ihrer Umwelt auf die Suche machen. Die bei dieser Suche aufkommenden Forschungsfragen, beispielsweise nach dem Sinn und Zweck verschiedener Zahlen, bilden dann – den Grundsätzen des forschend- entdeckenden Lernens entsprechend – den Ausgangspunkt für weitere Aktivitäten.

Welche Erfahrungen hat die Einrichtung mit diesem Projekt gemacht?

Die Kinder haben erfahren, dass sich mit Hilfe von Zahlen ihre Welt strukturieren und erforschen lässt. Sie entwickelten großes Interesse und Spaß am Umgang mit Zahlen, Mengen und Mustern. Im Zählen, Wiegen und Messen bekamen sie Sicherheit und erschlossen sich einen ihrem Alter angemessenen Zahlenraum. Sie entwickelten eine Vorstellung von Mengen- und Gewichtsverhältnissen. Sternstunden für die Kinder waren außerdem das Verkaufen ihrer selbst hergestellten Waren auf dem Weihnachtsmarkt/ Wochenmarkt. Die Kinder haben dabei die Erfahrung gemacht, dass selbst hergestellte Dinge für Andere einen Wert haben. Anschließend im Rahmen einer Kinderkonferenz selbst entscheiden zu können, was für das eingenommene Geld eingekauft werden sollte, war für die Kinder eine schöne Erfahrung. Als Erinnerung an das Projekt hängt ein großes Generationenbild im Gemeindehaus. Dieses Bild entstand auf dem Sommerfest, während dem auch der Wochemarkt stattfand.

Welche Kompetenzen der Kinder werden gestärkt?

Mengen- und Zählkompetenz

Ein Ziel der frühen mathematischen Bildung ist der Aufbau eines Verständnisses für Zahlen und Mengen. Ein solches Verständnis wird als eine wichtige Voraussetzung für die Einschulung von Kindern angesehen. In diesem Projekt wird dieser sehr wichtige Grundpfeiler der Mathematik spielerisch und altersangemessen vermittelt:

- verschiedene Raum-Lage-Positionen in Bezug auf den eigenen Körper sowie auf Objekte der Umgebung erfassen
- Erfahrungen mit ein- und mehrdimensionaler Geometrie sammeln
- visuelles und räumliches Vorstellungsvermögen entwickeln
- Unterscheidung unterschiedlicher geometrischer Figuren vornehmen
- Objekte an ihrer äußeren Gestalt erkennen, Merkmale von Gestalten zunehmend unterscheiden (z. B. rund, eckig, Anzahl der Ecken und Kanten)
- Figuren/Muster experimentell und spielerisch erkennen und herstellen
- grundlegendes Verständnis für Relationen erwerben (z. B. größer-kleiner, dicker- dünner)
- sich ein Verständnis für „funktionale Prinzipien" aneignen, z. B. Eins- zu- Eins- Zuordnung
- ein Verständnis von Zahlen als Ausdruck von Menge, Länge, Gewicht, Zeit oder Geld entwickeln
- mathematische Fähigkeiten und Kenntnisse bewusst zur Lösung von bereichsübergreifenden Problemen sowie Alltagsproblemen einsetzen

Sprachlicher und symbolischer Ausdruck mathematischer Inhalte

Der Aufbau der Fähigkeit zum sprachlichen und symbolischen Ausdruck mathematischer Inhalte wird durch die Angebote im Laufe des Projekts ebenfalls unterstützt. Dazu gehört:

- den Umgang mit Begriffen wie z. B. „größer" oder „kleiner" erproben
- beim Abzählen von Objekten (z. B. Gegenstände, Töne) Zahlwörter gebrauchen
- Begriffe für geometrische Formen kennen lernen (z. B. Quader, Punkt, Seitenlinie)
- die Bedeutung grafischer und tabellarischer Veranschaulichungsformen erfassen

Das Projekt – Ausführliche Beschreibung

Das Projekt ist auf ein ganzes Kindergartenjahr angelegt, in dem es um das Thema „Mathematik in der Lebenswelt von Kindern" geht. Ausgangspunkt sind Überlegungen, dass Kinder in ihrem Alltag an vielen Stellen mit mathematischen „Erscheinungen" in Berührung kommen. Für Kinder alltägliche Aktivitäten wie Spielen, Basteln oder Malen werden nach mathematischen Inhalten „durchsucht". Die Leitfrage ist: Wo begegnen Kindern in ihrer Lebenswelt Zahlen, Mengen und Muster? Sobald sich die Kinder mit etwas beschäftigen, das Anreize bietet, mathematische Inhalte zu bearbeiten, besteht die Aufgabe der Erzieherinnen darin, diese Anreize aufzugreifen. Die Erzieherinnen ermöglichen durch geeignete Fragen und entsprechende Angebote eine weiterführende Beschäftigung der Kinder mit mathematischen Inhalten.

An drei Tagen in der Woche können die Kinder zwischen verschiedenen Angeboten wählen. Während des Morgenkreises werden die Angebote vorgestellt, und die Kinder entscheiden, woran sie gerne teilnehmen möchten. Bei allen Abläufen – auch außerhalb der speziellen Angebote – wird auf Gelegenheiten geachtet, das Projektthema „Mathematik in der Lebenswelt von Kindern" bzw. die Leitfrage „Wo lassen sich Mengen, Zahlen und Muster finden?" umzusetzen und mathematische Gegebenheiten wahrzunehmen: Beispielsweise wird auch im Morgenkreis die Anwesenheit aller Kinder durch Nachzählen überprüft, oder es werden Lieder gesungen, die Zahlen enthalten und zum Zählen anregen, wie z. B. „Drei Chinesen mit dem Kontrabass", „Zehn kleine Zappelmänner" oder „Zehn kleine Fledermäuse".

Vorbereitung des Projekts

Zunächst werden zum Jahresthema passende Gruppennamen ausgesucht: Beispielsweise „Ein-Stein-Gruppe", „Kilo-Meter-Gruppe" oder „Mengen-Mäuse". Es wird spezielles Material zur Ausstattung der Gruppenräume zusammengestellt oder angeschafft: Dazu gehören Waagen, Messlatten sowie Behälter mit Materialien zum Zählen, Sortieren und Musterlegen. Die Materialien werden entsprechend der Gruppennamen verteilt: In der „Ein-Stein-Gruppe" gibt es jede Menge Sand und Steine zum Abwiegen. Die „Kilo-Meter-Gruppe" wird mit Maßbändern und Zollstöcken zum Messen ausgestattet. Bei den „Mengen-Mäusen" stehen Behälter mit Materialien zum Zählen, Sortieren und Musterlegen bereit.

Einrichtung eines Mengenraums

Außerdem wird ein spezieller Mengenraum eingerichtet, der verschiedene Materialien in großer Menge bereitstellt: einen Korb gefüllt mit Korken, Schachteln in verschiedener Größe, Knöpfe in unterschiedlichen Formen und Farben, Federn, Spielzeugautos. Geeignet sind alle Materialien, die Kinder zum Zählen, Sortieren und Musterlegen anregen. Inspiriert ist die Einrichtung dieses Raums durch das Buch „Mathe-Kings – Junge Kinder fassen Mathematik an" (siehe aufgelistete Literatur, die bei der Erarbeitung des Projekts verwendet wurde).

Angebote im Mengenraum

Im Mengenraum können die Kinder außer der freien Beschäftigung mit den vorhandenen Materialien an verschiedenen Stationen bestimmte Angebote wahrnehmen:

Auf einem Tisch stehen eine Waage und vier Eimer, die mit unterschiedlichen Materialien gefüllt sind (Sand, Wasser, Korken, Watte). Durch Ausprobieren können die Kinder herausfinden, welcher Eimer der schwerste und welcher der leichteste ist.

An einer weiteren Station sind zwei Linien aus Klebeband auf dem Boden angebracht. Außerdem liegen Korken und Spielzeugautos bereit. Je nachdem, wie man die Korken bzw. die Spielzeugautos auf den Linien platziert, lässt sich eine unterschiedlich große Anzahl unterbringen. Die Kinder probieren aus, auf welche Weise man wie viele Dinge auf den Linien anordnen kann.

Auf einem Teppich liegen verschiedene Formen, die aus Bauklötzen gelegt werden (Dreieck, Quadrat, Rechteck, Sechseck, Achteck). Außerdem steht eine große Anzahl weiterer Bauklötze zur Verfügung, mit denen die Formen nach oben ausgebaut werden können.

Eine weitere Station ist ebenfalls auf einem Teppich untergebracht. Dort liegen Knöpfe in unterschiedlichen Farben und Formen, rote und weiße Bohnen, Muscheln sowie weiteres Material, das sich zum Legen von Mandalas eignet. Die Kinder nutzen das vorhandene Material, um Muster und Reihen nach ihren Vorstellungen zusammenzustellen.

Auf einem zweiten Tisch stehen ein mit Blumenerde gefüllter Eimer, eine große Glasschüssel, ein Messbecher und ein Glas. Dazu gibt es eine Schippe zum Umfüllen der Erde. Die Kinder probieren aus, wie viele Gläser Blumenerde in den Messbecher oder in die Glasschüssel passen. Es kann auch gezählt werden, wie viele Schippen Erde in ein bestimmtes Gefäß passen.

An einer weiteren Station liegen Wolle, Scheren, Papier, Stifte und Klebstoff bereit. Mit Hilfe der Wolle können die Kinder die Ausmaße verschiedener Gegenstände im Raum ermitteln und vergleichen. Die Kinder überlegen, was sie gerne vermessen möchten – beispielsweise die Höhe eines Stuhls – und malen den Gegenstand dann auf ein Stück Papier. Die Wolle legen die Kinder an den zu vermessenden Gegenstand an und schneiden sie dann an der entsprechenden Stelle ab. Bevor dann der nächste Gegenstand vermessen wird, kleben die Kinder das abgeschnittene Stück Wolle an einem Ende auf dem bemalten Stück Papier fest.

Bevor die Kinder damit beginnen, die Angebote an den einzelnen Stationen wahrzunehmen, gehen sie gemeinsam mit der Erzieherin die Stationen durch. Die Erzieherin stellt den Kindern das Material vor: An der Station mit den Formen aus Bauklötzen werden beispielsweise die Bezeichnungen der ausgelegten Formen besprochen. Anschließend fragt die Erzieherin die Kinder, welche Ideen sie zur Nutzung des vorhandenen Materials haben. Im Laufe des Gesprächs bringt die Erzieherin auch ihre Vorschläge zur Beschäftigung mit den Materialien ein. Die Kinder entscheiden dann selbst, zu welcher Station sie gerne als erstes gehen möchten. Jede Station bietet für zwei bis drei Kinder Platz. Je nachdem, wie viel Zeit zur Verfügung steht, können die Kinder auch mehrere Angebote wahrnehmen.

Am Ende findet eine Auswertungsrunde statt. Die Kinder und die Erzieherin gehen gemeinsam noch einmal alle Stationen durch. Die Kinder, die sich mit den Materialien an der jeweiligen Station beschäftigt haben, berichten über ihre Aktivitäten. Die Erzieherin regt die Kinder an zu erzählen, was sie mit den Materialien gemacht haben und ob sie etwas Bestimmtes herausgefunden haben. Weitere interessante Fragen sind, ob die Kinder bei ihrer Beschäftigung etwas Neues erfahren haben oder ob neue Fragen aufgekommen sind.

Angebot „Alles wird gewogen“

Die Kinder wiegen sich mit Mehl oder Zucker auf. Dazu stellen sich die Kinder auf eine Personenwaage und ermitteln so ihr Gewicht. Auf einer zweiten Personenwaage wird eine Kiste platziert, in die Mehl- oder Zuckerpäcken gestapelt werden können. Die Anzeige der Waage muss aber weiter zu sehen sein. Während ein Kind auf der Waage steht, stapeln die anderen Kinder so lange Mehl- oder Zuckerpäckchen in die Kiste bis beide Waagen in etwa das gleiche Anzeigen. Nachdem alle Kinder aufgewogen wurden, wird verglichen, wer schwerer ist. Außerdem werden Materialien wie z. B. Bohnen, Steine oder Federn gewogen und verglichen. Die Kinder haben die Gelegenheit, selbst eine Waage zu basteln.

Angebot „Alles wird gemessen“

Die Kinder messen gegenseitig mit Hilfe eines Zollstocks ihre Größe und vergleichen, wer größer und wer kleiner ist. Dann wird die Schrittlänge der Kinder vermessen und festgehalten. Bestimmte Entfernungen wie z. B. der Weg vom Gruppenraum zur Toilette werden in Schritten

erfasst. Anschließend wird die Länge, Höhe und Breite verschiedener Möbelstücke ermittelt. Die Kinder messen und vergleichen ihre Körperkräfte, indem sie unterschiedlich schwere Dinge anheben.

Es lassen sich auch Dinge messen, die man nicht sehen kann, wie zum Beispiel die Temperatur. Dazu werden spezielle Messgeräte gebraucht. Um diesen Umstand für die Kinder erfahrbar zu machen, wird eine Wärmemessflasche gebaut, mit deren Hilfe Temperaturunterschiede festgestellt werden können. Die Kinder nehmen dazu eine Flasche mit einem schmalen Flaschenhals und füllen sie mit zuvor eingefärbtem Wasser. Dann stecken die Kinder einen dicken Strohhalm in die Flasche und verschließen den Flaschenhals mit Knete. Dabei achten sie darauf, dass der Strohhalm noch etwa zur Hälfte aus der Flasche schaut. Um auszuprobieren wie man mit dieser Flasche die Temperatur messen kann, umschließen die Kinder die Flasche mit ihren Händen. Nach einer Weile lässt sich beobachten, dass sich das Wasser durch die Wärmzufuhr ausdehnt und deshalb im Strohhalm ansteigt. Die Kinder markieren den Wasserstand und überlegen gemeinsam mit der Erzieherin, wie man es schafft, dass der Wasserstand im Strohhalm noch weiter steigt. Man könnte dazu die Messflasche entweder in die Sonne, auf die Heizung oder in ein Warmwasserbad stellen. Abschließend vergleichen die Kinder ihre Messflasche mit einem Außenthermometer. Die Kinder überlegen, ob sich Gemeinsamkeiten im Aufbau bzw. in der Funktionsweise feststellen lassen.

Angebot „Zahlen kneten“

Gemeinsam mit den Kindern wird aus einem Kilogramm Mehl, 400g Salz, vier Esslöffel Alaun und vier Esslöffel Speiseöl eine Knetmasse hergestellt. Außerdem werden zur Durchführung dieses Angebots Karten oder Blätter gebraucht, auf denen Zahlen zu sehen sind. Die Kinder wiegen und zählen die notwendigen Zutaten ab und vermischen sie. Anschließend fragt die Erzieherin die Kinder, welche Zahlen sie schon kennen. Die genannten Zahlen legt die Erzieherin in Form der Karten auf den Tisch. Dann benennen die Kinder die Zahlen noch einmal und kneten entweder ihr Alter oder ihre Lieblingszahl nach.

Angebot „Alles wird gezählt“

Die Kinder stellen zunächst durch Zählen die Anzahl der anwesenden Personen fest. Das Alter der Anwesenden wird verglichen. Wenn ein Kind Geburtstag hat, wird eine Perlenkette mit einer dem Alter des Kindes entsprechenden Anzahl an Perlen aufgefädelt. Dann werden verschiedene Körperteile gezählt (Hände, Finger, Füße, Augen, Nasen, Ohren, usw.). Auch die Zählanreize, die der Raum bietet, werden

genutzt: Die Kinder ermitteln beispielsweise die Anzahl der Stühle und Tische. Die Treppenstufen in der Einrichtung werden ebenfalls gezählt und mit den entsprechenden Ziffern beklebt. Daneben bringen die Kinder Klebepunkte in der dazugehörigen Anzahl an. Beim Benutzen der Treppe zählen die Kinder je nach Laufrichtung vor- oder rückwärts.

Angebot „Wie viele Perlen passen an mein Handgelenk“

Zu Beginn messen die Kinder mit einem Gummiband den Umfang ihres Handgelenks aus. Sie schneiden das Band entsprechend des Umfangs ab, aber so, dass man es später noch zusammenknoten kann. Anschließend schätzen die Kinder wie viele Perlen um ihr Handgelenk passen. Danach suchen sie sich die entsprechende Anzahl an Perlen aus, legen die Perlen in eine Reihe und zählen sie. Um herauszufinden, ob sie genug Perlen haben, vergleichen die Kinder die aufgereihten Perlen mit dem zu Recht geschnittenen Gummiband. Mit Hilfe eine Nadel werden die Perlen dann aufgefädelt. In einem anschließenden Gespräch wird geklärt, ob die Perlen gereicht haben und weshalb manche Kinder weniger oder mehr Perlen als andere Kinder gebraucht haben.

Angebot „Formen finden und ausschneiden“

Bei diesem Angebot geht es darum, verschiedene Formen zu finden und sie zu benennen. Dazu machen sich die Kinder, ausgerüstet mit farbigem Papier und einem Stift, in der Einrichtung auf die Suche nach Dingen mit unterschiedlicher Form. Wenn sie beispielsweise einen Bauklotz oder einen Blumentopf finden, platzieren sie den Gegenstand auf einem Stück Papier und umfahren ihn mit dem Stift. Die so gewonnenen Formen werden später ausgeschnitten und auf weißes Papier aufgeklebt. Wenn alle Formen ausgeschnitten und aufgeklebt sind, zählen die Kinder zunächst nach, wie viele Formen sie gefunden haben. Danach werden die Formen sortiert. Gleiche Formen werden zusammen auf einen Stapel gelegt. Gemeinsam überlegen die Kinder und die Erzieherin dann, wie man die Formen, die gemeinsam auf einem Stapel liegen, nennen kann.

Angebot „Tic Tac Toe – Spiel basteln und spielen“

Ein Angebot, das sich vor allem an die Vorschulkinder richtet, ist das Basteln eines Tic Tac Toe – Spiels. Bei diesem Spiel gibt es ein Spielfeld, das aus neun Feldern besteht. Diese Felder sind in drei Reihen zu je drei Feldern angeordnet. Jeder Spieler hat drei Spielsteine. Wie beim Mühlespiel auch geht es darum, entweder senkrecht, waagerecht oder diagonal eine Reihe mit drei Steinen zu bilden. Der Spieler, dem das als erstes gelingt, hat gewonnen. Hat ein Spieler alle drei Steine gesetzt und es kam bisher keine Dreierreihe zustande, darf er, sobald er an der Reihe ist, einen beliebigen seiner Steine versetzen.

Um sich ein Tic Tac Toe – Spiel zu basteln, schneiden die Kinder aus buntem Fotokarton ein etwa 21x21cm großes Quadrat aus. An dieser Stelle kann die Erzieherin die Gelegenheit nutzen und mit den Kindern die besonderen Merkmale eines Quadrats erarbeiten. Anschließend teilen die Kinder und die Erzieherin gemeinsam jede Seite des Quadrats in drei gleichgroße Abschnitte und markieren die Unterteilung mit einem kleinen Strich. Als Hilfsmittel wird ein Lineal mit Zentimeterangaben benutzt. Danach verbinden die Kinder die gegenüberliegenden Trennstriche und unterteilen auf diese Weise das große Quadrat in neun kleinere gleichgroße Quadrate. Auch diese Arbeitsschritte bieten eine Reihe von Anregungen, mathematische Inhalte zu bearbeiten (z. B. Bedeutung der Striche auf dem Lineal, Zentimeter als Maßeinheit, Teilen als mathematischer Vorgang). Als Spielsteine können 2x3 Kreise aus weißem Fotokarton ausgeschnitten und mit zwei unterschiedlichen Farben angemalt werden. Beim anschließenden Spielen können die Kinder ihre Fähigkeit, einige Schritte im Voraus zu denken, erproben sowie die Bedeutung der Begriffe „waagerecht“, „senkrecht“ und „diagonal“ kennen lernen.

Als Variante kann das Spiel auch mit neun Stühlen gespielt werden, die in Dreierreihen aufgestellt werden. Als Spielsteine können zum Beispiel drei Kuscheltiere und drei Kissen genutzt werden. Zwei Kinder spielen dann gegeneinander und ein drittes Kind sitzt erhöht auf einer Haushaltsleiter, um das Spiel als Schiedsrichter zu verfolgen.

Sobald das Kind auf der Leiter sieht, dass drei zusammengehörende Spielgegenstände waagerecht, senkrecht oder diagonal in einer Reihe liegen, erklärt es das Spiel für entschieden. Damit noch mehr Kinder am Spiel teilnehmen können, ist es auch möglich, zwei Gruppen zu bilden, die jeweils aus vier Kindern bestehen. Die Kinder einer Gruppe werden beispielsweise durch Tücher einer bestimmten Farbe gekennzeichnet. In jeder Gruppe ist eines der vier Kinder der Spielleiter und gibt seinen drei Mitspielern Anweisungen, auf welchen Stuhl sie sich setzen sollen.

Angebot „Bewegungsspiele"

Im Laufe des Projekts werden verschiedene, zum Projektthema passende Bewegungsspiele angeboten. Dazu werden bekannte Spiele ausgesucht, die Anregungen zur Beschäftigung mit Zahlen bieten. Bei dem Spiel „Die Reise nach Jerusalem" werden beispielsweise nach jeder Runde freie Plätze und sich noch im Spiel befindliche Kinder gezählt.

Bei einem Fangspiel besteht die Aufgabe von einigen Kindern darin, Gegenstände zu verteidigen, die sie mit in ihr „Haus" genommen haben. Das Haus der Kinder stellt ein Holzreifen dar. Vor Spielbeginn gehen die Kinder gemeinsam mit der Erzieherin die Zahlen von 1–10 durch. Die Erzieherin hält dazu 10 DIN A4 große Karten bereit, auf denen jeweils eine Zahl steht. Die Kinder ordnen die Zahlen nach ihrer Größe und legen dazu die Zahlkarten in die richtige Reihenfolge. Danach entscheiden sich die Kinder, ob sie gerne in einem Haus sein möchten oder lieber zu der Gruppe der Diebe gehören wollen. Die Aufgabe der Diebe besteht darin, die Gegenstände aus dem Holzreifen zu stibitzen. Die Kinder, die gerne die Gegenstände in einem Haus verteidigen wollen, suchen sich eine der zehn Zahlkarten aus. Danach nehmen sie sich die ihrer Auswahl entsprechende Anzahl an Gegenständen und legen sie in ihren Holzreifen. Mögliche Gegenstände können Kuscheltiere oder kleine Bälle sein. Sobald das Spiel begonnen hat, versuchen die Diebe die Gegenstände aus den Holzreifen zu klauen. Gelingt es einem Hausbesitzer einen Dieb zu berühren, bevor dieser den Gegenstand an sich genommen hat, darf sich der Dieb nicht mehr bewegen. Um wieder mitspielen zu können, muss sich der zur Salzsäule erstarrte Dieb breitbeinig hinstellen, sodass ein anderer Dieb zwischen seinen Beinen hindurchschlüpfen kann. Sobald das geschieht, darf sich der abgeschlagene Dieb wieder bewegen. Die erfolgreich stibitzten Gegenstände legen die Diebe an einer vor Spielbeginn vereinbarten Stelle im Raum ab. Hat ein Hausbesitzer alle Gegenstände verloren, darf er sie sich aus dem Lager der Diebe zurückholen. Nach Ende des Spiels erfolgt eine Auswertungsrunde, in der die Kinder berichten, wie es ihnen als Dieb oder Verteidiger ergangen ist.

Angebot „Bilderbuch betrachten"

Im Rahmen des Projekts können sich die Kinder gemeinsam mit einer Erzieherin Bilderbücher betrachten, in denen Mengen und Zahlen vorkommen (siehe aufgelistete Literatur, die bei der Erarbeitung des Projekts verwendet wurde). Beim Betrachten und Vorlesen des Buchs werden die gelieferten Anreize aufgegriffen und weiterbearbeitet, um sich tiefgreifender mit mathematischen Inhalten zu beschäftigen. Bei der Betrachtung des Buchs „Die kleine Raupe Nimmersatt" wird beispielsweise gezählt, was die Raupe alles gegessen hat. Anschließend stellen die Kinder aus Luftballons selbst eine Raupe her. Die einzelnen Luftballons stellen die Glieder der Raupe dar. Die Kinder überlegen sich, wie viele Luftballons notwendig sind, um eine Raupe herzustellen und auch welche Größe die Luftballons haben müssen. Vor dem Aneinanderbinden der Luftballons werden sie von den Kindern bemalt und mit ausgeschnittenen Mustern beklebt. Um auch die gebastelten Raupen zu füttern, entscheiden die Kinder, was und wie viel die Raupen essen sollen. Dann zählen die Kinder die gewählte Nahrung ab und füttern die Raupen beispielshalber mit fünf Packungen Käse aus dem Kaufmannsladen.

Veranstaltung eines Weihnachtsmarkts/ Wochenmarkts

Im Laufe des Projekts werden ein Weihnachtsmarkt und ein Wochenmarkt für Eltern und Gemeindemitglieder organisiert, auf dem die Kinder selbst hergestellte Dinge verkaufen.

In einem Gesprächskreis wird mit den Kindern zunächst geklärt, was ein Weihnachtsmarkt/ Wochenmarkt überhaupt ist. Dann werden die Kinder gefragt, welche Dinge sie gerne verkaufen wollen. Die Ideen der Kinder werden im Rahmen der Projektangebote aufgegriffen. Beispielsweise können Pflanzen gezüchtet (Kresse, Bohnen, Schnittlauch) oder Perlenketten gebastelt werden. Es können auch essbare Dinge hergestellt werden, wie z. B. Marmelade, Kräuterquark, Butter oder Brötchen. Dabei soll darauf geachtet werden, dass auch Dinge produziert werden, die bei ihrer Herstellung ein Abzählen, Abwiegen oder Abmessen nötig machen. Im Anschluss wird gemeinsam überlegt, was mit dem „echten" Geld passieren soll, das die Kinder einnehmen.

Um sich mit den verschiedenen Münzen und Scheinen vertraut zu machen, besorgen sich die Kinder auf der Bank echt aussehendes Spielgeld. Zum Üben des Verkaufsvorgangs wird ein Kaufmannsladen aufgebaut: Bohnen, Holzfrüchte und Knöpfe werden zunächst mit Preisen ausgezeichnet. Dann wiegen, zählen oder messen die Kinder die Waren ab, ermitteln den Preis und verkaufen sie. Damit die Kinder beim Verkaufen wissen, wie viel die verschiedenen Waren kosten, wird der entsprechende Preis in Euromünzen aus Papier auf die Produkte geklebt. Durch das Vergleichen der aufgeklebten Papiermünzen mit dem echten Geld können die Kinder dann auf dem Weihnachtsmarkt/ Wochenmarkt den Preis eines Produkts ermitteln.

Auswertung des Projektverlaufs

Nach Abschluss des Projekts wird mit den Kindern eine Auswertung des Projektverlaufs vorgenommen. Der Schwerpunkt der Reflexion liegt auf dem erneuten Nachvollziehen ihrer Tätigkeiten während des Projekts: Wie lief das Messen, Zählen und Wiegen ab? Die Kinder werden weiterhin nach Angeboten gefragt, die ihnen besonders gut gefallen haben. Diese Angebote werden dann noch einmal wiederholt.

Wie lässt sich das Projekt erweitern?

Die Kinder erfahren Grundlegendes zur Mathematik. Vielleicht wäre es spannend, die Idee zu erforschen, „Warum der Mensch Mathematik erfunden hat?" und ob alle Menschen die gleichen Ziffern haben, oder ob diese genauso unterschiedlich wie die verschiedenen Sprachen der Welt sind.

Philosophieren mit Kindern

Nachfragen, Nachdenken sowie über die Entstehung und die Notwendigkeit von Zahlen zu diskutieren, fördert sowohl abstraktes Denken als auch kognitive und kommunikative Fähigkeiten. Es schafft auf hoher gedanklicher Ebene den Rückblick in die Entstehungsgeschichte der Menschheit. Sach- und Bilderbücher vermitteln Einblicke in die Entwicklung erster Systeme der Mathematik bis hin zur komplexen Technik unserer Zeit.

Geeignete Zahlendarstellungen und Systeme

Genau wie die Kinder anfänglich beim Rechnen ihre Finger zu Hilfe nehmen, entwickelten sich die Zahlensysteme. Finger und Hände hatten dabei einen entscheidenden Einfluss. So beruhen viele Zahlensysteme auf einer natürlichen Gliederung, die sich durch die fünf Finger einer Hand, die zehn Finger beider Hände oder die insgesamt 20 Finger und Zehen ergeben.

Die 5er Stufung findet sich bei Griechen, Mayas und Chinesen. Die 10er Stufung bei Ägyptern, Sumerern und Babyloniern. Inder und Mayas hatten eine 20er Stufung in ihrem Zahlensystem. Das englische Pfund Sterling mit seinen 20 Schillingen sowie das französische Wort für 80 *quatre-vingt* (4 mal 20) zeigen diesen Ursprung.

Schreibgeräte und Materialien

Spannend ist auch die Erforschung der Frage, wie vor tausenden von Jahren Ziffern aufgeschrieben wurden. Mit Kreide oder in Stein geritzt können diese Techniken erprobt werden. Einfluss auf die Zahlensysteme hatten auch die jeweiligen Schreibgeräte bzw. Materialien. In Ägypten wurden die Schriftzeichen zunächst in Stein gemeißelt. Erst die Erfindung des Papyrus vereinfachte das Schreiben. Die von uns verwendeten „arabischen" Ziffern sind indischen Ursprungs. Sie sind im Laufe des Jahrhunderts über Vorderasien und das unter arabischem Einfluss stehende Spanien zu uns gelangt. Das Kennzeichen dieses Systems ist die Verwendung von zehn verschiedenen Ziffern innerhalb eines Stellenwertsystems. Damit war erstmals ein einfaches und schnelles Rechnen möglich.

Welche Literatur wurde bei der Erarbeitung des Projekts verwendet?

Boratynski, A. & Baumann, H. (1981). Und wer fährt vorn? Stuttgart, Thienemann.

Carle, E. (2000). Die kleine Raupe Nimmersatt. Hildesheim, Gerstenberg.

Dale, P. & TenDoornkaat, H. (1999). Zehn spielen Verstecken. Aarau, Sauerländer.

Hoenisch, N. & Niggemeyer, E. (2004). Mathe-Kings: junge Kinder fassen Mathematik an. Weimar, Verl. das Netz.

Jandl, E. & Junge, N. (2006). Fünfter sein. Weinheim Beltz & Gelberg.

Kreusch-Jacob, D. & Fromm, L. (2002). 10 kleine Musikanten: ein Bilderbuch zum Anschauen, Lesen, Singen, Basteln, Spielen – und Zahlenlernen. Mainz, Schott.

Lionni, L. (2004). Swimmy. Weinheim, Beltz und Gelberg.

Majewska, M., Dunbar, J., et al. (1991). Zehn kleine Mäuse. Erlangen, Boje-Verl.

Mogensen, J. & Andersen, H. C. (1985). Schaf, Schwein, Ochs und Kuh und ein grosses Haus dazu. Schwäbisch Hall u. a., Parabel-Verl.

Nordqvist, S. & Tüllmann, A. (2005). Kochen mit Pettersson und Findus. Hamburg, Oetinger.

Pressler, M. & Brand, C. (2001). Sieben und eine Hex. Weinheim, Beltz & Gelberg.

Schulze, H., Kersting, K., et al. (2005). Von 1 bis 10: mit Fühlelementen. Mannheim, Bibliogr. Inst.

Farben, Formen und Rechnen im Kaufmannsladen

Ev. Kindertagesstätte der Kirchengemeinde Limbach/Kändler
Lutherstraße 7
09212 Limbach/Oberfrohna

Ansprechpartner: Frau Dorothea Schaarschmidt und Frau Martina Schirmer
Telefon: 0 37 22 – 9 23 71

Das Projekt im Überblick

Um was geht es?

Der alt bekannte Kaufmannsladen wird genutzt, um wichtige Aspekte mathematischer Bildung umzusetzen. Das Projekt beschreibt, worauf bei der Einrichtung des Kaufmannsladens zu achten ist und wie die sich bietenden Gelegenheiten zur Bearbeitung mathematischer Bildungsinhalte genutzt werden können. Außerdem wird erklärt, wie sich die Kinder selbst eine „Kasse“ bauen können, die sie bei der Ermittlung des Gesamtwerts eines Einkaufs unterstützt.

Was zeichnet das Projekt besonders aus?

Aufbau von Grundkonzepten der Mathematik

In diesem Projekt wird das Konzept der frühen mathematischen Bildung auf die mathematischen Vorerfahrungen und Interessen der Kinder ausgerichtet. In der Auseinandersetzung mit der Mathematik werden drei Ebenen bedacht: Grunderfahrung mit der Mathematik, deren sprachlicher und symbolischer Ausdruck sowie der Gebrauch von Zahlensystemen. Der Kaufladen bietet ein breites Angebot, sich spielerisch und altersangemessen mit diesen Themen auseinanderzusetzen: Waren werden klassifiziert und sortiert, danach entsprechend etikettiert. Erste Rechenoperationen wie das Zusammenzählen anhand eines Rechenschiebers (Perlenkette) werden durchgeführt. Durch das Anpreisen der Waren wird der Wortschatz erweitert und die Funktion von Ziffern versprachlicht.

Sich mit der Wertigkeit von Geld auseinandersetzen

Die Kinder kommen in ihrem Alltag schon früh mit Geld in Berührung. Beim Einkauf der Eltern oder beim Blick auf das Warenangebot in Geschäften spielt Geld eine zentrale Rolle. Kinder müssen aber zuerst den Wert des Geldes kennen lernen: Was bedeutet es, Geld zu haben und für bestimmte Dinge auszugeben? Während des Verkaufens und Kaufens erlangen die Kinder Einblicke und Sicherheit im Umgang mit Geld. Sie lernen einzuschätzen, ob diese Ware das Geld wirklich wert ist.

Alltagskompetenz unterstützen

Im „Kaufladenspiel“ wird ein Aspekt der Lebenswelt der Kinder näher beleuchtet. Der familiäre Alltag wird zum Gegenstand der Auseinandersetzung im Bildungsbereich Mathematik. Neben dem Umgang mit Geld kommt der Unterstützung der Sprachkompetenz große Bedeutung zu. Dialoge zwischen Verkäufer und Kunde werden geführt, spezielle Anliegen wie das „Anpreisen“ der Ware verlangen eine spezifische Sprachlichkeit. Zentrale Bedeutung erhält die sprachliche Begleitung der Lernprozesse. In der mathematischen Konversation mit den Kindern ist stets darauf zu achten, sich so klar und deutlich wie möglich auszudrücken, und auch die Kinder darum zu bitten, diesem Grundsatz in ihrer Kommunikation Beachtung zu schenken.

Welche Ziele verfolgt das Projekt?

Das Projekt möchte ausgehend von der Alltagserfahrung der Kinder mit dem Vorgang des Ein- und Verkaufens mathematische Zusammenhänge sichtbar machen. Ziel dabei ist es, bei Kindern eine positive Einstellung gegenüber diesen mathematischen Zusammenhängen zu fördern. Die Beschäftigung mit mathematischen Abläufen – wie zum Beispiel die Ermittlung des Werts von Waren – soll als interessante, herausfordernde und bedeutsame Aktivität wahrgenommen werden. Die Kinder sollen Gelegenheit bekommen, Dinge – in diesem Fall unterschiedliche Waren – zu ordnen und zu sortieren und damit mathematische Grunderfahrungen zu sammeln. Dabei sollen sich die Kinder auch mit unterschiedlichen Grundformen beschäftigen. Beim

Ein- und Ausräumen der Ware sollen die Kinder ihre Raum-Lage-Wahrnehmung erproben bzw. erweitern und mit sprachlichem Ausdruck verbinden. Beim Auspreisen der Waren sollen sich die Kinder mit den unterschiedlichen Ziffern auseinandersetzen und sich mit ihnen vertraut machen. Durch die Nutzung einer Perlenkasse soll den Kindern die Möglichkeit geboten werden, die Zahlen von 1 bis 100 „in die Hand zu nehmen" und vor Augen zu haben.

Außerdem soll im Dialog mit anderen Kindern und Erwachsenen die sprachliche Ausdrucksfähigkeit für mathematische Inhalte gefördert werden. Die Kinder sollen ihre Fähigkeit zum Gebrauch des Zahlensystems erweitern. Dazu gehört auch die selbstständige Verwendung von Zahlen, beispielsweise beim Rechnen.

Wie werden die Ziele des Projekts umgesetzt?

Berücksichtigung des Sächsischen Bildungsplans

Der Bildungsauftrag der sächsischen Kindertageseinrichtungen orientiert sich an der selbsttätigen Weltaneignung und Kompetenzentwicklung des Kindes. Ausgangspunkt der Förderung der Kinder ist ein ganzheitlicher Bildungs-, Erziehungs- und Betreuungsauftrag der Kindertageseinrichtung. Praxisorientiert haben die Erzieherinnen im Projekt „Farben, Formen und Rechnen im Kaufmannsladen" den Bildungsbereich Mathematik danach ausgerichtet. Als Grundsatz wird Wissensaneignung folgendermaßen interpretiert:

„Die Entwicklung von mathematischen Vorstellungen ist grundlegend für das Verstehen von Zusammenhängen und für die Erklärung von unterschiedlichen Phänomenen der Welt. ‚Intelligentes Wissen' kann nicht über eine Art Fotokopierprozess vom Kopf des Lehrers in den Kopf des Schülers übertragen werden. Es muss vom Lernenden konstruiert werden, indem er mit der neu eingegangen Information an sein bereits bestehendes Wissen anknüpft." (Sächsischer Bildungsplan, Kapitel 2.6.1.)

Einbezug der Montessori-Pädagogik

Die Erzieherinnen integrieren ebenso pädagogische Leitlinien der Montessori-Pädagogik in ihre Bildungsarbeit. Dort sind für die Gestaltung der Interaktion mit dem Kind folgende Punkte grundlegend:

- das Kind in seiner Persönlichkeit achten, es als ganzen, vollwertigen Menschen sehen
- seinen Willen entwickeln helfen, indem man ihm Raum für freie Entscheidungen gibt; ihm helfen, selbständig zu denken und zu handeln
- ihm Gelegenheit bieten, dem eigenen Lernbedürfnis zu folgen, denn Kinder wollen nicht nur irgendetwas lernen, sondern zu einer bestimmten Zeit etwas ganz bestimmtes
- ihm helfen, Schwierigkeiten zu überwinden statt ihnen auszuweichen; die Erzieherinnen verstehen sich als Helfer zur Entwicklung selbständiger Persönlichkeiten

Für welches Alter ist das Projekt geeignet?

3–6 Jahre und Hortkinder

Welche Bildungsbereiche werden besonders unterstützt?

Mathematisches Verständnis

Welche anderen Bildungsbereiche berührt das Projekt noch?

Kommunikative Bildung

In der Gestaltung von Kommunikationssituationen werden sowohl die Kommunikationsfähigkeit, als auch grundlegende Gesprächsregeln eingeübt und ausgebaut.

Soziale Bildung

Das gemeinsame Spiel im Kaufladen ermöglicht vielfältige Interaktionen unter den Kindern. Nur in der Interaktion mit anderen erfährt die eigene Identität ihre Ausprägung. Vorgelebte Gesten, Verhaltensweisen und Einstellungen werden nachgeahmt und mit zunehmendem Alter kritisch hinterfragt.

Wie können die Eltern und Familien der Kinder am Projekt beteiligt werden?

Die Eltern werden gebeten, leere Verpackungen für den Kaufmannsladen zur Verfügung zu stellen. Wenn die Kinder das möchten, können die Eltern auch als Kunden in den Kaufmannsladen kommen.

Welchen Bezug hat das Projekt zur pädagogischen Konzeption der Einrichtung?

Die pädagogische Arbeit der Einrichtung orientiert sich am Sächsischen Bildungsplan, der mathematische Bildung als wichtiges Element der kindlichen Bildung sieht. Die Entwicklung von mathematischen Vorstellungen wird als grundlegend für das Verstehen von Zusammenhängen und für die Erklärung von unterschiedlichen Phänomenen in der Lebenswelt von Kindern gesehen. Es wird von „Ordnen" als Leitbegriff ausgegangen, der als grundlegende Stufe der mathematischen Bildung aufgefasst wird. Darauf bauen das Entdecken von Regelmäßigkeiten, die Entwicklung eines Zahlenverständnisses, der Aufbau einer Vorstellung über Geometrie sowie das Messen, Wiegen und Vergleichen auf. Ordnen wird dabei als ein Sortieren nach bestimmten Merkmalen und eine Form logischen Denkens verstanden. Das Projekt „Farben, Formen und Rechnen im Kaufmannsladen" schafft ausgehend von diesen Grundannahmen für die Kinder verschiedene Gelegenheiten, Dinge zu ordnen bzw. Regelmäßigkeiten zu erkennen, den Sinn und Nutzen von Zahlen zu erleben sowie Dinge zu wiegen und zu vergleichen. Auch die Beschäftigung mit Grundformen und der Lage von Dingen im Raum als Ausgangspunkte der Geometrie werden durch das Projekt möglich.

Welche Erfahrungen hat die Einrichtung mit diesem Projekt gemacht?

Der erweiterte Kaufmannsladen kommt bei den Kindern gut an. Sie integrieren ihn in ihr Spiel und kaufen für ein Picknick oder für die Puppenecke ein. Die Kinder haben viel Spaß am Sortieren und Einräumen der Waren. Der Umgang mit mathematischen Inhalten in einer Situation, die Kinder aus ihrem Alltag kennen, bereitet ihnen Freude. Durch das Zusammenspiel beim Ein- und Verkaufen haben sich auch die sozialen Kompetenzen und die kommunikativen Fähigkeiten der Kinder erweitert. Die Kinder sprechen miteinander, hören einander zu, gehen auf die Wünsche des anderen ein und eignen sich dabei neue Ausdrucksweisen an.

Welche Kompetenzen der Kinder werden gestärkt?

Zählkompetenz – Mathematik
Die Kinder werden systematisch in die Welt der Zahlen eingeführt. Sie erlangen nicht nur Sicherheit in der Zählkompetenz, sondern können bereits erste Rechenschritte durchführen.

Soziale Kompetenz
In der Rolle des Verkäufers erhalten sie eine andere Perspektive als in der des Kunden. Im Spiel machen sich die Kinder mit den unterschiedlichen Absichten und Bedürfnissen beider Rollen vertraut. Der Dialog untereinander wird angeregt und spielerisch ausgebaut.

Alltagskompetenz – Höflichkeit
Teilweise ist der Verlust grundlegender Formen von Höflichkeit zu verzeichnen. „Danke, Bitte" oder sogar Begrüßungsformeln werden selten benutzt. Doch soziales Miteinander basiert auf Entgegenkommen und Höflichkeit. Beim Kaufladenspiel achten die Erzieherinnen auf diese zu pflegenden Mittel des Miteinanders.

Das Projekt – Ausführliche Beschreibung

Bei der Einrichtung eines Kaufmannsladens, der Kindern nicht nur die Gelegenheit bietet, eine soziale Situation in Form eines Rollenspiels nachzuempfinden, sondern der vor allem auch die Beschäftigung mit mathematischen Inhalten möglich macht, sind einige Punkte zu beachten. Entscheidend ist neben der Einrichtung des Kaufmannsladens mit geeigneten Materialien der Blick der Erzieherin für die sich beim Spiel im Kaufmannsladen bietenden Anreize, mathematische Inhalte zu bearbeiten. Der Vorgang des Einräumens des Ladens und des Verkaufens von Waren bietet für Kinder, vor allem auch für jüngere Kinder, zahlreiche Möglichkeiten zu sortieren, zu ordnen, zu messen, zu wiegen, zu vergleichen, Regelmäßigkeiten zu erkennen, Grundformen zu unterscheiden sowie die Lage von Dingen im Raum wahrzunehmen und zu benennen.

Wenn nicht schon ein Kaufmannsladen in der Einrichtung vorhanden ist, kann man sich mit den folgenden Materialien günstig einen solchen einrichten:

- ein kleiner Tisch als Verkaufstheke
- ein Holzkasten mit verschiedenen Fächern

Der Holzkasten wird auf den Tisch gestellt und dient zur Aufbewahrung des Spielgeldes. Zur weiteren Ausstattung des Kaufmannsladens sind folgende Materialien notwendig:

- Spielgeld, das wie echtes Geld aussieht
- kleine, weiße Aufkleber
- Stifte zur Beschriftung der Preisschilder
- eine Kassenrolle
- leere Verpackungen, die das Sortiment des Kaufmannsladens bilden

Bei der Ausstattung des Kaufmannsladens mit Waren soll darauf geachtet werden, dass es sich um Verpackungen mit unterschiedlichen Formen und Farben handelt. Außerdem sollen verschiedene Produktgruppen vertreten sein (Lebensmittel, Pflegeartikel, usw.). Ziel ist es, den Kindern möglichst viele Anreize zum Sortieren und Ordnen zu geben. Beispielsweise kann nach der Form sortiert werden oder es können Gruppen nach der Art der Ware gebildet werden: Waren, die man zum Waschen braucht, werden Waren gegenübergestellt, die man essen kann. Wichtig ist auch, dass es gleiche Waren gibt, z. B. Shampoos, die unterschiedliche Farben und Formen haben. Auf diese Weise soll beim Einkaufen die Fähigkeit der Kinder zu einer sprachlich differenzierenden Ausdrucksweise gefördert werden („Ich möchte gerne das grüne Shampoo"). Außerdem werden benötigt:

- Regale (beispielsweise leere Pappregale aus dem Buchhandel)
- Geldbörsen
- Einkaufskörbe (ca. 5 Stück)

Die Kasse des Kaufmannsladens bildet eine Konstruktion mit Perlen, die an einer Schnur aufgereiht sind. Mit diesem Hilfsmittel ermitteln die Kinder den Gesamtpreis der Waren. Dabei üben sie zählen und rechnen. Für diese „Kasse" wird folgendes Material gebraucht:

- ein Holzbrett (ca. 1m lang und 20 cm breit)
- zwei kleine Hölzer (ca. 10 cm lang und 5 cm breit)
- zwei Winkel (zum Befestigen der kleinen Hölzer am Holzbrett)
- 80 helle Holzperlen
- 10 schwarze Holzperlen (zur Markierung der 10er-Schritte: 10, 20, 30, ...)
- 10 rote Holzperlen (zur Markierung der 5er-Schritte: 5, 15, 25, ...)
- eine rote Wäscheklammer
- ca. 1,5 m Schnur
- 10 rote Pappscheiben mit einem Loch in der Mitte
- Holzschrauben (zum Befestigen der Winkel)

Die beiden Hölzer werden mit den Winkeln an den Enden des langen Holzbretts befestigt, sodass zwischen ihnen eine Schnur gespannt werden kann. Um die Schnur besser befestigen zu können, werden in die beiden Hölzer auf gleicher Höhe Löcher gebohrt. Bevor die Schnur zwischen die beiden Hölzer gespannt wird, werden die Holzperlen aufgezogen. Es werden immer vier helle Perlen gefolgt von einer roten Perle zur Markierung eines 5er-Schritts aufgefädelt. Dann folgen wieder vier helle Perlen. Den Abschluss einer 10er-Einheit bilden eine schwarze Perle und eine rote Pappscheibe. Die Perlen werden mit einem entsprechenden Stift von 1 bis 100 gut sichtbar durchnummeriert. Die Länge des Holzbretts bzw. der Schnur muss so gewählt werden, dass sich die Perlen noch verschieben lassen und dass zwischen die Perlen eine Wäscheklammer gesteckt werden kann. Die Wäscheklammer soll den Kindern beim Zählen Orientierung bieten. Es empfiehlt sich, die „Kasse" gemeinsam mit den Kindern zu bauen.

Wo bieten sich Anreize, mathematische Inhalte aufzugreifen?

Ordnen und Sortieren

Vor der Eröffnung des Kaufmannsladens müssen die Kinder die vorhandenen Verpackungen sortieren und ordnen. Dazu werden die Verpackungen ungeordnet auf einen Haufen gelegt. Dabei ist es wichtig, dass die zur Verfügung gestellten Verpackungen genug Anreize bieten, sie auf eine bestimmte Art und Weise zu ordnen (gleiche Form, gleiche Farbe, usw.).

Außerdem muss eine entsprechend große Anzahl von Verpackungen mit gleichen Eigenschaften vorhanden sein. Die Erzieherin bittet die Kinder die Waren zu ordnen, ohne dabei Kriterien vorzugeben. Dieses Ordnen und Sortieren eignet sich auch besonders gut, um jüngere Kinder zu integrieren. Anschließend tauschen sich die Kinder und die Erzieherin darüber aus, nach welchen Gesichtspunkten die Verpackungen geordnet und sortiert wurden.

Vergleichen/sich mit Zahlen vertraut machen

Um die Waren sortieren zu können, vergleichen die Kinder die Verpackungen hinsichtlich ihrer Form, ihrer Farbe, ihrer Größe, usw. Ein weiterer Gesichtspunkt, unter dem die Waren verglichen werden können, ist ihr Wert. In einem Gespräch legen die Kinder gemeinsam mit der Erzieherin fest, wie viel die unterschiedlichen Waren Wert sind und was sie demnach kosten sollen. Empfehlenswert ist es, Preise von 1 Euro bis 10 Euro zu vergeben. Abschließend beschriften die Kinder die Klebezettel mit den vereinbarten Preisen und bringen sie auf den Verpackungen an. Danach räumen die Kinder den Kaufmannsladen nach der zuvor besprochenen Ordnung ein.

Fähigkeit zum Gebrauch des Zahlensystems erweitern

Bevor der Laden eröffnet wird, müssen sich die Verkäufer und Kunden noch mit dem Ablauf eines Einkaufs und mit ihrer Kasse vertraut machen. Die Erzieherin bittet die Kinder zu erzählen, wie beispielsweise ein Einkauf mit den Eltern abläuft. Die Kinder schildern ihre Erlebnisse, und danach wird gemeinsam der ideale Ablauf eines Einkaufs festgelegt. Es bietet sich in diesem Zusammenhang an, den Sinn und Zweck von Geld zu besprechen. Auch die Auseinandersetzung mit dem unterschiedlichen Wert von Scheinen und Münzen kann angeregt werden.

Anschließend wird der Vorgang des Bezahlens an der Kasse genauer besprochen und eingeübt. Es wird vor allem geklärt, wie die selbstgebaute Kasse genutzt werden kann: Zunächst soll der Preis auf der Verpackung vorgelesen werden und die entsprechende Anzahl Perlen einen Perlenabstand nach links geschoben werden. Danach wird entweder ein Finger oder die rote Wäscheklammer als Markierung hinter die abgezählten Perlen gesteckt. Auf diese Weise wird mit jedem Artikel verfahren bis alles „in die Kasse eingegeben ist". Danach zählt der Verkäufer alle Perlen vom Anfang bis zur roten Wäscheklammer. Diesen Betrag hat der Kunde zu zahlen. Der Verkäufer schreibt einen Kassenzettel, auf dem der Endbetrag aufgeführt ist, und bittet den Kunden, ihm die entsprechende Summe zu geben. Der Kunde bezahlt und erhält seine Waren. Bei jüngeren Kindern kann der Bezahlvorgang auch nach den Vorstellungen der Kinder ablaufen, indem sie beispielsweise einen Preis von drei Euro durch dreimaliges Abschlagen der Hand bezahlen.

Grundformen unterscheiden/Lage von Dingen im Raum wahrnehmen und benennen

Nachdem alle Waren einsortiert und mit Preisen versehen wurden, kann der Kaufmannsladen öffnen. Ein Kind übernimmt die Aufgabe des Verkäufers. Die anderen Kinder können nacheinander zum Einkaufen kommen. Dazu erhalten sie einen Einkaufskorb und eine Geldbörse mit Spielgeld. Das Kind, das an der Reihe ist, teilt dem Verkäufer seine Wünsche mit. Um dem Verkäufer deutlich zu machen, welches Produkt man gerne hätte, ist es notwendig, die Ware möglichst genau zu beschreiben. Bei der Beschreibung sind die Kinder darauf angewiesen, die Bezeichnungen von Grundformen zu verwenden. Sie verlangen beispielsweise nach dem halbrunden Käse, der eckigen Schachtel oder der runden Dose. Außerdem können die Kinder ihren Wunsch durch eine Angabe zur „Lage der Ware im Raum" präzisieren, indem sie beispielsweise nach der Flasche ganz unten oder der kleinen Schachtel ganz oben verlangen. An dieser Stelle bietet sich für die Erzieherin die Gelegenheit, weitere, bisher vielleicht noch unbekannte Grundformen (Rechteck, Quadrat, Dreieck, Kreis) und Bezeichnungen für Positionen (oben, unten, rechts, links, hinten, vorne) mit den Kindern zu entwickeln.

Nach Abschluss eines Verkaufsvorgangs können die Rollen gewechselt werden. Die Käufer können später auch als Lieferanten wieder in den Kaufmannsladen kommen. Sie erhalten dann vom Verkäufer Geld für ihre Lieferung. So bietet sich auch die Gelegenheit, einen Wirtschaftskreislauf in vereinfachter Form mit den Kindern zu besprechen.

Wie lässt sich das Projekt erweitern?

Eröffnung eines Ladengeschäfts
Die Kinder erhalten im Kaufmannsladen wichtige Einblicke bezüglich mathematischer Zusammenhänge und den Wert der Waren. Sie lernen zu sortieren/ zu klassifizieren und haben die Chance, soziale Beziehungen zu knüpfen oder auszubauen. Eine Möglichkeit der Weiterentwicklung wäre, das Ladengeschäft in seiner Ganzheit zu verstehen. So lassen sich z. B. soziale Konstrukte aus verschiedenen Perspektiven darstellen: Das Geschäft aus der Sicht des Ladeninhabers, des Verkäufers, des Lieferanten und des Kunden. Vor oder nach dem Besuch in einem echten Geschäft könnten die Kinder ein Kindergarten-Geschäft eröffnen und solche unterschiedlichen Positionen einnehmen: Sie würden erfahren, woher die Waren kommen. Sie könnten einfache Bestellscheine selbst anfertigen und ihre Bestellliste erarbeiten. In der Position des Verkäufers lernen sie Gehalt und Lohn kennen und erhalten erste Einblicke in das Berufsleben. In der Position des Kunden könnte der Umgang mit Geld näher betrachtet werden, indem dem Kunden nur eine bestimmte Menge an Geld für den täglichen Bedarf zu Verfügung steht, denn er hat auch andere Lebenshaltungskosten.

Zusammenarbeit mit den Eltern
Anhand konkreter Beispiele aus der Familienwelt über Gehalt, Miete und Kosten für Anschaffungen könnte die Betrachtungsweise erweitert werden. Die Familien werden motiviert, zusammen mit ihren Kindern verschiedene Läden aufzusuchen, Preise zu vergleichen und mit den Kindern zu dokumentieren. Bildkärtchen aus den Bereichen Lebensmittel, Drogeriebedarf, Möbel, Elektronik usw. werden mit den Kindern erstellt und nach dem Besuch der Geschäfte mit Preisschildern versehen. Dadurch erhalten die Kinder nicht nur wichtige Einblicke in die Geschäftwelt der Erwachsenen, sondern auch in den Wert des Geldes.

Einbindung der Geschäfte aus der Nachbarschaft
Damit die Kinder einen möglichst realen Bezug zum Geschäftsleben erhalten, werden die Geschäfte in der näheren Umgebung aktiv über die Bildungsarbeit der Kindertageseinrichtung informiert und an ihr beteiligt. In diesen Kooperationen können Einblicke in Berufe und deren Arbeitsalltag erworben werden. Gleichzeitig wird die Bereitschaft gefördert, sich an bestimmten Fragen oder Anliegen der Kinder und des Kindergartens aktiv zu beteiligen.

Weiterführende Literatur

Beutelspacher, A. (2003). Der äußere und der innere Blick auf die Welt. Die Power der Mathematik kann jeder spüren. Theorie und Praxis der Sozialpädagogik. Sonderheft Mathematik, 10, 4-8.

Hasemann, K. (2003). Ordnen, Zählen, Experimentieren – Mathematische Bildung im Kindergarten. In S. Weber (Hrsg.), Die Bildungsbereiche im Kindergarten (S. 181-205). Freiburg: Herder.

Ebbutt, S., Mosley, F. & Skinner, C. (2006). Mathematische Grundbildung im Kindergarten. Die Fähigkeiten kennen. Mit Aktivitäten fördern. Entwicklungen einschätzen. Troisdorf: Bildungsverlag Eins.

Hoenisch, N. & Niggemeyer, E. (2004). Mathe-Kings: Junge Kinder fassen Mathematik an. Weimar: Verlag das netz.

Olstorpe, K. Lundberg, M., Skoogh, L., & Johansson, H. (2006). Mathe Mosaik. Die Welt der Zahlen im Kindergarten. Troisdorf: Bildungsverlag Eins.

Skinner, C. (2006). Zahlenspiele unter freiem Himmel. Aktivitäten zur mathematischen Bildung im Kindergarten. Troisdorf: Bildungsverlag Eins.

Workshop „Mathematik“

Kindergarten „Windradl“
Karwendelstraße 10
86926 Greifenberg

Ansprechpartnerin: Frau Marion Irmer
Telefon: 0 81 92 – 77 65
Email: kiga_windradl@web.de

Das Projekt im Überblick

Um was geht es?

Durch die Einführung verschiedener Workshops, die alle Kinder im Laufe ihrer Kindergartenzeit absolvieren, werden in der Einrichtung verschiedene Bildungs- und Erziehungsbereiche umgesetzt. Der Workshop „Mathematik“ mit seinem thematischen Schwerpunkt „Zeit“ wird ausführlich dargestellt.

Was zeichnet das Projekt besonders aus?

Bild vom Kind als kompetentes Wesen

Grundgedanke ist das Bild vom Kind als kompetentes Wesen, das seine Entwicklung selbstbestimmt und selbsttätig übernimmt und damit zum aktiven Mitgestalter seines Lernens wird. Zwischen drei und sechs Jahren liegen die wichtigsten Entwicklungsjahre, die von Lerneifer, Wissensdurst und großer Lernfähigkeit geprägt sind.

Verständnis von Bildung als nachhaltiger Prozess

Die Pädagoginnen eröffnen den Kindern im Rahmen dieses Projekts Bildungsräume, in denen die Kinder ihr vorhandenes Wissen einbringen und neues Wissen erwerben können. Im Sinne der Chancengleichheit für alle Kinder und ihrem Recht auf Bildung bereitet das Konzept der Einrichtung die Kinder auf die Schule und den weiteren Lebensweg vor. Alle Kinder werden in allen Bildungsbereichen unterstützt und erhalten nicht nur einen Teilausschnitt von Themen. Durch die Orientierung am Bildungsplan für den Elementarbereich und am Grundschullehrplan wird die Kontinuität im Bildungsprozess der Kinder gewährleistet. Kinder können auf erworbenes Wissen zurückgreifen und es jederzeit mit neuen Erfahrungen ausbauen.

Das breite Spektrum an Workshops berührt alle Bereiche kindlicher Interessen und Neigungen und schafft dadurch eine Basis für spätere schulische Leistungen und vielfältige Interessensgebiete.

Strukturierter, aufeinander aufbauender Bildungsansatz

Die klare und aufeinander aufbauende Struktur gibt den Kindern Sicherheit, sich in ihrem Lernen zu entwickeln. So werden z. B. im Themenbereich Zeit alle Zugangsweisen beleuchtet. Auch die der subjektiven Wahrnehmung, dass Zeit ganz schön lange dauern kann, wenn man wartet, oder dass sie im Fluge vergeht, wenn man ein schönes Fest feiert. Alle Zeiteinteilungen, die sich die Menschen geschaffen haben, um sich zurecht zu finden, werden erarbeitet, ebenso werden verschiedene Zeitmessgeräte kennengelernt. Die Kinder erhalten ein umfassendes und fundiertes Wissen, was Zeit bedeutet und beinhaltet. Das Gelernte wird immer wieder an die bekannten Lebenswelten der Kinder angepasst (Geburtstagskalender, Reime/Lieder zu den Tagen und Jahreszeiten, die sich wandelnde Natur im Lauf des Jahres). So wird Mathematik ganzheitlich erfahren, und in anderen Bildungsbereichen wie der Musik, den Reimen und der kreativen Gestaltung wieder entdeckt und vertieft.

In einer Dokumentationsmappe werden die Arbeiten der Kinder gesammelt. Aushänge informieren die Eltern über die laufenden Arbeiten und schaffen dadurch gegenseitiges Vertrauen. Der Kindergarten wird zum Bildungsort der ganzen Familie.

Welche Ziele verfolgt das Projekt?

Das Projekt strebt insgesamt die Umsetzung der themenbezogenen Bildungs- und Erziehungsbereiche an, die vom Bayerischen Bildungs- und Erziehungsplan vorgegeben werden (vgl. Bayerischer Bildungs- und Erziehungsplan für Tageseinrichtungen, 2006). Dazu zählt auch der Bereich „Fragende und forschende Kinder“ mit seinem Teilbereich „Mathematik“.

Der in zehn Einheiten aufgeteilte Workshop zum Thema „Zeit“ verfolgt im Einzelnen folgende Ziele: Die Kinder sollen die Möglichkeit haben, ihr eigenes Sachwissen einzubringen und unterschiedliche Meinungen und Erfahrungen auszutauschen. Dadurch soll ihre sprachliche Ausdrucksfähigkeit gefördert werden. Die Kinder sollen Bereitschaft zeigen, anderen zuzuhören und von anderen zu lernen. Sie sollen erfahren, dass Unterschiede im subjektiven Zeitempfinden bestehen und dass es unterschiedliche Zeitsysteme gibt (Uhren zur Unterteilung des Tages, Kalender zur Unterteilung des Jahres). Die Kinder sollen erfassen, dass Zeit in Sekunden, Minuten, Stunden, Tagen, Wochen,

Monate und Jahre eingeteilt werden kann, dass Wochentage und Jahreszeiten als wiederkehrende Einheiten den Alltag bestimmen. Sie sollen verschiedene Zeitmessgeräte kennenlernen und vergleichen. Dabei soll das Ablesen der Uhrzeit geübt werden. Beim Zusammenbau einer mechanischen Uhr sollen die Kinder ihre Grob- und Feinmotorik verbessern und gleichzeitig die Funktionsweise einer Uhr kennenlernen. Die Kinder sollen sich über eigenes Wissen bewusst werden, es weitergeben, sich neues Wissen von anderen aneignen und sich dabei auch Gedanken machen, wie sie etwas gelernt haben.

Wie werden die Ziele des Projekts umgesetzt?

Geeignete Lernumgebungen schaffen

Es zeichnet die Qualität der Einrichtung aus, dass die Pädagoginnen viele der im Elementarbereich angesiedelten Methoden einsetzen, wie z. B. die Projektarbeit, das Lernen in gruppenübergreifenden Gemeinschaften und das Freispiel. Zudem setzen sie auch bei der Beschäftigung in den einzelnen Workshops verschiedene Methoden ein.

Jede Einheit beginnt mit der Wiederholung des Gelernten der vergangenen Stunde. Dabei werden die Kinder ermuntert, Gelerntes zu wiederholen und damit zu festigen. Gleichzeitig informieren sie Kinder, die beim letzten Mal nicht anwesend waren. Neugierde und Spannung wird neu geweckt, indem Rätsel, Klatschspiele, Gedichte und Bewegungsspiele die Kinder auf das Thema einstimmen. Viele Bewegungselemente, sei es „Laurentia, liebe Laurentia mein“ oder das Bildkartenspiel zum Jahresablauf, kommen dem natürlichen Bedürfnis der Kinder nach Bewegung nach und unterstützen das grundlegende Lernen mit und durch Bewegung.

Die Kinder haben zudem die Möglichkeit, ihr neues Wissen in das Freispiel zu übertragen, indem z. B. in der „Matheecke“ Spiele, geometrische Formen, diverse Materialien zum Sortieren und Klassifizieren bereitgestellt werden.

Ein wichtiger Aspekt der Bildungsarbeit ist die Dokumentation. Sie lädt nicht nur die Eltern ein, sich aktiv als Bildungspartner mit einzubringen, sondern schätzt die wertvolle Arbeit der Kinder. Als wertvolle Erinnerung erhält das Kind beim Verlassen der Einrichtung seine Sammlung an Werken und Forscherergebnissen. Die Dokumentation dient aber auch der Reflexion der pädagogischen Arbeit und als konstruktive Grundlage für Elterngespräche.

Für welches Alter ist das Projekt geeignet?

4–6 Jahre

Welche Bildungsbereiche werden besonders unterstützt?

Mathematisches Verständnis

Welche anderen Bildungsbereiche berührt das Projekt noch?

Sprache

Im Sinne der bereichsübergreifenden Bildungsarbeit werden alle themenbezogenen Bildungs- und Erziehungsbereiche berührt und kindgerecht vermittelt. Der Aufbau und die Förderung der Sprachkompetenz durchziehen dabei alle Bereiche, denn Sprachkompetenz führt zu verbesserten Bildungschancen für alle Kinder. Das verbale Reflektieren der Denkweisen und Lernprozesse ermöglicht zu lernen, wie man lernt.

Welche Aspekte werden besonders berücksichtigt?

Bei der Auswahl der Materialien für die Matheecke wird darauf geachtet, dass sowohl für Mädchen als auch für Jungen ansprechende Dinge angeboten werden. Zum Sortieren stehen beispielsweise Stoffschmetterlinge und Plastikdinosaurier zur Verfügung.

Wie können die Eltern und Familien der Kinder am Projekt beteiligt werden?

Die Eltern werden in thematischen Eltern-Cafés und in einer monatlich erscheinenden Elternzeitung über den Inhalt und die Ziele der Workshops informiert. Außerdem werden sie aufgefordert, sich mit ihren Kenntnissen einzubringen. Eltern, beispielsweise Chemiker, werden gebeten, den Workshop „Naturwissenschaft/ Technik“ zu unterstützen. Eine im Eingangsbereich der Einrichtung angebrachte Fotodokumentation informiert zusätzlich über die Inhalte und den Verlauf der Workshops.

Welchen Bezug hat das Projekt zur pädagogischen Konzeption der Einrichtung?

Die Einrichtung arbeitet nach dem Bayerischen Bildungs- und Erziehungsplan, der die Umsetzung folgender themenbezogener Bildungs- und Erziehungsbereiche vorsieht: „Wertorientiert und verantwortungsvoll handelnde Kinder“, „Sprach- und medienkompetente Kinder“, „Fragende und forschende Kinder“, „Künstlerisch aktive Kinder“ sowie „Starke Kinder“ (vgl. Bayerischer Bildungs- und Erziehungsplan für Tageseinrichtungen, 2006). Um die Umsetzung dieser Bildungs- und Erziehungsbereiche in der Einrichtung zu realisieren, werden unter anderem die Workshops „Mathematik“, „Naturwissenschaft/Technik“, „Medien/Sprache“, „Umwelt“ und „Kunst und Musik“ angeboten. Die Kinder in der Einrichtung nehmen im Laufe ihrer Kindergartenzeit an allen Workshops teil. Die Inhalte der Workshops werden anhand der Bildungs- und Erziehungsziele entwickelt, die der Bayerischen Bildungs- und Erziehungsplans für die unterschiedlichen Bildungs- und Erziehungsbereiche vorgibt. Für den Bereich Mathematik gehört dazu beispielsweise die Erprobung des Umgangs mit Zahlen und Mengen, das Kennenlernen der geometrischen Grundformen sowie das Erfahren und Wahrnehmen von Zeit.

Welche Erfahrungen hat die Einrichtung mit diesem Projekt gemacht?

Die Kinder nehmen mit großer Begeisterung an den Workshops teil. Es ist ein gesteigertes Interesse der Kinder an mathematischen und naturwissenschaftlichen Fragestellungen und eine zunehmende Beschäftigung mit diesen Themen während des Freispiels zu beobachten. Die Kinder erkennen Zusammenhänge und übertragen ihre Erkenntnisse auf den Alltag. Eltern von Kindern, die inzwischen die Schule besuchen, geben die Rückmeldung, dass ihre Kinder in den Workshops gute Grundlagen für den Unterricht erworben hätten. Neben dem erworbenen Wissen brächten die Kinder auch gute Basiskompetenzen für andere Fächer mit. Dazu zählen beispielsweise logisches Denken, eine ausgeprägte Problemlösefähigkeit, eine gute Raum-Lage-Wahrnehmung und die Fähigkeit zur Reflexion.

Welche Kompetenzen der Kinder werden gestärkt?

Vernetztes Denken als Grundprinzip der Bildungsarbeit

Die verschiedenen Workshops beinhalten alle für den Elementarbereich relevanten Bildungsthemen. Durch die didaktisch aufeinander aufbauende Bildungsarbeit werden den Kindern umfassende, ganzheitliche Einblicke in ihr Tun und Handeln geboten, und sie werden an eine vernetzte Denkweise herangeführt. Sie lernen Mathematik in ihren Wahrnehmungsaspekten wie z. B. Raum-, Zeit-, Natur- und Körperwahrnehmung kennen.

Bei der Arbeit in Projekten werden die Zusammenhänge zwischen den Bildungsthemen erkannt und umgesetzt: Mathematik in der Bewegung, z. B. in der Zeit-Raumorientierung, in der Musik als Rhythmus und Takt, in der Welt der Bücher in Geschichten und Sachbüchern sowie in den alltäglichen Aufgaben des Lebens.

Das spielerische Lernen, der Ausbau von Wissen und dessen Übertragung in die eigene Lebenswelt sind wichtige Vorbereitungen für die Schule. Durch den Aufbau von Lern- und Arbeitshaltung im engen Verbund mit der Erfahrung, dass Lernen Spaß macht, wird der Weg zu einem gelingenden Übergang in die Grundschule geebnet.

Das Projekt – Ausführliche Beschreibung

Das Projekt setzt sich aus insgesamt sechs Workshops zu den Bildungsbereichen Mathematik, Naturwissenschaft/Technik, Medien/Sprache, Umwelt, Kunst und Musik zusammen. Alle 4–6jährigen Kinder suchen sich einen Workshop aus, an dem sie drei Monate lang einmal wöchentlich teilnehmen. Nach Ablauf der drei Monate entscheiden sich die Kinder dann für einen anderen Workshop. Auf diese Weise durchlaufen alle Kinder in der Einrichtung während ihrer Kindergartenzeit nach und nach sämtliche Workshops.

Im Workshop „Mathematik“ geht es schwerpunktmäßig um das Kennenlernen von Ziffern, Formen und Figuren, das Sortieren und Klassifizieren sowie die Orientierung in Raum und Zeit. Im Folgenden werden die Einheiten zum Thema „Zeit“ ausführlich vorgestellt. Ausgearbeitete Stunden zu den Themen „Kennenlernen/Gebrauch von Zahlen“ („Die Zahlenmaus aus dem Zahlenwald“) und „geometrische Formen“ („Ich bin das kleine Dreieck“) sind bereits in der Reihe „Anregungen für die tägliche Arbeit mit Kindern unter Gewährleistung der Aufsichtspflicht“ erschienen (siehe bei der Erarbeitung des Projekts verwendete Literatur).

Während der Freispielzeit sind zusätzlich in einer Matheecke verschiedene Materialien frei zugänglich. Es sind sowohl Regelspiele als auch Materialien zur freien Beschäftigung vorhanden:

Regelspiele:
- Zählen und Zahlen – Flocards Set SK3
- Das kleine Zahlenbuch 1 – Spielen und Zählen, Kallmeyer Verlag
- Das kleine Zahlenbuch 2 – Schauen und Zählen, Kallmeyer Verlag
- Fingertip, LOGO Lern-Spiel-Verlag
- Rechenkönig, Haba
- Wir bauen einen Turm – Beleduc
- Colorama, Ravensburger
- MiniLÜK Vorschultraining 2 (elementares Mengenverständnis)
- MiniLÜK Übungen für Vorschulkinder 4 (Umgang mit Mengen und Zahlen)
- MiniLÜK Übungen für Vorschulkinder 3 (Raum-Lage-Wahrnehmung)
- MiniLÜK Umgang mit Mengen und Zahlen
- MiniLÜK Lage und Form – spielend logisch denken lernen 2
- Nikitin-Material
- Eins, vier, viele, Haba
- LoGeo, Nicola & Christoph Haas
- Zahlenzwerge, Haba
- Farbensortierbrett, Toys pure
- Mein Erstes Rechenspiel, Noris Spiele
- Kannst du rechnen, Kosmos
- Kannst du die Monate, Kosmos
- Lern die Uhr mit Benjamin Blümchen, Schmidt Spiele

Materialien zur freien Beschäftigung:
- Geometrische Formen aus Holz zum Sortieren und Muster legen
- Moosgummizahlen
- Rechenschieber
- Maßband
- Meterstab
- Balkenwaage
- Hüpfteppich mit Zahlen
- Verschiedene Würfel
- Verschiedene Materialien zum Wiegen, Zählen und Sortieren (z. B. Glassteine, Stoffschmetterlinge, Plastikzwerge, Knöpfe, Steckwürfel, Legosteine, Steine, Perlen Murmeln, Perlenschnüre in unterschiedlicher Länge)

Workshop zum Thema „Zeit“

Einheit 1: Was ist Zeit?

Zu Beginn der Einheit wird den Kindern ein Rätsel gestellt:

„Es läuft und läuft,
doch keiner sieht´s laufen,
und keiner kann´s halten
und keiner kann´s kaufen!
Doch wer es findet,
bekommt es geschenkt.
Was ist das?“ (Die Zeit)

Es folgt ein Gespräch darüber, was Zeit überhaupt ist. Die Kinder werden gebeten, das Phänomen „Zeit“ zu erklären. Es geht um die Frage, wie Zeit gemessen werden kann und woran man sieht, dass Zeit vergeht. Die Antworten der Kinder werden auf Plakate geschrieben. Danach machen die Kinder eine Übung zum subjektiven Zeitempfinden. Dazu sitzen sie drei Minuten ganz still. Währendessen stoppt eine

Erzieherin die Zeit und sagt an, wann die drei Minuten um sind. Anschließend erzählt die Erzieherin eine lustige Geschichte, die ebenfalls drei Minuten lang ist: Zum Beispiel „Der Platsch kommt“ aus dem Buch „3-Minuten-Märchen aus aller Welt“ (siehe bei der Erarbeitung des Projekts verwendete Literatur). Es folgt ein Gespräch dazu, wie die Kinder die beiden Zeiteinheiten im Vergleich empfunden haben: Kommt den Kindern eine Aktion länger oder kürzer vor als die andere? Wenn ja, warum ist das so? Im Anschluss wird gemeinsam nach Beispielen für Situationen gesucht, in denen es einem so vorkommt als würde die Zeit sehr langsam vergehen: Zum Beispiel, wenn man mit dem Auto in einem Stau steht oder wenn man beim Arzt im Wartezimmer sitzt und darauf hofft, endlich dranzukommen. Auch für Situationen, in denen man das Gefühl hat, die Zeit vergehe sehr schnell, sollen die Kinder Beispiele finden. Das kann zum Beispiel der Fall sein, wenn man mit seinen Freunden spielt oder gerade seinen Geburtstag feiert.

Einheit 2: Die Tageszeit

Die zweite Einheit beginnt mit der Wiederholung des Inhalts aus der letzten Einheit. Die Kinder erzählen, an was sie sich noch erinnern und berichten den Kindern, die beim letzten Mal nicht da waren, was in der letzten Einheit behandelt wurde.

Danach geht es darum, wie viele Stunden ein Tag hat und welche Tageszeiten es gibt (Morgen, Vormittag, Mittag, Nachmittag, Abend, Nacht). Die Kinder erzählen, was sie zu welcher Tageszeit tun.

Anschließend bekommen die Kinder ein Zeichenblatt, das in sechs Spalten aufgeteilt ist. Über jeder Spalte steht eine Tageszeit. In der Spalte ganz links wird mit dem Morgen begonnen. Dann folgen die anderen Tageszeiten entsprechend dem Tagesablauf. Die Kinder malen in die Spalten, was sie zu der entsprechenden Tageszeit tun. In die Spalte „Morgen“ wird beispielsweise gemalt, wie sich ein Kind gerade die Zähne putzt.

Es folgt ein gemeinsames Klatschspiel:

Morgens früh um sechs, kommt die kleine Hex.
Morgens früh um sieben schält sie gelbe Rüben.
Morgens früh um acht, wird Kaffee gemacht.
Morgens früh um neun, geht sie in die Scheun´.
Morgens früh um zehn, holt sie Holz und Spän´.
Feuert an um elf, kocht dann bis um zwölf:
Fröschebein und Krebs und Fisch.
Hurtig, Kinder, kommt zu Tisch.

Zum Abschluss der Einheit schauen sich die Kinder gemeinsam mit der Erzieherin das Bilderbuch „Wieviel Uhr ist es, lieber Bär?“ an (siehe bei der Erarbeitung des Projekts verwendete Literatur).

Einheit 3: Die Wochentage

Zu Beginn wird wie gewohnt der Inhalt der letzten Einheit wiederholt. Danach werden die Kinder gefragt, wie viele Tage eine Woche hat und wie die Wochentage heißen.

Für das folgende Hüpfspiel werden sieben Reifen so auf den Boden gelegt, dass die Kinder beidbeinig von einem Reifen zum nächsten hüpfen können. Jeder Reifen steht für einen Wochentag. Die Kinder hüpfen nacheinander durch alle Reifen und nennen dabei die entsprechenden Wochentage. Danach wird das Spiel so variiert, dass ein Kind einen Wochentag vorgibt, zu dem ein anderes Kind dann hüpft. Das Kind, das den Wochentag aussucht, bestimmt auch das Kind, das hüpfen soll. Anschließend darf dieses Kind den nächsten Wochentag und das nächste „Hüpf-Kind“ aussuchen.

Einheit 4: Die Woche

Am Anfang steht wie immer eine Wiederholung der Themen aus der vorangehenden Workshopeinheit. Auch das Hüpfspiel wird noch einmal gespielt, und auf diese Weise werden die Wochentage wieder ins Gedächtnis gerufen.

Danach folgt ein Gespräch darüber, woher die Wochentage ihren Namen haben. Die Kinder werden gebeten, ihre Assoziationen zu den einzelnen Tagen zu äußern. Die Erzieherin unterstützt sie dabei und gibt Hinweise zum Ursprung der Namen. Nähere Informationen zum Ursprung der Namen unserer Wochentage finden sich in „Das Buch von der Zeit“ (siehe bei der Erarbeitung des Projekts verwendete Literatur). Anschließend werden die Kinder gefragt, weshalb die Wochentage eigentlich „erfunden“ wurden und welchen Nutzen sie haben. Es geht darum zu verdeutlichen, dass die Woche durch wiederkehrende Tagesfolgen einen Zeitrhythmus vorgibt, der den Alltag plan- und überschaubar macht. Im Anschluss überlegen die Kinder, welche festen Termine die Woche im Kindergarten bestimmen.

Zum Abschluss der Einheit wird das Singspiel „Laurentia, liebe Laurentia mein“ gemacht. Dabei ist es notwendig, die Wochentage erneut aufzuzählen.

Einheit 5: Die Monate

Zu Beginn der fünften Einheit werden die Kinder gefragt, an was sie sich aus der letzten Stunde noch erinnern können. Anschließend zählen die Kinder die Namen der Monate auf, die sie bereits kennen, und diskutieren, wie viele Tage ein Monat hat und weshalb die Monate unterschiedlich lang sind.

Danach sagen die Kinder gemeinsam mit der Erzieherin das folgende Gedicht auf, das aus dem Buch „Alles braucht seine Zeit; Sonne, Mond und Sterne“ stammt (siehe bei der Erarbeitung des Projekts verwendete Literatur):

„Im Januar beginnt das Jahr;
im Februar ist Fastnacht da;
im März die Frühlingssonne lacht;
im April das Wetter Ärger macht.
Im Mai die schönen Blumen blühen;
im Juni wir ins Schwimmbad ziehen;
im Juli ist der Sommer da;
im August gibt´s Ferien mit Papa.
Im September gibt es reife Früchte;
im Oktober steigen Drachen in die Lüfte;
im November graue Nebel wallen;
im Dezember die Schneeflocken fallen.“

Angeregt durch dieses Gedicht malen die Kinder dann Symbole auf ein Zeichenblatt, das in zwölf Felder unterteilt ist. Über den einzelnen Feldern stehen der jeweilige Monatsname und die entsprechende Zahl. Die Kinder malen zu den einzelnen Monaten passende Symbole: Für die Wintermonate beispielsweise eine Schneeflocke, eine Sonne für die Sommermonate oder Obst für Monate im Herbst.

Einheit 6: Das Jahr

Bevor ein Gespräch darüber geführt wird, wie viele Monate ein Jahr hat und wie die Monate heißen, steht eine Wiederholung der Inhalte aus der vorangegangenen Stunde an. Danach berichten die Kinder welche Jahreszeiten sie kennen und was für diese Jahreszeiten typisch ist.

Für das folgende Bewegungsspiel braucht man vier laminierte Bildkarten mit typischen jahreszeitlichen Motiven, z. B. Skifahrer, Osterhase, Schwimmer und Herbstblätter. Außerdem wird Musik von Kassette oder CD benötigt. Die vier Motive werden den vier Jahreszeiten zugeordnet. Die Musik setzt ein und die Kinder bewegen sich im Raum. Stoppt die Musik, ruft eine Erzieherin eine Jahreszeit und hebt die entsprechende Bildkarte hoch. Später kann diese Funktion ein Kind übernehmen. Die Kinder machen dann abhängig von der gerufenen Jahreszeit eine bestimmte Bewegung. Bei „Sommer“ legen sich alle schnell auf den Boden und machen Schwimmbewegungen. Bei „Frühling“ hoppeln die Kinder wie ein Osterhase. Ruft jemand „Herbst“ lassen sich die Kinder wie ein Blatt zu Boden fallen, und beim Ausruf „Winter“ imitieren sie einen Skifahrer.

Zum Abschluss der Einheit beschäftigen sich die Kinder mit einem Arbeitsblatt aus dem Buch „Viele fröhliche Lernspiele für die ... Klasse: Lesen, Schreiben, Rechnen, alles in einem Band“ (siehe bei der Erarbeitung des Projekts verwendete Literatur). Auf diesem Arbeitsblatt ist ein Baum in unterschiedlichen Jahreszeiten abgebildet: Ein Baum mit Blüten, ein Baum mit grünen Blättern, ein Baum, an dem Äpfel hängen, und ein kahler, schneebedeckter Baum. Daneben ist ein Bär in unterschiedlichem Outfit zu sehen: einmal mit Mütze, Schal und Handschuhen, einmal mit Badehose, einmal mit einem Drachen in der Hand und einmal mit einem Osternest. Die Aufgabe der Kinder besteht darin, die Bärenbilder auszuschneiden und sie neben den jahreszeitlich passenden Baum zu kleben.

Einheit 7: Die Jahreszeiten
Auch diese Einheit wird mit einer Wiederholung von Inhalten begonnen. Dann werden die Kinder gefragt, welche Jahreszeiten sie kennen und wie viele Jahreszeiten es überhaupt gibt.

Im Anschluss wird das Lied „Es war eine Mutter, die hatte vier Kinder“ gesungen, in dem die vier Jahreszeiten aufgezählt werden.

Danach kommen wieder die vier Bildkarten mit den jahreszeitlichen Motiven zum Einsatz. Zusätzlich werden Bildkarten gebraucht, auf denen Dinge zu sehen sind, die sich den vier Jahreszeiten zuordnen lassen. Beispielsweise können das folgende Motive sein:

für den Frühling:
Tulpe, Osternest, Osterei, Küken, Bauer beim Säen, Nest mit Vogeljungen, …

für den Sommer:
Badehose, Sonnencreme, Sandspielzeug, Strand, kurze Hose, Sonnenbrille, …
für den Herbst:
Herbstblatt, Obstkorb, Kürbis, Laubbesen, Nebel, Drachen, Kastanien, …

für den Winter:
Mütze, Schal, Handschuhe, Weihnachtsbaum, Nikolaus, Schlittschuhe, …

Die vier Jahreszeitenkarten werden in die Mitte gelegt und die anderen Bildkarten werden gemischt. Jedes Kind darf nun der Reihe nach eine Bildkarte ziehen und der richtigen Jahreszeit zuordnen.

Einheit 8: Die Uhr
Zu Beginn der Einheit wiederholen die Kinder kurz, an was sie sich noch vom letzten Treffen erinnern und erzählen denen, die nicht da waren, um was es ging. Anschließend wird darüber gesprochen wie man Zeit messen kann. Dabei betrachten sich die Kinder verschiedene Uhren und sprechen über ihre spezielle Funktion: eine Armbanduhr, eine Stoppuhr, einen Wecker, eine Taschenuhr, eine Sanduhr und eine Sonnenuhr. Die Kinder überlegen, welche Uhrenart die älteste ist und wer sie erfunden hat.

Im Anschluss daran bauen die Kinder selbst eine Uhr zusammen. Dazu verwenden sie den Bausatz „My first clock“, der aus einem durchsichtigen Gehäuse und mehreren Einzelteilen besteht. Diese

Teile lassen sich mit Hilfe des beiliegenden Bauplans zu einer funktionierenden Uhr zusammen bauen. Die Uhr basiert auf dem Prinzip der ersten mechanischen Uhr, die der italienische Wissenschaftler Danti im Jahr 1350 erfunden hat. Die Kinder lernen dabei die Funktion von Feder, Pendel und Zahnrädern kennen.

Alternativ dazu kann auch eine „Papptelleruhr“ gebastelt werden. Dazu wird folgendes Material benötigt: Pappteller, Pappstreifen für Zeiger, Musterklammern zum Befestigen der Zeiger, Scheren sowie Buntstifte zum Aufmalen der Zahlen auf dem Zifferblatt.

Einheit 9: Die Uhrzeit

Nach einer kurzen Auffrischung der Inhalte aus der letzten Einheit wird ein Holzreifen in die Kreismitte gelegt. Außerdem liegen Pappkärtchen bereit, auf denen die Zahlen 1- 12 stehen. Die Kinder bekommen als erstes die Aufgabe, die Zahlen in der richtigen Reihefolge so am Reifen anzulegen, dass eine Uhr entsteht. Zwei Holzstäbe dienen als Zeiger. Ein Kind nennt danach eine Uhrzeit, und ein anderes Kind stellt diese dann ein. Anschließend wird gemeinsam überlegt, ob die selbstgebaute Uhr die angesagte Uhrzeit zeigt.

Danach füllen die Kinder ein Arbeitsblatt aus, auf dem zahlreiche Uhren mit verschiedenen Uhrzeiten aufgemalt sind. Die Aufgabe der Kinder besteht darin, die Uhrzeit abzulesen und neben der Uhr einzutragen.

Zum Abschluss der Einheit wird ein Quiz gespielt. Dazu werden kleine Karten vorbereitet, auf denen unterschiedliche Fragen zum Inhalt des Workshops stehen. Vor Spielbeginn werden die Karten gemischt. Die Kinder bilden zwei Teams und dürfen der Reihe nach eine Frage ziehen. Das Team, das die Frage beantworten kann, bekommt die Karte. Sieger ist das Team, das am Ende die meisten Karten hat. Mögliche Fragen zu den Inhalten des Workshops sind:

- Wie viele Monate gibt es?
- Wie heißt der Tag, der vor dem Donnerstag kommt?
- Welche Uhr funktioniert nur, wenn die Sonne scheint?
- Wie heißt die Jahreszeit, in der wir zum Baden gehen?
- Womit kann man Zeit messen? Nenne drei Zeitmessgeräte!
- Rätsel: Uhr (siehe Aktion zu Beginn dieser Einheit)
- Wann kann man Drachen steigen lassen?
- Welche Uhr holt dich morgens aus dem Bett?
- Wie heißen die vier Jahreszeiten?
- In welchem Monat macht man die Türchen vom Adventskalender auf?
- Das Feld ist leer und regenschwer, die Erde nass, sag, wann ist das?
- Die Felder weiß, auf Flüssen Eis, es weht der Wind, wann ist das, Kind?
- Welche Tageszeiten gibt es?

Einheit 10: Die Zeit

Zu Beginn der Einheit steht eine Wiederholung der Inhalte aus der letzten Stunde an. Danach liest eine Erzieherin die Geschichte von der verlorenen Zeit aus „Das Buch von der Zeit“ vor (siehe bei der Erarbeitung des Projekts verwendete Literatur). Anschließend überlegen die Kinder, wie die Geschichte ausgehen könnte.

Danach malen die Kinder ein Bild zum Thema „Womit verbringe ich am liebsten meine Zeit?“. Die Bilder werden anschließend im Kreis vorgestellt.

Zum Abschluss des gesamten Workshops „Zeit“ wird mit den Kindern ein Reflexionsgespräch durchgeführt, in dem es darum geht, was die Kinder in diesem Workshop gelernt haben. Die Antworten der Kinder werden dann in ihrer Bildungsbibliografie festgehalten.

Bei der Bildungsbibliografie handelt es sich um einen Ordner, der für jedes Kind angelegt wird, wenn es in die Einrichtung kommt. In diesem Ordner werden Fotos aus dem Kindergartenalltag oder von besonderen Aktionen gesammelt. Dazu kommen die Zeichnungen und Bastelarbeiten des Kindes. Einmal im Jahr wird mit dem Kind ein Interview durchgeführt, das ebenfalls Teil der Bildungsbibliografie wird. Auch die Ergebnisse verschiedener Tests und Beobachtungen sowie alle Unterlagen aus den Workshops werden in den Ordner eingefügt. Die Bildungsbibliografie dient als Grundlage für Elterngespräche. Am Ende seiner Kindergartenzeit darf das Kind die Bibliografie mit nach Hause nehmen.

Wie lässt sich das Projekt erweitern?

Lebensspanne der Kinder

Gespräche im Stuhlkreis
Die Lebensspanne der Kinder und ihrer Familie wird bei dieser Projektidee im Hinblick auf zeitliche Aspekte näher beleuchtet. Beginnend beim derzeitigen Alter der Kinder in der Gruppe wird gemeinsam eine Zeittafel erstellt. Wie alt, wie groß und vielleicht wie schwer bin ich, bin ich das älteste, jüngste Mitglied meiner Familie, und vor allem, was habe ich im Verlauf meines Lebens schon alles gelernt? Die Kinder werden aufgefordert, von zu Hause Fotoalben mitzubringen, die ihren bisherigen Lebensweg verbildlichen.

Anfertigung von Fotocollagen
Jedes Kind legt sich auf eine Zeitungspapierrolle. Nun werden die Umrisse gemalt, die Körpergröße gemessen und mit der Zeichnung verglichen. Es wird gewogen und das Alter bzw. Geburtsdatum aufgeschrieben. Nun überlegt jeder, was er im Lauf seinen Lebens schon alles gelernt hat: Krabbeln, laufen, sprechen, klettern, bauen … Diese Fähigkeiten werden mit Zeichnungen der Kinder und einem Bild von ihnen hinzugefügt. So entsteht langsam die ganze Gruppe als große Collage an der Wand.

Errichten einer Zeittafel
Zu diesem Vorhaben ist die Mitarbeit der Eltern und vor allem der Großeltern gefragt. Fotos von früheren Zeiten, z. B. mit Abbildungen der Autos oder Traktoren von damals, der Kleidung und Mode, außerdem alte Geräte aus dem Haushalt, Bücher oder Abbildungen der Gemeinde im Lauf der Jahrzehnte werden gesammelt und der Zeitlinie als Ausstellungsstücke zugeordnet. Der Kindergarten wird zum Zeitkunde-Museum.

Familienfest im Kindergarten
Zusammen mit allen Akteuren wird ein Fest gefeiert, an dem die Kinder ihre Arbeiten präsentieren und die Eltern oder Großeltern Geschichten von damals erzählen, die eventuell mit Fotos oder Gegenständen veranschaulicht werden.

Philosophieren mit Kindern
Die Kinder sind nun von der Gegenwart in die eigene Vergangenheit und in die Vergangenheit ihrer Familie gereist. Aber was wird denn die nähere und fernere Zukunft bringen? In Gesprächen über die Zukunft können Begebenheiten mit großer Wahrscheinlichkeit vorausgesagt werden, z. B. der nahe Schuleintritt, der Zahnwechsel usw. Andere wiederum können nur erahnt werden. Menschen haben schon immer versucht, in die Zukunft zu blicken, sie vertrauten Propheten, den Sternzeichen oder sogar der Kugel einer Wahrsagerin.

Drehen eines Films
Die Kinder drehen einen Science- Fiction- Film, in dem sie Lebewesen in der fernen Zukunft darstellen. Die Kinder überlegen, wie diese Lebewesen aussehen könnten. Mit sphärischer Musik sowie Kleidern aus der Verkleidungsecke entsteht ein Szenarium der Zukunft, das auf Video aufgenommen wird.

Welche Literatur wurde bei der Erarbeitung des Projekts verwendet?

Arnold, M. & Kröll, E. (2001). 3-Minuten-Märchen aus aller Welt: kleine Kostbarkeiten aus der Schatzkiste der Märchenerzählerin. Köln, Könemann.

Bartl, A. (1997). Viele fröhliche Lernspiele für die ... Klasse: Lesen, Schreiben, Rechnen, alles in einem Band. Nürnberg, Tessloff.

Bayern. Staatsministerium für Arbeit und Sozialordnung Familie und Frauen & Staatsinstitut für Frühpädagogik (2006). Der Bayerische Bildungs- und Erziehungsplan für Kinder in Tageseinrichtungen bis zur Einschulung. Weinheim u. a., Beltz.

Georgia & Stohner, A. (1996). Wieviel Uhr ist es, lieber Bär? Ravensburg, Ravensburger.

Hille, A., Schäfer, D., et al. (2003). Wohin läuft die Zeit?: Jahr und Monat, Tag und Stunde. Freiburg im Breisgau, OZ-Verlags-GmbH.

Irmer, M. (1998). Anregungen für die tägliche Arbeit mit Kindern unter Gewährleistung der Aufsichtspflicht. Band 3. Kissing, WEKA, Fachverl. für Behörden und Institutionen.

Lüber, R. (1998). Alles braucht seine Zeit; Sonne, Mond und Sterne: mit 2 Farbpostern. Freiburg im Breisgau, Herder.

Walter, G. & Knipping, J. (2005). Das Buch von der Zeit: Kinder erleben und lernen spielerisch alles über die Zeit. Münster, Ökotopia-Verl.

Weiterführende Literatur

Antoni, B. & Preiß, G. (2006). Ritter Kunibert im Land der Zahlen. Ravensburg, Ravensburger Buchverl.

Friedrich, G. & Galgóczy, V. d. (2005). Komm mit ins Zahlenland: eine spielerische Entdeckungsreise in die Welt der Mathematik. Freiburg im Breisgau, Christophorus-Verl.

Hoenisch, N. & Niggemeyer, E. (2004). Mathe-Kings: junge Kinder fassen Mathematik an. Weimar, Verl. das Netz.

Kohl, M. F. & Gainer, C. (2000). Mathe kreativ: 200 Kunstideen zum Entdecken von Mathematik für Kinder von drei bis acht Jahren. Seelze-Velber, Kallmeyer.

Müller, E. (2006). Numerischer Bereich. Horneburg, Persen.

Müller, E. (2006). Pränumerischer Bereich. Horneburg, Persen.

Naumann-Kipper, P. (2006). 3, 2, 1 – viele, wenig, keins: Zahlen, Mengen und Muster entdecken. Freiburg, Herder.

Schoof, R., Friedrich, G., et al. (2005). Hexe Zerolina im Zahlenland: eine Geschichte. Freiburg im Breisgau, KeRLE bei Herder.

Suhr, A. (2006). Zahlen hüpfen, Buchstaben springen: Bewegungsspiele zur ganzheitlichen Schulvorbereitung. München, Don Bosco.

Umland, B. & Ott, S. (2006). Ganzheitliche mathematische Frühförderung für Vorschulkinder: ausgearbeitete Praxiseinheiten zur Vorbereitung auf das Schulfach Mathematik. Donauwörth, Auer.

Von Dolenc, R., Gasteiger, H., et al. (2005). ZahlenZauberei – Handreichung mit Materialien; Mathematik für Kindergarten und Grundschule. Oldenbourg, Schulbuchverl.

Weinhold, A. (2004). Wir entdecken die Zahlen: mit Schreibtafel. Ravensburg, Ravensburger Buchverl. Maier.

Kinderkonferenz

Städtisches Kinderhaus Seckenheim
Kaiserstuhlring 72
68239 Mannheim

Ansprechpartner: Frau Barbara Hildenbrand und Frau Marlis Schmahl
Telefon: 06 21 – 4 89 93
Email: barbara.hildenbrand@web.de

Das Projekt im Überblick

Um was geht es?

Das Projekt beschreibt die Organisation, den Ablauf und die Inhalte einer Kinderkonferenz, die es gleichzeitig möglich macht, wichtige Themen der teilnehmenden Kinder anzusprechen und frühe mathematische Bildung zu realisieren.

Was zeichnet das Projekt besonders aus?

Beitrag zur Bildung und Entwicklung der Kinder

Bildung dient maßgeblich der kindlichen Entwicklung. Es darf nicht abgewartet werden, bis ein Kind ein bestimmtes Entwicklungsniveau und Alter erreicht hat, um es mit Bildungsinhalten vertraut zu machen. Kinder kommen mit unterschiedlichem Vorwissen in den Kindergarten und möchten in ihren Fragen und Interessen unterstützt und geleitet werden. Gerade mathematische Vorläuferkompetenzen prägen den späteren Zugang zur schulischen Mathematik. Durch Wiederholungen, wie in den täglichen Treffen (Kinderkonferenzen), werden die Kinder an diesen unseren Alltag prägenden Bereich spielerisch herangeführt. Der klare Aufbau und die Struktur der Zusammenkünfte geben Halt und Orientierung. Damit wird die konzentrierte Erarbeitung dieses Bildungsthemas unterstützt.

Das Verhältnis von Spiel und Lernen

Im Spiel setzt sich das Kind mit seiner Umwelt auseinander. Dabei wird die eigene Realität im Denken und Handeln konstruiert. In diesem Projekt gelingt es, kindlichen Bewegungsdrang, Mitteilungsbedürfnis und konzentrierte Beschäftigung in Einklang zu bringen.

Nach kurzen kindgerechten konzentrierten Phasen folgen Bewegung und kreative Beschäftigung.

Fragestellungen der Kinder aufgreifen

Durch Dokumentation der Beobachtungen der Kinder konnten die Wünsche, Bedürfnisse und ungeklärten Fragen an die „Welt" als Themen für die Zusammenkünfte festgestellt werden. Gemeinsam werden nun einzelne Aspekte mit den Kindern erarbeitet. Jedes Kind kann eigenständig über seine Teilnahme an den Zusammenkünften entscheiden.

Welche Ziele verfolgt das Projekt?

In der Kinderkonferenz soll Kindern – neben der Möglichkeit, für sie wichtige Themen anzusprechen und zu diskutieren – die Gelegenheit gegeben werden, sich mit mathematischen Inhalten zu beschäftigen. Dazu gehören das Vertrautmachen mit Ziffern, das Zählen, das Klassifizieren und Sortieren sowie das Vergleichen und Schätzen von Mengen. Das Ansprechen von Themen bietet zusätzlich einen Ansatzpunkt, die sprachlichen Fähigkeiten der Kinder zu erweitern und gleichzeitig auch elementare Gesprächsregeln einzuüben.

Wie werden die Ziele des Projekts umgesetzt?

Unterstützung der Lernfreude der Kinder

Kinder wollen viele Dinge wissen und jeden Tag Neues erfahren. Um ihre Erfahrungen einordnen und versprachlichen zu können, benötigen sie allerdings Hilfe und Unterstützung durch Erwachsene. In diesem Projekt erhalten die Kinder durch den sich wiederholenden Ablauf der „Kinderkonferenz" Sicherheit und Selbstvertrauen. Zählen wird durch das Auffädeln von Perlen geübt, Zahlenkarten verdeutlichen die Schreibweise von Ziffern und das Gespräch über den Wochentag strukturiert den Wochenablauf. Eine Bestandsaufnahme der teilnehmenden Kinder vermittelt einen Überblick über die heutige Gruppe. Neben diesen festgelegten Inhalten werden die Kinder aber auch aufgefordert, im Gesprächskreis eigene Themen oder Anliegen zu formulieren. Dabei lernen Kinder, die oft den Ton angeben, sich zurückzunehmen und andere zu Wort kommen zu lassen. Schüchterne Kinder werden ermutigt, eine führende und bestimmende Position einzunehmen.

Gemeinsame Begleitung der Lernprozesse der Kinder
Die Unterstützung und Begleitung der Kinder in ihrer Entwicklung und Bildung ist eine gemeinsame Aufgabe von Eltern und Erzieherinnen. Nur durch die gegenseitige Information über Bildungsinhalte wird dieser Prozess gewährleistet. Die Dokumentationen über die Kinderkonferenzen geben den Eltern Aufschluss über die Angebote zur Stärkung der mathematischen und sprachlichen Kompetenzen der Kinder.

Für welches Alter ist das Projekt geeignet?

2–6 Jahre

Welche Bildungsbereiche werden besonders unterstützt?

Mathematisches Verständnis

Welche anderen Bildungsbereiche berührt das Projekt noch?

Neben der Vermittlung mathematischer Vorläuferkompetenzen berührt das Projekt den Bildungsbereich „Sprache", indem die Kinder in den verschiedenen Sprechrunden zum sprachlichen Austausch ihrer Erlebnisse und Gedanken angeregt werden. Dadurch, dass Spiel- und Bewegungsangebote fester Bestandteil der Kinderkonferenz sind, findet der Bildungsbereich „Bewegung/Sport" ebenfalls eine Berücksichtigung im Projekt.

Wie können die Eltern und Familien der Kinder am Projekt beteiligt werden?

Ergebnisse der Kinderkonferenz werden den Eltern durch Fotos und Texte zugänglich gemacht, die neben dem Eingang des Raumes aushängen, in dem die Kinderkonferenz stattfindet. Zusätzlich werden die Eltern in Gesprächen über die Teilnahme ihrer Kinder an der Kinderkonferenz informiert. In diesem Rahmen erfahren die Eltern etwas über die mathematischen und sprachlichen Fähigkeiten ihrer Kinder. Die Erzieherinnen berichten auch über die soziale Kompetenz, die Ausdauer, die Konzentrationsfähigkeit, die Frustrationstoleranz und über die fein- und grobmotorischen Fähigkeiten der Kinder, die sich während ihrer Teilnahme an der Kinderkonferenz zeigen.

Welchen Bezug hat das Projekt zur pädagogischen Konzeption der Einrichtung?

Die pädagogische Konzeption der Einrichtung beschreibt Bildung als Selbstbildungsprozess und als einen Prozess, der sich in der Interaktion von Kind und Erzieherin bzw. der Kinder untereinander vollzieht. Um diesen Prozess bzw. das Tun der Kinder zu verstehen, versuchen die Erzieherinnen mit Hilfe von Beobachtungsinstrumenten die Themen des einzelnen Kindes zu finden, um den Kindern anschließend durch abgestimmte Angebote die Möglichkeit zu geben sich weiterzubilden. Die Erzieherinnen konnten im Vorfeld der Entwicklung dieses Projekts eine Reihe von Fragen und Bedürfnisse der Kinder hinsichtlich mathematischer Inhalte feststellen. Die Bearbeitung dieser Fragen sollte durch das Einrichten einer täglichen Kinderkonferenz ermöglicht werden.

Welche Erfahrungen hat die Einrichtung mit diesem Projekt gemacht?

Die an der Kinderkonferenz teilnehmenden Kinder haben großen Spaß an der spielerischen Auseinandersetzung mit mathematischen Inhalten. Sie sind über einen langen Zeitraum konzentriert und folgen sehr interessiert dem Ablauf der Kinderkonferenz. Die Kinder sind hoch motiviert, die verschiedenen Aufgaben zu übernehmen, die sich in der Kinderkonferenz bieten.

Welche Kompetenzen der Kinder werden gestärkt?

Der Ablauf einer Kinderkonferenz folgt stets der gleichen Struktur, wodurch Verlässlichkeit und Routine sichergestellt sind. Zwei „Bausteine“ sind Teil jeder Zusammenkunft:

Mathematik
Nach der Begrüßung wird zunächst das heutige Datum genannt und das gestrige Kalenderblatt abgerissen. Dies ist eine gute Unterstützung zur Heranführung der Kinder an den Jahresablauf in Tagen, Wochen und Monaten. Dann zählt ein Kind die heutigen Teilnehmer. Durch diese tägliche Wiederholung erlangen die Kinder Routine beim Zählen. In der Abschlussrunde lernen die Kinder zudem verschiedene Farben kennen und lernen, diese zu klassifizieren.

Sprache
In den Sprechrunden dürfen die Kinder etwas erzählen. Die übrigen Kinder sind zum aufmerksamen Zuhören angehalten. Das freie Sprechen in der Großgruppe ermutigt die Kinder, ihrer Meinung Ausdruck zu verleihen. Dies ist eine gute Vorübung für die Schule, um die Scheu zu überwinden, in einer Gruppe zu sprechen. Aktives Zuhören und Ausreden-Lassen sind Grundregeln der Kommunikation und werden durch diese tägliche Übung verinnerlicht.

Das Projekt – Ausführliche Beschreibung

Es wird eine Kinderkonferenz organisiert, in der Themen der Kinder besprochen werden und der Bildungsbereich mathematische Bildung aufgegriffen wird. Der Ablauf der Kinderkonferenz gliedert sich in vier Phasen: Begrüßung, Sprechrunde, Bewegungsspiel und Abschlussspiel. Dieser Ablauf ist in jeder Kinderkonferenz gleich und soll den Kindern auf diese Weise Verlässlichkeit und Sicherheit bieten. Die Teilnahme an der Kinderkonferenz ist freiwillig. Die Kinder werden durch ein akustisches Signal – z. B. eine Rassel – zur Kinderkonferenz eingeladen, die in einem Raum stattfindet, der auch Platz für Bewegungsspiele lässt. Eine Kinderkonferenz dauert ungefähr eine Stunde und wird an vier Tagen in der Woche angeboten. Wenn ein Kind mit einzelnen Elementen der Kinderkonferenz – beispielsweise beim Zählen oder Aussuchen von Zahlenkarten – Schwierigkeiten hat, ist es zunächst die Aufgabe der anderen Kinder, diesem Kind zu helfen. Nur wenn die anderen Kinder dazu nicht in der Lage sind, soll die Erzieherin eingreifen.

Zur Begrüßung nimmt sich jedes Kind beim Betreten des Raums eine Holzperle aus einer Dose. Dann setzen sich die teilnehmenden Kinder auf einen großen Teppich und schauen gemeinsam auf einen Abreißkalender. Es wird ein kurzes Gespräch darüber geführt, welcher Wochentag gestern war, welcher Wochentag heute ist und wie das dazugehörige Datum aussieht. Dann nennen alle gemeinsam noch einmal den aktuellen Wochentag und sein Datum. Ein Kind reißt dann das Kalenderblatt des Vortages ab. Die beiden Kalenderblätter werden noch einmal im Vergleich betrachtet. Auf diese Weise werden die Kinder an die unterschiedlichen Wochentage, Monate und an aus Zahlen bestehende Datumsangaben herangeführt. Diese erste Phase dauert ungefähr fünf Minuten.

Zu Beginn der Sprechrunde, die insgesamt ungefähr 15 Minuten lang sein soll, regt die Erzieherin die Kinder dazu an, die anwesenden Personen zu zählen. Die Kinder nehmen diese Idee auf und teilen ihr Ergebnis mit. Anschließend fädelt die Erzieherin die erste Perle auf eine Nadel mit einem langen Wollfaden und gibt sie weiter. Die Kinder fädeln dann, während die Sprechrunde läuft, nacheinander ebenfalls ihre Perlen auf.

Die Sprechrunde teilt sich in eine „große Sprechrunde" und eine „Blitzrunde" auf. In der großen Sprechrunde erzählen ein Drittel der anwesenden Kinder, aber maximal sechs Personen, etwas, das für sie gerade wichtig ist. Die Gesprächsthemen werden allein von den erzählenden Kindern bestimmt. Um eine angenehme Gesprächsatmosphäre zu schaffen, werden gemeinsam mit den Kindern Gesprächsregeln vereinbart. Dazu gehört, dass man anderen zuhört, sie aussprechen lässt und sich ruhig mit Handzeichen meldet, wenn man etwas sagen möchte. Damit die Kinder wissen, wie viele Personen in der großen Sprechrunde noch an die Reihe kommen, liegen vor der Erzieherin Zahlenkarten mit den Ziffern 1 bis 6. Immer wenn ein Kind an der Reihe war, wird die höchste Zahlenkarte weggenommen. Auf diese Weise lernen die Kinder, Ziffern zu unterscheiden, sie setzen sich mit einer stabilen Zahlenfolge auseinander und erfahren, welche Funktion Zahlen bzw. Reihenfolgen aus Zahlen haben können. Das Kind, das gerade etwas erzählt, bekommt den „Sprechdrachen" – ein Stofftier, das symbolisiert, wer gerade sprechen darf. Wenn das Kind seine Ausführungen beendet hat, gibt es den Sprechdrachen an ein anderes Kind seiner Wahl weiter. Wenn sechs Kinder an der Reihe waren, wird die große Sprechrunde beendet. Danach folgt die Blitzrunde, in der die Kinder noch kurz Gelegenheit haben Dinge anzusprechen. Die Blitzrunde ist zu Ende, wenn die Perlenkette mit allen Perlen wieder bei der Erzieherin angekommen ist. Dann wird gemeinsam noch einmal überlegt, wie viele Kinderkonferenz-Teilnehmer zu Beginn der Sprechrunde genannt wurden. Jetzt werden die Perlen auf der Kette gezählt. Anschließend wird verglichen, ob die Anzahl der Perlen mit der Anzahl der Anwesenden übereinstimmt. Dann wird die aktuelle Perlenkette mit der Kette aus der Kinderkonferenz verglichen, an der bisher die meisten Kinder teilgenommen haben. Die Kinder beantworten die Frage, ob es heute mehr oder weniger Perlen sind bzw. ob die Kette heute länger oder kürzer ist. Zunächst wird geschätzt und anschließend nachgezählt bzw. nachgemessen. Auf diese Weise beschäftigten sich die Kinder mit dem Vergleich der Größen zweier Gruppen.

Das anschließende Bewegungsspiel schafft einen Ausgleich zur Sprechrunde, die den Kindern einiges an Konzentration abverlangt. Bewährte Spiele sind „Reise nach Jerusalem", „Der Fuchs geht um", „Stopptanzen" oder Spiele mit einem Schwungtuch und einem Ball. Nach 10 bis 15 Minuten ist diese Phase abgeschlossen und das Abschlussspiel kann beginnen.

Für das Abschlussspiel setzen sich die Anwesenden wieder in einen Kreis. Einige Kinder verteilen etwa 30 Zahlenkarten mit Zahlen von 0 bis 20 in der Mitte des Kreises. Außerdem werden vier Plastikbecher in unterschiedlichen Farben (rot, blau, grün, gelb) dazu gestellt. Die Erzieherin reicht ein Säckchen herum, in dem sich Holzperlen in den Farben der Becher befinden. Jedes Kind zieht ohne hineinzuschauen eine Holzperle aus dem Säckchen. Wenn die Hälfte der Kinder bereits eine Perle hat, wird mit dem Einsortieren begonnen. Die Kinder werfen ihre Holzperle in den Plastikbecher, der mit ihrer Perlenfarbe übereinstimmt. Dabei benennen sie die Farbe ihrer Holzperle. Beim Einsortieren bekommen die Kinder die Aufgabe, darauf zu achten, in welchen Becher die meisten Holzperlen einsortiert werden. Nachdem alle Kinder ihre Perle in den entsprechenden Becher geworfen haben, wird geschätzt, in welchem Becher sich die meisten Holzperlen befinden. Anschließend wird die Anzahl der Perlen in den vier Bechern durch Nachzählen exakt bestimmt. Für jeden Becher übernimmt diese Aufgabe ein anderes Kind. Nach dem Zählen sucht das Kind die entsprechenden Ziffern aus, um die Anzahl der gezählten Holzperlen mit einer Zahl, die es auf den Becher legt, deutlich zu machen. Das Zählergebnis wird mit der Schätzung verglichen. Danach wird die Anzahl der unterschiedlich farbigen Perlen noch einmal genannt und eine Größeneinordnung der einzelnen Farbgruppen vorgenommen (z. B. „Acht rote Perlen sind mehr als fünf grüne Perlen"). Um den Mengenunterschied noch einmal bildlich deutlich zu machen, werden die Perlen aus den Bechern wieder herausgenommen und unter die entsprechenden Zahlen gelegt.

Zusätzlich kann dann auch noch nach Gehör gezählt werden, in dem ein Kind die Augen schließt und ein anderes die Perlen einer Farbe nacheinander wieder in den Becher fallen lässt. Das Abschlussspiel dauert insgesamt etwa 15 Minuten und stellt das Ende der Kinderkonferenz dar.

In Teamsitzungen erhalten die Fachkräfte Informationen über die Teilnahme der Kinder an der Kinderkonferenz und über die von den Kindern angesprochenen Themen. Außerdem wird die Entwicklung der Kinder hinsichtlich verschiedener Fähigkeiten, die sich während der Durchführung der Kinderkonferenz zeigen, besprochen. Der Schwerpunkt liegt dabei auf der Entwicklung der mathematischen und sprachlichen Fähigkeiten. Die Erzieherinnen tauschen aber auch Informationen über die soziale Kompetenz, die Ausdauer, die Konzentrationsfähigkeit, die Frustrationstoleranz und über die fein- und grobmotorischen Fähigkeiten der Kinder aus.

Wie lässt sich das Projekt erweitern?

Geometrische Entdeckungsreise im Kindergarten
Die Kinder sollen geometrische Formen in ihrer direkten Umgebung erkennen und benennen. Es geht um Formen, die überall zu finden sind, zum Beispiel im Kindergarten oder in der Natur. Diese Formen haben Namen, die dabei helfen, sie zu unterscheiden (Kreis, Quadrat, Rechteck, Dreieck). Die verschiedenen Formen werden auf Klebezettel aufgemalt. Dabei gehen die Kinder die verschiedenen Bezeichnungen der Formen durch. Danach spazieren die Kinder durch den Kindergarten und kennzeichnen unterschiedliche Gegenstände mit den entsprechenden Formen, zum Beispiel einen Bilderahmen mit einem Rechteck.

Wett- und Bewegungsspiele
In einer Schachtel befinden sich verschiedene geometrische Formen. Die Kinder finden sich in Kleingruppen mit ca. vier Kindern zusammen. Auf ein Signal hin greift je ein Kind in die Schachtel und entnimmt eine Figur. Nun müssen die Kinder innerhalb einer bestimmten Zeit möglichst viele Dinge mit dieser Form finden und zum „Sammelplatz" bringen.

Bei einem anderen Spiel müssen Formen erkannt werden. Dazu entnehmen die Kinder nacheinander eine Form und merken sich diese. Anschließend versuchen sie, diese Form mit dem eigenen Körper darzustellen. Wer die Form errät, ist als nächster an der Reihe. Die Formen können auch durch Bewegung nachgeahmt oder mit Seilen gelegt werden.

Ziffern- und Formensuche in der Umgebung der Einrichtung
In einer selbst erfundenen Geschichte werden geometrische Formen und die Ziffern vorgestellt und benannt. In der Geschichte sind die Ziffern und Formen aus dem Kindergarten geflohen und sollen von den Kindern wieder gefunden werden. Der Garten und die nähere Umgebung werden nun abgesucht. Die Kinder entdecken Ziffern in Hausnummern, Kfz-Kennzeichen, auf Straßenschildern, in Schaufenstern oder auf Hydranten. Formen lassen sich als Fenster- und Türrahmen, Hausdächer, Verkehrszeichen usw. wieder finden.

Lieder und Mathematik
Die Kinder, Erzieherinnen und auch Eltern sind aufgefordert, bekannte Lieder, deren Text auf eine Zahl hinweist, zu finden oder anhand einer bekannten Melodie Lieder selbst zu texten. Beispiele: Ein Männlein steht im Walde, Zwei Chinesen mit dem Kontrabass, Mein Hut der hat drei Ecken. Die gefunden und selbst erdachten Lieder werden zu einem Liederbuch der Mathematik zusammengestellt.

Mathematik geht durch den Magen
Zur Beschäftigung mit Mengen und Zahlen kann ein „Zahlenkuchen" gebacken werden. Dazu müssen Zutaten abgewogen und abgezählt werden. Die richtige Backzeit muss bedacht werden. Vor dem Verzehr muss der Kuchen in gleiche Teile für alle Mathematiker aufgeteilt werden. Mit Zuckerguss können vorher noch Ziffern und Formen auf den Kuchen gemalt werden.

Weiterführende Literatur

Beutelspacher, A. (2003). Der äußere und der innere Blick auf die Welt. Die Power der Mathematik kann jeder spüren. Theorie und Praxis der Sozialpädagogik. Sonderheft Mathematik, 10, 4-8.

Hasemann, K. (2003). Ordnen, Zählen, Experimentieren – Mathematische Bildung im Kindergarten. In S. Weber (Hrsg.), Die Bildungsbereiche im Kindergarten (S. 181-205). Freiburg: Herder.

Ebbutt, S., Mosley, F. & Skinner, C. (2006). Mathematische Grundbildung im Kindergarten. Die Fähigkeiten kennen. Mit Aktivitäten fördern. Entwicklungen einschätzen. Troisdorf: Bildungsverlag Eins.

Hoenisch, N. & Niggemeyer, E. (2004). Mathe-Kings: Junge Kinder fassen Mathematik an. Weimar: Verlag das netz.

Olstorpe, K. Lundberg, M., Skoogh, L., & Johansson, H. (2006). Mathe Mosaik. Die Welt der Zahlen im Kindergarten. Troisdorf: Bildungsverlag Eins.

Skinner, C. (2006). Zahlenspiele unter freiem Himmel. Aktivitäten zur mathematischen Bildung im Kindergarten. Troisdorf: Bildungsverlag Eins.

Kinder schaffen sich Bildungsräume

Kindertagesstätte „Burattino"
Am Markt 20
15345 Eggersdorf

Ansprechpartner: Frau Sybille Berger und Herr Heinz Engel
Telefon: 0 33 41 – 42 20 10
Email: kita-burattino-eggersdorf@ewetel.net

Das Projekt im Überblick

Um was geht es?

Das Projekt beschreibt die Einrichtung und Gestaltung verschiedener Werkstattbereiche. Durch die Einrichtung der Werkstattbereiche soll es für die Kinder möglich werden, sich über einen längeren Zeitraum ungestört mit verschiedenen Werkzeugen und Materialien zu beschäftigen. Dabei stehen nicht nur das Kennenlernen und Erproben der Werkzeuge im Mittelpunkt der Aktivitäten, sondern auch das kreative Konstruieren neuer „Erfindungen" und das Auseinandernehmen von Geräten. Bei der Zerlegung dieser Geräte besteht für Kinder und Erzieherinnen die Möglichkeit, sich gemeinsam die Funktionsweise solcher Geräte zu erschließen.

Was zeichnet das Projekt besonders aus?

Partizipation der Kinder am Entwicklungs- und Lernprozess

Innovativ ist das pädagogische Konzept der Einrichtung. Hier wurden neue Wege der Bildung und Erziehung in Kindertageseinrichtungen beschritten. Getragen vom Prinzip der Partizipation der Kinder am Entwicklungs- und Lernprozess sind diese aufgefordert, aktive Lerner und Konstrukteure ihrer Entwicklung zu werden. In partnerschaftlicher Kooperation mit allen am Entwicklungsprozess beteiligten Personen wird ein Gesamtkonzept entworfen, das den Kindergarten zum Lern- und Bildungsort werden lässt. Die Kinder können Kompetenzen erwerben, die über das reine Aneignen von Fertigkeiten hinaus zu einem nachhaltigen Prinzip des lebenslangen Lernens beitragen. In diesen Prozess ist das gesamte Team der Einrichtung integriert. Dabei sind nicht nur die Kinder, sondern ebenfalls die Erzieherinnen als Lernende beteiligt.

Gemeinsame Planung von Lernarrangements

Die pädagogische Ausrichtung wird vom Gesamtteam getragen. Neben einer Umfeldanalyse der Einrichtung und einer Gruppenanalyse ist die Beobachtung der Kinder und der daraus abzuleitenden Themenfindung Basis der pädagogischen Arbeit. Gemeinsam mit den Kindern werden Lernarrangements geplant und ausgebaut. Die Kinder sind mit ihren Vorstellungen, Wünschen und Interessen Mitgestalter des pädagogischen Alltags. Die Fachkräfte unterstützen sie dabei in ihrem individuellen Entwicklungsprozess. Gleichzeitig haben die Kinder durch ein hohes Maß an Eigenverantwortlichkeit die Chance Selbstbildungsprozesse zu erfahren.

Bereichsübergreifendes Arbeiten

Durch das Konzept der offenen Raumgestaltung nach Bildungsbereichen haben die Kinder entsprechend ihrer Interessen, ihres Alters und ihres Entwicklungsstandes die Möglichkeit, sich für selbst gewählte Angebote zu entscheiden. Durch die Altersmischung können jüngere von älteren Kindern lernen und anhand von Modellen Sicherheit im Handeln gewinnen. Ältere Kinder finden Spielpartner, die ihre Interessen teilen, und schließen gruppenübergreifende Freundschaften.

Welche Ziele verfolgt das Projekt?

Durch die Einrichtung von Werkstattbereichen soll ein Angebot geschaffen werden, das eine ungestörte und dauerhafte Beschäftigung der Kinder mit technischen Bildungsinhalten ermöglicht. Anregungen und Fragen der Kinder zu diesem Bereich sollen bei der Gestaltung der Werkstattbereiche und bei den ablaufenden Aktivitäten aufgegriffen werden. Die Kinder sollen zunächst verschiedene Werkzeuge und Materialien kennenlernen, um diese dann selbstständig für forschende und kreativ gestaltende Aktivitäten zu nutzen. Dabei soll ein angemessener Umgang mit Werkzeugen und Materialien erprobt werden. Außerdem soll die Funktionsweise technischer Geräte erkundet werden. Gleichzeitig bieten sich im Projektverlauf zahlreiche Anreize, mit den Kindern mathematische Bildungsinhalte zu bearbeiten. Diese Anreize sollen genutzt werden, indem beispielsweise gemeinsam mit den Kindern die Funktion eines Zollstocks und den darauf abgebildeten Zahlen erarbeitet wird, wenn es darum geht, ein Stück Holz in einer bestimmten Länge abzumessen.

Wie werden die Ziele des Projekts umgesetzt?

Bild vom Kind als aktiver Forscher und Erfinder

Das pädagogische Konzept dieser Bildungsräume orientiert sich am Bild vom Kind als aktivem Forscher und Erfinder, der neugierig und selbstständig seine Umwelt erkundet. Das Kind wird aufgefordert und unterstützt, seine Wünsche und Anliegen zum Ausdruck zu bringen und sich gemeinsam mit anderen Kindern und den Erwachsenen an der Planung und Durchführung von Projekten zu beteiligen. Das Interesse, die Atmosphäre und die Lernumgebung – der Bildungsraum – haben einen maßgeblichen Einfluss auf das Lernen des Kindes. Neugierde und Experimentierfreude sind die Triebfeder in der Werkstatt, um beispielsweise mit Hammer, Nägeln und Holzbrettern eine Behausung für Vögel zu bauen oder die Handhabung von Werkzeugen kennen zu lernen.

Demokratische Teilhabe aller Beteiligten am Bildungsgeschehen

Das Demokratieprinzip prägt das Bildungsgeschehen dieser Einrichtung. Partnerschaft und Kooperation führen bei den Kindern und Pädagoginnen zu Engagiertheit und Zufriedenheit im Alltag, indem alle ihre Stärken einbringen können und trotz ihrer Schwächen gleichfalls geschätzt werden. Die Freude am Lernen und Sich-Weiterentwickeln wird durch eine individuelle und an der konkreten Situation orientierte Konzepterarbeitung gefördert. Ein Schwerpunkt liegt dabei auf einem veränderten Raumkonzept. Dadurch wird der Gestaltungsspielraum für selbstorganisiertes Lernen vergrößert, soziale Kontakte können über die eigene Gruppe hinaus aufgebaut sowie individuelle Fertigkeiten und Neigungen entwickelt werden.

Für welches Alter ist das Projekt geeignet?

2,5 bis 6 Jahre

Welche Bildungsbereiche werden besonders unterstützt?

Technisches Verständnis

Welche anderen Bildungsbereiche berührt das Projekt noch?

Die verschiedenen Bildungsräume initiieren eine bereichsübergreifende Erziehungs- und Bildungsarbeit. In den einzelnen Angebotszonen machen die Kinder Erfahrungen mit allen Sinnen und werden ganzheitlich unterstützt. Betrachtet man die Werkstatt, so lassen sich eine Vielzahl von integrierten Bildungsbereichen finden:

Sprache

Der Wortschatz der Kinder wird durch das Kennenlernen der Bezeichnungen von Werkzeugen und das Erklären von Arbeitsabläufen erweitert. Im Erstellen ihrer Gruppen- und Arbeitsregeln wird die exakte Sprache geschult und bildlich wie auch schriftlich dargestellt. Dadurch, dass unter den Kindern Absprachen getroffen werden und neue Kinder in den Bildungsraum eingeführt werden müssen, werden die Kinder ebenfalls zum Ausbau ihrer sprachlichen Fähigkeiten angeregt. Dass die Kinder bei Konflikten Lösungen aushandeln müssen, trägt ebenfalls zu diesem Prozess bei.

Werte

Durch das Lernen und Spielen in den Bildungsräumen wird den Kindern ein hohes Maß an Selbstverantwortung übertragen. Regeln müssen eingehalten, Arbeitsabläufe organisiert und Konflikte gelöst werden.

Mathematik

Um ein Werkstück herzustellen, muss geplant, konstruiert und gemessen werden. Statik und Raumauffassung sind dabei Grundelemente, die zum Tragen kommen.

Kreativität

In der Planung und Ausarbeitung von Werkstücken, aber auch im Auseinandernehmen und Zusammensetzen ist die Fantasie und Kreativität der Kinder gefragt.

Alltagskompetenz

Nicht zuletzt werden durch den fachgerechten Gebrauch von Werkzeugen Kompetenzen für zukünftige handwerkliche Tätigkeiten erworben.

Wie können die Eltern und Familien der Kinder am Projekt beteiligt werden?

Die Eltern werden durch eine Kita-Zeitung, durch Elternbriefe, in Elterngesprächen und auf Elternversammlungen über das Projekt informiert. Außerdem wird das Projekt durch Fotos und Exponate dokumentiert, die im Eingangsbereich und anderen zentralen Stellen in der Einrichtung ausgestellt werden. Zusätzlich liegt in einem Präsentationsregal eine Fotomappe aus, die einen Einblick in die Arbeit in den Werkstattbereichen ermöglicht.

Die Eltern werden gebeten, Material für die Werkstatt zu sammeln und zur Verfügung zu stellen. Auch eine Beteiligung der Eltern am Ausbau der verschiedenen Werkstattbereiche wird begrüßt.

Welchen Bezug hat das Projekt zur pädagogischen Konzeption der Einrichtung?

Die Konzeption der Einrichtung sieht vor, Fragen der Kinder sowie ihr Interesse an Themen und Gegenständen aufzugreifen und dann die räumlichen Bedingungen der Einrichtung entsprechend zu gestalten. Aufgrund von Gesprächen mit Kindern und Beobachtungen sollen dann entsprechende Erfahrungs- und Lernmöglichkeiten geschaffen werden. Diese Angebote sollen darauf ausgerichtet sein, die kindliche Neugier und Freude am Lernen zu nutzen. Die Kinder sind an der Planung und Gestaltung dieser Erfahrungs- und Lernmöglichkeiten als gleichberechtigte Partner beteiligt. Durch die Schaffung von Räumen zum selbstständigen Erkunden, Experimentieren und Gestalten soll einer vorgedachten Struktur von Angeboten entgegengewirkt werden, die Kinder zu fremd bestimmtem Handeln veranlasst. Die Einrichtung und Gestaltung der Werkstattbereiche richtet sich nach diesen Grundsätzen aus.

Welche Erfahrungen hat die Einrichtung mit diesem Projekt gemacht?

Das Projekt unterstützt durch die Schaffung entsprechender Rahmenbedingungen (Einrichtung der Werkstattbereiche) die Autonomie, Offenheit und Kreativität der Kinder. Die Neugier und Experimentierfreude der Kinder wird genutzt, um diese in ihrem Bildungsprozess voranzubringen. Die Fachkräfte sind im Verlauf dieses Prozesses gemeinsam mit den Kindern Lernende, die darüber staunen, in welcher Weise sich die Kinder einbringen. Die Kinder zeigen Mut und Entschlossenheit zum eigenen Tun und Forschen. Verletzungen der Kinder beim Hantieren in der Werkstatt kann am besten durch eine umfassende Einweisung in die Werkzeuge und Materialien vorgebeugt werden. Die Kinder sind dann in der Lage, selbst die Gefahren zu erkennen.

Welche Kompetenzen der Kinder werden gestärkt?

Personale Kompetenz

Die Förderung der Basiskompetenzen der Kinder ist eines der Hauptziele in der Arbeit der Kindertageseinrichtung. In den Bildungsräumen, wie z. B. der Werkstatt, wird die personale Kompetenz der Kinder durch Neugier, neue Ideen, selbstständige Entscheidungen und Handlungen, vielseitige Angebote, Freude und Ausdauer unterstützt. Die Lernumgebung motiviert die Kinder, selbsttätig und selbstbewusst Neues zu erkunden.

Soziale Kompetenz

Im sozialen Miteinander stehen das gemeinschaftliche Handeln und das Suchen nach Lösungen durch Diskussionen, Ausprobieren und Reflektieren an erster Stelle. Regeln zum Angebot, zur Handhabung der Werkzeuge und zur Anzahl der mitwirkenden Kinder werden gemeinsam erstellt und auf ihre Wirksamkeit überprüft. Erfahrene Kinder übernehmen für unerfahrene oder jüngere Kinder Verantwortung bei der Einführung in die Werksatt und bei der Beschäftigung in diesem „Bildungsraum“. Ein Werkstatt-Diplom berechtigt die Kinder, diese Verantwortung zu übernehmen.

Fähigkeit und Bereitschaft zur demokratischen Teilhabe

Die Kinder nehmen aktiv am gesamten Prozess der Entstehung eines Bildungsraumes teil. Von der Planung und Ausstattung bis zum Bestellen von Material werden sie als gleichberechtigte Partner mit ihren Ideen und Wünschen beteiligt. Auf diese Weise erproben die Kinder ihre Fähigkeit, den eigenen Standpunkt zu überdenken und einzubringen. Außerdem wird das Akzeptieren und Einhalten von Gesprächs- und Abstimmungsregeln eingeübt.

Das Projekt – Ausführliche Beschreibung

Ansatzpunkt des Projekts sind Überlegungen, wie für Kinder in der Einrichtung Orte geschaffen werden können, an denen sie über einen längeren Zeitraum ungestört mit verschiedenen Materialien und Werkzeugen experimentieren können.

Die Neugier und der Wissensdrang der Kinder soll genutzt werden, um technische Bildungsinhalte zu bearbeiten. Zur Umsetzung dieses Ziels wird eine Werkstatt mit verschiedenen Bereichen eingerichtet, die den Kindern in der Freispielzeit und während des Projekts zur Verfügung steht. Eine Erzieherin steht in dieser Zeit als Ansprechpartnerin zur Verfügung. Neben einem Werkstattbereich, in dem bei der Herstellung von Werkstücken verschiedene Werkzeuge ausprobiert werden können, gibt es eine „Auseinandernehmwerkstatt“ und eine „Erfinderwerkstatt“. Im „normalen“ Werkstattbereich – untergebracht in einem Gruppenraum und im Außenbereich – können die Kinder zusätzlich ein „Werkstatt-Diplom“ erwerben. Die drei Werkstattbereiche sind folgendermaßen ausgestattet:

„Normale“ Werkstatt:

- 2 Werkbänke
- 6 Schürzen
- 1 Werkzeugschrank
- 4 kleine Feilen (flach, halbrund, rund, Messerform)
- 1 Gliedermaßstab
- 6 Holzbohrer (4 mm, 5 mm, 6 mm, 7 mm, 8 mm, 10 mm)
- 5 Stahlbohrer (3, 4, 5, 6, 7 mm)
- 1 Brustleier (Handbohrmaschine)
- 4 Pinsel (2 rund, 2 flach)
- 3 Hämmer (220 g, 300 g, 600 g)
- 4 Schraubendreher (2x schlitz, 2x kreuz)
- 2 Teppichmesser (klein, groß)
- 1 Drahtschere
- 1 Kombizange
- 2 Baubleistifte
- 3 Locheisen (5 mm, 6 mm, 7 mm)
- 8 Bastelmesser
- 1 Hobel
- 1 Holzwinkel
- 1 Metallwinkel
- 1 Holzraspel
- 1 Ölflasche (mit Speiseöl)
- 2 Schraubzwingen
- 2 Unterlegarbeitsbretter
- 1 Handbohrmaschine (500 W)
- 2 Fuchsschwänze
- 1 Raspelsäge
- 1 Kneifzange
- 1 Wasserpumpenzange
- 1 Feinsäge (Gehrungssäge)
- 2 Holzraspeln, mittelgroß
- 1 große Rundfeile
- 1 große Holzraspel
- 2 Metallflachfeilen, groß
- 1 Metallhalbrundfeile, groß
- 1 kleine Holzraspel
- 1 Metallfeile, klein

Werkstatt im Außenbereich:

- 1 Arbeitstisch mit Arbeitsplatte (240 cm x 60 cm)
- 1 PC-Tisch aus Metall, rollbar
- 2 Holzsägen (Fuchsschwanz)
- 2 Gliedermaßstäbe
- 2 Schraubzwingen
- 2 Hämmer
- 1 Kneifzange
- 1 Wasserpumpenzange
- 2 Kombizangen
- 1 Maulschlüssel
- 3 Feilen (flach, vierkant, halbrund)
- 8 Kreuzschraubendreher (verschiedene Größen)
- 10 Schlitzschraubendreher (verschiedene Größen)

Auseinandernehm-/Erfinderwerkstatt:
- 5 Schlitzschraubendreher (verschiedene Größen)
- 6 Kreuzschraubendreher (verschiedene Größen)
- 2 Vierkantschraubendreher (1x 3 mm, 1x 4 mm)
- 2 Kombizangen
- 1 Satz Feinmechanikerschraubendreher (6 Stk.)
- 6 kleine Feilen (rund, 2x flach, halbrund, dreikant, vierkant)
- 6 Maulschlüssel (6x7; 8x9; 10x11; 12x13;14x15; 16x17)
- 1 Kombischraubendreher (mit sechs Bits)
- 1 Innensteckschlüssel (Inbusschlüssel 3–9 mm)
- 3 Unterlegmatten

Das „Werkstatt-Diplom“

Bei der Arbeit in der Werkstatt steht nicht die Herstellung eines bestimmten Produkts im Vordergrund, sondern die selbstständige Beschäftigung mit verschiedenen Werkzeugen und Materialien. Außerdem werden die Themen der Kinder aufgegriffen und als Anregung zum Bau verschiedener Werkstücke genutzt: Beispielsweise im Zusammenhang mit der Frage der Kinder, was Tiere im Winter fressen, werden ein Vogelhaus und eine Futterkrippe gebaut. Zum Erproben der Werkzeuge stehen den Kindern neben verschiedenen Arten von Holz auch Flaschen, Becher und Rohrstücke aus Plastik zur Verfügung. Dazu kommen Nägel, Schrauben, Blechbüchsen, Schraubverschlüsse, Drähte, Schnüre, Klebebänder sowie Holz- und Tapetenleim. Die Werkzeuge werden an einer Holzplatte in einem Werkzeugschrank aufgehängt. Um den Kindern eine Orientierung zu geben, wo welches Werkzeug seinen Platz hat, werden die Umrisse der Werkzeuge auf die Holzplatte aufgemalt.

Zusammen mit den Kindern werden Regeln erarbeitet, wie man sich in der Werkstatt verhalten muss und wie viele Kinder gleichzeitig die Werkstatt nutzen können. Die vereinbarten Regeln werden in Form von Fotos festgehalten, sodass sie auch später noch von den Kindern nachvollzogen werden können. Die Regeln besagen beispielsweise, dass nur so viele Kinder in der Werkstatt sein dürfen, wie Arbeitsschürzen vorhanden sind. Außerdem wird festgelegt, dass während der Beschäftigung in der Werkstatt grundsätzlich eine Arbeitsschürze getragen werden soll. Als Voraussetzung für die Nutzung elektrischer Geräte wird die Anwesenheit eines Erwachsenen festgelegt. Die Werkzeuge und sonstigen Materialien sollen nach dem Gebrauch wieder an ihren Platz geräumt werden.

Bevor in der Werkstatt gearbeitet wird, geht die Erzieherin die einzelnen Werkzeuge mit den Kindern durch. Es wird geklärt, auf welche Weise die Werkzeuge benutzt werden, um zum gewünschten Ergebnis zu kommen und sich gleichzeitig nicht zu verletzten. Um in der Werkstatt alleine arbeiten zu können, müssen die Kinder ein Diplom erwerben. Dazu ist es notwendig, dass ein Kind die Werkzeuge kennt und sicher mit ihnen umgehen kann. Es muss die vereinbarten Regeln verlässlich einhalten und auch in der Lage sein, anderen Kindern die Werkstatt-Regeln zu erklären. Die Erzieherin macht sich Notizen und entscheidet, welches Kind ein Diplom erhält. Kinder mit Diplom können sich für andere Kinder als Paten zur Verfügung stellen. Das „diplomierte“ Kind übernimmt dann die Verantwortung für ein anderes Kind und betreut es bei seinen Aktivitäten in der Werkstatt.

Die „Auseinandernehmwerkstatt“

In diesem Werkstattbereich haben die Kinder die Möglichkeit, alte und defekte Haushaltsgeräte auseinanderzubauen und so das Innen-

leben der Geräte zu erkunden. Dabei üben sie den Umgang mit Schraubenziehern, Kombizangen, Inbus- und Schraubenschlüsseln. Treten Fragen auf, welchen Zweck bestimmte Teile in einem Gerät haben oder wie ein Gerät funktioniert, versuchen Kinder und Erzieherinnen gemeinsam eine Antwort zu finden. Es wird überlegt, wo man nachschauen kann oder wer die Antwort auf diese Fragen kennt. Aus Sicherheitsgründen ist es wichtig, bei allen Geräten vor dem Auseinandernehmen die Netzstecker zu entfernen.

Die „Erfinderwerkstatt"

Das Auseinanderbauen von Geräten und die dadurch „entstehenden" Einzelteile wecken den Wunsch der Kinder, daraus neue Dinge zu kreieren. In der Erfinderwerkstatt wird dieser Wunsch aufgegriffen: Den Kindern stehen neben den Einzelteilen aus der Auseinandernehmwerkstatt unter anderem Holz in verschiedener Form, Plastikflaschen, Büchsen, Schraubdeckel, Knöpfe und Pappen zur Verfügung. Mit Hilfe von Nägeln, Schrauben, Klebstoff, Schnüren und Drähten können die Kinder die Materialien zu neuen Erfindungen und Werken verbinden. Außerdem besteht die Möglichkeit, eine Heißklebepistole und einen Lötkolben zu nutzen – aus Sicherheitsgründen allerdings nur im Beisein von Erwachsenen. Die Werke der Kinder werden dann in einer Ausstellung präsentiert.

Wie lässt sich das Projekt erweitern?

Kooperationsprojekt mit den Grundschulen

In der Einrichtung existiert bereits eine Vielzahl an Fotodokumentationen, Berichten und Werken der Kinder, die der weiteren Öffentlichkeit die pädagogische Arbeit dieser Einrichtung veranschaulichen könnten. Zu oft fehlt es an Einblicken der Gemeinde oder der nachfolgenden Bildungseinrichtungen in das Schaffen des Elementarbereichs.

Unter dem Titel „Werkausstellung unserer jungen Bastler, Tüftler und Erfinder" kann in Absprache mit der Schule z. B. am Einschreibungstag die Ausstellung der Exponate stattfinden. Im Eingangsbereich der Schule werden die Arbeiten der Kinder präsentiert. In Anwesenheit der „jungen Erfinder" und der Pädagoginnen aus dem Kindergarten können die Arbeiten präsentiert und damit allen Interessierten ein Einblick in die vielschichtige Bildungsarbeit des Kindergartens geboten werden. Die „jungen Tüftler" führen sowohl in ihre technischen Erfindungen, wie auch in die Handhabung von Werkmaterialien und Werkzeugen ein. Ein zusätzlicher Werkstattbereich lädt vor Ort zum selbst erfinden und entdecken ein. Alle Kinder, auch jüngere oder ältere Geschwister, finden verschiedene Materialien wie Schrauben, Plastikflaschen, Holzbretter, Leim usw. in einer Experimentierecke vor und können, angeregt durch die ausgestellten Werke, gemeinsam ein Objekt kreieren. Die diplomierten Experten aus dem Kindergarten vermitteln den interessierten Teilnehmern die Handhabung und den sicheren Umgang mit den Werkzeugen.

Ein von den Erzieherinnen erarbeiteter Infostand gibt Lehrern und Eltern Einblick in die pädagogische Arbeit der Kindertageseinrichtung. Unter Mithilfe von Kindergarteneltern kann eine Fotodokumentation das Leben und Arbeiten im Kindergarten verdeutlichen. Aus dem bestehenden Fundus an Bildmaterial werden einzelne Situationen mit den Leitsätzen aus der Konzeption des Kindergartens unterlegt, so dass sie ein pädagogisches Schaubild der Qualität der Arbeit des Kindergartens darstellen. Vielleicht ist auch die örtliche Presse an diesem „Forscherevent" interessiert.

Gemeinsames Kindergarten-Grundschulfest

Möglich wäre auch die Erarbeitung eines Schul-Kindergartenfestes, an dem gemeinsam die Bildungsbereiche Technik und kreative Gestaltung erarbeitet werden. Arbeiten der Schüler/innen und Werke der Kindergartenkinder geben dabei einen Einblick in die Schaffens- und Erfindungsfreude der Kinder.

Angeregt zur Zusammenarbeit beider Bildungseinrichtungen kann ein gemeinsamer Elternnachmittag konzipiert werden, bei dem Informationen über die Bildungsarbeit im Kindergarten und in der Grundschule ausgetauscht werden.

Anliegen beider Bildungseinrichtungen ist es, den Kindern den wichtigen und einschneidenden Übergang vom Kindergarten zur Schule zu erleichtern. Diese Übergangsbewältigung kann nur in enger Zusammenarbeit beider Bildungseinrichtungen geschehen. Je mehr Austausch und Kooperation stattfindet, je transparenter die Arbeit ist, desto intensiver wird die konstruktive Mitarbeit aller am Erziehungs- und Bildungsprozess beteiligten Personen.

Gegenseitige Hospitationen

Gegenseitige Besuche der Kindergarten- und Schulkinder geben den Kindern wichtige stabilisierende Einblicke in das Arbeiten und Lernen. Der „Montag“ als Tag der offenen Tür im Kindergarten ermöglicht es den Schüler/innen, zum Erforschen und Erfinden in den Kindergarten zu kommen. Eltern übernehmen dabei die Mitaufsicht in den Werkstattbereichen. Und vielleicht können die Kindergartenkinder auch an Werkstunden oder Exkursionen der Schulkinder teilnehmen, so dass sie voneinander und miteinander lernen können.

Welche Literatur wurde bei der Erarbeitung des Projekts verwendet?

Laewen, H.-J. (2003). Bildung und Erziehung in der frühen Kindheit: Bausteine zum Bildungsauftrag von Kindertageseinrichtungen. Weinheim, Beltz.

Laewen, H.-J. & Andres, B. (2005). Forscher, Künstler, Konstrukteure: Werkstattbuch zum Bildungsauftrag von Kindertageseinrichtungen. Weinheim, Beltz.

Merkel, J. (2005). Gebildete Kindheit: wie die Selbstbildung von Kindern gefördert wird; Handbuch der Bildungsarbeit im Elementarbereich. Bremen, Ed. Lumière.

Pochert, T. (1998). Heimwerken: do it yourself. Niedernhausen/Ts., Falken.

Pochert, T. (2005). Heimwerken: alles im Griff. München, Bassermann.

Weiterführende Literatur

Bridgman, R. (2002). 1000 Erfindungen & Entdeckungen: vom Faustkeil bis zur Gentechnik. Starnberg, Dorling Kindersley.

Wersching, G. (2004). Wenn ich groß bin werde ich Erfinder – Kinder gestalten ihre Welt. In: Kindergarten heute 10/2004: S. 28-32.

Kid's Park – Kasimirs Backstube

Kindertagesheim St. Johannes Arsten
Korbhauser Weg 2
28279 Bremen

Ansprechpartner: Frau Hella Wesseler-Kühl und Frau Kathrin Effenberger
Telefon: 04 21 – 82 77 70
Email: st.-johannes-arsten@kiki-bremen.de

Das Projekt im Überblick

Um was geht es?

Das Projekt zeigt, wie eine Einrichtung zu einem „Einkaufszentrum" wird, das aus verschiedenen Geschäften besteht: Die Kinder eröffnen einen Bücherladen, eine Gärtnerei, ein Restaurant, eine Kunstgalerie sowie eine Bäckerei. Sie informieren sich durch verschiedene Angebote über die Vorgänge, die für das jeweilige Geschäft von Bedeutung sind. Anschließend beginnen die Kinder damit, selbst Waren herzustellen und diese dann bei unterschiedlichen Gelegenheiten an Eltern oder andere Personen aus dem Umfeld der Einrichtung zu verkaufen. Auf diese Weise erleben die Kinder den gesamten Prozess der Herstellung und des Verkaufs von Waren. Im Laufe des Projekts entstehen für die Kinder zahlreiche Anreize, gemeinsam mit den Erzieherinnen mathematische und naturwissenschaftliche Inhalte aufzugreifen und zu bearbeiten.

Was zeichnet das Projekt besonders aus?

Partizipation der Kinder im kompletten Projektverlauf

Besonders hervorstechend in diesem Projekt ist die Partizipation der Kinder und der Eltern im kompletten Projektverlauf.

Das Projekt wird nicht von den Erzieherinnen vorgegeben, sondern gemeinsam mit den Kindern Schritt für Schritt erarbeitet. Kinder lernen die verschiedenen Rollen und Funktionen in realen Geschäftssituationen kennen und erproben selbst den Umgang damit. Probleme, die auch in der Realität auftauchen (z. B. Wie viel Geld kann man für selbstgebackene Plätzchen verlangen, damit die Unkosten gedeckt sind und man dennoch einen kleinen Gewinn macht?), werden diskutiert, und verschiedene Lösungsmöglichkeiten werden erprobt. Auch die Entscheidung, wie die Kinder die erzielten Gewinne verwenden, wird von den Kindern in der jeweiligen Gruppe bzw. im jeweiligen Geschäft getroffen. Vorschläge, welches Spielzeug man für wie viel Geld kaufen kann, werden beispielsweise nicht mit der Aussage „das ist zu teuer" kommentiert, sondern die Kinder gehen in ein Spielwarengeschäft, um sich selbst kundig zu machen.

Neben den Kindern werden auch die Eltern sehr stark in das Projekt eingebunden, z. B. durch die Beteiligung an der Namensfindung für das Einkaufszentrum und insbesondere auch dadurch, dass sie als echte Kunden und Gäste die Läden der Kinder besuchen.

Realitätsnähe

Ein weiteres hervorstechendes Merkmal dieses Projekts ist seine Realitätsnähe. Die Geschäftsideen werden nicht im einfachen Rollenspiel nachgeahmt, sondern sehr realitätsnah von und mit den Kindern umgesetzt. Die Kinder könnten sicher jederzeit mit den vorhanden Materialien und deren kreativen Einsatz im Freispiel Bedienung und Gast in einem Restaurant oder Kaufladen spielen. Hier wird aber mit echten Materialien, mit echt zu leistender Arbeit, wie dem Anfertigen von Blumenschmuck, mit echten Kunden und mit echtem Geld agiert.

Orientierung nach außen

Diese Realitätsnähe wird insbesondere auch durch eine Orientierung nach außen bewirkt. Jedes Kindergarten-Geschäft hat einen Partner außerhalb der Einrichtung, bei dem die Kinder hinter die Kulissen blicken können. Das Partner-Geschäft informiert die Kinder, welche Aufgaben im jeweiligen Bereich anfallen und wie diese zu bewältigen sind. Die Kinder erhalten dadurch sehr konkrete Hinweise auf verschiedene Berufe und Geschäftsabläufe, die sie im weiteren Projektverlauf erproben können.

Ergänzt wird diese Orientierung nach außen dadurch, dass Eltern, Großeltern usw. in den Geschäften einkaufen und im Restaurant essen können.

Welche Ziele verfolgt das Projekt?

Das Projekt soll es den Kindern ermöglichen, in verschiedene Rollen zu schlüpfen, um auf diese Weise eigene Vorlieben und Fähigkeiten zu entdecken. Durch die Einrichtung und Eröffnung verschiedener Geschäfte soll für die Kinder der gesamte Prozess der Herstellung und des Verkaufs von Produkten erlebbar werden. Gleichzeitig sollen sich dadurch für die Kinder konkrete Lerngelegenheiten ergeben, die mit ihrer Lebenswelt in Zusammenhang stehen. Diese Lerngelegenheiten sollen genutzt werden, um sich mit mathematischen und naturwissenschaftlichen Inhalten zu beschäftigen. Aufgabe der Erziehrinnen ist es, solche Lerngelegenheiten zu erkennen und aufzugreifen, um auf dieser Grundlage den Kindern weitere Angebote zu machen, sich mit mathematischen und naturwissenschaftlichen Inhalten auseinanderzusetzen. Außerdem geht es darum, den Kindern bewusst zu machen, dass sie sich gerade mit mathematischen und naturwissenschaftlichen Inhalten beschäftigen und dass sie dabei sind, ihre Kenntnisse und Fähigkeiten in diesem Bereich zu erweitern. Indem den Kindern bewusst wird, wie und wann sie etwas gelernt haben, soll die lernmethodische Kompetenz der Kinder gestärkt werden.

Wie werden die Ziele des Projekts umgesetzt?

Projektarbeit

Lernen in Projekten zu organisieren ist ein zentrales Anliegen dieser Einrichtung. Dies kann als optimaler Weg für die ganzheitliche Erarbeitung eines Themas mit unterschiedlichsten Facetten bezeichnet werden. Dies gilt vor allem auch für den angestrebten Lebensweltbezug der Projektthemen. Besonders auffällig und überzeugend ist die Projektkonzeption als Gesamtprojekt für die Einrichtung einerseits (alle fünf Gruppen sind beteiligt, gemeinsamer Beginn, gemeinsames Ende beim Sommerfest) und die voneinander zwar unabhängige, aber dennoch sehr stark miteinander verzahnte Projektarbeit in den Gruppen andererseits (jede Gruppe ein Geschäft/Laden, gegenseitige Einkäufe).

Stärkung lernmethodischer Kompetenz

Durch die schrittweise gemeinsame Erarbeitung des Projekts wird in hohem Maße die lernmethodische Kompetenz gefördert. Die Kinder erarbeiten sich selbst die Zusammenhänge und lösen auftretende Probleme im Diskurs. Damit sich die Kinder mit dem Gelernten nochmals auseinandersetzen können, stehen die Materialien auch im Freispiel bereit. Die Ergebnisse bzw. die Lerneffekte hält jedes Kind in einem Projekttagebuch fest, in das die Erzieherin auch Kommentare des Kindes zum Projekt einträgt.

Für welches Alter ist das Projekt geeignet?

3–6 Jahre

Welche Bildungsbereiche werden besonders unterstützt?

Mathematisches Verständnis
Naturwissenschaftliches Verständnis

Welche anderen Bildungsbereiche berührt das Projekt noch?

Sprache und Interkulturalität

Durch das Kennenlernen neuer Gegenstände, Materialien und Rollen, insbesondere durch die Besuche in den Betrieben oder durch die Zusammenarbeit mit Künstlern, lernen die Kinder neue Begriffe. Ergänzt wird dies durch Bilderbuchbetrachtungen und auch durch das Angebot einer Leseecke im Bücherladen. Interkulturelle Aspekte erhält das Projekt durch die Auseinandersetzung mit dem Land Italien und durch das Einüben eines italienischen Liedes.

Kreativität und Kunst

Der Bildungsbereich Kreativität/ Kunst erfährt eine besondere Bedeutung durch die „Galerie Kunterbunt", in der die Beschäftigung mit Farben, Maltechniken, Papiersorten sowie Bildern und Skulpturen unmittelbar stattfindet. Aber auch in den anderen Geschäften ist Kreativität ein wichtiges Thema: Sei es beim Erstellen von Blumenschmuck, beim Einrichten der Leseecke oder beim Dekorieren der Restauranttische.

Auch auf der übergreifenden Projektebene wird Kreativität – allein schon durch die räumliche Umgestaltung des Kindergartens in ein Einkaufszentrum – ein große Bedeutung zugemessen.

Welche Aspekte werden besonders berücksichtigt?

Das Projekt bietet Kindern vielfältige Möglichkeiten, unterschiedliche Rollen auszuprobieren und dabei ihre individuellen Vorlieben kennenzulernen. Dabei können Mädchen Angebote nutzen, die im Allgemeinen nicht so häufig von ihnen nachgefragt werden. Auch für Jungen gibt es entsprechende Angebote. Beispielsweise gibt es in der Kunstgalerie ein Angebot, das von einem Künstler durchgeführt wird und das sich zunächst nur an Jungen richtet, die erfahrungsgemäß nicht so häufig an Malangeboten teilnehmen. Umgekehrt wird eine eher handwerkliche Tätigkeit – das künstlerische Bearbeiten von Ytongsteinen – zunächst nur den Mädchen angeboten.

Wie können die Eltern und Familien der Kinder am Projekt beteiligt werden?

Im Vorfeld des Projekts werden die Eltern in regelmäßigen Elterngesprächen und auf Elternabenden über das Projekt informiert und gleichzeitig gebeten, Vorschläge und Anregungen einzubringen. Eltern mit entsprechenden Kenntnissen werden gebeten, sich an der Organisation von Exkursionen oder der Erstellung von Werbematerial zu beteiligen.

Während der Bring- und Abholzeit haben die Geschäfte im Kid's Park geöffnet, und die Eltern können sich selbst ein Bild über die Aktivitäten der Kinder während des Projekts machen. Auch bei dieser Gelegenheit suchen die Erzieherinnen mit den Eltern das Gespräch und fragen gegebenenfalls nach, ob die Eltern das Projekt unterstützen können.

Im Rahmen spezieller Aktionen der Geschäfte laden die Kinder ihre Eltern und Familien zu verschiedenen Dingen ein: Beispielsweise zu Kaffee und Kekse in Kasimirs Backstube oder zu einem Backkurs, in dem sie ihren Eltern beispielsweise zeigen, wie man Hefeteig herstellt.

Zum Abschluss des Projekts werden die Eltern zu einem Kindergartenfest eingeladen, während dem die verschiedenen Läden des Einkaufszentrums geöffnet haben. Vor der Eröffnung werden die Eltern in die Namenssuche für das Einkaufszentrum eingebunden.

Welchen Bezug hat das Projekt zur pädagogischen Konzeption der Einrichtung?

Die Zielsetzung Lernen in Projekten zu organisieren, ist fester Bestandteil der pädagogischen Konzeption der Einrichtung. Kinder lernen am besten, wenn sie Lust haben zu lernen, wenn es ihnen Spaß macht und wenn sie einen Sinn darin sehen, sich Dinge anzueignen. Diese Punkte lassen sich in Form von Projektarbeit gut umsetzen. Die Projektthemen und ihre Umsetzung sollen den Kindern ermöglichen, Neues zu erfahren und mit Neugier Dinge zu erkunden. Die Lebenswelt der Kinder gibt die Themen der Projekte vor. Die Projekte werden so aufgebaut, dass sich in der gleichen Zeit alle Gruppen der Einrichtung mit einem Thema beschäftigen. Es gibt einen gemeinsamen Einstieg in das Projekt und einen gemeinsamen Abschluss. Die Fachkräfte passen dann die weitere Umsetzung des Projektthemas in den einzelnen Gruppen individuell an die Bedingungen der Gruppe an.

Welche Erfahrungen hat die Einrichtung mit diesem Projekt gemacht?

Die Kinder und Eltern, die am Projekt teilnahmen, brachten viele eigene Ideen ein und setzten sie auch mit viel Freude um. Die Kinder hatten die Möglichkeit, viele unterschiedliche Rollen auszuprobieren und auf diese Weise eine für sie passende Rolle zu finden. Viele Kinder entdeckten neue Fähigkeiten und entwickelten durch die Übertragbarkeit der Projektinhalte auf Alltagssituationen eine differenziertere Wahrnehmung ihrer Umwelt. Das große Fest zum Abschluss des Projekts verschaffte der Einrichtung zusätzlich Aufmerksamkeit in der Öffentlichkeit.

Welche Kompetenzen der Kinder werden gestärkt?

Soziale Kompetenzen – Unternehmerische Kompetenzen

Insgesamt besitzt dieses Projekt einen sehr umfassenden Ansatz zur Förderung kindlicher Kompetenzen. Im Fokus hierbei stehen zum einen die Förderung mathematisch-naturwissenschaftlicher Kompetenzen und zum anderen die Förderung unternehmerischer Kompetenzen.

Die Förderung naturwissenschaftlicher Kompetenzen erfolgt mittels der Auseinandersetzung mit den unterschiedlichen, verwendeten Materialien. So findet in der Gärtnerei eine Erforschung des Pflanzenwachstums statt, in der Bäckerei wird dagegen erforscht, wie Hefe funktioniert. Der Umgang mit Mathematik findet unter anderem in den Berechnungen von Mengenangaben und vor allem beim Rechnen mit Geld statt.

Unternehmerische Kompetenzen werden durch unternehmerische Schlüsselqualifikationen wie Kreativität, Selbstständigkeit und Kommunikationsfähigkeit gefördert. Insbesondere die soziale Kompetenz wird durch den notwendigen kontinuierlichen Abstimmungs- und Entscheidungsfindungsprozess gefördert.

Das Projekt – Ausführliche Beschreibung

Die Gruppen in der Einrichtung werden zu Geschäften und der Kindergarten zu einem großen Einkaufszentrum. Jede Gruppe sucht sich einen bestimmten Geschäftszweig aus: Es werden ein Buchgeschäft, eine Kunstgalerie, eine Gärtnerei, ein italienisches Restaurant und eine Bäckerei eingerichtet. Die Geschäfte stellen verschiedene Dinge her und verkaufen sie. Kunden sind die Kinder aus den anderen Gruppen, Eltern oder Personen aus dem Umfeld der Einrichtung. Gezahlt wird mit echtem Geld, von dem sich die Kinder neue „Rohstoffe" zur Produktion ihrer Waren kaufen können. Den am Ende übrig bleibenden Gewinn darf die Gruppe nutzen, um sich einen Wunsch zu erfüllen. Auf diese Weise erleben die Kinder den gesamten Prozess der Herstellung und des Verkaufs von Produkten und setzen sich mit einem Wirtschaftskreislauf in vereinfachter Form auseinander.

Besondere Berücksichtigung finden dabei Anreize, sich mit mathematischen und naturwissenschaftlichen Inhalten zu beschäftigen. Im Laufe des Projekts entstehen zahlreiche solcher Anreize, wie zum Beispiel beim Abwiegen von Zutaten, beim Zählen von Geld, beim Mischen von Farben oder bei der Pflege und der Aufzucht von Pflanzen. Eine wichtige Aufgabe der Erziehrinnen ist es, diese Anreize zu erkennen und aufzugreifen, um auf dieser Grundlage den Kindern weitere Angebote zu machen, sich mit mathematischen und naturwissenschaftlichen Inhalten tiefgreifender zu beschäftigen. Außerdem geht es dabei darum, den Kindern bewusst zu machen, dass sie sich

gerade mit mathematischen und naturwissenschaftlichen Inhalten beschäftigen und dass sie dabei sind, ihre Kenntnisse und Fähigkeiten in diesem Bereich zu erweitern. Indem den Kindern bewusst wird, wie und wann sie etwas gelernt haben, kann die lernmethodische Kompetenz der Kinder gestärkt werden.

Zur Dokumentation des Projektverlaufs führt jedes Kind eine Projektmappe, in das Lieder, Rezepte, Fotos, Bilder und Ergebnisse von Befragungen zum Projektthema eingeklebt werden. Außerdem halten die Erzieherinnen darin während des Projekts die Aktivitäten und Kommentare der Kinder fest. Zusätzlich hängen neben den Türen zu den Gruppenräumen Magnettafeln, auf denen immer aktuelle Infos zum Projekt zu finden sind.

Die Materialien, die für die Aktivitäten im Laufe des Projekts eingeführt und genutzt werden, stehen den Kindern während der Freispielzeit weiterhin zur Verfügung.

Der Buchladen „Bücherwurm"

Zum Einstieg in das Projekt besuchen die Kinder eine Buchhandlung mit ihren verschiedenen Abteilungen. Es wird ein Bilderbuch vorgelesen und anschließend darf sich die Gruppe ein Buch kaufen. Welches das sein soll, diskutieren und entscheiden die Kinder selbst.

Zurück in der Einrichtung stellt eine Erzieherin den Kindern Nino, den Bücherwurm, vor, der die Kinder als Leitfigur durch das Projekt begleiten soll. Anschließend basteln die Kinder aus Perlen selbst einen Bücherwurm und stellen mit verschiedenen Techniken Lesezeichen her (z. B. durch das Flechten von Papier oder das Bedrucken von dünnem Karton).

Im Rahmen einer weiteren Exkursion in eine Bücherei erarbeiten die Kinder den Unterschied zwischen dem Ausleihen und Kaufen von Büchern. Außerdem beschäftigen sich die Kinder mit Karteikästen, der Bedeutung von Ausleihfristen und dem Umgang mit ausgeliehenen Büchern.

Die Kinder denken sich zudem selbst eine Geschichte aus, die von einer Erzieherin aufgeschrieben wird. Dazu malen die Kinder dann Bilder in verschiedenen Techniken und führen Experimente zur Saugfähigkeit von Papier und zur Mischbarkeit von Farben durch. Zusammengefasst in einem Buch werden die Geschichte und die Bilder mit den Lesezeichen sowie den selbst gebastelten Bücherwürmern später dann verkauft. Um nicht nur ein Exemplar des Buchs zur Verfügung zu haben, machen sich die Kinder mit dem Vorgang des Ausdruckens und Kopierens von Texten und Bildern vertraut.

Auch in der gemeinsamen Umgestaltung des Gruppenraums wird das Projektthema deutlich. In einem leer geräumten Regal werden die mitgebrachten Lieblingsbücher der Kinder gesammelt. Danach besteht die Möglichkeit, sich gegenseitig Bücher auszuleihen oder sich in der gemütlich eingerichteten Leseecke ein Buch anzuschauen.

Die Kunstgalerie „Kunterbunt"

Zum Einstieg in das Projekt besuchen die Kinder einen Künstler, der mit ihnen an einer Staffelei arbeitet. Die Kinder befragen den Künstler zu seinem Beruf und fertigen gemeinsam mit ihm verschiedene Kunstwerke an. Die Befragung zeichnen die Kinder mit Kassettenrekorder und Mikrofon auf.

An den nächsten Projekttagen steht die Erarbeitung der Farben im Mittelpunkt. Dazu wird jedem Tag eine Farbe zugewiesen und gleichzeitig vereinbart, an welchem Tag welche Farbe dran ist. Die Kinder und Erwachsenen tragen dann an diesen Tagen jeweils vorrangig Kleidung in der Tagesfarbe. Es werden Gegenstände mit der entsprechenden Farbe im Raum gesucht und – so weit möglich – werden auch die Frühstückszutaten in der entsprechenden Farbe ausgewählt. Nachdem alle ausgewählten Farben dran waren, setzen sich die Kinder mit dem Unterschied zwischen Grund- und Mischfarben auseinander. Dazu mischen die Kinder verschiedene Farben und finden so heraus, welche Farben sich durch das Mischen anderer Farben herstellen lassen und bei welchen Farben das nicht möglich ist (Grundfarben).

malen mit Aquarellstiften

VIVIEN

An weiteren Projekttagen probieren die Kinder unterschiedliche Mal- und Gestaltungstechniken aus (Wasserfarben, Aquarellstifte, Acrylfarben). In diesem Zusammenhang wird auch der Umgang mit Lineal und Zirkel interessant, und die Kinder beschäftigen sich mit geometrischen Grundformen (Rechteck, Quadrat, Kreis, Dreieck). Außerdem lernen die Kinder verschiedene Papiersorten kennen und erfahren, welche Papiersorte für welche Maltechnik am besten geeignet ist. Im Laufe der Zeit wird der Gruppenraum immer mehr zum Atelier, und es entstehen zahlreiche Kunstwerke, die dann im Rahmen einer Ausstellung Kindern anderer Gruppen, Eltern und der übrigen Familie zum Kauf angeboten werden.

Während des Projekts stehen den Kindern im Gruppenraum auch verschiedene Kunstbände zur Verfügung, in denen unterschiedliche Stilrichtungen und Maltechniken zu sehen sind. Beim Betrachten stellen die Kinder fest, wie unterschiedlich Gegenstände und Themen dargestellt werden können.

Im weiteren Projektverlauf erschaffen die Kinder auch Skulpturen aus Ytongsteinen, besuchen eine Galerie und treten mit dem Künstler in Briefkontakt, um ihn über die fortschreitende Entwicklung ihrer Kunstwerke zu informieren.

Die Gärtnerei

Am Anfang steht ein Ausflug in eine Gärtnerei, die auch einen eigenen Laden hat. Die Kinder besichtigen das Außengelände, die Gewächshäuser und den Verkaufsraum. Anschließend kaufen sich die Kinder Samen, Blumenzwiebeln, Setzlinge und Topfblumen, die den Grundstock zur Eröffnung der eigenen Gärtnerei bilden.

Wieder in der Einrichtung wird der Gruppenraum mit den notwendigen Utensilien ausgestattet, um Samen, Setzlinge, Blumenzwiebeln und Ableger einzupflanzen und zu versorgen. In den kommenden Wochen kümmern sich die Kinder um die Pflege ihrer Pflanzen und beschäftigen sich mit angrenzenden Themen wie z. B. dem Wasserkreislauf, dem Treibhauseffekt und der Bedeutung von Lüftung bzw.

Wässerung für das Wachstum von Pflanzen. Die genaue Beschreibung eines Versuchs zum Treibhauseffekt findet sich in dem Buch „Löwenzahn – Peter Lustigs Forschertipps“ (siehe Literaturhinweise). Den Einfluss von Sonneneinstrahlung auf das Wachstum von Pflanzen lernen die Kinder ebenfalls kennen.

Sobald die Pflanzen groß genug sind und es die Witterung erlaubt, werden sie von den Kindern in ein Beet im Freien umgesetzt. Den Boden in diesem Bett bearbeiten die Kinder vorher entsprechend, indem sie die Steine heraussammeln, den Boden lockern und Pflanzerde auffüllen. Nach dem Umsetzen wässern und düngen die Kinder ihre Pflanzen nach Bedarf.

Durch die Beschäftigung mit den Pflanzen erleben die Kinder, wie der Wasserkreislauf funktioniert, wie aus Samen Pflanzen werden, die dann selbst wieder Samen tragen, und welche Abhängigkeit zwischen Wachstumsprozessen und den Jahreszeiten besteht.

Auf dem Kindergartenfest verkaufen die Kinder aus der Gärtnerei neben einigen Pflanzen auch bemalte Steine aus eigener Herstellung, die zur Dekoration von Blumentöpfen oder Gartenbeeten genutzt werden können.

Ristorante „Agnello“

Zu Beginn des Projekts gehen die Kinder in einem italienischen Restaurant essen und unterhalten sich anschließend mit dem Koch und den Servicekräften über die Abläufe in einer Gaststätte.

In der Einrichtung entwickeln die Kinder ein Rollenspiel, in das sie ihre Eindrücke aus dem Restaurantbesuch einbringen: Es gibt Kinder, die Köche spielen, andere übernehmen die Rolle der Servicekräfte oder besuchen als Gäste das Restaurant. Im Verlauf des Rollenspiels erarbeiten die Kinder, welche Aufgaben die verschiedenen Personen übernehmen müssen. Zu den Aufgaben eines Kochs gehört es beispielsweise, einkaufen zu gehen, verschiedene Rezepte zu kennen und zu kochen. Die Servicekräfte müssen wissen, welche Dinge im Restaurant angeboten werden, wie man Bestellungen aufnimmt und wie man das Geld kassiert. Aufgabe der Gäste ist es, etwas auszuwählen und zu bestellen. Dazu müssen sich die Gäste überlegen, wie viel sie sich leisten können. Neben den Hygienevorschriften, die für Köche und Servicekräfte gelten, wird auch angesprochen, welche Berufskleidung sie tragen.

Im weiteren Verlauf des Projekts kochen und backen die Kinder verschiedene Speisen (Pizzabrötchen, Nudelgerichte, Pizza mit verschiedenen Belägen). Auf diese Weise erweitern die Kinder die selbstgestaltete Speisekarte ihres Restaurants nach und nach. Im Restaurant werden dann auch Getränke und selbst hergestelltes Eis angeboten. Kinder aus anderen Gruppen oder Eltern bekommen die Gelegenheit, sich etwas von der Speisekarte auszusuchen, das dann von den Restaurant-Kindern gekocht und serviert wird. Vor der Eröffnung des Restaurants richten die Kinder die Tische her und dekorieren sie mit selbst gebastelten Dingen (z. B. Nudelschmuck) oder mit Blumen, die sie in der Kindergärtnerei gekauft haben.

Neben dem Restaurantbetrieb beschäftigen sich die Kinder auch mit dem Land Italien: Sie schauen auf einer Weltkarte nach, wo es zu finden ist. Die Kinder informieren sich, wie man in Italien spricht und wie die italienische Fahne aussieht. Außerdem wird das italienische Lied „La bella polenta“ gesungen. Mit Hilfe dieser Informationen entwerfen die Kinder Plakate, um für ihr Ristorante zu werben.

Die Bäckerei „Kasimirs Backstube“

Zu Beginn betrachten die Kinder das Bilderbuch „Kasimir backt“. Kasimir, der kleine Biber, wird zur Leitfigur des Projekts. Er taucht an verschiedenen Stellen auf und tritt mit den Kindern über Briefe in Kontakt, die er im Gruppenraum hinterlässt. Der erste Brief enthält ein Lied und einen rhythmischen Spruch zum Thema Backen. Auf den Rhythmus von „Wer hat den Keks aus der Dose geklaut?“ rappen die Kinder in zwei Gruppen:

Gruppe 1: Wir backen Brot, das uns allen schmeckt!
Gruppe 2: Wer – Ihr?
Gruppe 1: Ja, wir!
Alle: Wir backen Brot, das uns allen schmeckt!

Dazwischen singen die Kinder auf die Melodie von „Zwei lange Schlangen" folgenden Text:

1. Strophe: Ein kleiner Bäcker wird früh am Morgen wach.
Er räkelt sich und streckt sich, sagt müde, „Guten Tag!"
Gähn, gähn, gähn, gähn,
gähn, gähn, gähn, gähn, gähn, gähn, gähn! (2x)

2. Strophe: Ein kleiner Bäcker zieht Mütz' und Schürze an,
jetzt muss er sich beeilen, die Arbeit fängt gleich an!
Schneller, schneller, schneller, schneller, jetzt geht's los! (2x)

3. Strophe: Ein kleiner Bäcker, der backt sehr leckeres Brot.
Er backt auch leckere Brötchen,
die sind aus Korn und Schrot.
Knet, knet, knet, knet,
Knet, knet, knet, knet, knet, knet, knet (2x)

Zwischen den einzelnen Strophen wird der Bäcker-Rap jeweils einmal wiederholt.

In seinem ersten Brief erzählt Kasimir den Kindern auch davon, dass er in zwei Tagen Geburtstag hat. Die Kinder überlegen gemeinsam, wie Kasimirs Geburtstag gefeiert werden könnte. Das Bilderbuch „Kasimir backt" enthält ein Rezept für einen Kuchen. Dieses Rezept möchten einige Kinder nachbacken. Ein anderes Kind hat die Idee, für Kasimir eine kleine Geburtstagskrone zu basteln. Zwei Tage später wird dann Kasimirs Geburtstag groß gefeiert. Es gibt den selbstgebackenen Kuchen und es werden Lieder gesungen.

Am folgenden Tag finden die Kinder einen zweiten Brief, in dem sich Kasimir für den Kuchen und die Geschenke bedankt. Außerdem fragt er die Kinder, weshalb sie Hefe in den Kuchenteig getan haben. Hefe sei doch nur so ein krümeliges Zeug, das gar nicht gut schmeckt. Auf diese Frage können die Kinder zunächst keine Antwort geben. Eine Erzieherin schlägt vor, einen Versuch zu machen. Dazu wird gemeinsam ein Brotteig mit und ein Brotteig ohne Hefe angerührt. Die Kinder beobachten, was passiert und halten ihre Beobachtungen mit einer Sofortbildkamera fest. Der Teig mit Hefe quillt nach einer gewissen Zeit über den Rand der Schüssel, während der andere Teig sich nicht verändert. Dann backen die Kinder den Teig aus und halten auch hier wieder ihre Beobachtungen fest. Das Brot aus dem Hefeteig ist viel größer und lockerer geworden als das Brot aus dem Teig ohne Hefe. Dieses Brot bleibt nach dem Backen flach und fest. Dann werden die Brote aufgeschnitten. Die Kinder stellen fest, dass in dem Brot ohne Hefe keine „kleinen Löcher" sind und vermuten, dass daran die fehlende Hefe schuld ist.

Als nächstes backen die Kinder Kekse mit und ohne Backpulver. Anschließend vergleichen sie die Kekse und dokumentieren ihre Beobachtungen in ihrem Projekt-Heft. Die älteren Kinder fertigen dazu Bilder an und die jüngeren kleben ein selbst geschossenes Foto ein. Die Kinder halten fest, dass die Kekse mit Backpulver etwas aufgehen, während die anderen ohne Backpulver flach bleiben. Eine Geschmacksprobe macht den Kindern deutlich, dass die Kekse ohne Backpulver viel fester sind als die Kekse, bei deren Herstellung Backpulver in den Teig gegeben wurde.

Um genau zu untersuchen, was Hefe und Backpulver mit dem Teig machen, führen die Kinder einen Versuch durch. Dazu geben sie Wasser, Zucker und Hefe in eine Flasche und stülpen einen Luftballon

über den Flaschenhals. Nach einiger Zeit beginnt der Luftballon sich aufzurichten. Die Kinder stellen die Vermutung an, dass sich ein Gas entwickelt, das den Luftballon aufbläst. Dieses Gas ist auch dafür verantwortlich, dass im Teig kleine Löcher sind. Dadurch wird der Teig locker und geht auf. Ausführliche Informationen zu diesem Versuch finden sich in dem Buch „Löwenzahn – Peter Lustigs Forschertipps – Luft und Schwerkraft" (siehe aufgelistete Literatur, die bei der Erarbeitung des Projekts verwendet wurde).

In Kasimirs Backstube können von nun an Kekse bestellt werden. Beispielsweise von Eltern oder anderen Personen aus dem Umfeld der Einrichtung. Zum Aufgeben der Bestellungen entwerfen die Kinder gemeinsam mit den Erzieherinnen am Computer einen Bestellzettel, den die Kinder dann auch selbst ausfüllen können. Der Bestellzettel sollte Felder für den Tag der Bestellung, den Tag der Abholung, den Namen des Bestellers, den Preis sowie den Namen des Kindes vorsehen, das die Bestellung angenommen hat. Wenn eine Bestellung eingeht, muss der Einkauf der Zutaten geplant werden. Werden beispielsweise 20 Kekse bestellt, überlegen sich die Kinder, wie viel ein Keks kosten soll. Der Preis für die Kekse soll so kalkuliert werden, dass nach dem Verkauf noch ein kleiner Gewinn für die Gruppenkasse bleibt. Die Kinder schreiben gemeinsam mit einer Erzieherin ein Keksrezept auf. Abhängig von der bestellten Menge an Keksen stellen die Kinder dann einen Einkaufszettel zusammen. Einige Kinder gehen anschließend mit einer Erzieherin einkaufen, um die benötigten Zutaten zu besorgen.

Bei der Annahme der Bestellung, dem Ausfüllen des Bestellzettels, der Kalkulation des Verkaufspreises, dem Zusammenstellen des Rezepts und des Einkaufszettels sollen die sich bietenden Anreize genutzt werden, um mathematische Zusammenhänge zu erfassen. Auch das Abmessen und Abwiegen verschiedener Zutaten beim Backen der Kekse sowie der Umgang mit Geld beim Einkaufen der Zutaten bzw. Verkaufen der Kekse bietet zahlreiche Möglichkeiten, mathematische Inhalte zu bearbeiten.

Im weiteren Verlauf des Projekts besuchen die Kinder eine Bäckerei in der Nähe der Einrichtung und erfahren dabei beispielsweise, wie eine Teigmischmaschine funktioniert, wie Teig ausgewalzt wird oder wie Brötchen geformt werden. Während eines Gesprächs stellen die Kinder dem Bäcker Fragen zu seinem Beruf und den damit verbundenen Tätigkeiten.

Außerdem laden die Kinder ihre Eltern zu Kaffee und Kuchen in Kasimirs Backstube ein. Dazu ist eine Reihe von Vorbereitungen notwendig. Zunächst überlegen sich die Kinder, welchen Kuchen sie backen möchten. Dann stellen sie die für das Rezept benötigten Zutaten auf einem Einkaufszettel zusammen. Auch der Einkauf der Zutaten wird anschließend von den Kindern erledigt. Während einige Kinder den Kuchen backen, bereiten andere den Raum vor, in dem die Eltern am folgenden Tag zu Kaffee und Kuchen eingeladen werden. Um eine entsprechende Anzahl an Tischen und Stühlen bereit zu stellen, muss zunächst die Anzahl der erwarteten Gäste ermittelt werden. Bevor die Kinder mit dem Decken der Tische beginnen, vergewissern sie sich durch Nachzählen, ob genug Plätze für alle Kinder der Gruppe und ihre Gäste bereit stehen.

Fest zum Abschluss des Projekts

Im Rahmen eines Kindergartenfestes wird dann das Einkaufszentrum mit den unterschiedlichen Läden eröffnet. Vorher überlegen sich die Kinder, wie für das Fest geworben kann. Sie malen Plakate, erstellen Handzettel und schreiben eine Einladung an die Eltern. Auch in der Gemeindezeitung wird auf die Eröffnung des Einkaufszentrums hingewiesen.

Alle Läden verkaufen ihre selbst hergestellten Produkte und bieten dazu passende Aktionen an. In Kasimirs Backstube kann man Kekse verzieren, Waffeln backen oder Kekshäuser herstellen. Jede Dienstleistung kostet eine Kleinigkeit.

Am nächsten Tag zählen die Kinder das eingenommene Geld. Zunächst sortieren sie die Einnahmen nach Münzen und Scheinen. Dann ordnen die Kinder die Münzen und Scheine nach ihrem Wert. Mit Hilfe der Erzieherinnen wird der Gesamtbetrag ermittelt. Über die Verwendung des eingenommenen Geldes dürfen die Kinder selbst

entscheiden. In einer Gesprächsrunde werden Vorschläge gesammelt, was alles für das Geld gekauft werden soll. Um eine realistische Vorstellung zu bekommen, welche Dinge man für das eingenommene Geld überhaupt kaufen kann, machen sich einige Kinder auf den Weg in einen Spielzeugladen. Dort vergleichen sie Preise und berichten anschließend den anderen Kindern über die Anschaffungskosten verschiedener Spielsachen. Gemeinsam entscheiden die Kinder, was gekauft wird.

Wie lässt sich das Projekt erweitern?

Dieses Projekt ist in vorbildlicher Weise ganzheitlich und kindorientiert. Statt Ideen einer Weiterentwicklung soll hier die Aufforderung erfolgen, so weiter zu machen. Es wäre schade, wenn es sich hier nur um ein einzelnes, zeitlich begrenztes Projekt handeln würde, das als Highlight der täglichen pädagogischen Arbeit an die Außenwelt herangetragen wird.

Gerade der gewählte Ansatz der Projektarbeit, bei der die Kinder sich abstimmen müssen, selbst entscheiden dürfen, durch Diskussionen, Ausprobieren und Handeln lebensweltnah lernen und dieses zudem noch dokumentieren, eröffnet eine weite Perspektive für die Auseinandersetzung mit Themen, die Kinder interessieren. Auf diese Weise kann frühkindliche Bildung in umfassender Weise stattfinden.

Welche Literatur wurde bei der Erarbeitung des Projekts verwendet?

Freie Hansestadt Bremen. Der Senator für Arbeit, Frauen, Gesundheit, Jugend und Soziales. (Hrsg.). (2004). Bremer Rahmenplan für Bildung und Erziehung im Elementarbereich. Bremen, Scharnhorst & Reincke.

Hoenisch, N. & Niggemeyer, E. (2004). Mathe-Kings: junge Kinder fassen Mathematik an. Weimar, Verl. das Netz.

Merkel, J. (2005). Gebildete Kindheit: wie die Selbstbildung von Kindern gefördert wird; Handbuch der Bildungsarbeit im Elementarbereich. Bremen, Ed. Lumière.

Bereich „Buchladen“:

Arbeitsgemeinschaft für Evangelische Kinderpflege & Evangelische Bundesarbeitsgemeinschaft für Sozialpädagogik im Kindesalter (2002). *Vorlesen und Erzählen.* In: Theorie und Praxis der Sozialpädagogik: TPS; evangelische Fachzeitschrift für die Arbeit mit Kindern 6/2002.

Arbeitsgemeinschaft für Evangelische Kinderpflege & Evangelische Bundesarbeitsgemeinschaft für Sozialpädagogik im Kindesalter (2004). *Sprache fördern.* In: Theorie und Praxis der Sozialpädagogik: TPS; evangelische Fachzeitschrift für die Arbeit mit Kindern 4/2004.

Lustig, P. (2003). Peter Lustigs Forschertipps – Licht und Pflanzen: spannende Experimente zum Ausprobieren. Königswinter, Tandem-Verl.

Bereich „Gärtnerei“:

Björk, C., Anderson, L., et al. (1995). Die schnellste Bohne der Stadt: wir pflanzen Kerne, Samen und Früchte. München, Bertelsmann.

Krekeler, H. & Rieper-Bastian, M. (2000). Spannende Experimente: Naturwissenschaft spielerisch erleben. Ravensburg, Ravensburger Buchverl.

Lustig, P. (2003). Peter Lustigs Forschertipps – Licht und Pflanzen: spannende Experimente zum Ausprobieren. Königswinter, Tandem-Verl.

Vogel, A. (1978). Das grosse Buch für kleine Gärtner. Münster, Coppenrath.

Bereich „Restaurant“

Güthner, A., Stotz, I., et al. (2003). Wie & Woher? Vom Getreidkorn zum Brot. Münster, Coppenrath.

Labbé, M. (2007). „La bella polenta.“ auf: http://www.labbe.de/liederbaum/index.asp?themaid=19&titelid=583.

Sander, C. & Diercks, T. (1998). Dr. Oetker Brot backen: von Ciabatta bis Vollkornbrot. Bielefeld, Ceres.

Ziegler, C. (1997). Mein Kochbuch. Niedernhausen/Ts., Falken.

Bereich „Kunstgalerie"

Heller, E. (2006). Die wahre Geschichte von allen Farben: für Kinder, die gern malen. Oldenburg, Lappan.

Lionni, L. & Strobach, G. (2006). Das kleine Blau und das kleine Gelb. Hamburg, Oetinger.

Yenawine, P. (1993). Bilder und Linien. Hamburg, Carlsen.

Bereich „Bäckerei"

Güthner, A., Stotz, I., et al. (2003). Wie & Woher? Vom Getreidkorn zum Brot. Münster, Coppenrath.

Klinting, L. & Kutsch, A. (1997). Kasimir backt. Hamburg, Oetinger.

Lück, G. & Demski, C. (2006). Leichte Experimente für Eltern und Kinder. Freiburg, Herder.

Lustig, P. (2003). Peter Lustigs Forschertipps – Luft und Schwerkraft: spannende Experimente zum Ausprobieren. Königswinter, Tandem-Verl.

Neuß, N. & Michaelis, C. (2002). Neue Medien im Kindergarten: Spielen und Lernen mit dem Computer. Offenbach, GABAL-Verl.

Sander, C. & Diercks, T. (1998). Dr. Oetker Brot backen: von Ciabatta bis Vollkornbrot. Bielefeld, Ceres.

Raumkonzept – Einrichtung eines Labors

Städtisches Kinderhaus Seckenheim
Kaiserstuhlring 72
68239 Mannheim

Ansprechpartner: Frau Marlis Schmahl, Frau Conny Winkler und Herr Nicolai Deicke
Telefon: 06 21 – 4 89 93

Das Projekt im Überblick

Um was geht es?

Das Projekt beschreibt die Gestaltung eines Funktionsraums als Labor, der den Kindern täglich zur Beantwortung ihrer Forschungsfragen zur Verfügung steht. Es werden unter anderem Experimente und Materialien zu den Themen Magnetismus, Elektrizität und Optik angeboten. Die Auswahl der Themen und der dazugehörigen Materialien richtet sich nach den Fragen und Bedürfnissen der Kinder. Bei Bedarf findet eine Erweiterung und Veränderung des Angebots statt.

Was zeichnet das Projekt besonders aus?

Fortwährende Anpassung der Laborausstattung an Fragen und Interessen der Kinder

Ausgangspunkt bei der Einrichtung des Kinderlabors und seiner verschiedenen Bereiche sind aktuelle Fragen und Interessen der Kinder, die von den Fachkräften durch intensive Beobachtung der Kinder immer wieder neu festgestellt werden. Ausgehend von diesen neu festgestellten Themen der Kinder wird die Ausstattung des Kinderlabors erweitert, um den Kindern immer wieder die Möglichkeit zu bieten, ihre aktuellen Forschungsfragen zu bearbeiten.

Partnerschaftliche Einbindung der Eltern

In der Erziehungspartnerschaft öffnen sich Familie und Kindertageseinrichtung füreinander, tauschen ihre Erziehungsvorstellungen aus und kooperieren zum Wohl der ihnen anvertrauten Kinder. Im Rahmen des Projekts wird dies durch regelmäßige Gespräche zwischen Fachkräften und Eltern und durch die Aufforderung an die Eltern, das Labor durch Material oder ihr Know-how zu unterstützen, erreicht. Voraussetzung für eine Erziehungspartnerschaft ist es, die Bedeutung der jeweils anderen Lebenswelt für das Kind anzuerkennen und sich die gemeinsame Verantwortung für die Förderung des Kindes zu teilen. Bei einer partnerschaftlichen Zusammenarbeit von Fachkräften und Eltern findet das Kind ideale Entwicklungsbedingungen vor. Es erlebt, dass Familie und Tageseinrichtung eine positive Einstellung zueinander haben und voneinander wissen, dass beide Seiten gleichermaßen an seinem Wohl interessiert sind, sich ergänzen und einander wechselseitig bereichern. Diese Erziehungspartnerschaft ist zu einer Bildungspartnerschaft auszubauen. Wie die Erziehung soll auch die Bildung zur gemeinsamen Aufgabe werden, die von beiden Seiten verantwortet wird. Wenn Eltern ihr Wissen, ihre Kompetenzen oder ihre Interessen in die Kindertageseinrichtung einbringen, erweitert sich das Bildungsangebot. Wenn Eltern Lerninhalte zu Hause aufgreifen und vertiefen, wird sich dies auf die kognitive Entwicklung des Kindes positiv und nachhaltig auswirken, da sie gemeinsam an einem Strang ziehen.

Welche Ziele verfolgt das Projekt?

Die Angebote im Labor sollen die natürliche Neugier von Kindern herausfordern, sich mit naturwissenschaftlichen und mathematischen Fragestellungen zu beschäftigen. Mit Hilfe von verschiedenen Experimenten und Materialien sollen sich Kinder selbstständig ihre Fragen beantworten können. Die Erzieherinnen bieten eine Einführung in die Materialien und geben weitere Anregungen, um die Kinder bei einer Erweiterung ihrer Erkenntnisse zu unterstützen.

Wie werden die Ziele des Projekts umgesetzt?

Persönlichkeit des Kindes achten

Kinder entdecken sich als Wissenschaftler, die ihre Welt neu erschaffen und Dinge erfinden. Es ist Aufgabe erzieherischen Denkens und Handelns, das Kind als vollwertige Persönlichkeit zu sehen, das zu seiner Entfaltung auf vielfältige Anregungen von Seiten der Erwachsenen angewiesen ist.

Die Rolle der Erwachsenen, ob Erzieherinnen oder Eltern, ist gekennzeichnet durch Impulse gebende und unterstützende Begleitung, durch einfühlsame Zuwendung und reflektierende Beobachtung. Die Eigenaktivität und Selbsttätigkeit des Kindes sowie sein Selbstwertgefühl werden durch Angebote im Kinderlabor in nachhaltiger Weise gestärkt. Dabei sind alle Beteiligten Lernende wie auch Lehrende zugleich.

Wertschätzung kindlichen Tuns

Kinder erschaffen als Mitgestalter ihrer Weltaneignung ihr eigenes Weltbild. Sie suchen nach Antworten auf die „großen Fragen“, die sich aus ihrem Alltag ergeben (Warum ist das so?). Um sich selbst- und verantwortungsbewusst zu entwickeln, brauchen sie Erfahrungen und dazugehörige Orte, die ihnen ein Grundvertrauen zum Leben vermitteln. Dieser Kindergarten orientiert sich an den Prozessen der Kinder, indem er Raum und Angebot den Interessen der Kinder flexibel anpasst.

Für welches Alter ist das Projekt geeignet?

2–9 Jahre

Welche Bildungsbereiche werden besonders unterstützt?

Naturwissenschaftliches Verständnis
Mathematisches Verständnis

Welche anderen Bildungsbereiche werden besonders unterstützt?

Medien und Kommunikation

Besonders hervorzuheben ist die Integration des Bildungsbereichs Medien, insbesondere die Auseinandersetzung mit dem Computer. Die pädagogische Arbeit mit elektronischen Medien und anderen Geräten der Informations- und Kommunikationstechnik aus der Lebenswelt von Kindern ist ein wichtiger Bestandteil zeitgemäßer Bildung und Erziehung in Tageseinrichtungen. So finden die Kinder am Computer gemeinsam Antworten auf Fragen und machen Entdeckungen zu einem bestimmten Thema.

Wie können die Eltern und Familien der Kinder am Projekt beteiligt werden?

Durch Gespräche und Informationsveranstaltungen werden Eltern in die Unterstützung von Bildungsprozessen eingebunden. Bei diesen regelmäßigen Gesprächen und Informationsveranstaltungen erhalten die Eltern eine Rückmeldung wo die Interessen ihres Kindes liegen, welche Bildungsangebote das Kind in der Einrichtung nutzt und wie die Fachkräfte den Entwicklungsstand des Kindes einschätzen. Außerdem werden sie über die Inhalte der pädagogischen Arbeit in der Einrichtung informiert. Die Eltern werden gebeten, diese Rückmeldung durch Informationen aus dem familiären Umfeld zu ergänzen. Dieser Informationsprozess soll einerseits dazu beitragen, die Kinder besser zu verstehen, und andererseits die Eltern motivieren, die Bildungsprozesse ihrer Kinder im familiären Umfeld und in der Einrichtung noch mehr zu unterstützen. Konkret werden die Eltern um Mithilfe gebeten, wenn es darum geht, das Labor mit verschiedenen Materialien auszustatten.

Welchen Bezug hat das Projekt zur pädagogischen Konzeption der Einrichtung?

Die pädagogische Konzeption der Einrichtung beschreibt Bildung als Selbstbildungsprozess und als einen Prozess, der sich in der Interaktion von Kind und Erzieherin bzw. der Kinder untereinander vollzieht. Um diesen Prozess bzw. das Tun der Kinder zu verstehen, versuchen die Erzieherinnen mit Hilfe von Beobachtungsinstrumenten die Themen des einzelnen Kindes zu finden, um den Kindern anschließend durch abgestimmte Angebote die Möglichkeit zu geben sich weiterzubilden. Die Erzieherinnen konnten im Vorfeld der Entwicklung dieses Projekts eine Reihe von Fragen der Kinder hinsichtlich naturwissenschaftlicher und mathematischer Inhalte feststellen. Die Bearbeitung dieser Fragen sowie eine optimale Unterstützung und Begleitung der Bildungsprozesse von Kindern soll durch die Einrichtung eines Labors ermöglicht werden.

Welche Erfahrungen hat die Einrichtung mit diesem Projekt gemacht?

Die Kinder erleben das Labor als einen Raum, der aufgrund ihrer Fragen und Bedürfnisse eingerichtet wurde. Sie nehmen den Raum als einen Ort wahr, an den man mit seinen Fragen kommen kann und an dem es Antworten gibt. Die Kinder entdecken sich als Wissenschaftler: Sie stellen Hypothesen auf und suchen nach Lösungswegen. Dabei kommen sie mit anderen ins Gespräch, kooperieren und dokumentieren.

Welche Kompetenzen der Kinder werden gestärkt?

Interessenorientiertes Lernangebot – Selbstwirksamkeit im Tun

Kinder erleben während ihrer Beschäftigung im Labor, dass sie ihre soziale und dingliche Umwelt beeinflussen können. Sie entwickeln Vertrauen zu sich und erfahren, dass sie schaffen, was sie sich vorgenommen haben, und dass sie Aufgaben und Probleme lösen können.

Steuerung des Verhaltens – Selbstregulation im Tun

Das Kind lernt, sein eigenes Verhalten zu steuern. Die einzelnen Experimente erfordern Durchhaltevermögen, Ausdauer und Konzentration. Nur durch diese Vorgehensweise sind sie von Erfolg gekrönt. Ordnung und Struktur in den Laboren unterstützen diese Haltung.

Neugierde und individuelle Interessen

Das Kind soll Neuem gegenüber aufgeschlossen sein und auch zu Phänomenen der Naturwissenschaften und deren Gesetzmäßigkeiten bedeutungsvolle Beziehungen aufbauen. Das Kind kann Vorlieben beim Spielen und anderen Beschäftigungen entwickeln, die seine allseitige Entwicklung positiv beeinflussen.

Das Projekt – Ausführliche Beschreibung

Ein Raum in der Einrichtung wird zu einem Labor umgebaut. Dieses Labor stellt Materialien bereit, die für Kinder herausfordernde Bildungsanreize bieten. Die Kinder können diesen Funktionsraum jederzeit nutzen, um ihre naturwissenschaftlichen und mathematischen Fragen zeitnah zu bearbeiten. Sie haben direkten Zugang zu den Materialien, ohne erst nach ihnen fragen zu müssen. Eine Fachkraft steht den Kindern als Ansprechpartner zur Verfügung. Sie macht gezielt Angebote zur Einführung der vorhandenen Materialien und leitet anfangs Experimente an, die dann in die Verantwortung der Kinder

übergehen. Einige Experimente machen auch ohne gezielte Anleitung naturwissenschaftliche Phänomene erlebbar. Wenn Kinder solche Experimente durchgeführt haben, gibt die Fachkraft durch konkrete Fragen weitere Impulse, um so eine Erweiterung der Erkenntnisse zu ermöglichen. Dadurch werden die Kinder auch motiviert, in diesem Zusammenhang weitere Experimente durchzuführen.

Wenn Kinder mit ganz konkreten Fragen das Labor aufsuchen, gehen die Fachkräfte auf diese Fragen ein und versuchen sie, gemeinsam mit dem Kind zu beantworten.

Der Aufbau des Labors gliedert sich in verschiedene Bereiche, um unterschiedliche naturwissenschaftliche und mathematische Themen abzudecken. Die Auswahl der Themen und Materialien orientiert sich an den durch die Erzieherinnen festgehaltenen Fragen der Kinder. Lässt sich eine Veränderung der Fragen der Kinder beobachten, wird die Ausstattung des Labors entsprechend angepasst bzw. erweitert.

Eine räumliche Aufteilung erfolgt durch verschiedene Angebotsregale, damit mehrere Kinder gleichzeitig ungestört an ihren Experimenten arbeiten können. Der Platz der unterschiedlichen Materialien in den Regalen ist durch Bilder und Symbole gekennzeichnet. Auf diese Weise wird für die Kinder eine Struktur und Ordnung des Labors sichtbar. Die Kinder suchen sich die Materialien selbstständig aus und können sie so lange verwenden, wie es ihrem Arbeitstempo entspricht.

Das Labor setzt sich im Einzelnen aus folgenden thematisch unterschiedlichen Angeboten zusammen:

Magnetismus

Zu diesem Thema hält das Labor „Geomag"-Spielzeug bereit, mit dem die Kinder erforschen können, wie unterschiedliche Magnetpole aufeinander wirken. Außerdem gibt es zwei kleine und zwei große Magnete, mit denen die Kinder testen können, welche Gegenstände magnetisch sind.

Zur Einführung dieses Laborbereichs machen sich die Kinder ausgerüstet mit Magneten auf die Suche nach Dingen, die magnetisch sind. Die Kinder sammeln durch Ausprobieren Materialien, die am Magneten hängen bleiben. Danach überlegen sie, was die am Magneten haftenbleibenden Gegenstände gemeinsam haben. Anschließend wird festgehalten, welche Eigenschaften diese Materialien auszeichnen.

Im Rahmen einer weiteren Aktion zur Einführung dieses Laborbereichs versuchen die Kinder, zwei starke Magnete, die miteinander verbunden sind, zu trennen. Auf diese Weise erfahren sie, wie stark magnetische Kräfte sein können. Umgekehrt können die Kinder versuchen, die gleichen Pole der Magnete aneinander zu drücken.

Die Magnete machen es auch möglich zu erproben, welche Kraft notwendig ist, um unterschiedliche Pole zu trennen bzw. gleiche Pole aneinander zu halten. Ergänzt wird das Angebot in diesem Bereich durch Kompasse, Metallspäne, Magnetdreiecke und Magnetpuzzle.

Elektrizität

Den Kindern steht ein Baussatz zur Verfügung, mit dem sie Klingeldrahtsysteme konstruieren können. Ein geschlossener Stromkreis wird dann durch ein Geräusch signalisiert. Auch für das Aufbauen von Stromkreisen mit Batterien und Lämpchen steht Material zur Verfügung. Ein weiterer Bausatz enthält Solarmodule, die bei entsprechendem Anschluss einen Motor zum Laufen bringen. Solche Klingeldraht- und Solarbaukästen werden von verschiedenen Firmen angeboten.

Luft/Feuer/Wärme

Um einen Luftstrom zu produzieren, in dem die Kinder Versuche zu den Flugeigenschaften und dem Luftwiderstand verschiedener Objekte machen können, stehen ein Fön und ein Ventilator zur Verfügung. Auf einem Feuertablett, einer feuerfesten Unterlage, können die Kinder den Umgang mit dem Element Feuer erforschen.

Optik

Auf einem Lichttisch können sich die Kinder verschiedene Objekte betrachten und ihre Struktur erforschen. Ein solcher Lichttisch ist mit einer von unten beleuchteten Glasplatte ausgestattet. Zur Erkundung stehen beispielsweise neben Federn, Blätter und Blüten als Objekte aus der belebten Natur auch andere lichtdurchlässige Objekte wie z. B. Röntgenbilder, Dias, farbige Gläser und Steine zur Verfügung. Außerdem gehören Kaleidoskope, Prismen, Lupen, Spiegel und Mikroskope zu diesem Laborbereich. Mit einem Sortiment aus Linsen und Gläsern können sich die Kinder eigene Instrumente zusammenbauen, mit denen dann beispielsweise Käfer untersucht werden, die die Kinder im Garten gefunden haben.

Mathematik

Es stehen eine Reihe von Materialien zur Verfügung, die gezählt, gemessen, gewogen und sortiert werden können. Dazu gehören Kieselsteine, Glasnuggets, Muscheln, Knöpfe, Montessori-Material sowie Gewichte aus Plastik und Metall. Durch diese reichhaltige Auswahl sollen die Kinder zum Zählen, Sortieren, Vergleichen und Messen animiert werden. Zum Wiegen von Objekten steht eine Auswahl unterschiedlicher Waagen (Balkenwaage, Briefwaage, Säuglingswaage, Personenwaage) bereit, die sich in ihren Maßeinheiten und Skalen unterscheiden. Messbecher unterschiedlicher Größe, Lineale, Maßbänder, Geodreiecke und Zollstöcke warten auf ihren Einsatz.

Zusätzlich werden Gebrauchsgegenstände wie z. B. Heizkörper mit Zahlen versehen, um das Zählen und die Verinnerlichung des Schriftbilds von Zahlen zu fördern. Um den Mengenbegriff einer Zahl zu verdeutlichen, wird jeder Zahl eine Perlenkette mit einer entsprechenden Anzahl an Perlen zugeordnet.

Wasser

An einem Wassertisch (Wannentisch) haben die Kinder beispielsweise die Möglichkeit, ihre Forschungsfragen zur Schwimmfähigkeit von Gegenständen und zu Volumenverhältnissen zu beantworten. Dazu stehen befüllbare durchsichtige Plastikbehälter in verschiedenen Formen (Zylinder, Würfel, Pyramide), Rohrsysteme, Schläuche und Messbecher zur Verfügung.

Sand/Mehl

Kisten, die mit Sand bzw. Mehl gefüllt sind, ermöglichen den Kindern Erfahrungen mit feinkörnigen Stoffen. Die Kinder erproben ihre taktile Wahrnehmung, messen Mengen ab und vergleichen die „Flugeigenschaften" von Sand und Mehl.

In einer weiteren Kiste, deren Boden mit Sand bedeckt ist, können die Kinder ausprobieren, wie sich Sand verhält, wenn man ihn mit einem Stock, einem Pinsel oder einem Schwamm „bearbeitet". Die Kinder erfahren, wie sich dieses aus vielen einzelnen Sandkörnern bestehende Gemisch verformt, wenn Kräfte darauf einwirken.

Der Wunsch, Sand und Wasser zu vermischen, wird aufgegriffen, indem den Kindern ein spezieller Formsand zur Verfügung steht.

Zum Labor gehört zusätzlich ein Medienbereich, der dazu einlädt, mit Buchstaben zu experimentieren. Es stehen Magnetbuchstaben, Buchstabenspiele, Stifte, Stempel, Bücher, eine Schreibmaschine, ein Computer und eine Kreidetafel zur Verfügung.

Mit Hilfe des Computers und der Bücher können die Kinder Recherchen zu ihren Forschungsfragen durchführen. Außerdem sind auf dem Rechner ein Zeichenprogramm und ein Programm zur Textverarbeitung installiert.

Wie lässt sich das Projekt erweitern?

Wir bauen unsere Spielsachen selbst

In den einzelnen Abteilungen des Forschungslabors machen die Kinder wichtige und grundlegende Erfahrungen mit den Bereichen Naturwissenschaften und Mathematik. Dieses Wissen kann in selbst erfundene technische Errungenschaften umgesetzt werden. Eigene Spiele werden in einer „Kreativwerkstatt" gebaut:

Magnete – Das Angelspiel

Gegenstände aus verschiedenen Materialien (magnetisch/nicht magnetisch) werden in einen großen Karton, der nur eine ca. 5 cm große Öffnung hat, gelegt. Nun befestigt man Magnete wie einen Angelhaken an einer Schnur und an einem Holzstab. Anschließend wird in einer bestimmten Zeit möglichst viel geangelt.

Magnete – Rennbahn

Auf einen großen festen Karton wird eine Autorennstrecke aufgemalt. Anschließend stellt man unter die vier Ecken des Kartons Klötze, um ihn etwas zu erhöhen. Danach werden vier Umrisse eines von oben betrachteten Autos aufgezeichnet, ausgeschnitten und bemalt. Je zwei Autohälften werden mit einer Schraube und einer Mutter verbunden. Die beiden Autos werden nun an den Start gestellt. Mit einem an einem langen Stab befestigten Magneten kann das Rennen beginnen.

Elektrischer Strom – Wissensspiel

Aus einem Bereich, beispielsweise der Tierwelt, sucht man je zwei Bildkarten aus, die in Verbindung stehen (z. B. Katze/Fell, Fisch/Wasser, Pferd/Sattel). Auf einem Karton werden in beliebiger Reihenfolge auf der linken Seite alle Tierabbildungen und auf der rechten alle Zubehörkarten untereinander befestigt. Neben jedem Bild wird eine Musterklammer durch den Karton gesteckt. Von einem Schaltdraht werden nun fünf Stücke abgeschnitten, mit denen die zusammengehörenden Bilder auf der Rückseite des Kartons miteinander verbunden werden. Der Draht wird dabei um die Flügel der Klammern gewickelt. Man verbindet nun einen Pol einer 4,5 Volt Batterie mit Hilfe des Schaltdrahtes mit der Lampenfassung einer kleinen Glühbirne. Man nimmt zwei weitere Stücke des Drahtes und verbindet einen mit dem anderen Pol der Batterie, den zweiten mit dem freien Teil der Lampenfassung. Die beiden anderen Enden bleiben frei. Nun kann das Wissensspiel beginnen. Werden die zwei entsprechenden Karten mit den freien Enden des Drahtes gleichzeitig berührt, leuchtet die Lampe und die Antwort ist richtig.

Welche Literatur wurde bei der Erarbeitung des Projekts verwendet?

Newton (Hrsg.). (2004). Entdeckungen und Erfindungen: Vom Rad bis zur Raumstation. Köln, Lingen Verlag.

Aulas, F. & Broutin, C. (2003). Erstaunliche Experimente: Spielerisch Wissen entdecken. München, Bassermann.

Bräunig, S., Schiefelbein, N., et al. (2006). Der Kinder-Brockhaus: in einem Band. Leipzig, Brockhaus.

Bröger, A. & Bräunig, S. (2005). Meyers großes Kinderlexikon : Lexikon-Geschichten zum Nachschlagen, Lesen und Vorlesen. Mannheim [u. a.], Meyers Lexikonverl.

Day, T. & Vogel, S. (1994). 1001 Fragen und Antworten, der menschliche Körper. Augsburg, Weltbild-Verl.

Elting, M., Fleischmann, G., et al. (1972). Das dritte Antwort Buch: eine Fülle von Informationen für Kinder von heute. Hamburg, Neuer Tessloff Verl.

Krekeler, H. & Napp, D. (2004). Tolle Experimente für Kinder. Ravensburg, Ravensburger Buchverl.

Lustig, P. (2003). Peter Lustigs Forschertipps – Erde und Wasser: spannende Experimente zum Ausprobieren. Königswinter, Tandem-Verl.

Lustig, P. (2003). Peter Lustigs Forschertipps – Licht und Pflanzen: spannende Experimente zum Ausprobieren. Königswinter, Tandem-Verl.

Lustig, P. (2003). Peter Lustigs Forschertipps – Luft und Schwerkraft: spannende Experimente zum Ausprobieren. Königswinter, Tandem-Verl.

Lustig, P. (2004). Peter Lustigs Forschertipps – Farben und Formen: spannende Experimente zum Ausprobieren. Königswinter, Tandem-Verl.

Lustig, P. (2004). Peter Lustigs Forschertipps – Magnete und Energie: spannende Experimente zum Ausprobieren. Königswinter, Tandem-Verl.

Michalski, U. & Michalski, T. (1986). Ich zeig dir was und du machst mit: Knaurs kunterbunter Kinder-Almanach. München, Droemer.

Niese, G. (1981). Spiele und Experimente. Berlin, Kinderbuchverl.

Parker, S. & Weyandt, E. (2003). Körper: wie der menschliche Körper funktioniert; mit Tests und Experimenten. Starnberg, Dorling Kindersley.

Pérols, S. (1995). Der Körper. Mannheim, Meyers Lexikonverl.

Reichardt, H. (1997). Das Auto. Nürnberg, Tessloff-Verl.

Scarborough, K. (1994). Mein erstes Buch vom Wissen: Natur & Wissenschaft spielerisch entdecken. Köln, Delphin-Verlag.

Walter, G. (2004). Luft: die Elemente im Kindergartenalltag. Freiburg im Breisgau, Herder.

Walter, G. (2005). Wasser: die Elemente im Kindergartenalltag. Freiburg im Breisgau, Herder.

Walter, G. (2006). Erde: die Elemente im Kindergartenalltag. Freiburg im Breisgau, Herder.

Walter, G. (2006). Feuer: die Elemente im Kindergartenalltag. Freiburg im Breisgau, Herder.

Experimentiertipps des Universum® Bremen

Autorinnen für das Universum® Bremen, Wiener Str. 2, 28359 Bremen, www.universum-bremen.de:
Mechthild Kummetz, Dipl.-Geol.; wissenschaftlich-pädagogische Leiterin Bildung im Universum® Bremen
Sandra Lindhorst, Dipl.-Biol. und Naturpädagogin; Mitarbeiterin in der Ausstellung Universum® Bremen

Universum® Bremen

Einführung

Die vorliegenden Experimentiertipps basieren auf Erfahrungen in Projekten zur frühen naturwissenschaftlichen Bildung im Universum® Bremen. Sie beinhalten knappe theoretische Hintergrundinformationen für pädagogische Fachkräfte und sind mit meist einfachen Alltagsgegenständen durchführbar. Um einen umfassenderen Einblick in die naturwissenschaftlichen Inhalte und pädagogische Herangehensweise zu erhalten, ist eine vertiefende eigene Auseinandersetzung unumgänglich.

Es hat sich als sinnvoll gezeigt, Experimente und Konstruktionen in eine Geschichte einzubinden. Hier soll es um Licht- und Schattengeschichten gehen. Die Einbindung in Geschichtenform ist frei gestaltbar und von den erwachsenen Begleitern einzubringen. Dazu ist viel Fantasie und Kreativität gefragt. Eigene Fragen und Fragen der Kinder zu den Themen können dabei helfen: Ist Licht immer hell? Wohin geht mein Schatten? Was macht Licht nachts? Wie klingen Schattenlieder? Warum gibt es manchmal keine Farben?

Die eigenen Fragen motivieren ungemein, sich intensiv einer Sache zu widmen. Insgesamt sollte den Kindern dafür viel Zeit für Wiederholungen und eigene Ideen gelassen werden. Beim Experimentieren können weitergehende Fragen zur Erschließung von Sachverhalten entwickelt werden und selbstständig Vermutungen aufgestellt und überprüft werden.

Die Experimentiertipps sollen dabei mehr sein, als das bloße Durchführen. Sie sollen anregen, sich im Alltag forschend und entdeckend den physikalischen Eigenschaften von Licht und Schatten zu nähern. So zeigt der Versuch *Lichtkiste*, das Licht immer geradeaus geht und wir nur sehen, wenn reflektiertes Licht in unsere Augen gelangt. Das ist uns häufig nicht klar, da Licht so unglaublich schnell ist. Licht hat eine Geschwindigkeit von 300 000 Kilometern in der Sekunde. Das ist so schnell, dass es innerhalb einer Sekunde siebeneinhalbmal um die Erde rasen könnte.

Die Wechselwirkung von Licht und Materie wird mit den Versuchen *Durchsichtig oder durchscheinend?* und *Spiegelbild* thematisiert. Beim Experimentieren finden Kinder heraus, welche Materialien Licht besonders gut reflektieren. Der Umgang mit Spiegeln zeigt auf anschauliche Weise den Weg des Lichts. Die Abwesenheit von Licht wird mit den Versuchen *Schatten malen* und *Farbige Schatten* deutlich. Steht Licht etwas im Weg, kann es nicht weiter. Es wird von dem im Weg stehenden Gegenstand aufgenommen (absorbiert) und/oder zurückgeworfen (reflektiert). Hinter dem Gegenstand bleibt es dunkel, was wir als seinen Schatten wahrnehmen. Wie wichtig Licht für die meisten Lebewesen ist, kann mit den Kindern in einem Vorgespräch erörtert werden.

Die Versuche sind insgesamt als Impulse zu verstehen, die möglichst viele verschiedene Tätigkeiten beinhalten. Kinder sollten so viel wie möglich selbst tun, sich in der Gruppe austauschen und angeregt werden, ihre Ergebnisse in einem Forscherheft festzuhalten. Zu diesen naturwissenschaftlichen Techniken gehört auch das genaue Beobachten und Beschreiben. Dazu sollte man Kinder immer wieder anhalten und darauf aufmerksam machen, dass sie in die Rolle eines Wissenschaftlers oder einer Forscherin schlüpfen.

Die meisten Versuche eignen sich für Forschergruppen, die sich über einen längeren Zeitraum regelmäßig treffen. Immer sind Erwachsene gefragt, sich partnerschaftlich mit den Kindern auf den Weg zu machen.

Das gemeinsame Erlebnis steht dabei im Vordergrund. Ziel ist es, eine lebhafte Kommunikation zu entfachen und zu motivieren, sich weiter mit dem Thema zu beschäftigen. In einem Abschlussgespräch sollte die Möglichkeit bestehen, Ergebnisse zu präsentieren und zu überlegen, wie es weitergeht.

1. Lichtkiste

Beschreibung
Wir können nur etwas sehen, wenn es hell ist. Licht muss aber auch in unser Auge gelangen, damit wir sehen können. Die Anwesenheit von Licht allein reicht nicht aus! Das ist klar, wenn wir die Augen schließen.

Der Versuch Lichtkiste zeigt eindrucksvoll, dass Licht nur gesehen werden kann, wenn der Lichtstrahl auf etwas trifft. Dann wird das Licht reflektiert und gelangt in unsere Augen.

Versuch
Länglicher Schuhkarton mit Deckel
Schwarze Farbe
Pinsel
Werkzeug zum Löcherbohren (z. B. kleinen Schraubendreher)
Taschenlampe
Gegenstände, die in den Schuhkarton passen
Blatt Papier

Zunächst wird der Schuhkarton und Deckel von innen schwarz ausgemalt. Dann bohren die Kinder mit Hilfe eines Erwachsenen durch jede Querseite mittig zwei sich gegenüberliegende Löcher. Nur durch eine Längsseite wird ebenfalls mittig ein kleines Loch gebohrt. Die Löcher sollten nicht größer als ein Zentimeter sein. Nachdem der Karton lichtdicht geschlossen wurde, hält ein Kind die Taschenlampe an ein Loch einer Querseite. Ein anderes Kind schaut dabei durch das Loch in der Längsseite. Wird ein Blatt Papier vor das dritte Loch gehalten, können die Kinder überprüfen, ob Licht durch die *Lichtkiste* hindurch geht. Der Versuch wird anschließend mit einem Gegenstand, der in die Kiste gelegt wird, wiederholt.

Impulse
- Bevor der Versuch startet: Was meinst du, kannst du in der *Lichtkiste* sehen, wenn in sie hineingeleuchtet wird?
- Beschreibe, was du siehst.
- Lege einen Gegenstand in die *Lichtkiste* und wiederhole den Versuch. Was siehst du nun?
- Kannst du von dem Gegenstand alles sehen? Wenn nicht, hast du eine Idee, warum?
- Verschiebe den Gegenstand und wiederhole den Versuch. Was stellst du fest?
- Was findest du heraus, wenn du Gegenstände unterschiedlicher Form und Farbe nimmst?
- Zeichne einen Gegenstand so in dein Forscherheft, wie du ihn in der *Lichtkiste* gesehen hast.

Abb. 1: „Wo Licht ist, ist es hell!" – eine große Lichtkiste aus Holz macht das Phänomen besonders schön deutlich.

Erläuterung
Licht an sich ist nicht sichtbar. Deshalb sieht man in der *Lichtkiste* nichts, obwohl hineingeleuchtet wird. Steht ein Gegenstand dem Licht im Weg, ist etwas zu sehen. Das Licht wird von dem Gegenstand zurückgeworfen und gelangt in unsere Augen. Wir sehen den angeleuchteten Teil des Gegenstandes. Die andere Seite liegt weiterhin im Dunkeln. Je nach Größe des Gegenstandes wird das Licht nur teilweise oder sogar ganz aufgehalten. Nur wenig oder kein Licht verlässt wieder den Karton.

Hinweis: Mit Taschenlampen, etwas Kreidestaub und einem abgedunkelten Raum kann weiter experimentiert werden. In den Lichtstrahl der Taschenlampen wird Kreidestaub geschüttet. Das Licht wird von den vielen winzigen Staubteilchen reflektiert. Der Verlauf des Lichtstrahls wird sichtbar.

2. Durchsichtig oder durchscheinend?

Beschreibung
Wir sehen Gegenstände, die Licht reflektieren. Andere nehmen wir kaum wahr, weil sie Licht fast vollständig durchlassen. Der Weg des Lichts wird mit durchsichtigen, durchscheinenden und undurchsichtigen Gegenständen und Materialien erkundet.

Versuch
Durchsichtige Gegenstände
(z. B. Frischhaltefolie, Plastikflasche, Wasser, Dias)
Durchscheinende Gegenstände
(z. B. Milchglas, Butterbrotpapier, Tuschwasser)
Gegenstände, die kein Licht durchlassen
Taschenlampe
Blatt Papier
Stift

Auf das Blatt Papier wird eine kleine Figur gemalt. Jedes Kind sucht sich einen Gegenstand aus und gibt eine Vermutung ab, ob der Gegenstand durchsichtig, durchscheinend oder lichtundurchlässig ist. Dann wird der Gegenstand über das Papier gehalten. Mit der Taschenlampe wird überprüft, ob der Gegenstand Licht hindurch lässt und die Figur zu erkennen ist. Anschließend werden die Gegenstände nach durchsichtig, durchscheinend oder lichtundurchlässig sortiert.

Impulse
→ Versuche zunächst die Gegenstände nach durchsichtig, durchscheinend oder lichtundurchlässig aufzuteilen, ohne die Taschenlampe zu benutzen. Überprüfe es danach mit der Taschenlampe.
→ Was beobachtest du, wenn du hindurch leuchtest?
→ Siehst du Gegenstände, die alles Licht hindurch lassen? Wie würdest du diese nennen?
→ Suche mit deinen Forscherpartnern weitere Gegenstände!
→ Zeichne drei davon in dein Forscherheft: einen durchsichtigen, einen durchscheinenden und einen lichtundurchlässigen.

Erläuterung
Die meisten Gegenstände sehen wir, weil sie Licht reflektieren. Sie erscheinen farbig, wenn sie nur einen bestimmten Farbanteil des Lichts aufnehmen und den Rest wieder reflektieren. Lichtundurchlässige Gegenstände werfen einen Schatten und wir können nicht durch sie hindurchsehen. Es gibt aber auch Gegenstände, die alles Licht durchlassen. Sie sind durchsichtig und werfen so gut wie keinen Schatten. Gegenstände, die bestimmte Lichtanteile aufnehmen, andere reflektieren, einen kleinen Teil aber auch durchlassen, werden durchscheinend genannt. Sie werfen keinen klar umgrenzten Schatten.

3. Spiegelbild

Beschreibung
Spiegel zeigen auf besondere Weise den Weg des Lichts. Sie werfen Licht vollständig zurück. Die Umwelt wird dabei spiegelverkehrt wiedergegeben. Wir haben aber gelernt, uns vor einem Spiegel zu bewegen. Die Hände wissen, wo sie hinmüssen, wenn wir uns kämmen oder einen Fleck aus dem Gesicht wischen. Was passiert, wenn sich plötzlich der gewohnte Blick ändert?

Versuch
Schuhkarton ohne Deckel
Bastelmesser
Handspiegel
Knete
DIN-A 5 Malbuch
Stifte

Als erstes legen die Kinder den Schuhkarton mit dem Deckel nach unten auf einen Tisch. Mit Hilfe eines Erwachsenen schneiden sie nun vorsichtig drei rechteckige Felder aus dem Karton heraus. Dabei wird aus den beiden Längsseiten jeweils drei Viertel der Seite und aus dem Boden ein Viertel entfernt (siehe Abbildung 2). In das Loch im Boden wird der Spiegel gestellt, der mit einer kleinen Knetkugel leicht schräg am Karton fixiert wird.

Nun legen die Kinder ein Stück Papier aus einem Malbuch in die entstandene Kartonkammer. Danach greifen sie durch die offenen Querseiten in den Karton hinein und malen die Figuren auf dem Blatt nach. Der Blick in den Spiegel ist dabei wichtig.

Impulse
→ Was meinst du, wird es dir schwer fallen zu malen, ohne direkt auf deine Hand zu schauen?
→ Versuche die Figuren im Malbuch nachzumalen. Gelingt dir das gut?
→ Versuche es noch einmal. Hast du das Gefühl, dass du es nun besser kannst?
→ Hast du eine Idee, warum es sich so merkwürdig anfühlt?
→ Klebe dein Bild in dein erstes und dein letztes Spiegelbild in dein Forscherheft. Fällt dir etwas auf?
→ Vielleicht hast du Lust, deinen Freunden oder Geschwistern diesen Versuch zu zeigen!

Abb. 2: Es ist gar nicht so leicht, eine Blume beim Blick in den Spiegel nachzuzeichnen.

Erläuterung
Wenn sich gewohnte Bedingungen ändern, merken wir erst, wie viele Bewegungen wir mühsam erlernen mussten. Wir lernen meist früh, einen Stift zu halten und damit Figuren zu malen. Dabei werden Bewegungsabfolgen mit dem verknüpft, was wir sehen. Durch ganz bestimmte Handbewegungen kommen die Figuren zustande, die wir zeichnen wollen. Wir lernen zeichnen über ausprobieren und sehen. Durch den Blick in den Spiegel auf das Papier wird die Auge-Hand-Koordination durcheinandergebracht. Die Wenigsten schaffen es auf Anhieb. Der Stift scheint immer in die falsche Richtung zu gehen. Mit etwas Übung gelingt es uns immer besser.

Mit geschlossenen Augen ist alles noch schwieriger. Wir können uns auf dem Blatt Papier nicht orientieren und haben meistens wenig Gefühl für Formen.

4. Schatten malen

Beschreibung
Zu Licht gehört meistens auch Schatten. Wie entsteht Schatten? Haben alle Dinge einen Schatten? Wie sieht meiner aus, wie deiner? Bei diesem Versuch fangen die Kinder ihren Schatten auf einem Blatt Papier ein und stellen fest, wie Schatten entsteht und wie verschieden er sein kann.

Versuch
Kindergroßes Blatt Papier
Klebeband
Freie Wandfläche
Große Taschenlampe mit heller Glühlampe
Abgedunkelter Raum
Schwarzer Stift

Das Papier wird mit dem Klebeband an der Wand befestigt. Ein Kind steht in einigem Abstand zur Wand und leuchtet mit der eingeschalteten Taschenlampe auf das Papier. Der Raum wird abgedunkelt. Jetzt stellt sich ein anderes Kind mit Blick zur Wand in den Lichtstrahl. Ein drittes Kind malt die Umrisse des Schattens nach.

Impulse
- → Beobachte deinen Schatten, wenn du näher an die Wand gehst. Was fällt dir auf?
- → Was passiert mit deinem Schatten, wenn das Kind mit der Taschenlampe näher an dich herantritt?
- → Wenn du mit deinem Schatten zufrieden bist, bitte deinen Forscherpartner, den Schatten auf dem Papier an der Wand nachzumalen.
- → Gehe mit deinen Forscherpartnern auf die Suche nach weiteren Schatten. Wo überall findet ihr Schatten? Was muss dabei immer vorhanden sein?
- → Konntest du beobachten, wann kein Schatten zu sehen war?
- → Hast du eine Idee, woher dein Schatten kommt?
- → An einem sonnigen Tag könnt ihr den Versuch wiederholen. Zeichne deinen Schatten mit Kreide auf Gehwegplatten. Was stellst du fest? Sieht der Schatten morgens genauso aus wie am Mittag?

Erläuterung
Hinter einem lichtundurchlässigen Körper entsteht ein Schatten. Hier kommt kein, kaum oder nur gestreutes Licht an. Je nach Lichtquelle und Nähe zur projizierten Fläche variieren Größe und Kontrast des Schattens. Befindet sich hinter dem Körper im Lichtstrahl keine Fläche, auf die das Licht fallen kann, ist auch kein Schatten zu sehen.

5. Farbige Schatten

Beschreibung
Haben alle Dinge nur einen Schatten? Sind Schatten immer grau oder schwarz? Mit drei einfachen Taschenlampen und etwas farbiger Folie experimentieren Kinder mit farbigen Schatten. Zusammenarbeit ist hier gefragt!

Versuch
3 gleiche Taschenlampen mit starken Glühbirnen
Folien in den Farben: rot, blau und grün
Scheren
Klebefilm
Weiße Wand
Buntstifte

Die Kinder schneiden aus jeder Folie ein Stück aus, das genau vor die Strahler der Taschenlampen passt. Dann kleben sie diese vor die Lichtquellen. Die Lampen leuchten nun rot, grün oder blau. Falls eine Farbe nicht kräftig genug erscheint, sollte die Folie doppelt verwendet werden. Der Raum wird abgedunkelt. Drei Kinder stehen nebeneinander vor der Wand und halten je eine farbige Taschenlampe in den Händen. Sie lassen die farbigen Lichtstrahlen an die Wand fallen und versuchen, sie auf nur einen Punkt zusammenzubringen. Ein weiteres Kind spielt mit einer Hand vor der Wand in den Lichtstrahlen.

Impulse
- → Was meinst du, gibt es farbige Schatten? Beratet euch in der Forschergruppe oder befragt andere dazu.
- → Wie viele Schatten hat deine Hand?
- → Welche Farben haben die Schatten?
- → Experimentiere mit nur zwei Farblampen. Welche Farbe erscheint an der Wand, wo die beiden Lichtstrahlen sich treffen? Wie sehen hier die Schatten aus?
- → Mit Buntstiften kannst du alle farbigen Schattenfiguren in dein Forscherheft malen.

Erläuterung
Gegenstände können mehrere Schatten haben. So erzeugen zwei Lichtquellen auch zwei Schatten. Sind mehrere farbige Lichtquellen vorhanden, sind die Schatten sogar farbig.

Wo rotes, grünes und blaues Licht die Wand beleuchten, entsteht der Eindruck von Weiß. Diese Form der Lichtmischung nennt man additiv, weil sich der Farbeindruck aus mehreren farbigen Lichtquellen zusammensetzt.

Es sind drei Schatten in gelb, pink und türkis zu sehen. Zusätzlich können wieder rot, grün, blau und schwarz an den Schattenschnittstellen erkannt werden. Die Farben gelb, pink und türkis kommen durch die Vermischung von rotem und grünem, rotem und blauem sowie blauem und grünem Licht zustande.

Hinweis: Licht ist nicht ‚farbig'. Farbe ist genaugenommen eine Empfindung, die im Gehirn entsteht, wenn Licht ins Auge fällt. Es gibt rot-, grün- und blauempfindliche Lichtempfänger auf der Netzhaut, aus deren Informationen unsere Welt der Farben entsteht. Ein normalsichtiger Mensch kann über 5000 verschiedene Farbarten unterscheiden. Werden die drei Sinneszellen in gleicher Weise angeregt, entsteht der Farbeindruck Weiß.

Wetterforscher

Kindergarten „Wilde Wiese“ Hundham
Rathausweg 1
83730 Fischbachau

Ansprechpartner: Frau Christine Liebhart und Frau Heidi Frohnwieser
Telefon: 0 80 28 – 25 80
Email: info@kindergarten-hundham.de

Das Projekt im Überblick

Um was geht es?

Das Projekt beschreibt Möglichkeiten, wie sich Kinder dem Naturphänomen „Wetter“ aus naturwissenschaftlicher Sicht nähern können. Dabei werden sie zu Wetterforschern, die sich mit verschiedenen Beobachtungs- und Messmethoden sowie weiterführenden Themen wie zum Beispiel der Entstehung von Schnee, Regen und Wind beschäftigen.

Was zeichnet das Projekt besonders aus?

Situationsorientierte Projektplanung

Der situationsorientierte Ansatz bindet die Interessen der Kinder in Angeboten und Projekten ein. Ausgangslage für Projekte, wie hier für das Wetterprojekt, sind Alltagssituationen, Problemlagen und besondere Ereignisse aus der Lebenswelt der Kinder. Kinder interessieren sich besonders für aktuelle Themen, die sie in ihrer Umwelt erleben. Dies bedeutet für die Arbeit der Kindertageseinrichtung:

Sammlung von Situationen

Beginnend mit den Fragestellungen: Was interessiert und beschäftigt die Kinder im Moment? Welche Situationen sind für sie bedeutsam, im Gegensatz zum Erwachsenen?

Welche Situationen haben Bezug zum Leben der Kinder, z. B. Situationen aus der Zeit des Freispiels, geschilderte Begebenheiten aus Gesprächen mit Eltern oder Ereignisse aus der Zeitung?

Analyse der Situationen und ihrer Zusammenhänge

Daraufhin werden die Situationen beobachtet und beschrieben, mit dem Hintergrund, den Bezug des Kindes zur jeweiligen Situation bzw. zum jeweiligen Ereignis zu finden.

Auswahl von Situationen und daraus resultierende Erarbeitung eines Projekts

Entscheidend ist die Auswahl von Themenbereichen, die aktuelle Fragen und Interessen der Kinder, manchmal auch die Aufarbeitung belastender Erlebnisse betreffen.

Umfassende Bearbeitung eines Themenbereichs als Vorbereitung auf die Schule

Die Grundschule verändert immer mehr ihren fächerorientierten Unterricht in eine lernfeldorientierte Vermittlung. Dies bedeutet vereinfacht, dass im Sinne eines fächerübergreifenden Unterrichts Themen in ihrer Gesamtheit bearbeitet werden. Das Projekt „Wetterforscher“ setzt sich aus verschiedenen Bereichszugängen zusammen. So werden die Elemente Wasser und Luft näher betrachtet, Sachbücher darüber „studiert“ und Exkursionen unternommen. Dem Kind wird ein in sich abgerundetes Bild über dieses Phänomen vermittelt. Wenn der Kindergarten diese Methode der Bildungsarbeit unterstützt, leistet er dabei einen guten Einstieg in das Lernen der Grundschule und gewährt dadurch Kontinuität im Bildungsverlauf.

Welche Ziele verfolgt das Projekt?

Kinder sollen auf Vorgänge in der Natur, die mit dem Wetter zu tun haben, aufmerksam gemacht und zum eigenen Nachforschen angeregt werden. Dabei wird an der unmittelbaren Lebenswelt von Kindern angesetzt. Die Kinder sollen ihre Umwelt bewusster wahrnehmen und dabei naturwissenschaftliches und mathematisches Verständnis aufbauen.

Wie werden die Ziele des Projekts umgesetzt?

Lebenswirklichkeit prägt die Planung

Je zeitnaher aktuelle Erlebnisse und Beobachtungen aufgegriffen werden, desto motivierter und interessierter sind Kinder an diesen Themen. Der Kindergarten hat sich zur Aufgabe gemacht, spontan, aber auch geplant und vorbereitet, die Fragen der Kinder ernst zu nehmen und gemeinsam mit ihnen zu bearbeiten. Wer die Fragen der Kinder kennt, weiß, welch hoher Anspruch hinter dieser Pädagogik steht. Kinder machen vor keinem Wissensgebiet halt. Von den Galaxien über philosophische und ethische Fragen, über die Naturwissenschaften zu Anliegen des sozialen Miteinanders und noch viel weiter reicht das Spektrum der kindlichen Neugierde. Die Erzieherinnen wissen, was es bedeutet lebenslang zu lernen, denn sie begeben sich tagtäglich in der Auseinandersetzung mit den Kindern in vielseitige Wissensgebiete.

Gemeinsam auf dem Weg des Lernens – lernmethodische Vorgehensweise

Wenn sich die Kindertageseinrichtung als erste und wichtige Bildungseinrichtung versteht, muss der Fokus auf den Lernprozessen der Kinder liegen. Dazu gehört es, über das eigene Lernen nachzudenken, sich das eigene Denken bewusst zu machen sowie die eigenen Planungsschritte bei der Bearbeitung einer Aufgabe zu reflektieren. Denn die lernmethodische Kompetenz ist die Grundlage für Wissenserwerb und somit für lebenslanges, selbstgesteuertes Lernen. Sie beinhaltet das Wissen darüber, wie man lernt, wie man Wissen erwirbt und organisiert, wie man es zur Lösung komplexer Problemsituationen einsetzt und es sozial verantwortet. Dies ermöglicht es, Wissen zu aktualisieren und Unwichtiges oder Überflüssiges auszufiltern.

In den einzelnen Bildungsbereichen, die der Kindergarten bearbeitet, müssen altersangemessene Wege zu dieser sehr anspruchsvollen Form des Lernens gefunden werden.

Für welches Alter ist das Projekt geeignet?

5–6 Jahre

Welche Bildungsbereiche werden besonders unterstützt?

Naturwissenschaftliches Verständnis
Mathematisches Verständnis

Welche anderen Bildungsbereiche berührt das Projekt noch?

Sprache und Wortschatz

Bildung und Sprache sind untrennbar miteinander verwoben. Sowohl in der Vermittlung, als auch im Prozess des Lernens kommt es auf den sprachlichen Ausdruck an. Im Bereich der Naturwissenschaften und Mathematik ist zudem eine exakte Sprache, ja teils eine Fachsprache gefordert. Kinder lernen gerade Fachbegriffe äußerst motiviert, da sie merken, welche Wertschätzung und welches Erstaunen sie dadurch bei den „Großen" erzielen können.

Wie können die Eltern und Familien der Kinder am Projekt beteiligt werden?

Die Eltern werden durch einen Elternbrief und den „Elterntisch" über das Projekt informiert. Der Elterntisch steht im Eingangsbereich der Einrichtung und wird auch für Advents- und Muttertagscafés genutzt. Auf diesem Tisch liegen die neusten Informationen zu Projekten aus. Die Kinder bekommen außerdem die Aufgabe, ihre Eltern zum Projektthema zu befragen. Zusätzlich ist es möglich, Eltern beim Bau einer Wettermess- und Beobachtungsstation einzubeziehen.

Welchen Bezug hat das Projekt zur pädagogischen Konzeption der Einrichtung?

Den Ansatzpunkt des Projekts bildet das Interesse von Kindern an Phänomenen ihrer Lebenswelt. In diesem Fall waren besonders starke Schneefälle und die damit in Zusammenhang stehenden Fragen der Kinder Ausgangspunkt für weitere Überlegungen. Ein Leitsatz der Einrichtung lautet: „Gelegenheiten zulassen, dann braucht man sie nicht zu schaffen". Diesem Leitsatz folgend legt die pädagogische Konzeption der Einrichtung einen Schwerpunkt darauf, Kindern die Möglichkeit zu bieten, sich Fragen und Themen ihrer Umwelt forschend zuzuwenden. Auf diese Weise soll eigenständiges Handeln der Kinder gefordert und gefördert werden. Dabei sollen die Kinder auch lernmethodische Kompetenz entwickeln. Das bedeutet, dass sie sich bewusst machen, wie sie etwas gelernt haben und welche Strategien sie dabei angewandt haben. Den Kindern soll so die Gelegenheit gegeben werden, sich zu eigenständigen Persönlichkeiten zu entwickeln. Eine Vertiefung naturwissenschaftlicher Inhalte wird durch die Möglichkeit der Wiederholung von Experimenten angestrebt.

Welche Erfahrungen hat die Einrichtung mit diesem Projekt gemacht?

Die am Projekt teilnehmenden Kinder arbeiten begeistert mit. Besonders das Aufstellen von Hypothesen und das Überdenken gewonnener Erkenntnisse bringen die Kinder in ihrer Entwicklung voran. Die Wetterforscher informieren auch andere Kinder und Eltern über ihre Forschungsergebnisse. Diese zeigen großes Interesse an den Aktivitäten der Wetterforscher. Dadurch werden die Kinder in ihrer forschenden Tätigkeit bestärkt.

Welche Kompetenzen der Kinder werden gestärkt?

Sinn und Freude am Lernen

Kinder haben viele Fragen, denn sie entdecken täglich Neues und Interessantes. Oft werden ihre Anliegen jedoch zu wenig beachtet oder sie werden mit pauschalen Antworten abgetan. Kinder müssen jedoch erfahren, dass das Erarbeiten einer Fragestellung möglich ist und dass es vielfältige Zugangsweisen gibt. Kindern soll bewusst werden, dass es Wissensgebiete gibt, die sich mit ihren Fragen beschäftigen und vor allem, dass es Spaß macht, sich ein Themengebiet zu erarbeiten.

In diesem Projekt erleben die Kinder, wie ihre Fragen ernst genommen werden. Sie werden an Fragestellungen herangeführt, die ihre Lebenswelt betreffen. Die Kinder lernen, welche Fachgebiete ihnen brauchbare Antworten auf ihre Fragen liefern. Dabei bleibt das aufgebaute Bewusstsein, eigene Fragen selbstständig erarbeiten zu können, ein unschätzbarer Zugewinn für das weitere Leben.

Selbstvertrauen durch Wissenserwerb und Anerkennung

Die Kinder erhalten im Laufe des Projekts von ihrer Umwelt – dazu gehören die Erzieherinnen, die Familie und auch die anderen Kinder – Anerkennung und Wertschätzung. Sie werden in ihrem Wissen-Wollen unterstützt und darin, dass sie dieses Streben stark macht. Die Kinder werden darin bestärkt, dass es zu einem positiven Lebensgefühl führt, wenn man Dinge selbst erforscht und damit Wissen erwirbt. Das auf diese Weise aufgebaute Selbstvertrauen hilft später, mögliche Frustration zu überwinden und sich Aufgaben mit neuem Elan zu stellen.

Naturwissenschaftliche Interessen und Kompetenzen

Mädchen und Jungen haben gleichermaßen großes Interesse an den Phänomenen der belebten und unbelebten Natur. Durch eine frühe Heranführung an den Bereich der Naturwissenschaften können sich Interessen und Kompetenzen auch bezüglich der späteren Berufswahl entwickeln. Gleichzeitig wird der positive Bezug der Kinder zu ihrer Lebenswelt gefestigt und gestärkt. Das führt zum Aufbau eines entsprechenden Expertenwissens und trägt damit auch zur Entwicklung eines positiven Selbstkonzepts bei.

Das Projekt – Ausführliche Beschreibung

Das Thema „Wetter“ hat einen direkten Bezug zur Lebenswelt von Kindern und wirkt sich auf ihren Alltag aus. Die Kinder möchten beispielsweise wissen, wie das Wetter an einem bestimmten Tag wird, ob sie am Nachmittag in den Garten gehen können oder was sie anziehen sollten. Um das Interesse der Kinder zu nutzen und ihre Fragen zu beantworten, wird eine Forschergruppe, bestehend aus ca. zehn Kindern, zu diesem Thema gebildet. Grundsätzlich soll dabei gewährleistet sein, dass die Kinder die Möglichkeit haben, Beobachtungen und Versuche selbstständig und wiederholt durchzuführen.

Zunächst bauen die Kinder gemeinsam mit den Erzieherinnen die benötigten Messinstrumente zur Wetterbeobachtung: Eine Messlatte zur Bestimmung der Schneehöhe und ein Messbecher, um die tägliche Niederschlagsmenge festzustellen. An den Messinstrumenten werden die entsprechenden Skalen angebracht. Zur Bestimmung der Windrichtung wird ein Gerät gebaut, das sich im Wind drehen kann.

Die Kinder führen täglich Wetterbeobachtungen durch und lernen dabei verschiedene Forschungsmethoden kennen: Messen der Schneehöhe mit einer Messlatte und Wiegen der Schneemenge im Messbecher. Bei Regen wird die Niederschlagsmenge im Messbecher abgelesen. Die Kinder stellen die Lufttemperatur mit Hilfe eines Thermometers fest. Sie beobachten den Himmel und tragen ihre Beobachtungen gemeinsam mit den anderen erhobenen Daten in ein Wettertagebuch ein. Dazu wird eine Wetterbeobachtungsstation genutzt. Diese Station besteht unter anderem aus einer quadratischen Platte, auf der in der Mitte Spiegelfliesen angebracht sind. An den Seiten der Platte sind die Himmelsrichtungen angeschrieben. Um die Platte herum werden einige Sitzgelegenheiten aufgestellt. Die Kinder betrachten sich den Himmel in den Spiegelfliesen und malen entsprechend der Wetterlage Sonne und Wolken in ihr Wettertagebuch.

Begleitend zu ihren Beobachtungen informieren sich die Kinder in Büchern über das Thema „Wetter“ und schauen sich in einer Tageszeitung den Wetterbericht an. Besonders informativ sind die Bücher „Warum ist das Wetter so?“, „Woher kommt Blitz und Donner?“, „Unwetter“ und „Das Wetter/ Sehen – Staunen – Wissen“ (siehe bei der Erarbeitung des Projekts verwendete Literatur).

Begleitend zu den Wetterbeobachtungen beschäftigen sich die Kinder einmal in der Woche mit weiterführenden Fragen:

Wie entsteht Schnee bzw. Regen?

Die Kinder fangen Regentropfen auf und vergleichen ihre Form und Größe. Sie machen Versuche zur Verdunstung und Kondensation von Wasser, um den Wasserkreislauf zu verdeutlichen.

Dazu hält ein Kind zunächst einen Globus, der die Erde darstellt, und ein anderes Kind hält eine selbst gemalte Sonne hoch. Eine Erzieherin erklärt, dass die Sonnenstrahlen auf das Wasser auf der Erde treffen. Auf diese Weise wird das Wasser erwärmt und es verdunstet. In großer Höhe wird dieses verdunstete Wasser dann als Wolke sichtbar. Weil es in großer Höhe sehr kalt ist, gefriert das verdunstete Wasser wieder und um Schmutzteilchen in der Luft bilden sich, abhängig von der Temperatur, Regentropfen oder Schneeflocken. Diese fallen dann auf die Erde. Um den Kindern ein Nachvollziehen dieser Erklärung zu ermöglichen, machen sie einen Versuch, bei dem Wasser in einen großen Topf gefüllt wird. Anschließend wird das Wasser auf dem Herd erwärmt. So wie die Sonne die Meere erwärmt, erwärmt die Herdplatte das Wasser im Topf. Danach wird über den Topf eine Glasplatte gehalten, auf die dann zur Kühlung Eiswürfel gelegt werden. Wenn das Wasser heiß genug ist, verdunstet es und der Wasserdampf schlägt sich an der Glasplatte nieder. Wenn sich allmählich Tropfen gebildet haben, wird die Glasplatte über die Köpfe der Kinder gehalten. Plötzlich beginnt es auf sie herabzuregnen. Weiterführende Informationen dazu finden sich in dem Buch „Hallo Kinder, seid Erfinder!“ (siehe bei der Erarbeitung des Projekts verwendete Literatur).

Im Freien führen die Kinder mit Hilfe von Spiegelfliesen und Fotoapparat Wolkenbeobachtungen durch. Die Kinder beobachten, welche Formen und Farben Wolken annehmen können und wie sich die Wolken bewegen.

Woraus besteht Schnee eigentlich?

Schnee wird zum Schmelzen gebracht, und in diesem Zusammenhang werden die verschiedenen Aggregatszustände von Wasser besprochen. Zuvor wird die Temperatur des Schnees bestimmt, anschließend die des Wassers. Die Kinder filtern Schnee von verschiedenen Orten (Wald, Straße), um weitere Bestandteile außer Wasser zu untersuchen. Schneekristalle werden auf schwarzen Stoff gelegt und mit der Lupe betrachtet. Die Kinder entdecken, dass Schnee aus unzähligen Eiskristallen besteht, die eine sechseckige Form aufweisen. Anschließend zeichnen die Kinder selbst Eiskristalle nach.

Wie entsteht ein Regenbogen?

Es werden Versuche zur Lichtbrechung mit Prismen und Wassertropfen durchgeführt. Dazu wird ein Prisma so ins Sonnenlicht gehalten, dass sich Licht in ihm bricht und die Farben des Regenbogens auf einer weißen Fläche sichtbar werden. Die Kinder malen die durch die Lichtbrechung sichtbar gewordenen Farben auf.

Bei gutem Wetter versuchen die Kinder mit Hilfe eines Gartenschlauchs und eines Aufsatzes, der das Wasser fein zerstäuben kann, selbst einen Regenbogen herzustellen. Es ist allerdings gar nicht so einfach, die richtige Position zu finden, in der sich das Licht in den Wassertropfen bricht. Weiterführende Tipps zu diesem Versuch finden sich in dem Buch „Frag doch mal ...?“ (siehe bei der Erarbeitung des Projekts verwendete Literatur).

Wie entsteht Wind?

Die Kinder lassen selbst Wind „entstehen“. Dazu wird gepustet oder mit Papier gefächert. Mit dem Föhn wird eine Feder durch den Raum geblasen. Dabei entdecken die Kinder, dass Wind nichts anderes ist als bewegte Luft. Im Freien fühlen und beobachten die Kinder den Wind. Bei einem Waldspaziergang erleben sie, dass man Wind nicht nur an der Bewegung von Gräsern, Blättern oder Bäumen sehen, sondern auch mit anderen Sinnen wahrnehmen kann. Mit Hilfe von Bändern, die im Wind flattern, und mit einem Kompass wird die Windrichtung bestimmt.

Der Entstehung von Wind gehen die Kinder mit Versuchen zur Ausdehnung von Luft bei Wärmeeinwirkung auf den Grund. Für diesen Versuch werden jeweils zwei leere Plastik- bzw. Glasflaschen benötigt. Außerdem braucht man noch zwei Behälter wie zum Beispiel Schüsseln. In einen der Behälter wird heißes Wasser gefüllt, in den anderen kaltes Wasser. Die Kinder stülpen über die Flaschenhälse der vier Flaschen jeweils einen Luftballon und stellen die Flaschen in die Behälter. In den Behälter mit heißem Wasser kommen eine Glasflasche und eine Plastikflasche. Bei dem Behälter mit dem kaltem Wasser wird genauso verfahren. Nach einer Weile können die Kinder feststellen, dass sich die Luftballons auf den Flaschen, die in der Wanne mit dem heißen Wasser stehen, aufblasen. Dabei geschieht das bei der Plastikflasche etwas schneller als bei der Glasflasche. Die Luftballons auf den Flaschen, die in dem Behälter mit dem kalten Wasser stehen, ziehen sich zusammen, weil sich die Luft in der Flasche durch das kalte Wasser abkühlt und damit weniger Platz benötigt. Der genaue Aufbau und Ablauf dieses Versuchs lässt sich in dem Buch „Natur- und Himmelsforscher“ (siehe bei der Erarbeitung des Projekts verwendete Literatur) nachlesen.

Was bedeutet Luftfeuchtigkeit?

Bei einem Waldspaziergang fällt den Kindern auf, dass Zapfen von Tannen, Kiefern oder Fichten je nach Wetter geöffnet oder geschlossen sind. Um herauszufinden, woran das liegt, werden einige Zapfen eingesammelt, um mit ihnen zu experimentieren. Die Kinder testen, wann sich ein Zapfen schließt, um die Samen vor Feuchtigkeit zu schützen. Dazu werden die Zapfen in Wasser gelegt. Das hat zur Folge, dass sie sich schließen. Legt man die Zapfen anschließend auf die Heizung öffnen sie sich nach einer gewissen Zeit wieder. Zapfen können also als Hygrometer (Luftfeuchtigkeitsmesser) genutzt werden.

Welche „Wetterregeln" gibt es?

Die Kinder befragen z. B. ihre Eltern, welche „Wetterregeln" sie kennen. So können die Kinder beispielsweise erfahren, dass Spinnen ihre Netze nur bauen, wenn das Wetter schön wird, oder dass Hühner bei einem kurzen Regenschauer unter einem Dach Schutz suchen, aber bei länger anhaltendem Regen im Freien bleiben, um die dann aus der Erde kommenden Regenwürmer zu fressen.

Exkursion zu einer Wetterbeobachtungsstation

Die Forschergruppe macht eine Exkursion zu einer Wetterstation, um herauszufinden, wie man das Wetter vorhersagen kann und welche technischen Instrumente zur Wettermessung benutzt werden.

Das Projekt bietet insgesamt auch sehr gute Möglichkeiten, die sprachliche Ausdrucksfähigkeit von Kindern zu fördern, indem die Kinder angehalten werden, ihren Forschungsweg zu reflektieren, ihre Wetter- und Versuchsbeobachtungen in Worte zu fassen sowie ihre Erkenntnisse zu formulieren. Vor der Durchführung von Beobachtungen und Versuchen sollen die Kinder ihre Forschungshypothesen aufstellen und zum Ausdruck bringen.

Auch das Nachdenken über das eigene Denken (lernmethodische Kompetenz) soll durch die Reflexion des Forschungswegs bzw. den Weg zu Erkenntnissen gefördert werden. Den Kindern soll bewusst werden, wie und wann sie etwas gelernt haben.

Wie lässt sich das Projekt erweitern?

Freizeitgestaltung im Winter

Die Kinder haben im Laufe des Projekts viel Wissenswertes über verschiedene Wetterphänomene erfahren. Dabei wurde deutlich, dass das Wetter unsere Jahreszeiten bestimmt und damit auch unsere Freizeitgestaltung beeinflusst.

Gleiten über Eis und Schnee

Gibt es im Winter etwas Schöneres als Schlittenfahren oder Schlittschuhlaufen? Aber warum gleiten wir denn so mühelos über den Schnee oder das Eis? Um das Phänomen gleitender Kufen zu untersuchen, kann folgendes Experiment durchgeführt werden:

Auf ein Glas mit einem Metalldeckel wird ein Eiswürfel gelegt. An einem Faden wird an beiden Enden je ein schwerer Gegenstand befestigt, zum Beispiel ein Messer oder ein Löffel. Der Faden wird über den Eiswürfel gelegt, sodass beide herunterhängenden Gegenstände ihn gespannt halten. Der ganze Versuchsaufbau wird in den Kühlschrank gestellt. Was passiert? Der Faden durchschneidet den Eiswürfel, da der Druck das Eis zum Schmelzen bringt. Das gleiche passiert, wenn ein Schlittschuhläufer auf einer Eisfläche unterwegs ist. Durch sein Gewicht, das über die Kufen auf die Eisschicht wirkt, schmilzt das Eis. Dabei bildet sich eine dünne Wasserschicht, auf der der Läufer über das Eis gleiten kann.

Unwetter und ihre Auswirkungen

Das Wetter kann eine zerstörerische Wirkung entfalten. Anlass dieses Projekts war ein außergewöhnlich schneereicher Winter, der vielerorts zu katastrophalen Zuständen geführt hat. Solche Unwetter lösen trotz ihrer zerstörerischen Auswirkungen auch eine große Faszination aus.

Tornado im Wasserglas
Anknüpfend an das Wissen der Kinder zum Wetterphänomen „Wind", dem sie sich durch die Bestimmung von Windstärke und Windrichtung genähert haben, kann folgende weiterführende Frage bearbeitet werden: Was passiert, wenn der Wind zum Sturm oder sogar zum Tornado wird? Anhand von Sachbüchern können diese Phänomene besprochen werden. Um einen Tornado und seine Wirkweise sichtbar zu machen, kann folgendes Experiment durchgeführt werden:

Ein hohes Wasserglas wird zu 2/3 mit Wasser gefüllt. Mit einem Löffel wird nun das Wasser in einer gleichmäßigen Kreisbewegung gerührt, bis ein Strudel entsteht. Nun gießt man einige Tropfen Tinte in das Glas. Der Mini-Tornado verfärbt sich und wird für kurze Zeit deutlich sichtbar.

Belastung von Dächern durch Schnee
Schnee stellt für die Dächer von Gebäuden eine große Belastung dar. Mit Bau- oder Legosteinen konstruieren die Kinder Häuser mit unterschiedlichen Dachkonstruktionen (Spitzdächer, Flachdächer). Diese werden nun mit Schnee auf ihre Stabilität getestet, und dadurch werden erste Einblicke in die Statik gewonnen.

Wetter und Mathematik
Im Laufe des Projekts wird die Schneehöhe mit einem Zollstock gemessen. Das Messergebnis wir in Zentimetern angegeben. Im Anschluss daran kann etwas Schnee in einem Gefäß gesammelt werden, um sein Gewicht auf einer Pendelwaage zu bestimmen. Um auszudrücken wie schwer der Schnee ist, wird die Maßeinheit Kilogramm verwendet. Lässt man den Schnee zu Wasser schmelzen, können folgende weiterführende Fragen bearbeitet werden: Wiegt das Wasser mehr oder weniger als der Schnee zuvor? Welche Maßeinheit (Liter) wird verwendet, um die Wassermenge anzugeben?

Auch zur Temperatur von Schnee kann eine Beschäftigung mit weiterführenden Fragen erfolgen: Wie kalt ist Schnee eigentlich? Um die Temperatur zu messen, wird ein Thermometer in den Schnee gehalten. In welcher Maßeinheit (Grad Celsius) wird die Temperatur angegeben? Ab welcher Temperatur beginnt Schnee zu schmelzen? Was passiert, wenn wir den Schnee in die Tiefkühltruhe tun? Wie verändert sich seine Konsistenz und wie kalt wird der Schnee dann?

Welche Literatur wurde bei der Erarbeitung des Projekts verwendet?

Burtscher, I. M. (2003). Natur- und Himmelsforscher: was Kinder wissen wollen. München, Don Bosco.

Cosgrove, B. (2004). Das Wetter: verstehen, was am Himmel geschieht; Beobachten, Deuten, Vorhersagen. Hildesheim, Gerstenberg.

Gerndt, C. (2003). Unwetter: Tornado, Hurrikan, Schneesturm, Hochwasser, Zyklon. Stuttgart, Kosmos.

Göbel, P. (2004). Wetter und Klima. Köln, DuMont-Literatur-und-Kunst-Verl.

Graeb, G. (1983). Kinder experimentieren. München, Don-Bosco-Verl.

Haën, W. d. & Andresen, U. (1987). Warum ist das Wetter so? Ravensburg, Ravensburger Buchverl.

Hoenisch, N., Niggemeyer, Elisabeth (2003). Hallo Kinder, seid Erfinder!: Abenteuer mit dem Alltäglichen; für 4- bis 9-Jährige und ihre erwachsenen Begleiter. Weinheim, Beltz.

Kersten, D. & Berger, U. (2005). Woher kommen Blitz und Donner?: verblüffende Antworten über Himmel und Erde. Freiburg i. Br., Velber.

Nase, D. & Stemm, A. v. (2006). Frag doch mal ...?: die meistgestellten Fragen an die Maus. München, cbj.

Von der Versuchsvorführung zur freien Laborzeit – die Einrichtung eines Kinderlabors

Integrativer Kindergarten St. Monika, Lüdinghausen
Am Hüwel 42
59348 Lüdinghausen

Ansprechpartnerin: Frau Nicole Borgmann
Telefon: 0 25 91 – 7 07 37
Email: kigamo@web.de

Das Projekt im Überblick

Um was geht es?

Das Projekt integriert die Bildungsbereiche Naturwissenschaften und Technik nachhaltig in den Kindergartenalltag. Um dieses Ziel zu erreichen, werden verschiedene Laborbereiche aufgebaut. Kinder können in diesen Laborbereichen zunächst unter Anleitung und später selbstständig verschiedene Materialien nutzen, um Fragen zu Phänomenen aus ihrem Alltag zu beantworten.

Was zeichnet das Projekt besonders aus?

Offenes Raumkonzept
Der Gestaltung des Raumes wird im offenen Raumkonzept ein hoher Stellenwert eingeräumt. Ähnlich wie bei der Reggio-Pädagogik wird der Raum zum „dritten Erzieher", er ist Werkstatt, in der erfunden und erforscht wird. Durch die Errichtung von Kinderlaboren wurden Lernräume geschaffen, in denen die Bildungsarbeit stattfindet. Grundgedanke des offenen Raumkonzeptes ist es, Lerninseln anzulegen: Werkstätten des Denkens und Lernens, Kooperierens und Kommunizierens, des kreativen und zukunftsorientierten Schaffens, der Einübung basisdemokratischen Zusammenlebens.

Kind als Akteur seiner Entwicklung
Die Kinderlabore, aufgeteilt in Innenbereiche mit den Themen Magnetismus, Elektrizität, Chemie und Erforschung des Wassers und den Außenbereich, der im direkten Kontakt zur Natur das Erkunden der Pflanzen- und Tierwelt initiiert, regen die Kinder an, sich mit den beobachtbaren Phänomenen der Naturwissenschaften und der Technik auseinanderzusetzen. Durch die Trennung von Angebotszeit und Freispielzeit haben die Kinder die Möglichkeit, Neues experimentell zu erfahren, und im eigenen Tun, gemäß ihrer Entwicklung, zu vertiefen. Die Erzieherinnen sind Mitlernende und Mitgestaltende, wie die Kinder entwickeln sie ihr Expertentum weiter.

Differenzierung der Angebote
Kinder brauchen viel Raum, Zeit und gutes Material, um eigene Ideen auszuprobieren und weiterzuentwickeln. Ein dreijähriges Kind wendet sich dem Forschen mit unvoreingenommenem Blick zu, es braucht mehr Hilfe in der motorischen Umsetzung als bei seinen kreativen Ideen. Ein sechsjähriges Kind denkt voraus, hat oft klare Vorstellungen und Pläne im Kopf, die umgesetzt werden wollen. Einerseits braucht Forschen viel Ruhe und Ungestörtheit, andererseits werden immer wieder Hilfen und Unterstützung notwendig. Mit Ausdauer beobachten jüngere Kinder z. B. die Schwimmfähigkeit unterschiedlicher Dinge und erstellen immer wieder aufs Neue Hypothesen. Ältere wollen mehr, sie hinterfragen nach welchen Kriterien etwas schwimmt oder untergeht, ob dies von der Größe, dem Gewicht oder dem Material abhängig ist. Nach Schwierigkeitsgrad aufgebaute Versuche ermöglichen jedem Kind je nach Alter, Interesse oder Entwicklungsstand das zu erfinden, was es gerade in seiner Neugierde und Lernlust anspricht.

Berücksichtigung des Gender-Aspekts
Gehen Mädchen und Jungen auch gleichermaßen interessiert an den Aufbau eines Stromkreises heran, können sie doch durch unterschiedliche technische Umsetzungen zur Weiterentwicklung ihrer Kenntnisse motiviert werden. Bei Mädchen kann die Weiterentwicklung durch die elektrische Ausstattung eines Puppenhauses erfolgen und bei Jungen vielleicht eher durch eine elektrische Eisenbahn. Modellhaft ist aber die Einstellung der Erzieherinnen in dieser Einrichtung zur geschlechtsspezifischen Erziehung. Geschlechterbezogene Normen, Werte, Traditionen und Ideologien sollen kritisch hinterfragt werden. Eigene Interessen und Vorlieben sollen über die Erwartungen und Vorgaben von außen gestellt werden. Weiblichsein und Männlichsein beinhalten vielfältige Variationen, die gegenseitig wertgeschätzt werden sollen. Nur durch diese Reflexion werden die Bedürfnisse und Neigungen der Kinder wahrgenommen und gleichberechtigt im pädagogischen Handeln umgesetzt.

Welche Ziele verfolgt das Projekt?

Der Zugang zu naturwissenschaftlichen und technischen Materialien soll zu jeder Zeit – auch außerhalb von speziellen Angeboten – möglich sein, um eine nachhaltige Etablierung der Bildungsbereiche Naturwissenschaften und Technik in der Einrichtung zu verwirklichen. Es wird eine selbstständige und dauerhafte Beschäftigung der Kinder mit naturwissenschaftlich-technischen Themen angestrebt, die sich vom reinen Vorführen von Versuchen durch Erwachsene deutlich unterscheidet.

Wie werden die Ziele des Projekts umgesetzt?

Leitfaden der Pädagogik

Leitfaden der Pädagogik dieser Einrichtung ist ein Bild vom Kind als forschendes und erkundendes Wesen. Die Individualität eines jeden Kindes wird wertgeschätzt, seine Entwicklung begleitet und unterstützt. Die pädagogische Grundeinstellung der Fachkräfte, dass Erziehen Lernen bedeutet, dass der Kindergarten als erste und wichtige Bildungseinrichtung gesehen wird und das Interesse des Teams, sich aktiv an Bildungsdiskussionen zu beteiligen, bahnte den Weg für die Erarbeitung eines Konzeptes zur naturwissenschaftlichen Bildung im Elementarbereich. Durch die Beteiligung am Transnationalen Kooperationsprojekt im Sokrates-Programm Comenius und durch fundierte Literaturrecherchen wurden in Ermangelung praxisorientierter Fachliteratur selbst Ideen und Themenbereiche aus dem Bereich Naturwissenschaften erarbeitet.

Beobachtung der Kinder als Motor der Konzeptentwicklung

Der Ausgangspunkt der Konzeptentwicklung war die Beobachtung der Kinder in ihrem enormen Interesse an physikalischen, chemischen und biologischen Fragestellungen und deren Umsetzung in technische Errungenschaften. Die Säulen der Erarbeitung des Konzepts waren neben der Motivation der Kinder, täglich Neues zu entdecken und tausend Fragen zu stellen, auch die pädagogische Haltung der Pädagoginnen, Kindern Einblicke in Zusammenhänge der Naturgesetze zu vermitteln und diese kindgerecht zu gestalten. Dazu kommen Bestrebungen den Kindern durch ein offenes Raumkonzept jederzeit die Möglichkeit zu bieten, Antworten auf ihre Fragen und Beobachtungen zu finden.

Eigenverantwortliches Handeln und Ausbau von Expertenwissen

Die Bereitschaft des Teams zur Veränderung der eigenen Arbeitsweise und zur Aneignung neuer Bereiche führte zu einem sich ständig erweiternden Expertenwissen. Es reichte nicht aus, den Kindern nur einige Versuche zu zeigen, sondern sie wurden in ihrem selbsttätigen Tun unterstützt, indem verschiedene Bereiche (Kinderlabore) geschaffen wurden. Leitfaden waren drei Fragen:

- Was ist ein Forscher?
- Was braucht er, um seine Innovationen zu leben?
- Mit welchen Themen kann man ihn aufgrund seiner entwicklungspsychologischen Voraussetzung konfrontieren?

Vom anfänglichen Wiederholen einiger Experimente entwickelten sich die Kinder zu kleinen Experten, die ihre Vorhaben in Forscherplänen umsetzen.

Für welches Alter ist das Projekt geeignet?

3–6 Jahre

Welche Bildungsbereiche werden besonders unterstützt?

Naturwissenschaftliches Verständnis

Technisches Verständnis

Welche anderen Bildungsbereiche berührt das Projekt noch?

Alltagstaugliche Technik

Die qualifizierte Arbeit der Pädagoginnen ermöglicht den Kindern nicht nur einen kurzfristig interessanten Einblick in die Welt der Naturwissenschaften, sondern sie verbindet dieses Wissen mit der praktischen Umsetzung in den Lebens- und Spielalltag der Kinder: Beleuchtete Tankstellen und Fahrzeuge sind neben mit Lichteffekten versehenen Kunstobjekten zu finden.

Alltagskompetenz

Wackelkontakte zu reparieren, Batteriewechsel vorzunehmen, Lampen auszutauschen usw. gehören zu den selbstverständlichen Fertigkeiten der Kinder. Diese Alltagskompetenzen stärken die Autonomie und *„ersetzen den Handwerker im Hause*“.

Literacy – Welt der Bücher

In Bilder- und Sachbüchern können die Kinder Anregungen erhalten oder ihre Entdeckungen wieder finden. Im Dialog tauschen sich die kleinen Forscher aus, können Vorgänge differenziert beschreiben und anhand von Medien ihr Wissen erweitern.

Welche Aspekte werden besonders berücksichtigt?

Durch eine Umgestaltung des Spielmaterials, separat angelegte Mädchenangebote und eine stärker ästhetisch orientierte Raumgestaltung sollen Mädchen und Jungen gezielt für diesen Bereich interessiert werden.

Die Beschäftigung mit den naturwissenschaftlichen und technischen Materialien im Kinderlabor ist durch aktives Tun, durch Beobachten und Wiederholen gekennzeichnet. Sprachliche Schwierigkeiten, beispielsweise von Kindern mit Migrationshintergrund, fallen hierbei nicht besonders stark ins Gewicht. Bildhafte Anleitungen der Versuche sorgen außerdem dafür, die sprachliche Barriere niedrig zu halten. Zudem werden Anreize zur Sprachförderung genutzt, die sich beim gemeinsamen Experimentieren ergeben.

Die Materialien im Kinderlabor mit unterschiedlichem Schwierigkeits- und Komplexitätsgrad ermöglichen eine Auswahl nach dem individuellen Entwicklungsstand von Kindern mit besonderem Förderbedarf. Außerdem kommt die Möglichkeit, Versuche beliebig oft zu wiederholen, und die Verlässlichkeit des Versuchsausgangs den Lernstrukturen geistig- und lernbehinderter Kinder besonders entgegen. Die Vorhersehbarkeit von Ergebnissen gibt den Kindern Sicherheit.

Wie können die Eltern und Familien der Kinder am Projekt beteiligt werden?

Die Eltern werden regelmäßig über die Themen, die in den Laborbereichen bearbeitet werden können, informiert. Im Rahmen von Elternabenden, an denen neues Material für die Laborbereiche hergestellt oder bereits vorhandenes repariert wird, werden die Eltern an das Projekt herangeführt. Eine Einbindung fachkundiger Eltern (z. B. Elektriker, Biologen, Tierärzte) zur Unterstützung der Fachkräfte trägt zur Bereicherung des Projekts bei.

Welchen Bezug hat das Projekt zur pädagogischen Konzeption der Einrichtung?

Die pädagogische Konzeption der Einrichtung beinhaltet ein offenes Raumkonzept, das eine Umwandlung von Gruppenräumen in Funktionsräume vorsieht. Weitere Kennzeichen der pädagogischen Konzeption sind eine strikte Trennung von Freispiel und Angebotszeit, fachlich spezialisierte Erzieherinnen und eine offene Grundhaltung dem Kind gegenüber. In der Freispielzeit stehen den Kindern alle Spielbereiche zur Verfügung, während die Kinder in der Angebotszeit Anregungen und Impulse in verschiedenen Bildungsbereichen erhalten. Diese Anregungen können die Kinder dann im Freispiel vertiefen.

Um den Kindern nicht nur an Experimentiertagen innerhalb der Angebotszeit Zugang zu naturwissenschaftlichen und technischen Versuchen zu ermöglichen, wird ein Kinderlabor mit verschiedenen Bereichen eingerichtet. Auf diese Weise sollen Naturwissenschaften und Technik als eigenständige Bildungsbereiche im Elementarbereich etabliert werden und die Nachhaltigkeit der Angebote verbessert werden.

Welche Erfahrungen hat die Einrichtung mit diesem Projekt gemacht?

Es ist ein verstärktes Interesse der Kinder an Alltagsfragen zu beobachten. Damit verbunden entwickeln die Kinder das Selbstbewusstsein, diese Fragen klären zu können. Bei der Behandlung von Forschungsfragen wird von den Kindern vorausschauendes und vernetztes Denken verlangt, beispielsweise bei der Erstellung eines Forschungsplans. Die Fragen der Kinder werden mit der Zeit tiefgreifender und bauen auf bereits vorhandenem Wissen auf. Die Kinder nutzen ihr Wissen, um die neuen Forschungsfragen zu beantworten. Komplexere Forschungsfragen bieten den Kindern neue Herausforderungen und unterstützen auf diese Weise ihre Entwicklung.

Welche Kompetenzen der Kinder werden gestärkt?

Motivationale Kompetenz

Durch den Wechsel von strukturiertem Lernen in Angeboten und spielerischer Vertiefung im Freispiel werden die Kinder nachhaltig motiviert, ihrer Welt mit offenen Augen zu begegnen, Dinge selbstständig auszuprobieren und sich als Schöpfer und Neuentdecker der Welt zu erleben. Dies fördert nicht nur das Selbstbewusstsein der Kinder, sondern motiviert sie auch, sich mit Selbstvertrauen in unbekannte Bereiche zu begeben. Diese Einstellung bestärkt das Kind, Vertrauen in sich und sein Handeln zu haben, sich durch Fehlschläge nicht aus dem Konzept bringen zu lassen und sich, wenn nötig, Hilfe und Ratschlag zu holen. Dies sind nicht nur Grundelemente einer positiven Persönlichkeitsentwicklung, sondern auch wichtige Voraussetzungen für eine resiliente/widerstandsfähige Haltung auch kritischen Lebenssituationen gegenüber.

Selbstorganisiertes Lernen

Die Aufgabe der Erzieherinnen besteht darin, die Kinder nicht zu belehren, sondern sie in ihren Erfahrungen und Entdeckungen zu begleiten. Sie unterstützen die Kinder, facettenreich an Aufgabenstellungen heranzugehen und selbst Lösungen zu finden. Dies beginnt schon bei der selbst bestimmten Auswahl des Kinderlabors: Ein Forschungsplan muss erstellt werden. Welche Geräte und Materialien brauche ich, und mit wem möchte ich gemeinsam forschen? Ideen werden entwickelt und Deutungen für das Beobachtete gesucht. Dieses Wissen um das Lernen unterstützt die Kinder auch im späteren schulischen Lernen und beim Ausbau ihrer Neigungen und Interessen.

Die Kinder lernen, sich konzentriert und mit Ausdauer Aufgabenstellungen zu widmen und auch bei Hürden auf ihre Fähigkeiten zu vertrauen.

Das Projekt – Ausführliche Beschreibung

Kinder sind Forscher

Den Ausgangspunkt des Projekts bildet die Annahme, dass in jedem Kind ein Forscher steckt. Auch wenn die Forschungsarbeit von Kindern nicht offensichtlich und der Inhalt der Forschung nicht sofort zu erkennen ist, sollten sie als Forscher nicht verkannt werden. Denn das würde ihren Forscherdrang einschränken und ihre Inhalte abwerten.

Forscheraktivitäten von Kindern benötigen ausreichend Zeit, einen Raum mit entsprechenden Materialien und bei Bedarf fachliche Unterstützung. Kindliche Forscher sollten in der Auseinandersetzung mit ihrem Forschungsgegenstand nicht gestört werden, da ansonsten vielleicht wichtige Erkenntnisse oder sogar das Interesse am Fachgebiet verloren gehen. Raum und Material sollten großzügig bemessen sein, damit sich der Forscherdrang ungehindert entfalten kann. Eine fachliche Unterstützung durch einen Erwachsenen, der Überlegungen, Bedürfnisse und Interessen des Kindes ernst nimmt, sollte bei Bedarf zur Verfügung stehen.

Gemeinsames Experimentieren als Grundlage für freie Betätigung im Laborbereich

Um den Kindern als Forscher gerecht zu werden, wird ein Kinderlabor eingerichtet. Ein Teil des Kinderlabors wird in einem Gruppenraum, ein Teil im Freien eingerichtet. Im Innenbereich werden die Themen „Chemie", „Elektrizität", „Wasser und seine Eigenschaften", „Magnetismus" und „Unser Sonnensystem" angeboten, dazu im Außenbereich biologische Themen. Jeder Bereich verfügt über eine eigene, abgegrenzte Laborfläche, verschiedene Versuchsanordnungen sowie Material zum freien Experimentieren.

In der Angebotszeit findet eine angeleitete Einführung in die Laborbereiche mit ihren Materialien statt. In der Freispielzeit können die Kinder dann die Materialien selbstständig nutzen. Die Materialien

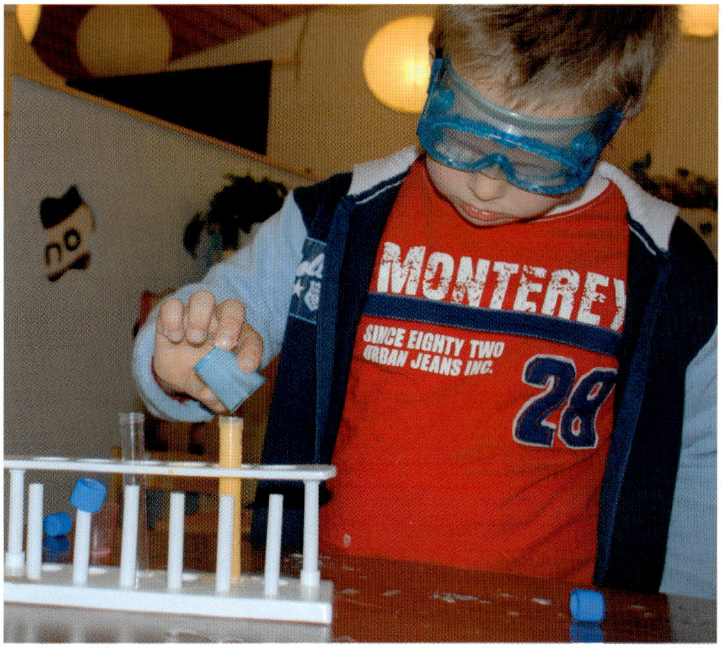

und Versuchsanordnungen weisen unterschiedliche Schwierigkeits- und Komplexitätsgrade auf, um Kinder mit unterschiedlichen Voraussetzungen anzusprechen. Die einzelnen Versuche sind so aufgebaut, dass Kinder Phänomene im selbstbestimmten, spielerischen Experimentieren erleben können. Der Versuchsaufbau ermöglicht den Kindern eine selbstständige Deutung der beobachteten Phänomene.

Wenn die Kinder an bestimmten Versuchen das Interesse verlieren oder neue Fragestellungen auftauchen, wird die Ausstattung der Laborbereiche entsprechend verändert bzw. ergänzt.

Aufbau der einzelnen Laborbereiche

Das Chemielabor

Im Chemielabor haben die Kinder die Möglichkeit, Reaktionen zu beobachten, die sich durch das Mischen von unterschiedlichen Stoffen ergeben. Beim Trennen und Mischen von verschiedenen Substanzen in unterschiedlichen Aggregatzuständen lernen die Kinder Gefäße und Geräte kennen, mit denen auch in professionellen Laboren gearbeitet wird. Anschließend nutzen die Kinder diese Laborausstattung zur Durchführung verschiedener Versuche und machen sich auf diese Weise mit ihr vertraut. Zuvor werden gemeinsam mit der Erzieherin notwendige Sicherheitsregeln erarbeitet. Das schließt auch die Nutzung von Schutzbrillen ein.

Zur Ausstattung des Chemielabors gehören neben den Schutzbrillen:

- Mikroskope
- verschiedene Gefäße wie Messbecher, Petrischalen und Reagenzgläser
- Pipetten zur Dosierung von Flüssigkeiten
- verschiedene Flüssigkeiten wie zum Beispiel Wasser, Öl, Essig, Zitronensaft, Rotkohlsaft oder Geschirrspülmittel
- unterschiedliche Lebensmittel wie Zucker, Pfeffer, Natron, Salz oder Backpulver
- Teelichter, beispielsweise zum Erhitzen von Flüssigkeiten
- Filterpapier zum Trennen von Feststoffen und Flüssigkeiten
- ein Bügeleisen
- eine Kristallausstellung, die verschiedene Salze zeigt

Licht an! – Thema „Elektrizität"

Um den Kindern das notwendige Grundwissen und Handwerkszeug zur selbstständigen Nutzung der Angebote in den verschiedenen Laborbereichen zu vermitteln, behandeln Kinder und Erzieherinnen im Rahmen der täglichen 30-minütigen Angebotszeit gemeinsam verschiedene Themen.

In Zusammenhang mit dem Thema Elektrizität geht es beispielsweise darum, welche Dinge Strom leiten, wie ein Stromkreis aufgebaut ist oder welche Energiequellen es gibt. Für Kinder, die sich schon zu „Elektrizitäts-Experten" entwickelt haben, werden weiterführende Angebote gemacht. Diese beschäftigen sich dann beispielsweise mit dem Bau einer Alarmanlage oder eines Elektromagneten.

Der für die Kinder in der Freispielzeit ständig verfügbare Laborbereich beinhaltet folgende Angebote:

- ein Puppenhaus, in dem Lampen und Klingeln durch entsprechende Vernetzung in Betrieb genommen werden können
- eine elektrische Eisenbahn, die ohne Zutun der Kinder weder fährt noch beleuchtet ist
- ein Fahrradreifen mit Dynamo, der in einer „Black Box" mit wechselnden Bildern für Licht sorgt
- eine Morsestation zwischen zwei Spielhäusern zur Übertragung von Nachrichten mit Hilfe von Lichtzeichen und einer Morsetabelle
- ein „heißer Draht", der die Geschicklichkeit der Kinder herausfordert, wenn sie der Frage nachgehen, warum bei der Berührung des Drahts ein Signal ertönt
- Material zur „freien" Nutzung, das neu kombiniert werden kann, wie z. B. Lampen, Sirenen, Motoren, Elektromagneten, Ventilatoren, Batterien, Kabel, Schalter, Baupläne
- ein „Was ist drin in dem Ding" – Tisch: hier können Objekte auseinander genommen werden, um ihre Funktion zu verstehen

Wasser marsch! – Thema „Wasser und seine Eigenschaften"

In der Angebotszeit werden zum Thema „Wasser und seine Eigenschaften" unter anderem Fragen zur Schwimmfähigkeit unterschiedlicher Materialien und zur Oberflächenspannung von Wasser bearbeitet. Außerdem werden gemeinsam Versuche zur Löslichkeit und zu den Aggregatszuständen von Wasser durchgeführt.

Die Ausstattung des zugehörigen Laborbereichs beinhaltet folgende Angebote:

- ein gefliester Tisch als Aktionsfläche
- drei mit Wasser gefüllte Aquarien
- ein Spiel- und Schwimmbecken mit Plastikenten
- viele verschiedene Gefäße, wie z. B. Gläser, Flaschen, Trichter, Messbecher oder Pipetten, mit denen die Kinder durch Umschütten, Abmessen und Wiegen Mengenverhältnisse und die Eigenschaften von Wasser in einem großen Becken erforschen können
- Alltagsgegenstände wie zum Beispiel Wasserfarben zum Einfärben von Wasser, Knete zum Erforschen von Dichte als Eigenschaft von Stoffen
- Gegenstände, deren Schwimmfähigkeit untersucht werden kann
- verschiedene Flüssigkeiten (Wasser, Öl, Sirup, Glycerin, Milch, Essig), um Unterschiede zwischen Flüssigkeiten zu erforschen

Ergänzt wird das Angebot durch Versuchsbeschreibungen, die von den Kindern selbstständig nachgemacht werden können, wie zum Beispiel die Versuche „Wasserberg auf einem Geldstück“ oder „Der Gummibärentaucher“. Aufbau und Ablauf der Versuche werden dabei durch Fotos und Zeichnungen erklärt. Außerdem gibt es Versuchsanordnungen, um die Frage zu klären, was schwimmt und was nicht.

Magnetwelt – Thema „Magnetismus“

Gemeinsam mit den Erzieherinnen erforschen die Kinder in der Angebotszeit den Unterschied zwischen magnetischen und nicht magnetischen Materialien. Dazu machen sich die Kinder mit Magneten ausgestattet auf die Suche nach Dingen, die an ihrem Magneten „kleben“ bleiben. Die Kinder lernen Magnete in verschiedenen Formen und Stärken kennen, dabei wird das magnetische Feld mit Eisenpulver sichtbar gemacht. Auch der Unterschied zwischen Nord- und Südpol wird veranschaulicht. Als weiterführende Beschäftigung mit diesem Thema wird der Bau eines Kompasses angeboten.

Zur Ausstattung des Laborbereichs, den die Kinder in der Freispielzeit selbstständig nutzen können, gehören:

- ein Aquarium mit Magnetfischen aus Plüsch, die mit Hilfe eines Gegenpols an einer Angel herausgefischt werden können
- Geomag-Spielzeug in großer und kleiner Ausführung, das Verbindungsstäbe enthält, die mit Nord- und Südpol gekennzeichnet sind
- Magnete in verschiedenen Formen (Kugel-, Stab- und Hufeisenmagnete)
- Spiele, die das Prinzip „Anziehen und Abstoßen“ verdeutlichen, zum Beispiel ein magnetisches Tetris-Spiel oder verschiedene Magnetpuzzle
- magnetische Stäbe zum Bau von Labyrinthen
- Experimente mit Eisenpulver und Magneten, bei denen die Kinder die Auswirkungen von magnetischer Kraft auf Eisenpulver bzw. das Phänomen „magnetische Felder“ erforschen können
- einen Globus, der die Erde als großen Magneten veranschaulicht

Das Außenlabor – Erforschen der Tier- und Pflanzenwelt

Die Angebotszeit wird genutzt, um die Kinder mit verschiedenen Hilfsmitteln und Materialien zum Erforschen der Tier- und Pflanzenwelt vertraut zu machen, die dann im Außenlabor zur Verfügung stehen.

Das Außenlabor ist in und um einen alten Bauwagen im Stil von „Peter Lustig“ beheimatet. Zur Ausstattung des Außenlabors gehören:

- Materialien zur Erforschung und Katalogisierung der Tier- und Pflanzenwelt (Lupenbecher, Insektenfänger, Lupen, Stethoskope, Wassergucker, Mikroskope, Kescher, Videoskope, Blumenpressen, Gips zum Spurengießen, Gläser zur Insektenbetrachtung)
- Vergleichsobjekte, um Funde zu bestimmen, beispielsweise eine Spurensammlung zum Vergleichen von Abdrücken
- Regenwasserauffangstation, um mit Wasser zu experimentieren und den Wasserkreislauf nachzuvollziehen
- ein Unkrautbeet zum Züchten und Untersuchen von Pflanzen
- Bücher zur Erkundung der Tier- und Pflanzenwelt (siehe weiterführende Literatur)
- eine Badewanne als Lebensraum für verschiedene Tiere und Pflanzen
- ein Gemüsebeet zum Anbau einheimischer Gemüsesorten
- Wind-, Regen- und Temperaturmessgeräte

Die Planeten in unserem Sonnensystem

In der Angebotszeit werden die verschiedenen Planeten unseres Sonnensystems mit ihren besonderen Eigenschaften vorgestellt. Beispielsweise werden die Ringe des Saturns durch kreisförmiges Auslegen von Sand, Steinen und Eisstücken dargestellt. Die Kinder betrachten die „Lebensbedingungen“ auf den unterschiedlichen Planeten im Vergleich zur Erde.

Unter der Decke des Raums, in dem sich das Kinderlabor befindet, hängen alle Planeten unseres Sonnensystems. In einer Kuschelecke liegen Bücher bereit, die Wissenswertes zu den verschiedenen Planeten enthalten (siehe weiterführende Literatur). Außerdem ist dieser Bereich mit einem selbstkonstruierten Brettspiel ausgestattet, bei dem die Planeten um die Sonne kreisen. Ziel des Spiels ist es, die Sonne als Erster zu umkreisen. Zum Kennenlernen der Sternbilder steht das Spiel „Astrolino“ zur Verfügung. Bei diesem Spiel legen die Kinder verschiedene Sternbilder nach.

Wie lässt sich das Projekt erweitern?

Durch Experimente erfahren die Kinder viel Wissenswertes über Strom. Ohne die Nutzung von elektrischem Strom ist unser Alltag kaum noch vorstellbar. Wie aber würde ein Tag ohne Strom aussehen?

Der „Ohne-Strom-Tag“

An einem Kindergartentag versuchen die Kinder, einen Tag lang ohne Strom auszukommen. Dafür eignen sich besonders gut trübe Tage im Herbst oder Winter. An diesem „Ohne-Strom-Tag“ werden im ganzen Kindergarten elektrische Lichtquellen gesucht und ausgeschaltet. Es dürfen an diesem Tag nur natürliche Lichtquellen genutzt werden, wie z. B. Tageslicht oder Kerzen. Um Speisen zuzubereiten oder Tee zu kochen, müssen die Kinder Alternativen nutzen, wie z. B. einen Campingkocher. Selbst die Klingel an der Einrichtung soll durch eine Glocke oder einen Türklopfer ersetzt werden. Die Kinder beschäftigen sich mit der Frage, wie man alltägliche Tätigkeiten ohne Strom erledigen kann: Wie kann man die Haare ohne Fön trocknen? Wie kann sich Papa ohne einen elektrischen Rasierapparat den Bart entfernen? Im weiteren Verlauf des „Ohne-Strom-Tags“ durchforsten die Kinder verschiedene Kataloge nach Geräten, die Strom benötigen. Auf einer kleinen Exkursion suchen die Kinder nach Dingen, die mit Strom betrieben werden, wie z. B. Ampeln, Warnlichter, Leuchtreklame.

Auch zu Hause sollen die Kinder am Nachmittag gemeinsam mit den Eltern im Haushalt nach weiteren Elektrogeräten suchen. Die Familie soll gemeinsam überlegen, wie sich ein Abend ohne Radio und Fernseher gestalten lässt.

Am nächsten Tag halten die Kinder ihre Erfahrungen durch Bilder aus den Katalogen oder mit selbst gemalten Darstellungen in einem Tagebuch fest. Die aus den Katalogen ausgeschnittenen Bilder ergänzen die Erzieherinnen durch die Kommentare der Kinder.

Mögliche weiterführende Fragestellungen

Wie lebten denn die Menschen früher, als es noch keinen Strom gab?

Anhand von Bildbänden, Sachbüchern, Museumsbesuchen oder Burgbesichtigungen erkunden die Kinder, wie Leben ohne Strom in früheren Zeiten abgelaufen ist.

Welche Berufe haben etwas mit Strom zu tun? Welche ortsansässigen Betriebe befassen sich mit Strom? Durch Besuche in Elektrogeschäften oder im Elektrizitätswerk sammeln die Kinder weitere Informationen über die Verwendung von Strom und darüber, wie Haushalte mit Strom versorgt werden.

Die Bedeutung natürlicher Energiequellen kann mit den Kindern ebenfalls thematisiert werden. Was würde denn passieren, wenn die Sonne nicht mehr scheinen würde und es auf unserer Erde ganz dunkel wäre? Welche Auswirkungen hätte das auf Pflanzen? Die Kinder machen ein Experiment mit Kresse- oder Bohnenkeimlingen, die bereits einige Tage zuvor gesät wurden und inzwischen aufgegangen sind. Diese Keimlinge werden für einige Tage unter einen lichtundurchlässigen Karton gestellt. Was passiert? Die Kinder entdecken durch dieses Experiment, dass Pflanzen zum Gedeihen Licht benötigen.

Der Mensch kann ohne Elektrizität leben, ist aber ein Leben ohne Wasser möglich?

Der „Ohne-Wasser-Tag“

Ähnlich wie beim „Ohne-Strom-Tag“ erkunden die Kinder die Einrichtung: Wo überall wird Wasser genutzt? Danach wird für kurze Zeit das Wasser abgestellt und es wird versucht, ohne Wasser auszukommen. Es steht während dieser Zeit kein Wasser zum Kochen, Händewaschen oder für die Toilettenspülung zur Verfügung. Der Blumengießdienst muss entfallen und die Wasserfarben können nicht benutzt werden. Für welche Alltagssituationen können Lösungen gefunden werden, die einen Verzicht auf Wasser möglich machen? Im weiteren Verlauf des „Ohne-Wasser-Tags“ wird dann deutlich, dass ein Leben ohne Wasser auf Dauer nicht möglich ist. Die Kinder beschäftigen sich mit der Frage, weshalb Wasser für Menschen unverzichtbar ist.

Mögliche weiterführende Fragestellung

Auf unserem Planeten gibt es Regionen, in denen kaum Wasser vorhanden ist, wie z. B. Wüstengebiete. Wie sieht das Leben der Menschen in diesen Gebieten aus? Auf welche Weise meistern diese Menschen ihren Alltag?

Welche Literatur wurde bei der Erarbeitung des Projekts verwendet?

Lück, G. (2004). Handbuch der naturwissenschaftlichen Bildung. Freiburg, Herder.

Lück, G. (2005). Neue leichte Experimente für Kinder und Eltern. Freiburg, Herder.

Weiterführende Literatur

Borgmann, N. (2006). *Wasser marsch!* In: Welt des Kindes 4/2006: S. 32-34.

Borgmann, N. (2007). *Licht an!* In: Welt des Kindes 1/2007: S. 32-34.

Holland, S. & M. Schmidt (2001). Weltraum. München, Dorling Kindersley.

Kohler, P. & C. Schoelzel (2002). Himmel. Köln, Fleurus-Verl.

Nieländer, P. & A. Erne (2005). Wir entdecken den Weltraum. Ravensburg, Ravensburger Buchverl.

Straaß, V. (2006). Das große BLV-Natur-Buch: Tiere und Pflanzen; entdecken, beobachten, erleben. München, BLV.

Träger, N. & T. Müller (2004). Kleine Tiere am Teich: Entdecken, Bestimmen, Staunen. Kempen, Moses.Verl.

Würmli, M. (2002). Mein farbiger Naturführer: Vögel, Säugetiere, Insekten, Fische, Haustiere und Pflanzen. Berlin, Vehling.

Experimentiertipps des Universum® Bremen

Autorinnen für das Universum® Bremen, Wiener Str. 2, 28359 Bremen, www.universum-bremen.de:
Mechthild Kummetz, Dipl.-Geol.; wissenschaftlich-pädagogische Leiterin Bildung im Universum® Bremen
Sandra Lindhorst, Dipl.-Biol. und Naturpädagogin; Mitarbeiterin in der Ausstellung Universum® Bremen

Universum® Bremen

Einführung

Die vorliegenden Experimentiertipps basieren auf Erfahrungen in Projekten zur frühen naturwissenschaftlichen Bildung im Universum® Bremen. Sie beinhalten knappe theoretische Hintergrundinformationen für pädagogische Fachkräfte und sind mit meist einfachen Alltagsgegenständen durchführbar. Um einen umfassenderen Einblick in die naturwissenschaftlichen Inhalte und pädagogische Herangehensweise zu erhalten, ist eine vertiefende eigene Auseinandersetzung unumgänglich.

Es hat sich als sinnvoll gezeigt, Experimente und Konstruktionen in eine Geschichte einzubinden. Hier soll eine Gedankenreise vom aufsteigenden Wasserdampf bis zum fallenden Regentropfen stattfinden. Die Einbindung in Geschichtenform ist frei gestaltbar und von den erwachsenen Begleitern einzubringen. Dazu ist viel Fantasie und Kreativität gefragt. Eigene Fragen und Fragen der Kinder zu den Themen können dabei helfen: Was ist eine Wolke? Weint der Himmel, wenn es regnet? Woher kommt Schnee? Kann man Regen fangen?

Die eigenen Fragen motivieren ungemein, sich intensiv einer Sache zu widmen. Insgesamt sollte den Kindern viel Zeit für Wiederholungen und eigene Ideen gelassen werden. Beim Experimentieren können weitergehende Fragen zur Erschließung von Sachverhalten entwickelt werden und selbstständig Vermutungen aufgestellt und überprüft werden.

Die Experimentiertipps sollen mehr sein, als das bloße Durchführen. Sie sollen anregen, sich im Alltag forschend und entdeckend den Themen Wasser und Wetter zu nähern.

Kinder haben beobachtet, dass Regentropfen vom Himmel fallen und sie wissen meist auch, dass sie aus Wolken kommen. Die Versuche *Regnen lassen* und *Wolkenbilder* machen dies noch einmal hautnah erlebbar. Kinder finden dabei heraus, dass Wasser seinen Zustand verändern kann: Mal ist es flüssig, mal unsichtbar in der Luft, dann wieder fest. Wasser, Wasserdampf und Eis werden genau unter die Lupe genommen. Im Versuch *Gespannte Oberfläche* wird zudem dem Phänomen Oberflächespannung auf den Grund gegangen. Schließlich wird zum Sammeln von Niederschlägen ein *Regenmesser* hergestellt und dessen Funktionsweise kennengelernt.

Die Versuche sind insgesamt als Impulse zu verstehen, die möglichst viele verschiedene Tätigkeiten beinhalten. Kinder sollten so viel wie möglich selbst tun, sich in der Gruppe austauschen und angeregt werden, ihre Ergebnisse in einem Forscherheft festzuhalten. Zu diesen naturwissenschaftlichen Techniken gehört auch das genaue Beobachten und Beschreiben. Dazu sollte man Kinder immer wieder anhalten und darauf aufmerksam machen, dass sie in die Rolle eines Wissenschaftlers oder einer Forscherin schlüpfen. Die meisten Versuche dauern etwas länger und eignen sich für Forschergruppen, die sich regelmäßig treffen. Immer sind Erwachsene gefragt, sich partnerschaftlich mit den Kindern auf den Weg zu machen. Das gemeinsame Erlebnis steht dabei im Vordergrund. Ziel ist es, eine lebhafte Kommunikation zu entfachen und zu motivieren, sich weiter mit dem Thema zu beschäftigen. In einem Abschlussgespräch sollte die Möglichkeit bestehen, Ergebnisse zu präsentieren und zu überlegen, wie es weitergeht.

1. Regnen lassen

Beschreibung

Regentropfen fallen vom Himmel, genauer gesagt aus den Wolken. Wie aber kommt Wasser in die Wolken? Woraus bestehen sie eigentlich? In diesem Versuch beschäftigen sich Kinder mit dem Kreislauf des Wassers.

Versuch
Herdplatte
Kochtopf
Handspiegel
1 Liter Wasser
Lupe

Die Kinder stellen den Kochtopf auf die Herdplatte und füllen ihn mit Wasser. Unter Aufsicht eines Erwachsenen wird das Wasser erhitzt. Sobald das Wasser dampft, wird der Spiegel mit etwas Abstand über den Kochtopf gehalten. Dabei beobachten die Kinder den Spiegel (Abb. 1). Eine Lupe hilft beim genauen Betrachten.

Abb. 1: Regnen lassen – Wie sieht mein Regenschauer aus?

Impulse
- Was passiert, nachdem du den Herd angestellt hast? Beobachte die Wasseroberfläche.
- Was siehst du, wenn du den Spiegel genau beobachtest?
- Verändern sich deine Tröpfchen mit der Zeit? Wann fängt es an zu regnen?
- Fallen dir andere Situationen ein, in denen Tröpfchen entstanden sind?
- Hast du eine Idee, woher die Tröpfchen kommen?
- Was meinst du, wie das Wasser in die Wolken kommt?
- Zeichne deinen Regen in dein Forscherheft.

Erläuterung
Wird Wasser erhitzt, verdampft es. Einzelne Wasserteilchen lösen sich aus dem flüssigen Verbund und steigen mit der warmen Luft auf. Der unsichtbare Wasserdampf kühlt in der Luft zu sichtbaren Wassertröpfchen ab. An dem kühleren Spiegel setzen diese sich ab. Man sagt, der Wasserdampf kondensiert. Sobald die Tropfen am Spiegel zu groß und schwer werden, lösen sie sich und fallen herunter. Es regnet.

Wasserdampf ist immer in der Luft. Es verdunstet permanent Wasser, besonders wenn die Sonne scheint. Wenn sich die Wasserteilchen in kühlerer Luft verdichten und sich zu winzig kleinen Wassertröpfchen zusammenschließen, werden sie für uns als Wolke oder Nebel sichtbar.

2. Wolkenbilder

Beschreibung
Wolken nehmen fantastische Formen an. Manchmal scheinen sie wie riesige Wattebäusche am Himmel zu ruhen, ein anders Mal hängen sie ganz tief und gleiten schnell dahin. Wetterkundler unterscheiden Wolkenfamilien und können durch ihr Aussehen Vorhersagen über das Wetter machen.

Die *Wolkenbilder* sollten über einen längeren Zeitraum beobachtet werden. Nach einiger Zeit können Kinder einen Zusammenhang zwischen Wolkenart und Wetter feststellen.

Versuch
Große Decke
Platz mit freier Sicht zum Himmel
Papprollen
Papier
Bleistifte
Watte
Klebstoff

An einem bewölkten Tag wird die Decke auf einen freien Platz ausgebreitet. Die Kinder legen sich zusammen auf die Decke und schauen in den Himmel. Mit Hilfe einer Papprolle kann der Blick auf eine ganz bestimmte Stelle des Himmels gelenkt werden.

Impulse
- Beobachte den Himmel. Kannst du verschiedene Wolken erkennen?
- Suche dir eine Wolke aus und betrachte sie eine Zeit lang. Für einen genauen Blick kannst du eine Papprolle zur Hilfe nehmen.
- Wie verändert sich deine Wolke?
- Glaubst du, dass sie Regen bringt?
- Denke dir einen Fantasienamen für deine Wolke aus.
- Zeichne deine Wolke oder klebe sie mit etwas Watte auf ein Blatt Papier.

Erläuterung
Wolken sind nichts anderes als eine Ansammlung von Wassertröpfchen und/oder Eiskristallen. Sie entstehen durch Kondensation oder Gefrieren von Wasserdampf.

Die feinen Wassertröpfchen, aus denen die Wolken bestehen, bleiben meistens zusammen und werden vom Wind besonders am Rand immerzu verwirbelt.

Die unterschiedlichsten Wolkenformen entstehen und verändern sich ständig. Es gibt dicke bauschige oder feine zerfaserte Wolken.

Die Meteorologen unterscheiden Grundtypen von Wolken. Sie teilen sie nach der Höhe ein und in horizontale und vertikale Formen. Je höher die Wolke, desto größer ist aufgrund der sinkenden Temperatur der Anteil an Eiskristallen.

Sehr hohe Wolken, die sogenannten Schleierwolken, bestehen nur aus Eiskristallen. Tief hängende Wolken bestehen normalerweise aus Wassertropfen. Sie sehen dunkel aus, wenn sie so dicht sind, dass sie das Sonnenlicht nicht mehr durchlassen.

Damit ein Regentropfen aus einer Wolke fallen kann, müssen sich aber erst Millionen der Wolkentröpfchen zusammenschließen!

3. Gespannte Oberfläche

Beschreibung
Jeder hat schon einmal kleine Tautropfen an einem Grashalm oder in einem Spinnennetz beobachtet. Wie Diamanten glitzern sie in der Sonne. Auch eine langweilige Autofahrt bei schlechtem Wetter kann durch ein Wettrennen zwischen den am Fenster laufenden Regentropen richtig spannend werden.

Warum aber bildet Wasser kleine Tropfen? Wie kommt es, dass sie sich immer zu großen Tropfen zusammentun, wenn sie sich nah genug kommen?

Versuch
Handspiegel
Vaseline
Plastikpipetten oder Strohhalme
Becher
Wasser
Zahnstocher
Lupe
Spülmittel

Jede Forschergruppe bekommt einen Handspiegel. Der Spiegel wird an einer Stelle mit etwas Vaseline eingeschmiert. Die Kinder nehmen mit der Pipette oder dem Strohhalm etwas Wasser aus dem Becher. Dazu drücken sie den Pipettenkopf zusammen und lassen wieder los oder halten den Strohhalm am oberen Ende zu, während sich die andere Seite unter Wasser befindet. Über dem Spiegel wird der Kopf der Pipette wieder losgelassen bzw. der Strohhalm geöffnet. Mit einer Lupe werden die Tropfen nun ganz genau beobachtet. Kleine Tröpfchen lassen sich mit einem Zahnstocher zusammenschieben. Die Tropfen werden mit etwas Vaseline am Finger, danach mit etwas Spülmittel berührt.

Impulse
→ Betrachte das Wasser auf dem Spiegel ganz genau. Was kannst du erkennen?
→ Schiebe viele kleine Tropfen zu einem großen zusammen. Was fällt dir auf?
→ Hast du eine Idee, warum Wasser eine kugelige Form bildet?
→ Bilden sich auch so schöne Tropfen, wenn der Spiegel nicht eingecremt ist oder du den Versuch auf anderen Unterlagen (z. B. Papier) durchführst?
→ Berühre den Tropfen ganz leicht mit deinem eingecremten Finger. Was passiert?
→ Berühre nun den Tropfen ganz vorsichtig mit einem Finger, an dem etwas Spülmittel ist. Was beobachtest du nun?

Erläuterung
Wasser besteht aus vielen winzig kleinen Teilchen, die man mit den Augen nicht erkennen kann. Sie ziehen sich gegenseitig an. An der Wasseroberfläche ist die Anziehungskraft besonders stark. Hier werden sie vor allem nach innen gezogen. Dieses Phänomen nennt man Oberflächenspannung. Man kann sie sich als gespannte, dehnbare Haut auf dem Wasser vorstellen. Sie bewirkt, dass die Oberfläche von Wasser immer möglichst klein ist. Deshalb bildet Wasser immer Tropfen.

Auf dem Spiegel ist ein Tropfen aufgrund seines Gewichtes unten platt gedrückt. Ein ganz kleiner Tropfen hat eine kugeligere Form als ein großer.

Je nach Unterlage sieht ein Wassertropfen unterschiedlich aus: Auf wasseranziehendem Material (z. B. Löschpapier) breitet sich ein Tropfen aus und die Unterlage wird nass. Auf einer wasserabstoßenden (z. B. eingefetteten) Unterlage wird der Tropfen kugelförmig und die Unterlage nicht nass. Der Tropfen lässt sich mit einem eingecremten Finger etwas eindellen, nimmt aber anschließend wieder seine alte Form ein. Spülmittel zerstört die Anziehungskraft zwischen den Wasserteilchen und damit auch die Oberflächenspannung. Ein mit Spülmittel berührter Wassertropfen breitet sich aus und bekommt eine ganz flache Form.

4. Schwimmt Eis?

Beschreibung
Wasser ist nicht nur flüssig oder gasförmig. Es kann auch ganz fest sein – dann ist es Eis.

Im Versuch *Schwimmt Eis?* untersuchen Kinder gefrorenes Wasser. Sie finden heraus, dass Eis Wasser ist und schwimmen kann.

Versuch
Großer Gefrierbehälter
Wasserfester Stift
Gefrierschrank
Große durchsichtige Salatschüssel
Wasser

Die Kinder füllen den Gefrierbehälter zu 2/3 mit Wasser und markieren den Wasserstand mit einem wasserfesten Stift. Über Nacht wird der Behälter in ein Gefrierfach gestellt. Nach der Entnahme des Behälters aus dem Gefrierfach wird der Eisstand markiert. Schließlich wird der Eisklotz aus dem Behälter gelöst und in eine Wasserschüssel gelegt.

Impulse
- → Vergleiche den markierten Wasserstand mit dem neuen Eisstand im Behälter. Was ist passiert?
- → Was passiert, wenn du den Eisklotz ins Wasser gibst?
- → Hast du schon einmal einen Bericht über Eisberge im Meer gesehen? Was war das Besondere an den Eisbergen? Was könnte das für Seefahrer bedeuten?
- → Beobachte den Eisklotz über längere Zeit. Was passiert?
- → Fühle die Temperatur des Wassers in der Schüssel bevor der Versuch startet und danach. Was fällt dir auf?
- → Vielleicht hast du viele kleine Wassertropfen an der Außenwand der Schüssel bemerkt. Erinnere dich an den Versuch *Regnen lassen*. Hast du eine Idee, woher dieses Wasser kommt?

Erläuterung
Eis nimmt mehr Raum ein als Wasser in seiner flüssigen Form. Normalerweise dehnen sich fast alle Flüssigkeiten aus, wenn sie erwärmt werden und ziehen sich zusammen, wenn sie abkühlen. Wasser zieht sich beim Abkühlen aber nur bis zu 4 °C zusammen. Wird es noch kälter, ordnen sich die Wasserteilchen mit größerem Abstand zueinander in eine bestimmte feste Struktur an. Diese Anomalie des Wassers bewirkt, dass es sich bei 0 °C ausdehnt und gefriert. Eis hat also eine geringere Dichte als flüssiges Wasser und schwimmt daher.

Bei einem Eisklotz befindet sich der größte Teil unter Wasser. Wird Eis wieder erwärmt, schmilzt es und das Wasser nimmt wieder weniger Raum ein als im festen Zustand. Dabei kann angrenzendes Wasser abkühlen. Die Außenseite der Schüssel beschlägt aufgrund des kalten Wassers darin. In der Luft befindlicher Wasserdampf kondensiert an der Schüssel.

Hinweis: Eisberge schauen nur zu 1/10 aus dem Wasser heraus. Der größte Teil befindet sich unter Wasser.

5. Regenmesser

Beschreibung
Schnee ist nicht gleich Schnee und Regen nicht gleich Regen. Es nieselt, tröpfelt oder gießt in Strömen. Am Boden angekommen, versickert oder sammelt sich das Wasser. An einem besonders warmen Tag verdunstet es sogar wieder schnell. Wie viel Wasser ist nun aber tatsächlich vom Himmel gefallen? Mit einem *Regenmesser* lässt sich der Niederschlag über einem längeren Zeitraum beobachten.

Versuch
0,5-Liter Plastikflasche
Cuttermesser
Kieselsteine
Klebeband
Wasserfester Stift
Lineal
Messbecher

Ein Erwachsener schneidet die Plastikflasche auf 2/3 der Höhe ab. Die scharfen Schnittränder werden mit Klebeband abgeklebt. Ein paar Kieselsteine in der unteren Flaschenhälfte sorgen für Stabilität. An die Außenseite der stehenden Flaschenhälfte markieren die Kinder mit dem Stift und Lineal eine senkrechte Skala. Nun wird der obere Teil der Flasche wie ein Trichter in den unteren Teil gesteckt. Die Kinder überlegen sich nun einen guten Standort für ihren Regenmesser.

Abb. 2: Regenmesser – Wie viel Regen kann ich fangen?

Impulse

- Was meinst du, welcher Standort für deinen Regenmesser am besten geeignet ist?
- Ermittle die Wassermenge nach starkem und schwachem Regen. Leere dazwischen den Regenmesser aus.
- Mit einem Messbecher kannst du die Regenmenge in Milliliter bestimmen. Wie viel hast du gesammelt?
- Finde heraus, wie viel Wasser sich auf einer Wiese, unter einem Baum oder unter einem Dach sammelt. Hast du eine Idee, woher die Unterschiede kommen?
- Gib eine Vermutung ab, wie viel Regen sich in deinem Regenmesser sammelt, während du den Regenschauer beobachtest. War soviel Regen in deinen Regenmesser gefallen, wie du gedacht hast?
- Zeichne deinen Lieblingsregen auf.

Erläuterung

Alles was aus den Wolken auf die Erde fällt, bezeichnen die Meteorologen als Niederschlag. Das kann Wasser in flüssiger Form (Nieselregen, Regen) oder fester Form (Hagel, Schnee, Graupel) sein.

Um Niederschläge langfristig zu beobachten, haben Wetterforscher Regenmesser in ihrer Wetterstation. Sie messen den Niederschlag, der in einer bestimmten Zeit über einer freien Fläche gefallen ist. Je nach Jahreszeit, Standort und Messdauer ist die Wassermenge verschieden. Über ein Jahr gerechnet fallen in Deutschland durchschnittlich 600 bis 1000 Liter Regen pro Quadratzentimeter.

Der Regenmesser ist ein zusätzliches Hilfsmittel der Wetterprognose und liefert Daten für eine langfristige Statistik in der Klimakunde.

Hinweis:

Regentropfen können ganz unterschiedlich sein. Die Regentropfen eines feinen Nieselregens sind nur 0,1 – 0,5 Millimeter groß und fallen mit 1 bis 10 km/h zur Erde. Große Regentropfen dagegen sind bis zu 5 Millimeter groß und 8 bis 40 km/h schnell! Größere Regentropfen gibt es allerdings nicht, da sie über 5 Millimeter beim Fallen wieder in kleinere Tropfen zerfallen.

Mit Regenlöschblättern können die Kinder eingefangene Regentropfen vergleichen. Dazu werden Löschblatter für kurze Zeit in den Regen gelegt und die Regentropfenspuren mit einem Bleistift umrandet.

Hinweis Bauernregeln:

Wenn's im Februar regnerisch ist,
hilft's so viel wie guter Mist.

Hat der April mehr Regen als Sonnenschein,
so wird's im Juni trocken sein.

Im August, beim ersten Regen,
pflegt die Hitze sich zu legen.

Unser-Licht-Kinder-Regenrinnen-Super-Spielhaus

Evangelische Kindertagesstätte Freilassing
Laufener Straße 74
83395 Freilassing

Ansprechpartner: Frau Christa Bernauer und Frau Brigitte Wilson
Telefon: 0 86 54 – 25 51
Email: kita-frlg@t-online.de

Das Projekt im Überblick

Um was geht es?

Das Projekt beschreibt die Zusammenführung der einzelnen Angebote „Werkstatt“ und „Experimentiergruppe“ zu einem „Großprojekt“, bei dem es unter anderem um die Ausstattung eines selbstgebauten Holzhauses mit einer Wasser- und Stromversorgung geht. Der Sinn dieser Zusammenführung besteht darin, den technischen und naturwissenschaftlichen Erfahrungen und Erkenntnissen der Kinder eine Anwendung folgen zu lassen, die diese Erfahrungen und Kenntnisse in einen erweiterten Sinnzusammenhang stellt. Auf diese Weise soll eine nachhaltige Vertiefung technischer und naturwissenschaftlicher Bildungsinhalte erreicht werden.

Was zeichnet das Projekt besonders aus?

Partizipation von Kindern

Im Elternhaus und auch in den Kindertageseinrichtungen finden Kinder häufig wenig Gelegenheit zum Experimentieren und Konstruieren. Zum Beispiel mangelt es in der Kindertagesstätte oft an Lupen, Mikroskopen, Batterien, Geräten zum Auseinandernehmen usw. Das Elternhaus bietet meist ebenfalls wenig Freiraum zum Erfinden und Erforschen. Obwohl viele Eltern im weitesten Sinn in ihrem Berufsalltag mit Technik zu tun haben und der häusliche Bereich wohl mit komplexen Geräten ausgestattet ist, hat das Kind kaum Gelegenheit, einen Wecker auseinander zu nehmen, einen Schaltkreis zu bauen, um eine Klingel anzuschließen oder am Rad herumzubasteln. Viele der Kinder leben nur als Zuschauer in dieser Welt, ohne durch aktive Teilnahme wirklich hineinwachsen zu können. Allzu oft ist unser Alltag in diesem Bereich erfahrungsfeindlich. Diesen Mangel an aktiver Teilnahme greift diese Kindertagesstätte auf, indem sie die Kinder aktiv an Prozessen teilhaben lässt und ihnen dadurch alltagsbezogene Kompetenzen vermittelt.

Integration von behinderten Kindern

Integrative Erziehung bedeutet ganzheitliche Förderung, die bedürfnisorientiert, kindzentriert, sowie prozess- und handlungsorientiert ausgerichtet sein muss. Gerade während der Beschäftigung mit den Naturwissenschaften können Kinder gemäß ihrer Entwicklung individuell unterstützt werden. Sei es bei der Handhabung von Werkzeugen, welche die Feinmotorik und Koordination fördern, bei Versuchen mit Wasser, die alle Sinne des Kindes ansprechen, oder bei der Verwirklichung des gemeinsamen Spielhauses. Im gemeinsamen Tun werden Selbstbewusstsein des Kindes und das Vertrauen in seine Fähigkeiten gestärkt.

Kinder mit Migrationshintergrund in ihrer Sprachkompetenz unterstützen

Gesägt, gehämmert, zusammengeschraubt wird auf der ganzen Welt. Es sind Tätigkeiten, die jedes Kind kennt und im Elternhaus auch nachvollziehen kann. Der richtige Umgang mit Werkzeugen muss von allen Kindern gleichermaßen erlernt werden. Neue Begriffe erwerben Kinder dann beim Miteinander-Arbeiten, und auf diese Weise, im Dialog über für die Kinder interessante Sachverhalte und Aufgaben, vollzieht sich sprachliche Förderung am nachhaltigsten.

Kooperation mit Fachleuten – Gemeinwesenorientierung

Der Kindergarten sollte durch die Gemeinde als Bildungseinrichtung wahrgenommen und anerkannt werden. Je transparenter die Bildungsarbeit des Kindergartens vor Ort ist, desto mehr wird die Gesellschaft in die Verantwortung zur Förderung der zukünftigen Generation genommen. Technische Projekte bieten ansässigen Betrieben und Fachleuten eine gute Gelegenheit, einen wichtigen Beitrag zur Bildung zu leisten, indem sie den Kindern ihr Wissen, ihre Kenntnisse und Mitarbeit zur Verfügung stellen. Die Kinder erhalten erste Einblicke in verschiedene Berufe wie beispielsweise Schreiner oder Anlagetechniker.

Welche Ziele verfolgt das Projekt?

Kindern soll die Möglichkeit geboten werden, ihre naturwissenschaftlich-technischen Erfahrungen und Kenntnisse zu erweitern und zur Anwendung zu bringen, um sie damit in einen erweiterten Sinnzusammenhang zu stellen. Auf diese Weise wird eine nachhaltige Vertiefung der technischen und naturwissenschaftlichen Bildungsinhalte angestrebt.

Im Einzelnen sollen die Kinder die Möglichkeit haben, die Eigenschaften verschiedener Stoffe kennen zu lernen und mit unterschiedlichen Materialien zu bauen und zu konstruieren. Es wird beabsichtigt, dass die Kinder Erfahrungen mit physikalischen Gesetzmäßigkeiten sammeln. Dabei sollen die Kinder einfache Größen- und Längenmessungen durchführen und dafür ein Grundverständnis entwickeln. Der fachgerechte Umgang mit Werkzeug und Werkbank soll eingeübt werden. Außerdem zielt das Projekt auf die Erforschung von Wegen der Energiegewinnung und Stromerzeugung ab. Dazu sollen die Kinder selbst einen Stromkreis mit einfachen elektrischen Schaltungen aufbauen. Das schließt eine systematische Erkundung verschiedener technischer Anwendungen mit ein, bei denen naturwissenschaftliche Gesetzmäßigkeiten zur Anwendung kommen. Die Kinder sollen den Wasserkreislauf der Erde kennenlernen und Wasser als lebenswichtiges Element für Mensch, Tier und Pflanze begreifen.

Wie werden die Ziele des Projekts umgesetzt?

In einem Großprojekt die soziale Kompetenz stärken

Die gemeinsame Durchführung eines umfassenden Projekts, zu dem jedes Kind seine Fertigkeiten und Ideen beiträgt, schmiedet eine Gruppe zusammen, umso mehr, wenn ein sichtbares Ergebnis wie ein Spielhaus dabei errichtet wird. Im Lösen auftretender Probleme, durch gemeinsame Absprachen und die aktive Mitarbeit entsteht ein Wir-Gefühl, das durch Empathie und Kooperationsfähigkeit getragen wird. Es erfüllt mit Stolz und Selbstbewusstsein, wenn ein Projekt gelungen ist und von allen Kindern im Kindergarten genutzt werden kann.

Handlungsorientierung

Zur Lösung einer Aufgabe gehört nicht nur das Wahrnehmen und Denken, sondern vor allem das Tun und Handeln. Diese Handlungsorientierung – das Lernen in vollständigen Handlungen – wird in diesem Projekt des Kindergartens hervorragend umgesetzt. Der gesamte Prozess des zielgerichteten Tuns wird gemeinsam mit den Kindern durchlaufen:

- Beobachten und Fragen formulieren
- Eigene Hypothesen erstellen
- Sich orientieren und informieren
- Planen und entscheiden
- Durchführen
- Kontrollieren, auswerten und reflektieren
- Dokumentieren

Für welches Alter ist das Projekt geeignet?

3–6 Jahre

Welche Bildungsbereiche werden besonders unterstützt?

Naturwissenschaftliches Verständnis
Technisches Verständnis

Welche anderen Bildungsbereiche berührt das Projekt noch?

Technik

Ein besonderer Schwerpunkt liegt auf der Umsetzung naturwissenschaftlicher Experimente in konkreten alltagsbezogenen Tätigkeiten. Naturwissenschaft bleibt nicht abstrakt, sondern findet Einzug in Begebenheiten des täglichen Lebens.

Alltagskompetenz

Der sachgerechte Umgang mit Werkmaterialien und der geschulte Blick in Bauvorhaben stärken das Interesse und die Neugierde der Kinder. Bei einigen kann sich das zu einer Freizeitbeschäftigung oder zu einem zukünftigen Berufswunsch entwickeln.

Welche Aspekte werden besonders berücksichtigt?

Das Projekt legt zur Förderung der Integration von Kindern besonderen Wert auf die Interaktion der Kinder untereinander. Es trägt außerdem zur Erweiterung des Wortschatzes bei und kann auf diese Weise eine Förderung sprachlicher Fähigkeiten unterstützen.

Naturwissenschaftliche und technische Vorgänge lassen sich durch Beobachten, Ausprobieren, Vergleichen, Bewerten und Beschreiben bewusst wahrnehmen. Diese auf alle Sinne ausgerichtete, praktische, forschende Tätigkeit kommt Kindern mit besonderem Förderbedarf entgegen, indem diesen Kindern zum einen die Möglichkeiten geboten wird, sich entsprechend ihrem Entwicklungsstand einzubringen und zum anderen ein positives Selbstkonzept zu entwickeln. Beim Üben des Umgangs mit Werkzeug können die Kinder beispielsweise für sich feststellen, dass sie in der Lage sind, zwei Holzstücke mit Hilfe eines Hammers und eines Nagels zu verbinden. Forschende und zum Ausprobieren einladende naturwissenschaftlich-technische Aktivitäten bieten außerdem Möglichkeiten zur Förderung der Motorik und der Fähigkeit zur Handlungsplanung. Kinder mit besonderem Förderbedarf erhalten durch das Projekt die Gelegenheit, ihre Lebenswelt aktiv mitzugestalten und sich dabei als kompetent und dazugehörig zu erleben.

Wie können die Eltern und Familien der Kinder am Projekt beteiligt werden?

Eltern können sich mit ihrem Fachwissen im handwerklichen und technischen Bereich einbringen und so die Kinder beim Bau des Hauses unterstützen. Eine Bitte nach Materialspenden kann ebenfalls an Eltern herangetragen werden.

Welchen Bezug hat das Projekt zur pädagogischen Konzeption der Einrichtung?

Grundlage der pädagogischen Konzeption ist der Bayerische Bildungs- und Erziehungsplan, in dem davon ausgegangen wird, dass naturwissenschaftliche und technische Erkenntnisse grundlegendes Wissen über Vorgänge der belebten und unbelebten Natur liefern. Diese Erkenntnisse helfen den Kindern, sich ein Bild von der Welt zu machen, sie zu erforschen und ihr einen Sinn zu verleihen. Die frühen naturwissenschaftlichen und technischen Lernerfahrungen nehmen im subjektiven Erleben der Kinder einen großen Stellenwert ein und zeigen nachhaltige Wirkung (vgl. Bayerischer Bildungs- und Erziehungsplan für Tageseinrichtungen, 2006). Das Projekt dient dazu, den Kindern ein weites Spektrum an naturwissenschaftlichen und technischen Lernerfahrungen zu bieten.

Die pädagogische Konzeption der Einrichtung räumt Kindern außerdem die Möglichkeit ein, ihre Themen einzubringen und solche Projekte mitzugestalten. Die Teilnahme an Projekten soll freiwillig sein. Außerdem sollen die Projekte gruppen- und altersübergreifend gestaltet werden. Daran knüpft das Projekt an, indem die Kinder beispielsweise selbst darüber entscheiden, welche Baumaßnahmen am Spielhaus vorgenommen werden. Die im Vorfeld des Großprojekts durchgeführten technischen und naturwissenschaftlichen Experimente sollen dazu beitragen, den persönlichen Bezug der Kinder zu ihrer Umwelt zu festigen und zu erhöhen.

Welche Erfahrungen hat die Einrichtung mit diesem Projekt gemacht?

Kinder, die am Projekt teilnehmen, werden in ihrer Selbstständigkeit und Fähigkeit der Handlungsplanung gefördert. Auch eine Verbesserung ihrer Fein- und Grobmotorik ist zu beobachten. Die Kinder erweitern ihren Wortschatz und ihr Wissen in Bezug auf technische und naturwissenschaftliche Inhalte. Sie gehen verantwortungsbewusster mit Werkzeug um. Insgesamt trägt das Projekt zur Stärkung des Gruppengefühls bei.

Welche Kompetenzen der Kinder werden gestärkt?

Umgang mit individueller Vielfalt

Kinder lernen im Alltag der Kindertageseinrichtung und im sozialen Zusammensein mit anderen Kindern, Verantwortung für ihr Verhalten und Tun zu übernehmen. Am besten gelingt dies in gemeinsamen Projekten wie diesem mit Kindern unterschiedlichen Alters, Geschlechts, Interessen und Stärken. Bei der Planung müssen Gesprächs- und Abstimmungsregeln eingehalten, andere Meinungen akzeptiert und auch eigene Bedürfnisse zurückgestellt werden. Jedes Kind bringt sein Können ein, ob beim Hämmern und Schrauben oder bei weiterführenden Planungen des Bauvorhabens. Der gemeinsame Erfolg stellt sich nur in Kooperation, bei gegenseitiger Rücksicht und Solidarität ein. Die Basis des demokratischen Miteinanders wird dadurch gelegt und gefördert.

Das Projekt – Ausführliche Beschreibung

Den Ausgangspunkt und die Grundlage des Projekts bilden die Einrichtung einer Werkstatt und einer Experimentiergruppe.

Die Werkstatt

In der Werkstatt haben die Kinder die Gelegenheit, verschiedene Werkzeuge, Materialien und Arbeitstechniken kennen zulernen. Die Werkstatt befindet sich auf dem Außengelände und steht den Kindern an vier Tagen in der Woche zur Verfügung. Grundlegende Tätigkeiten, wie zum Beispiel das Absägen eines Holzstücks, das Eindrehen einer Schraube oder das Einschlagen eines Nagels, üben die Kinder gemeinsam mit einer Fachkraft. Daraus entwickeln sich Ideen für die Anfertigung eigener Werkstücke wie z. B. Autos, Schiffe, Puppenbetten, Flugzeuge oder einer Kugelbahn. Bei der Erstellung solcher Werkstücke erlernen die Kinder den Umgang mit den verschiedenen Werkzeugen und lernen Formen der Verarbeitung von bestimmten Materialien kennen. Die Kinder unterstützen sich gegenseitig bei der Handhabung der Werkzeuge und bei der Bearbeitung verschiedener Materialien. Die Fachkräfte regen die Kinder dazu an, ihre Erfahrungen, ihre Ideen und ihr Wissen untereinander auszutauschen. Neu dazukommende Kinder werden von erfahrenen „Werkstattnutzern“ angeleitet.

Die Werkstatt ist mit folgenden Dingen ausgestattet:

- Hammer
- Dachdeckerhammer
- Handbohrer
- Akkubohrer
- verschiedenen Feilen
- Sand- und Schleifpapier
- Hobel
- Fuchsschwanz
- Bügelsäge
- Kopiersäge
- Eisensäge
- Laubsäge
- Schraubenzieher
- Meißel
- Schraubzwingen
- Messer
- Tacker
- Schutzbrillen
- Werkhandschuhe

Die Experimentiergruppe

Die Experimentiergruppe bietet zweimal in der Woche die Gelegenheit, unterschiedliche naturwissenschaftliche Themen aufzugreifen. Die Kinder führen dazu selbstständig Versuche zu den Themen Magnetismus, Wasser und Elektrizität durch.

Zu Beginn der Stunde findet zunächst eine Wiederholung der Inhalte aus der vorhergehenden Einheit statt. Danach führt die Fach-

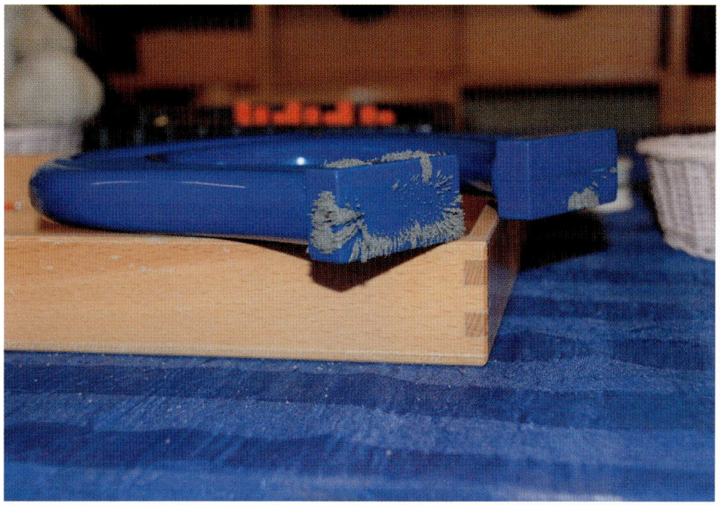

kraft die Kinder in die Gegenstände und Materialien ein, die beim Experimentieren Verwendung finden. Sie stellt einen Bezug zwischen dem Versuch und dem Alltag der Kinder her. Anschließend stellen die Kinder Hypothesen auf, was beim Experimentieren passieren könnte. Danach wird das Experiment durchgeführt und im Anschluss gemeinsam eine Deutung entwickelt. Kinder und Fachkraft überlegen zusammen, ob sich die Hypothesen bestätigt haben und wie sich das Beobachtete naturwissenschaftlich erklären lässt. Anschließend führen die Kinder das Experiment selbstständig durch. Die Materialien und eine bebilderte Anleitung der Versuche stehen auch nach Ende der Experimentierstunde zum freien Forschen zur Verfügung.

Beim Thema Magnetismus geht es um die Frage, was magnetisch ist und welche Eigenschaften ein Magnet hat. Es wird die Funktionsweise eines Kompasses geklärt und mit Hilfe von Magneten ein Angelspiel gebaut.

Themen der Experimentierstunden im Bereich Magnetismus:

- magnetische/nicht magnetische Stoffe
- Magnete stoßen sich ab und ziehen sich an
- Wir bauen einen Kompass – die Erde als großer Magnet
- Magnetismus durchdringt Materialien
- Magnetismus erkennen – Nord-/Südpol erkennen
- Wir bauen ein magnetisches Angelspiel

In Zusammenhang mit dem Element Wasser machen die Kinder Versuche zur Oberflächenspannung und zur Mischbarkeit von Flüssigkeiten. Es geht um die Erforschung der verschiedenen Eigenschaften von Wasser. Außerdem probieren die Kinder aus, welche Gegenstände auf der Wasseroberfläche schwimmen und welche untergehen.

Themen der Experimentierstunden im Bereich Wasser:

- Die Oberfläche von Wasser: Oberflächenspannung
- Mischbarkeit von Flüssigkeiten
- Schwimmen und Sinken
- Unterschiedliche Saugfähigkeit von Materialien
- Löslichkeit von Stoffen in Wasser (u. a. Salz, Zucker)
- Die unterschiedlichen Aggregatzustände von Wasser
- Wir bauen eine Kläranlage: Reinigung von Wasser
- Der Wasserkreislauf der Erde

Bei der Beschäftigung mit dem Thema Elektrizität gehen die kleinen Forscher unter anderem der Frage nach, wie ein Stromkreis aufgebaut sein muss, damit ein Lämpchen leuchtet. Um sich den Aufbau eines Stromkreises zu verdeutlichen, fertigen die Kinder einfache Schaltpläne an.

Themen der Experimentierstunden im Bereich Elektrizität:

- Herstellen eines einfachen Stromkreises mit Hilfe einer Batterie
- Wie durch Reibung Elektrizität entsteht
- Aufbau eines Stromkreises mit Glühbirne und einfacher Schaltung
- Wie kann man die Energie der Sonne nutzen: Solarenergie
- Aufbau eines Stromkreises mit Solarmodul und Glühbirne
- Bauen eines Elektromagneten

Informationen zum genauen Ablauf der unterschiedlichen Versuche finden sich in den Büchern „Spannende Experimente aus Natur und Technik“, „Christophs Experimente“, „Tessloffs erstes Experimentierbuch“, „Spannende Experimente: Naturwissenschaft spielerisch erleben“, „Handbuch der naturwissenschaftlichen Bildung“ (siehe bei der Erarbeitung des Projekts verwendetet Literatur).

Unser-Licht-Kinder-Regenrinnen-Super-Spielhaus

Um eine nachhaltige Vertiefung der Bildungsbereiche Naturwissenschaften und Technik zu erreichen, soll ein Projekt realisiert werden, das die Erfahrungen und Lernerfolge der Kinder aus den Angeboten „Werkstatt“ und „Experimentiergruppe“ nutzt.

Den Auftakt dieses „Großprojekts“ bildet ein Gesprächskreis, in dem noch einmal die bisherigen Erfahrungen und Erkenntnisse der Kinder aus den Bereichen Naturwissenschaften und Technik reflektiert werden. Anschließend werden die Kinder gefragt, wie es möglich ist, Ergebnisse und Wissen aus der Werkstatt und der Experimentiergruppe miteinander zu verbinden.

Die Kinder entwickeln die Idee, das in der Werkstatt begonnene Holzhaus zu erweitern und es mit einer Wasserversorgung zu versehen.

Über eine Regenrinne soll die Wasserversorgung gesichert werden. Die Kinder überlegen, welche Bestandteile dem Haus dazu noch fehlen: Vor allem ein Dach.

Das Holzhaus bekommt ein Dach

Die Kinder beginnen damit, die Dachkonstruktion um mehrere Querlatten zu erweitern, auf die dann Dachpappe genagelt werden kann. Dazu messen die Kinder zunächst die Latten ab und markieren sie an der entsprechenden Stelle, um sie anschließend mit einer Säge zu kürzen. Die Latten werden mit Schrauben befestigt. Um das Anschrauben zu erleichtern, werden die Löcher für die Schrauben vorgebohrt. Im nächsten Arbeitsschritt wird das fertige Dachgerüst mit einem Zollstock vermessen, um die Dachpappe auf die entsprechende Größe zuschneiden zu können. Die Dachpappe wird mit Markierungen versehen, nach denen geschnitten wird. Dann schneiden die Kinder die Dachpappe mit geeigneten Scheren zurecht. Den letzten Arbeitsschritt stellt das Festnageln der Dachpappe auf den Dachlatten und das Abschneiden der überstehenden Enden dar.

Parallel zum Ausbau des Hauses informieren sich die Kinder in den Büchern „Die Baustelle“, „Das Haus“, „Auf der Baustelle“ sowie „Technik bei uns zu Hause“ über dieses Thema (siehe aufgelistete Literatur, die bei der Erarbeitung des Projekts verwendet wurde).

Eine Regenrinne wird installiert

Als Regenrinne werden Plastikrohre verwendet, die über Abzweige, Verbindungsstücke und Schläuche ein Ableitungssystem erhalten. Als Abwasserschlauch wird ein flexibler Lüftungsschlauch verwendet. Um die Länge der Regenrinnen bestimmen zu können, vermessen die Kinder zunächst das Dach. Dann zeichnen sie die entsprechende Länge auf den Plastikrohren an. Die folgenden Arbeitsschritte sind sehr mühsam und können nicht alleine von den Kindern durchgeführt werden: Die Plastikrohre werden mit einer Metallsäge auf die entsprechende Länge gebracht. Anschließend werden an den Enden der Plastikrohre zwei Laschen herausgesägt, an denen die Rohre später am Haus befestigt werden. Die schwierige und kraftaufwendige Herstellung der Regenrinne kann dann nur mit angemessenem Werkzeug fortgeführt werden. Der Vater eines Kindergartenkindes – von Beruf Anlagenmechaniker für Sanitär-, Heizungs- und Klimatechnik – unterstützt den Hausbau in dieser Phase des Projekts. Er erklärt den Kindern die Funktionsweise von Rohrsystemen und schneidet die Plastikrohre mit einem geeigneten Winkelschleifer zurecht. Dabei wird die Oberseite der Rohre aufgetrennt und herausgenommen. Auf diese Weise erhalten die Plastikrohre die Form einer Regenrinne. Nach dem Anbringen der Regenrinne am Haus wird sie abgedichtet und erhält einen Schlauch, durch den das Regenwasser abfließen kann.

Ein Tisch für das Holzhaus

Im Rahmen einer Exkursion in eine Schreinerei können sich die Kinder mit verschiedenen Techniken der Holzverarbeitung und den dafür benötigten Werkzeugen auseinandersetzen. Ein Schreiner erklärt den Kindern am Beispiel der Herstellung eines Holztisches, der später im Spielhaus der Kinder Verwendung findet, wie man Holz verarbeitet. Die hergestellten Teile des Tisches werden dann von den Kindern zusammengeschraubt.

Das Haus wird mit Strom versorgt

In einem Gesprächskreis wird zunächst überlegt, wozu Strom im Haus eigentlich gebraucht wird. Die Kinder liefern zahlreiche Ideen wie z. B. zur Beleuchtung, um etwas zu kochen oder um Radio zu hören. Bei dieser Gelegenheit werden noch einmal die Ergebnisse der Experimentiergruppe in Bezug auf den Aufbau von Stromkreisen reflektiert. Anschließend werden die Kinder gefragt, ob sie eine Idee haben, wie man die Energie der Sonne nutzen kann, um das Spielhaus mit Strom zu versorgen. Ein Kind berichtet von seinem Bruder, der ein solarbetriebenes Schiff hat. Die Erzieherinnen erläutern, wie man mit Solarzellen Sonnenenergie in Strom umwandeln kann. Abschließend wird der Beschluss gefasst, das Spielhaus durch Solarenergie mit Strom zu versorgen.

Im Rahmen einer Exkursion wird ein Experte für Solartechnik aufgesucht, der den Kindern ausführlich erklärt, wie eine Glühbirne mit Hilfe eines Solarmoduls zum Leuchten gebracht wird. Die Kinder haben die Gelegenheit, selbst einen Stromkreis mit Solarmodul, Birnchen, Schalter und Kabel zusammenzubauen und zu erproben. Anschließend malen die Kinder den entsprechenden Schaltplan auf.

Um das Spielhaus dann mit Strom zu versorgen, wird ein Solarmodul am Haus angebracht, das bei ausreichend Sonnenschein genug Energie für ein Lämpchen oder ein Radio liefert.

Nach der Fertigstellung jedes Bauabschnitts wird das Vorgehen gemeinsam mit den Kindern reflektiert: Wie wurde bei der Arbeit vorgegangen? Welche Arbeitsschritte wurden durchgeführt?

Weitere mögliche Bauabschnitte stellen die Verlegung eines Bodens, das Streichen der Fassade oder das Anbringen von Fenster und Türen dar.

Wie lässt sich das Projekt erweitern?

Nachdem die Kinder schon zu Experten in den Bereichen Elektrizität und Wasser geworden sind und in der Werkstatt ihre Fertigkeiten im Hämmern, Schrauben und Zusammenbauen bewiesen haben, könnte ein nachfolgendes Projekt die Bereiche Kunst, Theater und Musik stärker integrieren.

Musik und Naturwissenschaften

Ausgehend vom Element Wasser können neben den Eigenschaften auch die Geräusche des Wassers erfahren werden. In einer kleinen Geschichte begibt sich ein Wassertropfen auf große Reise: Er rauscht in kleinen Bächen, in den Wellen eines Sees oder in den tosenden Wogen des Meeres, strömt in Flüssen und plätschert als Regentropfen. In Hörkassetten können diese Geräusche wieder entdeckt und mit Orffinstrumenten nachgeahmt werden. Musikstücke – wie z. B. die Moldau – begleiten die Kinder auf dem Weg zur klassischen Musik.

Vielleicht können die Kinder die Geräusche des Wassers auch selbst mit einem Mikrophon aufnehmen: Das Rauschen des Wasserhahns, das Klatschen mit der Handfläche auf Wasser oder das Tropfen von Wasser auf ein Blech.

Bewegung und Naturwissenschaften

Die einzelnen Geräusche können aber auch in Bewegung umgesetzt werden. Die Kinder liegen im Turnraum und lauschen mit geschlossenen Augen der Musik. Auf ein Signal erheben sie sich und bewegen sich als kleine Wassertropfen im Raum: Mal langsam dahin gleitend, mal rasend schnell. Sie finden sich zusammen als Bach und strömen nun gemeinsam als Gruppe weiter. Durch den Einsatz eines Riesenschwungtuches werden Wellen und Wogen nachempfunden. Jedes Kind darf einmal im Wellenmeer „baden“.

Kunst und Naturwissenschaften
Es gibt verschiedene Anregungen, Wasserbilder mit den Kindern zu erstellen: Mit einem in Öl getunkten Finger werden Ornamente auf ein Blatt Papier gemalt. Anschließend wird mit einem Pinsel das gesamte Papier kreativ bemalt. Nur die Flächen mit Öl bleiben frei. Warum das so ist, erfahren die Kinder in einem Experiment: In ein großes Glas wird zuerst Öl und dann Wasser gegossen. Das Öl schwimmt nun oben. Wird ein Tropfen Tinte mit einer Pipette auf das Öl geträufelt, kann man beobachten wie der runde Tropfen zuerst auf der Oberfläche des Öles verharrt, dann langsam durch das Öl (immer noch als Tropfen) gleitet und sich schließlich im Wasser löst.

Theater und Naturwissenschaften
In der Werkstatt können große und kleine Wassertropfen, Wassergeister, Wasserfeen und Tiere, die im Wasser leben, als Laubsägearbeiten gefertigt oder aus Materialien wie z. B. Rohren, Schläuchen, Holzresten, Stoff usw. gestaltet werden. Mit den Figuren kann ein Schattentheaterstück aufgeführt werden. Anregungen in Kinderbüchern wie „Der kleine Wassermann“ von O. Preußler oder die Geschichte von Arielle der Meerjungfrau können den Rahmen des Theaterstückes vorgeben. Damit die Theateraufführung auch ins richtige Licht gesetzt werden kann, könnte eine „Elektrizitätsgruppe“ für die Lichteffekte zuständig sein.

Welche Literatur wurde bei der Erarbeitung des Projekts verwendet?

Ardley, N., Burnie, D., et al. (2000). Spannende Experimente aus Natur und Technik: über 200 tolle Experimente für drinnen und draußen. Bindlach, Loewe.

Bayern. Staatsministerium für Arbeit und Sozialordnung Familie und Frauen & Staatsinstitut für Frühpädagogik (2006). Der Bayerische Bildungs- und Erziehungsplan für Kinder in Tageseinrichtungen bis zur Einschulung. Weinheim u. a., Beltz.

Biard, P. (1996). Die Baustelle. Mannheim, Meyers Lexikonverl.

Biemann, C. & Müller, H. (2003). Christophs Experimente. München u. a., Hanser.

Grant, D., Delafosse, C., et al. (1992). Das Haus. Mannheim, Meyers Lexikonverl.

Köthe, R. & Dinter, I. (2005). Tessloffs erstes Experimentierbuch; Forschen, Entdecken, Verstehen; viele spannende Forscherfragen! Nürnberg, Tessloff.

Krekeler, H. & Rieper-Bastian, M. (2005). Spannende Experimente: Naturwissenschaft spielerisch erleben. Ravensburg, Ravensburger Buchverl.

Lück, G. (2006). Handbuch der naturwissenschaftlichen Bildung: Theorie und Praxis für die Arbeit in Kindertageseinrichtungen. Freiburg im Breisgau, Herder.

Lustig, P. (2004). Löwenzahn, Neues aus Technik und Umwelt. Königswinter, Tandem.

Mellert, V. (2007). „Physik für Kids.“ auf: http://www.physikfuerkids.de.

Metzger, W., Mennen, P., et al. (1999). Auf der Baustelle. Ravensburg, Ravensburger.

Rübel, D. & Holzwarth-Raether, U. (2003). Technik bei uns zu Hause. Ravensburg, Ravensburger Buchverl.

Schnabel, P. (2007). „das ELKO – das ELektronik-KOmpendium.de.“ auf: http://www.elektronik-kompendium.de.

Ki.Wi. – Kinder wissen mehr!

Arbeiterwohlfahrt Kindertagesstätte Geschwister-Scholl-Straße
Geschwister-Scholl-Straße 69a
40789 Monheim am Rhein

Ansprechpartner: Herr Götz Friedrich, Frau Susanne Gaspar, Herr Jochen Kubeja
Telefon: 021 73 – 6 17 44
Email: awo_kita_geschw_scholl_str@t-online.de

Das Projekt im Überblick

Um was geht es?

Das Projekt setzt eine Bildung für nachhaltige Entwicklung um. Im Mittelpunkt steht dabei die Frage, wie das Leben heute gestaltet werden kann, damit auch zukünftige Generationen überall auf der Erde leben können. Es wird beschrieben wie durch eine Umgestaltung der Einrichtung, durch eine Beteiligung der Eltern, durch entsprechende Fortbildung und Unterstützung der Mitarbeiterinnen eine intensive Auseinandersetzung der Kinder mit naturwissenschaftlichen und speziell mit ökologischen Bildungsinhalten erreicht werden kann. Kindern, Erzieherinnen und Eltern wird durch das Projekt der Zugang zu naturwissenschaftlichen Themen erleichtert, und sie werden damit gleichzeitig zu ökologischem Denken und Handeln angeregt.

Was zeichnet das Projekt besonders aus?

Konzept zur dauerhaften Integration der Bildungsbereiche Naturwissenschaften und Technik in den Kindergartenalltag

Der Einrichtung gelingt es, die Bildungsbereiche Naturwissenschaften und Technik dauerhaft in den pädagogischen Alltag zu integrieren. Anstatt nur ein zeitlich begrenztes Projekt zu einem spezifischen Thema anzubieten, ist die Beschäftigung mit Naturwissenschaften und Technik fester Bestandteil des täglichen „Programms“ der Einrichtung. Die Kinder haben stets die Möglichkeit, ihren Fragen nachzugehen und entsprechende Nachforschungen anzustellen. Forscherecken bieten ihnen die Gelegenheit, eigenständig Entdeckungen zu machen. Die angeleiteten Nachmittagsangebote und das Kinderlabor erweitern zudem den Blickwinkel der Kinder auf einen bestimmten Sachverhalt. Es werden keine Mühen gescheut, eine geeignete Umgebung zum Ausleben des kindlichen Entdeckerdrangs zu schaffen: Einrichtung von Forscherecken, bzw. eines Kinderlabors, Anbringen transparenter Spülkästen, Einrichten einer Wasserspielanlage, Anlegen eines Nutzgartens usw. Bemerkenswert ist zudem die angestrebte Weiterqualifizierung des pädagogischen Personals. Dazu kommen die Zusammenarbeit mit den Eltern sowie der Aufbau eines Netzwerks.

Berücksichtigung Lebenswelt des Kindes

Kinder sind neugierig und möchten die Phänomene des Alltags verstehen. Das Projekt setzt deshalb an den konkreten Lebenssituationen der Kinder an. Ausgangspunkt für die verschiedenen Forschungsbereiche und die Gestaltung der jeweiligen pädagogischen Angebote sind die Fragen der Kinder. Die Erzieherinnen nehmen dabei eine unterstützende Grundhaltung ein. Sie geben Denkanstöße, greifen bestimmte Themen auf und machen auf bedeutsame Dinge aufmerksam. Außerdem dokumentieren sie durch Beschreibungen und Fotos, was die Kinder erforschen und welche Hypothesen sie aufstellen.

Welche Ziele verfolgt das Projekt?

Kinder sollen die Möglichkeit bekommen, sich mit Fragen zu beobachteten Phänomenen in ihrer Umwelt entdeckend und forschend auseinanderzusetzen. Ihre hohe Lernbereitschaft hinsichtlich naturwissenschaftlicher Themen soll genutzt und weiter angeregt werden. Durch die Schaffung optimaler Rahmenbedingungen (geeignete Umgebung, Fortbildung der Mitarbeiterinnen, Einbezug der Eltern) soll eine „Bildung von Anfang an“ im Bereich Naturwissenschaften und speziell im Bereich Ökologie umgesetzt werden. Wichtige Themen, die im Projektverlauf bearbeitet werden sollen, sind dabei die Bedeutung der Natur als Lebensgrundlage sowie der Umgang mit der Natur. Außerdem sollen Fragen zur Energiegewinnung bzw. zum Energieverbrauch aufgegriffen werden. Damit verbunden ist die Zielsetzung der Erarbeitung von Strategien zur besseren Nutzung von Ressourcen in der Kindertageseinrichtung.

Durch die Bearbeitung dieser Themen sollen den Kindern Fähigkeiten mit auf den Weg gegeben werden, die es ihnen ermöglichen, aktiv und eigenverantwortlich die Zukunft mit zu gestalten. Der Gedanke der Nachhaltigkeit soll bei Kindern, Erzieherinnen und Eltern verankert werden. Das Konzept der Nachhaltigkeit sieht vor, dass ein natürliches Systems nur in einer solchen Form genutzt wird, die es möglich macht, das System mit seinen Bestandteilen langfristig zu erhalten. Das Konzept beinhaltet damit auch die Haltung, Ressourcen zu schützen und das eigene Handeln in Zusammenhang mit einer globalen Verantwortung zu sehen.

Wie werden die Ziele des Projekts umgesetzt?

Vielfältige Lernangebote

Der Zugang zu naturwissenschaftlichen und technischen Bildungsinhalten wird den Kindern durch ein breites Spektrum an Lernformen und Lernangeboten ermöglicht:

Naturerkundungen
Auf dem Außengelände der Einrichtung oder bei Exkursionen werden Pflanzen und Kleintiere beobachtet und erkundet. Es werden Vergleiche angestellt und Theorien überprüft. Auf diese Weise werden genaues Hinschauen und Beschreiben sowie Begriffsbildung und Ausdauer gefördert. Durch Malen, Erzählen und Spielen werden die gemachten Erfahrungen in der Einrichtung vertieft bzw. dokumentiert.

Sammlungen
Die Kinder sammeln, ordnen und sortieren Naturmaterialien (Blätter, Rinden, Früchte, usw.) Durch Vergleiche können sie Gemeinsamkeiten und Unterschiede entdecken.

Beobachtungen
Naturvorgänge (Säen, Keimen, Wachsen, usw.) werden in der Natur und in der Einrichtung gezielt beobachtet.

Forscherecken
Um ihren Fragen nachzugehen, stehen den Kindern in den Forscherecken neben vielfältigen Instrumenten (Waage, Messbecher, Thermometer, Magnet, Lupe, usw.) auch Sachbücher zur Verfügung. Diese Materialien regen die Kinder zu naturwissenschaftlichen Erkundungen an.

Nachmittagsangebote
Hier werden in Kleingruppen und unter Anleitung einer Erzieherin bestimmte naturwissenschaftliche Themen aufgegriffen und bearbeitet.

Kinderlabor
Im Kinderlabor können Versuchsreihen durchgeführt werden. Durch Experimente erforschen die Kinder physikalische und chemische Erscheinungen und finden Erklärungen für diese Phänomene. Außerdem haben sie die Möglichkeit, neue Forschungsinstrumente kennenzulernen (z. B. Mikroskop).

Forscher-AGs
Verschiedene Kinder schließen sich zu einer festen Interessensgruppe (Forscher- AG) zusammen und setzen sich über einen längeren Zeitraum mit einem bestimmten Thema auseinander. Eine Forscher- AG beschäftigt sich beispielsweise mit dem Wassersystem der Einrichtung. In diesem Zusammenhang werden die Wassernutzung und der Wasserverbrauch in der Einrichtung untersucht.

Besondere Aktionen
Spezifische Anlässe werden genutzt, um sich intensiv mit einzelnen Themenaspekten zu beschäftigen, z. B. der „Weltwassertag“ oder eine „Bodenaktionswoche“. Mit diesen besonderen Aktionen öffnet sich die Einrichtung auch nach außen.

Ko-Konstruktion als „Arbeitsprinzip“

Begleitung, Beratung und Information der Erzieherinnen
Je drei Erzieherinnen bilden ein gruppenübergreifendes Kompetenzteam, das sich mit einem selbst gewählten naturwissenschaftlichen Thema beschäftigt und projektrelevante Wissensbestände aufbaut. Neben dem Besuch von externen Workshops und Fortbildungen finden wöchentlich einrichtungsinterne Arbeitstreffen statt.

Zusammenarbeit mit den Familien
Die Eltern werden über Projektinhalte und die Entwicklung des Projekts informiert. Hierzu tragen themenspezifische Elternveranstaltungen sowie eine umfangreiche Infowand bei. Zudem werden thematische Planungszirkel eingerichtet, in denen interessierte Eltern und Erzieherinnen beispielsweise das Anlegen eines Nutzgartens planen und durchführen.

Aufbau eines Netzwerks
Zur Unterstützung der Projektarbeit und zur Sicherung eines nachhaltigen Erfolgs des Projekts wird ein umfassendes Netzwerk von Kooperationspartnern aufgebaut. Von besonderer Bedeutung ist die Zusammenarbeit mit örtlichen Grundschulen und Kindertagesstätten.

Für welches Alter ist das Projekt geeignet?

3–6 Jahre

Welche Bildungsbereiche werden besonders unterstützt?

Naturwissenschaftliches Verständnis
Technisches Verständnis

Welche anderen Bildungsbereiche berührt das Projekt noch?

Die Beschäftigung mit den Bildungsbereichen Naturwissenschaften und Technik schließt – je nach Art der Auseinandersetzung – andere Bildungsbereiche mit ein. Sprache kann als Bildungsbereich beispielsweise nicht abgetrennt werden, wenn es darum geht, die Kinder beim Formulieren von Erklärungen und Hypothesen zu unterstützen. Vorgänge in der Natur zu beobachten kann zu dem Entschluss führen, die Natur bewahren zu wollen. Hier lassen sich Anknüpfungspunkte zum Bildungsbereich „Wertorientierung" finden. Den Bildungsbereich „Bewegung/Motorik" berührt das Projekt durch Aktivitäten wie zum Beispiel Waldspaziergänge, die mit Freude an Bewegung verbunden sind.

Wie können die Eltern und Familien der Kinder am Projekt beteiligt werden?

Eltern werden in die Gestaltung des Projekts eingebunden, indem sie aufgefordert werden, sich bereits an der Planung zu beteiligen. Es werden dann Planungsgruppen bestehend aus Mitarbeiterinnen der Einrichtung und Eltern gebildet, die beispielsweise das Anlegen eines Nutzgartens auf dem Außengelände vorbereiten. Die Eltern werden durch themenspezifische Veranstaltungen – wie z. B. Exkursionen oder Informationstreffen – über das aktuelle Projekt auf dem Laufenden gehalten. Zur Teilnahme und Mitwirkung an diesen themenspezifischen Veranstaltungen werden die Eltern eingeladen. Auch die Gestaltung einer Informationswand soll zum Austausch zwischen der Einrichtung und den Familien beitragen und somit eine Integration der Eltern in das Projekt erleichtern.

Welchen Bezug hat das Projekt zur pädagogischen Konzeption der Einrichtung?

Die situationsbezogene pädagogische Arbeit der Einrichtung wird auf das Projekt übertragen. Es werden naturwissenschaftliche Themen aufgegriffen, die sich für die Kinder aus ihrer Lebenswelt und ihren Erfahrungen ergeben. Mit der ganzheitlichen Methode des forschenden und entdeckenden Lernens soll für die Kinder ein spielerischer Zugang zu diesen naturwissenschaftlichen Themen geschaffen werden. Die Bearbeitung der Themen erfolgt integriert in den Alltag der Einrichtung. Dabei wird auf eine ganzheitliche Umsetzung der Themen geachtet, die verschiedene Bildungsbereiche verbindet. Zu diesen Bildungsbereichen gehören neben Naturwissenschaften mit dem Schwerpunkt Ökologie auch Bewegung, Spielen, Gestalten, Medien sowie kulturelle Umwelt. Das Projekt berücksichtigt zusätzlich Aspekte einer Bildung für nachhaltige Entwicklung. Eine solche Bildung hat das Ziel, Menschen die nötigen Kompetenzen und Einstellungen zu vermitteln, um für künftige Generationen eine lebenswerte Welt zu erhalten.

Welche Erfahrungen hat die Einrichtung mit diesem Projekt gemacht?

Kinder aller Alterstufen sind fasziniert von naturwissenschaftlichen Phänomenen. Angetrieben von ihrer Neugier nutzen sie die Möglichkeit, sich in den Forscherecken und im Kinderlabor intensiv und über einen längeren Zeitraum hinweg mit einzelnen Fragestellungen auseinanderzusetzen. Sowohl die frei verfügbaren Forscherecken, als auch die gezielten Angebote durch die Mitarbeiterinnen tragen zu spannenden, aufschlussreichen und vor allem nachhaltigen Bildungsprozessen bei. Die Nachhaltigkeit der Bildungsprozesse lässt sich an den veränderten Fragestellungen der Kinder, bedingt durch ihr neues Wissen und ihre erweiterten Kompetenzen, die sich im Alltag zeigen, ablesen.

Welche Kompetenzen der Kinder werden gestärkt?

Als **Basiskompetenzen** bzw. Schlüsselqualifikationen werden grundlegende Fähigkeiten, Fertigkeiten, Haltungen und Persönlichkeitscharakteristika bezeichnet. Sie sind Grundlage für körperliche und seelische Gesundheit, Wohlbefinden und Lebensqualität des Kindes und erleichtern das Zusammenleben in Gruppen. Sie sind Bedingung für den Erfolg und die Zufriedenheit in Familie, Kindergarten, Schule sowie im späteren Beruf. Diese Basiskompetenzen sind Eigenschaften, die zur Lebensbewältigung des Kindes und zu einem lebenslangen Lernen befähigen. Zu den Basiskompetenzen, zu deren Aufbau dieses Projekt beiträgt, zählen unter anderem:

Personale Kompetenzen

Hierzu gehören Selbstwertgefühl und positives Selbstkonzept, d.h. die positive Bewertung der eigenen Person in Bezug auf die eigenen Fähigkeiten.

Des Weiteren zählen motivationale Kompetenzen zu den personalen Kompetenzen: Hierbei geht es um die Überzeugung der Kinder, mit dem eigenen Handeln bzw. mit den eigenen Kompetenzen Einfluss nehmen zu können und Kontrolle über ihre Umwelt zu haben. Auch das bewusste Steuern des eigenen Handelns und die Regulierung von Emotionen, indem z. B. Ziele selbst gesetzt werden, stehen in Zusammenhang mit motivationalen Kompetenzen.

Einen weiteren Bestandteil der personalen Kompetenzen eines Kindes stellen emotionale Kompetenzen dar. Diese schließen ein, Gefühle zu identifizieren und zu äußern, Emotionen zu zeigen und die Gefühle anderer Menschen wahrzunehmen.

Problemlösen, d.h. Probleme unterschiedlicher Art analysieren, Problemlösungsalternativen entwickeln und diese erfolgreich umsetzen können, zählt als Teil kognitiver Kompetenzen ebenfalls zu den personalen Kompetenzen eines Kindes. Die Denkfähigkeit wird gefördert, z. B. die Begriffsbildung, das Bilden von Hypothesen, logisches Denken, das Ausbilden einer Fehlerkultur, indem man mit den Kindern über die Fehler spricht. Eine differenzierte Wahrnehmung wird geschult, indem alle Sinne bewusst genutzt werden.

Kompetenzen zum Handeln im sozialen Kontext

Dazu zählen die Kompetenzen, die notwendig sind, um den Anforderungen zwischenmenschlicher Interaktion gerecht zu werden. Diese Kompetenzen sind die Voraussetzung dafür, soziale Beziehungen einzugehen und diese positiv zu gestalten, indem man verantwortungsbewusst, einfühlsam und rücksichtsvoll mit anderen umgeht. Von besonderer Bedeutung sind dabei folgende Bereiche:

Soziale Kompetenzen, Werte und Orientierungskompetenz, Fähigkeit und Bereitschaft zur Verantwortungsübernahme und Fähigkeit/Bereitschaft zur demokratischen Teilhabe.

Lernmethodische Kompetenz

Lernmethodische Kompetenz ist eine der Grundlagen für den Wissenserwerb und somit für lebenslanges, selbstgesteuertes Lernen. Sie beinhaltet das Wissen darüber, wie man lernt, wie man Wissen erwirbt, wie man dieses zur Lösung von Problemsituationen einsetzt und es sozial verantwortet. Dies bedeutet in der konkreten Situation:

- neue Informationen gezielt beschaffen und verarbeiten
- neues Wissen aufbereiten und organisieren
- die eigenen Leistungen zutreffend einschätzen und würdigen
- Wissen in unterschiedlichen Situationen flexibel nutzen
- Wissen auf unterschiedliche Situationen und Probleme übertragen
- sich die Bedeutung des Wissens erschließen
- über das eigene Lernen nachdenken bzw. sich das eigene Denken bewusst machen
- sich die eigenen Planungsschritte bewusst machen
- sich bewusst machen, wie man eine vorgegebene Lernaufgabe angeht
- verschiedene Lernwege kennen und ausprobieren

Das Projekt – Ausführliche Beschreibung

Das Projekt setzt an den Fragen an, die sich für Kinder hinsichtlich naturwissenschaftlicher Phänomene aus konkreten Lebenssituationen ergeben. Diese Fragen stellen sich für Kinder in alltäglichen Situationen, zum Beispiel im Garten, in der Küche oder im Bad. Das Projekt bietet Kindern dann durch die Bildung von Arbeits- und Kleingruppen die Möglichkeit, ihre Fragen weiterzuverfolgen und über einen längeren Zeitraum zu bearbeiten. Die Gestaltung dieser pädagogischen Angebote orientiert sich in erster Linie an den Fragen der Kinder. Um den Schwerpunkt des Projekts – eine Bildung für nachhaltige Entwicklung – umzusetzen, wird bei der Bearbeitung dieser Fragen darauf geachtet, ob sich an ökologische Themen anknüpfen lässt. Wichtige Punkte sind dabei, wie mit Ressourcen sparsam umgegangen werden kann und gleichzeitig wie sich dadurch die Natur schützen und erhalten lässt.

Gestaltung des Außengeländes

Auf dem Außengelände der Einrichtung erkunden die Kinder die Natur. Zu diesem Zweck werden ein kleiner Nutzgarten und ein Gewächshaus eingerichtet. Die Kinder säen Pflanzen und verfolgen das Keimen und Wachsen ihrer Aussaat. Zudem dokumentieren sie den Lebenszyklus von Pflanzen mit Fotos und Zeichnungen. Dabei üben die Kinder genaues Hinschauen und das Beschreiben von beobachteten Dingen. Sie stellen Vergleiche an und erarbeiten sich gemeinsam mit anderen Kindern und Erzieherinnen neue Begriffe. Salat oder Kräuter, die im Nutzgarten angebaut werden, ergänzen die Mahlzeiten der Kinder in der Einrichtung.

Außerdem legen die Kinder gemeinsam mit den Erzieherinnen auf dem Außengelände einen Komposthaufen an, der dann später zur Beobachtung von Zersetzungsprozessen bei organischem Material genutzt werden kann. Auf diese Weise erfahren die Kinder, wie man organische Küchenabfälle wiederverwerten kann und wie sich durch Kompost die Qualität von Böden verbessern lässt. Ein Komposthaufen stellt für viele Tiere einen geeigneten Lebensraum dar. Die Kinder können die Lebewesen beobachten, die sich nach einer gewissen Zeit im Komposthaufen angesiedelt haben.

Um die Fließeigenschaften und die Kraft von Wasser zu erforschen, wird auf dem Außengelände eine Wasserbahn mit Pumpe und Wasserrad angelegt. Diese Anlage können die Kinder beispielsweise auch nutzen, um die Wirkung von Wasser auf Dämme aus unterschiedlichen Materialien zu erforschen.

Zur Beschäftigung mit dem Themenfeld erneuerbare Energien werden auf dem Dach der Einrichtung ein Windrad und Solarzellen installiert. Der durch diese Anlage gewonnene Strom wird ins Stromnetz eingespeist. Auf einem Display in der Einrichtung lässt sich ablesen, welche Menge an Strom produziert wird. Um die Funktionsweise von Solarzellen zu verdeutlichen, bauen die Kinder einen Bausatz, bestehend aus einem Solarmodul, einem Birnchen und verschiedenen Kabeln, zu einem funktionierenden Stromkreis zusammen. Mit verschiedenen solarbetriebenen Spielzeugen, einer Solardusche und einem Solarkocher kann mit den Kindern die Bedeutung von Sonnenlicht als Energieträger erfahrbar gemacht werden.

Zusätzlich wird auf dem Außengelände ein mit Holz befeuerter Lehmofen aufgebaut, der vollständig aus Naturmaterialien besteht. Durch die Nutzung des Lehmofens können die Kinder erfahren, wie man Feuer zur Zubereitung von Speisen einsetzen kann. Als „Ausgangsprodukte" kann das selbst angebaute und geerntete Gemüse aus dem Nutzgarten verwendet werden. Der Vorgang des Kochens und Backens ohne den meist als selbstverständlich erlebten elektrischen Herd, der auf Knopfdruck die gewünschte Hitze liefert, kann so mit den Kindern bearbeitet werden. Durch die Nutzung eines solchen Lehmofens kann im Vergleich zu einer offenen Feuerstelle ca. 50 % an Energie gespart und zusätzlich die Rauchentwicklung eingeschränkt werden. Auf diese Weise bekommen die Kinder auch ein Verständnis für andere Kulturen, die traditionell ihre Speisen in einem Lehmofen zubereiten bzw. die nicht die Möglichkeit haben, einen modernen elektrischen Herd zu nutzen. Gleichzeitig bietet sich die Chance, Holz, das zur Befeuerung des Lehmofens genutzt wird, als nachwachsende Ressource zu behandeln und die Kinder auf Abläufe in der Forstwirtschaft aufmerksam zu machen.

Ausflüge in den Wald oder auf die Wiese

Bei regelmäßigen Ausflügen auf eine Wiese oder in den Wald untersuchen die Kinder Pflanzen. Dazu fertigen sie Sammlungen verschiedener Naturmaterialien an, um unterschiedliche Blätter, Früchte und Rinden genau kennenzulernen. Mit Hand- und Becherlupen beobachten die Kinder Tiere, die sie zuvor mit einem Kescher eingefangen haben. Mit Hilfe geeigneter Bücher werden eingefangene Insekten und Spinnen bestimmt. Während der Ausflüge und der Naturbeobachtungen entdecken die Kinder viel Neues und äußern ihre eigenen Ansätze zur Erklärung der wahrgenommen Phänomene. Die Erzieherinnen unterstützen die Kinder dabei, ihre Erklärungen und Deutungen zu überprüfen und auszubauen. Dabei ist es entscheidend, dass die Erzieherinnen, um forschendes Lernen zu ermöglichen, den Kindern keine Antworten vorgeben, sondern sie immer wieder ermutigen, eigene Antworten zu suchen, Dinge auszuprobieren und zu hinterfragen. Häufig ergeben sich daraus wieder neue Fragen, denen Kinder und Erzieherinnen gemeinsam nachgehen. Eine weitere Verarbeitung der gemachten Erfahrungen soll nach der Rückkehr in die Einrichtung durch Erzählen, Malen und Spielen erreicht werden. Es werden Wahrnehmungsspiele, Bewegungsspiele, Konstruktionsspiele, Kreativspiele und Rollenspiele angeboten, die thematisch an die gemachten Erkundungen im Wald und auf der Wiese anschließen.

So könnte der Ausflug einer Forschergruppe in den Wald beispielsweise ablaufen:

- die Gruppe begrüßt sich durch ein Waldlied
- die Kinder erforschen selbstständig die Umgebung
- ein Kind oder eine Erzieherin stellt eine Forschungshypothese auf; zum Beispiel: „Hier im Wald lassen sich verschiedene Tiere mit sechs Beinen finden"
- die Kinder erkunden die Umgebung, um diese Hypothese zu überprüfen; als Hilfsmittel stehen Kescher, Gläser mit Deckel, Hand-, und Becherlupen zur Verfügung
- die ganze Gruppe kommt zusammen, um die gefunden Tiere zu vergleichen
- die Kinder zeichnen die Tiere ab
- in einem Gespräch schildern die Kinder ihre Beobachtungen und formulieren ihre Erklärungen für die beobachteten Phänomene
- aufkommende Fragen und sichtbar gewordene Interessen der Kinder werden festgehalten und bei der Planung der nächsten Forschungsexkursion berücksichtigt; wenn beispielsweise ein Kind den Höhlenbau eines Tieres beobachtet hat, könnte das zum Thema des nächsten Treffens der Forschergruppe werden
- zum Abschluss wird gemeinsam ein „Waldlied" gesungen

Einrichtung von Forscherecken

In den Gruppenräumen werden Forscherecken eingerichtet, die den Kindern vielfältige Anregungen bieten, ihre naturwissenschaftlichen Fragen zu bearbeiten. Die Forscherecken laden die Kinder zu Erkundungen ein und stellen die dazu notwendigen Instrumente bereit. Die Kinder können die Forscherecken selbstständig nutzen. Bei Bedarf geben die Erzieherinnen den jungen Forschern Hinweise, wie das vorhandene Inventar sinnvoll und effektiv eingesetzt werden kann. Die Erzieherinnen bereiten außerdem auf die aktuellen Fragen der Kinder abgestimmte Versuche vor, die dann nach einer ersten angeleiteten Durchführung von den Kindern weiterhin genutzt werden können. Nach der Versuchsdurchführung erarbeiten sich Kinder und Erzieherinnen gemeinsam eine Deutung des wahrgenommenen Phänomens. Kinder, die Versuche bereits selbst durchgeführt haben, geben ihr Wissen in der Folge an andere Kinder weiter.

Zur Ausstattung der Forscherecke gehören neben einer Waage auch Messbecher unterschiedlicher Höhe und Breite, mit denen man Versuche zum Mischen von Stoffen oder zu deren Volumen machen kann. Auch Thermometer und Magnete stehen zur Verfügung. Außerdem können die Kinder mit einer Lupe oder einem Mikroskop Gegenstände und Lebewesen ganz genau betrachten. Zur weiteren Ausstattung der Forscherecke gehören Sachbücher, die den Kindern dabei helfen, für ihre Beobachtungen Erklärungen zu finden oder ihre Forschungsfragen zu erweitern.

Einrichtung eines Kinderlabors

Im Rahmen von speziellen Angeboten am Vor- oder Nachmittag können die Kinder gemeinsam mit Erzieherinnen verschiedene naturwissenschaftliche Fragestellungen aus den Themenfeldern Biologie, Physik und Chemie aufgreifen, dabei Phänomene beobachten und gemeinsam Erklärungen finden. Zu diesem Zweck wird im Flurbereich ein Kinderlabor eingerichtet, das vielfältige Instrumente und Materialien bereitstellt.

In Kleingruppen werden beispielsweise die Eigenschaften von Wasser erforscht: Die Kinder machen Versuche zum Gewicht und zum Volumen von Wasser. Systematisch wird erkundet, welche Gegenstände schwimmen und welche Eigenschaften dafür verantwortlich sind. Auch die Löslichkeit von Stoffen in Wasser wird untersucht.

Auch zum Thema „Luft“ wird eine Versuchsreihe angeboten: Es geht um die Frage, woraus Luft überhaupt besteht und wie man sie sichtbar machen kann.

Auch ökologische Themen werden im Kinderlabor aufgegriffen. Dabei geht es beispielsweise um die Frage, wie man verschmutztes Wasser wieder sauber bekommt. Zu diesem Zweck bauen die Kinder eine Kläranlage. Anschließend werden verschiedene Flüssigkeiten (Sand in Wasser gelöst, Wasser mit Speiseöl, usw.) durch die Kläranlage geleitet. Die Kinder beobachten, ob die Anlage im Stande ist, das Wasser zu reinigen.

Interessengrupppen

Um Themen intensiver Bearbeiten zu können, werden Interessengruppen gebildet, die sich über einen längeren Zeitraum mit einem Thema beschäftigen. Eine solche Forscher- AG zum Thema „Wasser“ geht zum Beispiel der Frage nach, wie das Wassersystem der Einrichtung aufgebaut ist und wie einzelne Bestandteile dieses Systems – beispielsweise eine Toilettenspülung – funktionieren. Zu welchem Zweck Wasser in der Einrichtung genutzt und wie viel davon in einem bestimmten Zeitraum verbraucht wird, sind weitere Punkte, die untersucht werden.

Schaffung geeigneter Rahmenbedingungen

Um die Umsetzung des Projekts zu unterstützen, wird eine Reihe von begleitenden Maßnahmen durchgeführt. Dadurch sollen die Bedingungen für die Forschungsaktivitäten der Kinder verbessert werden. Zu diesen Maßnahmen zählen:

Begleitung, Beratung und Information der beteiligten Erzieherinnen

Zur Unterstützung der Projekte wird ein „Steuerungskreis“ gebildet, der sich in regelmäßigen Abständen trifft. An diesem Kreis sind Mitarbeiterinnen der Einrichtung, Vertreter des Trägers und die Fachberatung beteiligt.

Um eine intensive Auseinandersetzung der Erzieherinnen mit den Projektthemen zu ermöglichen, werden verschiedene Arbeitsformen gewählt: Es werden Kompetenzteams gebildet, Workshops und Fortbildungen durchgeführt, eine Infoecke eingerichtet sowie ein regelmäßiger gemeinsamer Austausch organisiert. Die Mitarbeiterinnen sollen sich so das notwendige Wissen und die erforderlichen Kompetenzen zur Durchführung von Projekten mit naturwissenschaftlichen und speziell ökologischen Themen erarbeiten.

Ein sogenanntes Kompetenzteam wird gruppenübergreifend aus jeweils drei Mitarbeiterinnen gebildet, die sich dann selbstständig mit einem frei gewählten naturwissenschaftlichen Thema beschäftigen.

Wöchentlich finden einrichtungsinterne Workshops statt, in denen sich Mitarbeiterinnen intensiv mit einzelnen Themen auseinandersetzen. Es werden beispielsweise Fragen zur Saugfähigkeit von Stoffen oder zu Methoden der Pflanzenbestimmung bearbeitet. Die Auswahl der Fragen richtet sich nach den naturwissenschaftlichen Phänomenen, die für Kinder in ihrer Lebenswelt sichtbar werden. Abhängig davon, welche Forschungsfragen die Kinder beschäftigen, werden die intensive Auseinandersetzung der Erzieherinnen mit die-

sen Fragen und eine pädagogische Umsetzung durch verschiedene Angebote (Einrichtung von Forscher- AGs/Forscherecken, Durchführung von speziellen Nachmittagsangeboten/Exkursionen) geplant.

Die Mitarbeiterinnen haben die Gelegenheit, regelmäßig Fortbildungen zu naturwissenschaftlichen Themen zu besuchen. In einer Infoecke stehen allen Fachkräften außerdem vielfältige Materialien und Medien zu naturwissenschaftlichen Themen zur Verfügung.

Um einen regelmäßigen gemeinsamen Austausch aller pädagogischen Mitarbeiter zu ermöglichen, werden themenspezifische Dienstbesprechungen in den Dienstplan integriert.

Im Verlauf des Projekts werden vielfältige Materialien für die Qualifizierung der Fachkräfte erstellt. Diese Materialien sollen die Fachkräfte bei der Gestaltung ihrer pädagogischen Arbeit unterstützen. Sie bestehen aus einem Handbuch mit Anregungen für das pädagogische Handeln sowie Informationsordnern zu einzelnen naturwissenschaftlichen Themen und einer Zusammenstellung von Hintergrundinformationen zu diesen Themen.

Umgestaltung der Einrichtung

Neben der Einrichtung der Forscherecken und des Kinderlabors sowie den Veränderungen im Außenbereich findet eine Umgestaltung der Einrichtung statt, indem durchsichtige Toilettenspülkästen und Siphons unter den Waschbecken angebracht werden. Dadurch erhalten die Kinder bei der Bearbeitung des Themas „Nutzung von Wasser in der Einrichtung“ die Möglichkeit, interessante Beobachtungen durchzuführen. Auch das Fallrohr einer Regenrinne neben dem Eingang der Einrichtung wird durch ein durchsichtiges Plexiglasrohr ersetzt. Bei Regen veranlasst das sichtbar durch das Fallrohr laufende Wasser die Kinder dazu, sich Fragen zum Wasserkreislauf zu stellen.

Beteiligung an besonderen Aktionen

Besondere Anlässe werden genutzt, um sich intensiv mit einzelnen Themenaspekten zu beschäftigen und gleichzeitig eine Erweiterung des Themenfelds zu erreichen. Die Einrichtung beteiligt sich beispielsweise am Weltwassertag und führt entsprechende Aktionen mit den Kindern durch.

Aufbau von Kooperationen

Um Unterstützung für die Projektarbeit zu erhalten, werden beispielsweise Firmen als Kooperationspartner gesucht. Eine Übertragung des Projekts auf andere Einrichtungen wird ebenfalls angestrebt, um auch dort sowohl eine naturwissenschaftliche Bildung als auch eine Bildung für nachhaltige Entwicklung in den Alltag der Einrichtungen zu integrieren.

Wie lässt sich das Projekt erweitern?

Vom kompetenten Team zur Konsultationseinrichtung/Multiplikatorenschulung für andere Einrichtungen (Pädagogenebene)

Ein Team, das erreicht hat, sich permanent zu qualifizieren und im Sinne des Wissenstransfers alle am Erziehungsprozess beteiligten Personen und Institutionen zu integrieren, benötigt weniger Ideen zur Weiterentwicklung. Es hat selbst die Fähigkeit und die qualitative Voraussetzung, als Multiplikator sein Wissen und seine konzeptionellen Ausarbeitungen anderen Kindertageseinrichtungen zur Verfügung zu stellen. Der Ausbildungsbereich sucht nach erprobten und bewährten Konzepten der Umsetzung von Bildung im Elementarbereich.

Als Konsultationseinrichtung könnte die Einrichtung anderen Institutionen Hilfe und Unterstützung bieten, zum Beispiel:

- durch Fortbildungen aus der Praxis für die Praxis unter dem Leitthema: „Was können andere Einrichtungen von uns lernen“
- in Diskussionsforen, in denen der Innovationsprozess der Einbettung von Bildungsinhalten vorgestellt wird
- im Aufzeigen von positiven Erfahrungen, aber auch möglichen Problemen und deren Lösbarkeit, durch Darstellung ihres Konzeptes, ihrer Raumgestaltung, Bildungsarbeit, Kooperation mit den Familien und der Vernetzung mit anderen Einrichtungen

Konsultationstätigkeit beinhaltet:

- die Möglichkeit zur Hospitation für andere PädagogenInnen
- Darstellung der pädagogischen Arbeit in Publikationen und im Internet
- fachliche Beratung durch Fortbildungsangebote, Medien, Materialausstellung usw.
- Kooperation mit der Wissenschaft durch Übernahme von Referententätigkeit
- umfangreiche Öffentlichkeitsarbeit
- Vernetzung mit Fachberatung sowie Aus- und Fortbildung

Die Schaffung geeigneter Rahmenbedingungen von Seiten des Trägers oder durch Sponsoren ist dabei allerdings unabdingbar. Wer die Qualität erhalten und diese sogar als „Best-Practice“ anderen Bildungseinrichtungen zur Verfügung stellen möchte, braucht personellen und finanziellen Spielraum, damit ein hochqualifiziertes Team nicht an seine Grenzen stößt oder sogar daran zerbricht.

In einer Kindertageseinrichtung, die zum Lernort für Kinder und Erwachsene wird, entwickeln sich die Kinder selbst zu Akteuren ihrer Bildung.

Welche Literatur wurde bei der Erarbeitung des Projekts verwendet?

Al-Shamery, K. (2003). Chemol: Chemie in Oldenburg; Heranführen von Kindern im Grundschulalter an Chemie und Naturwissenschaften. Oldenburg, Carl-von-Ossietzky-Univ., Inst. für reine und angewandte Chemie.

Costa-Pau, R., Weyandt, E., et al. (1993). Was ist los mit dem Wald? Hamburg, Saatkorn-Verl.

Costa-Pau, R., Weyandt, E., et al. (1993). Was ist los mit der Luft? Hamburg, Saatkorn-Verl.

Dittmann, J. & Köster, H. (2004). Tiere in Kompost, Boden und morschen Bäumen: die Becherlupen-Kartei. Mülheim an der Ruhr, Verl. an der Ruhr.

Geißelbrecht-Taferner, L. & Sander, K. (2006). Die Garten-Detektive: mit vielfältigen Experimenten, Spielen, Bastelaktionen, Geschichten und Rezepten den blühenden Frühlingsboten auf der Spur. Münster, Ökotopia-Verl.

Knipping, J., Saudhof, K., et al. (2006). Mit Kindern in den Wald: Wald-Erlebnis-Handbuch; Planung, Organisation und Gestaltung. Münster, Ökotopia-Verl.

Lück, G. (2005). Neue leichte Experimente für Eltern und Kinder. Freiburg, Herder.

Neumann, A. & Neumann, B. (2003). Waldfühlungen: das ganze Jahr den Wald erleben; Naturführungen, Aktivitäten und Geschichtenfibel. Münster, Ökotopia-Verl.

Neumann, A., Neumann, B., et al. (2003). Wasserfühlungen: das ganze Jahr Naturerlebnisse an Bach und Tümpel – Naturführungen, Aktivitäten und Geschichtenbuch; mit Spielen, Übungen und Rezepten. Münster, Ökotopia-Verl.

Neumann, A. & Sander, K. (2002). Wiesenfühlungen: das ganze Jahr die Wiese erleben – Naturkontakte, Spiele und Geschichtenbuch; mit Spielen, Übungen und Rezepten. Münster, Ökotopia-Verl.

Reidelhuber, A. & Staatsinstitut für Frühpädagogik (2000). Umweltbildung: ein Projektbuch für die sozialpädagogische Praxis mit Kindern von 3 – 10 Jahren. Freiburg im Breisgau, Lambertus.

Rübel, D. & Holzwarth-Raether, U. (2003). Technik bei uns zu Hause. Ravensburg, Ravensburger Buchverl.

Silver, D. & Vallely, B. (1991). Was du tun kannst, um die Erde zu retten. Wien, Ueberreuter.

Experimentiertipps des Universum® Bremen

Autorinnen für das Universum® Bremen, Wiener Str. 2, 28359 Bremen, www.universum-bremen.de:
Mechthild Kummetz, Dipl.-Geol.; wissenschaftlich-pädagogische Leiterin Bildung im Universum® Bremen
Sandra Lindhorst, Dipl.-Biol. und Naturpädagogin; Mitarbeiterin in der Ausstellung Universum® Bremen

Universum® Bremen

Einführung

Die vorliegenden Experimentiertipps basieren auf Erfahrungen in Projekten zur frühen naturwissenschaftlichen Bildung im Universum® Bremen. Sie beinhalten knappe theoretische Hintergrundinformationen für pädagogische Fachkräfte und sind mit meist einfachen Alltagsgegenständen durchführbar. Um einen umfassenderen Einblick in die naturwissenschaftlichen Inhalte und pädagogische Herangehensweise zu erhalten, ist eine vertiefende eigene Auseinandersetzung unumgänglich.

Es hat sich als sinnvoll gezeigt, Experimente und Konstruktionen in eine Geschichte einzubinden. Hier soll eine Gedankenreise von der Wurzel bis hin zu den Blättern einer Pflanze stattfinden. Die Einbindung in Geschichtenform ist frei gestaltbar und von den erwachsenen Begleitern einzubringen. Dazu ist viel Fantasie und Kreativität gefragt. Fragen zu den Themen Boden, Pflanzen, Wasser und Licht können dabei helfen: Welche Lieder kennen wir zum Thema Boden? Was ist alles grün? Wie könnte ein Sonnengedicht aussehen? Lässt sich mit Regen musizieren?

Die eigenen Fragen motivieren ungemein, sich intensiv einer Sache zu widmen. Insgesamt sollte den Kindern viel Zeit für Wiederholungen und eigene Ideen gelassen werden. Beim Experimentieren können weitergehende Fragen zur Erschließung von Sachverhalten entwickelt werden und selbstständig Vermutungen aufgestellt und überprüft werden.

Die Experimentiertipps sollen mehr sein, als das bloße Durchführen. Sie sollen anregen, sich im Alltag forschend und entdeckend Pflanzen, Böden, Licht und Wasser zu nähern. Kinder finden schnell heraus, dass Pflanzen für unser Leben bedeutend sind und diese selbst nur leben können, wenn sie vor allem Licht, Wasser, und Luft bekommen. Die Versuche *Lichtquelle* und *Weg des Wassers* machen dies deutlich. Was Boden ist und warum Pflanzen auf ihn angewiesen sind, zeigt der Versuch *Bodenglas*. Boden hat auch die Eigenschaft, Wasser zu reinigen. Der damit verbundene Nutzen für den Menschen wird im Versuch *Filterkläranlage* nachvollziehbar. Wie wichtig sauberes Wasser ist und, wie es mit Hilfe der Sonne hergestellt werden kann, finden Kinder im Versuch *Sonnenkläranlage* heraus.

Die Versuche sind insgesamt als Impulse zu verstehen, die möglichst viele verschiedene Tätigkeiten beinhalten. Kinder sollten so viel wie möglich selbst tun, sich in der Gruppe austauschen und angeregt werden, ihre Ergebnisse in einem Forscherheft festzuhalten. Zu diesen naturwissenschaftlichen Techniken gehört auch das genaue Beobachten und Beschreiben. Dazu sollte man Kinder immer wieder anhalten und darauf aufmerksam machen, dass sie in die Rolle eines Wissenschaftlers oder einer Forscherin schlüpfen. Die meisten Versuche sind Langzeitexperimente und eignen sich für Forschergruppen, die sich über einen längeren Zeitraum regelmäßig treffen. Immer sind Erwachsene gefragt, sich partnerschaftlich mit den Kindern auf den Weg zu machen. Das gemeinsame Erlebnis steht dabei im Vordergrund. Ziel ist es, eine lebhafte Kommunikation zu entfachen und zu motivieren, sich weiter mit dem Thema zu beschäftigen. In einem Abschlussgespräch sollte die Möglichkeit bestehen, Ergebnisse zu präsentieren und zu überlegen, wie es weitergeht.

1. Bodenglas

Beschreibung

Warum stecken Pflanzen in der Erde? Was ist Boden? Wie essen Pflanzen? Diese und andere Fragen beschäftigen Kinder und ihnen soll in dem Versuch *Bodenglas* nachgegangen werden. Jeder hat die Erfahrung gemacht, dass Blumen welken, wenn sie nicht genug Licht, Wasser und Luft zur Verfügung haben. Allerdings sind sie so nicht sehr lange lebensfähig. Aber wieso leben Topfpflanzen länger als Schnittblumen? Pflanzen scheinen etwas aus dem Boden zu benötigen.

Versuch
Glas mit Schraubverschluss
Bodenproben aus verschiedenen Gegenden
Wasser
Mikroskop und/oder Lupe
Siebe mit unterschiedlichen Maschenweiten

Die Kinder sammeln Boden von verschiedenen Orten (z. B. Sandkiste, Blumenbeet, Wald, Kompost). Jede Bodenprobe wird genau untersucht und dann in ein Glas gefüllt. Das Glas wird anschließend mit Wasser aufgefüllt und verschlossen. Jetzt schütteln die Kinder es kräftig durch, stellen es auf einem Tisch ab und beobachten einen ganze Weile (Abb. 1).

Impulse
- Wie sieht der Boden aus?
- Was meinst du, woraus besteht er?
- Betrachte deine trockene Bodenprobe unter dem Mikroskop oder einer Lupe. Mit unterschiedlich feinen Sieben kannst du die Bestandteile trennen. Was beobachtest du?
- Wie fühlen sich die verschiedenen Bodenproben an? Versuche Unterschiede zu beschreiben.
- Was beobachtest du nach dem Vermischen des Bodens mit Wasser?
- Welche Teile sinken am schnellsten, welche am langsamsten?
- Wie sieht deine Probe nach einigen Stunden aus?
- Zeichne auf, wie sich die Materialien in deinem Glas absetzen. Fällt dir etwas auf?
- Suche dir in einem Wald eine Stelle mit liegengebliebenem Laub aus und untersuche den Boden darunter genau. Was fällt dir auf, je tiefer du gräbst?

Erläuterung
Boden setzt sich aus verschiedenen Bestandteilen zusammen. Diese haben von Ort zu Ort unterschiedliche Anteile. In den trockenen Proben befinden sich meist kleine Steine, Kiesel und winzige Tonteilchen. Daneben gibt es aber auch verrotteter Pflanzen- und Tierabfall. Wird die Bodenprobe mit Wasser vermischt, trennen sich die Bestandteile. Am Boden setzen sich zuerst Kiesel und Sandkörner ab, darüber der feine Ton. Das überstehende Wasser ist durch feinste Tonpartikelchen ganz trübe (Abb. 1).

Pflanzen- und Tierabfälle schwimmen an der Oberfläche oder sammeln sich als oberste Schicht auf dem Glasboden. Sie werden auch als Humus bezeichnet. Gerade dieser Humus versorgt den Boden mit wertvollen Nährstoffen. Zusammen mit Wasser nehmen die Pflanzen diese über die Wurzeln auf. Wozu die Pflanzen Wasser noch benötigen, zeigt der nächste Versuch.

Abb. 1: Bodenglas – Wie sehen meine Bodenproben mit und ohne Wasser aus?

2. Weg des Wassers

Beschreibung
Pflanzen brauchen Wasser – nicht nur zum Wachsen. Es ist auch wichtig, um Pflanzen stabil zu machen. Mit einigen Alltagsgegenständen, ein paar Löwenzahnblüten und Margaritten wird der *Weg des Wassers* nachvollziehbar.

Versuch
Löwenzahnblüten mit Stängel
Becher
Wasser
Pflanzenöl
Filzstift

Die Kinder pflücken Löwenzahnblüten mit ihren Stängeln und stellen sie in einen leeren Becher. Nach wenigen Stunden wird Wasser in den Becher gegossen. Der Wasserstand wird markiert. Etwas Öl auf dem Wasser verhindert, dass es schnell verdunstet. Jetzt wird immer mal wieder nach den Löwenzahnblüten geschaut.

Impulse
- Beobachte, was mit dem Stängel im leeren Becher passiert. Wie fühlt er sich nach wenigen Stunden an?

- Hast du eine Idee, warum der Stängel schlapp wird? Was meinst du, fehlt der Blüte?
- Wie fühlt sich der Stängel an, wenn er einige Zeit im Wasser gestanden hat?
- Beobachte den Wasserstand im Becher. Wie erklärst du dir das?
- Überlegt gemeinsam, was mit dem Wasser passiert ist?

Erläuterung
Wasser ist nicht nur zum Wachsen wichtig, sondern gibt der Pflanze auch Stabilität. Alle Zellen der Pflanze, in Stängeln, Blättern und Blüten saugen Wasser auf. Von Zelle zu Zelle wandert Wasser in dem Pflanzenstängel bis zu den Blütenspitzen hinauf. So lange, bis alle Zellen fest und prall mit Wasser gefüllt sind. Fehlt der Pflanze Wasser, werden die Zellen ganz schlaff. Die Pflanze sinkt in sich zusammen. Ohne Wurzeln kann eine Pflanze nicht so lange und gut Wasser aufnehmen. Deshalb wird ein Blumenstrauß nach ein paar Tagen welk.

Hinweis
Etwas rote Lebensmittelfarbe macht den *Weg des Wassers* besonders deutlich. Margaritten müssen dazu in gefärbtes Wasser gestellt werden. Nach einigen Stunden wandert das Wasser bis in die Spitzen der Blüten, wo es verdunstet. Die Farbe wird dabei mitgenommen und in den Blütenzellen abgelagert. Die Blütenblätter färben sich nach einiger Zeit rötlich.

3. Lichtquelle

Beschreibung
Nicht nur die Nährstoffe aus dem Boden und Wasser sind für Pflanzen wichtig, sondern vor allem Licht. Schere, Pappkarton und Kichererbsen sind nur einige Dinge, die für diesen Versuch notwendig sind. Der Versuch zeigt, dass Licht für Pflanzen so wichtig ist, dass sie beim Wachsen Umwege in Kauf nehmen. Sobald der Nahrungsvorrat im Samen der Pflanze aufgebraucht ist, stellt sie mit Hilfe des Lichts aus Bestandteilen der Luft und Wasser selber Nahrung her.

Versuch
Pappkarton
schwarze Farbe
Pinsel
Schwarzes Tonpapier
Bastelmesser
Schere
dunkles Klebeband
3 Kichererbsen (über Nacht in Wasser gelegt)
kleiner Topf mit Kompost
Wasser

Die Kinder stellen den Pappkarton aufrecht vor sich und schneiden in die obere Seite ein kleines Fenster. Innen wird der Karton schwarz ausgemalt. Um Hindernisse für die Pflanze zu schaffen, werden Tonpapiere quer in den Karton geklebt und an den Seiten mit Fenstern versehen. Sie sollten dabei nicht übereinander liegen, sondern an je einer Seite (siehe Abb. 2). Die Wände werden am Rand lichtdicht im Karton befestigt.

Die aufgequollenen Kichererbsen pflanzen die Kinder in einen Topf mit Kompost und wässern sie. Sobald sich erste Triebe zeigen, stellen sie den Topf in den Karton unter die erste Querwand. Nun wird der Deckel geschlossen und der Karton an einen sonnigen Ort gestellt. Die Kinder schauen jeden Tag nach, wie weit der Keimling gewachsen ist. Gleichzeitig wird zum Vergleich ein zweiter Keimling gepflanzt. Dieser steht auf einer Fensterbank im Licht.

Abb. 2: Kichererbsenkeimlinge: links im Licht, rechts im Karton mit kleinem lichtdurchlässigem Fenster

Impulse
- Beobachte das Wachstum der Kichererbsenkeimlinge. Was stellst du fest?
- Warum meinst du, wachsen die Keimlinge?
- Experimentiert mit verschiedenen Zwischenstücken oder Fenstern in dem Karton. Was beobachtet ihr?
- Wie wächst ein Keimling ohne Hindernisse? Vergleicht ihn am Ende mit der Pflanze im Karton.

- Teste aus, was mit einem Kichererbsenkeimling passiert, wenn es gar kein Fenster im Karton gibt.
- Zeichne den Weg der Pflanze durch den Karton in dein Forscherheft.

Erläuterung

Pflanzen benötigen Licht. Aus Sonnenenergie, Wasser und Kohlendioxid der Luft gewinnen Pflanzen ihre Nahrung. Dabei entsteht Sauerstoff als Nebenprodukt. Dieser Umwandlungsprozess wird Photosynthese genannt. Photosynthese kann nur im Licht stattfinden. Sobald der Keimling seine Nahrungsvorräte aus dem Samen aufgebraucht hat, ist er auf das Licht angewiesen. Die Pflanze wächst der Lichtquelle entgegen und windet sich dabei um die Hindernisse im Pappkarton herum. Das Biegen des Stängels wird durch ungleichmäßiges Wachstum an einer Stelle des Stängels hervorgerufen. In den Pflanzenzellen werden bestimmte Stoffe lokal durch Licht beeinflusst. Diese Stoffe wiederum steuern das Wachstum von Pflanzenzellen.

4. Sonnenkläranlage

Beschreibung

Die meisten Pflanzen brauchen für ihr Wachstum Süßwasser, also Wasser ohne Salzanteil. Allerdings ist nur ein ganz geringer Teil des Wassers auf der Erde Süßwasser. Woher bekommen die vielen Pflanzen diese Lebensgrundlage in der Natur? Nach dem selben Prinzip, mit Hilfe der Sonne, reinigen Kinder Wasser beim nachfolgenden Versuch.

Versuch

Wanne
Trinkglas
Klarsichtfolie
Klebeband
Kieselstein
Salz- oder Schmutzwasser
Sonnigen Platz

Die Wanne mit dem leeren Trinkglas in der Mitte wird an einen sonnigen Platz gestellt. Um das Glas herum wird Salz- oder Schmutzwasser gegossen. Die Wanne bedecken die Kinder mit Klarsichtfolie und kleben sie am Rand fest. Über dem Glas wird der Kieselstein auf die Folie gelegt. Der Versuch dauert je nach Sonnensituation einige Tage.

Impulse

- Beobachte die Folienunterseite. Was erkennst du nach wenigen Stunden?
- Hast du eine Idee, warum sich Wasser an der Folienunterseite sammelt?
- Was glaubst du, warum die Wanne in der Sonne stehen muss?
- Hast du eine Idee, warum der Schmutz in der Wanne bleibt und das Wasser nicht?
- Wenn du den Versuch mit Salzwasser durchgeführt hast, schmeckt das Wasser in dem Glas immer noch salzig?
- Was geschieht, wenn du verschieden stark verschmutztes Wasser für den Versuch verwendest. Ist das Wasser in dem Glas immer ganz sauber?
- Zeichne deine Sonnenkläranlage.

Erläuterung

Die Sonne sorgt dafür, dass Wasserdampf aufsteigt. An der Folie bleibt er hängen und kondensiert. Die einzelnen Wasserteilchen bilden an der Folie immer größer werdende Tropfen. Diese rutschen schließlich an der Schräge der Folie zur Mitte hin und fallen in das Glas hinein. Da nur Wasser aufsteigt, bleiben Salzkristalle oder Schmutzpartikel in der Wanne zurück. In dem Glas sammelt sich klares Wasser.

Das Süßwasser der Erde entsteht ähnlich. Wasser verdunstet über den Meeren. In großen Höhen, wo es wieder kälter wird, kondensiert das aufgestiegene Wasser zu Wolken und es regnet oder schneit. Aus dem Salzwasser der Meere wird so Süßwasser der Seen, Flüsse und Grundwasser.

5. Filterkläranlage

Beschreibung

Damit Menschen Wasser nutzen können, muss es gut gereinigt sein. Mit Hilfe von Sand, Kies und Kohle bauen Kinder eine Filterkläranlage.

Versuch

Große PET-Plastikflasche
Messer
Klebeband
Filtertüte
Feiner Sand
Kies
Holzkohle
Schmutzwasser
Lupe oder Mikroskop

Ein Erwachsener schneidet den unteren Teil der Plastikflasche ab. Die scharfen Schnittränder sichert etwas Klebeband. Die Kinder stellen den oberen Teil wie einen Trichter in den unteren Teil der Flasche hinein. In die Flasche wird eine Filtertüte gelegt, in die zuerst zerkleinerte Holzkohle, dann feiner Sand und schließlich Kiesel geschichtet werden.

Nun wird das Schmutzwasser oben in den Flaschentrichter gegeben. Der Vorgang wird mit dem aufgefangenen Wasser wiederholt. Mit einer Lupe oder einem Mikroskop untersuchen die Kinder das Wasser ganz genau.

Impulse

→ Was beobachtest du, wenn du das Schmutzwasser durch den selbstgebauten Filter gießt?
→ Wie lange braucht das Wasser, um durch den Filter zu tropfen?
→ Schichte die Materialien in anderer Reihenfolge. Was stellst du fest?
→ In welcher Reihenfolge ist es sinnvoll, die verschiedenen Materialien zu schichten?
→ Fallen dir noch weitere Materialien ein, die sich zum Filtern eignen (z. B. Holzspäne, Erde, große Steine, Asche)?
→ Nimm eine Lupe oder ein Mikroskop zur Hilfe, um das Wasser ganz genau zu untersuchen. Ist es wirklich sauber?
→ Zeichne deine Minikläranlage auf.

Erläuterung

In diesem Versuch wird Schmutzwasser gefiltert. Der Schmutz wird durch verschiedene Materialien zurückgehalten, während Wasser hindurchfließt. Sehr grobe Schmutzteilchen bleiben auf dem Kies liegen oder setzen sich zwischen ihm ab. Durch die feinen Spalten zwischen den Sandkörnern passen nur sehr kleine Schmutzteilchen. Sie bleiben überwiegend in der Kohle und dem Filterpapier hängen. Kohle ist sehr porös und hat zahlreiche kleine Hohlräume. Damit hat sie gerade in verpulverter Form eine sehr große Oberfläche.

An diese große Oberfläche lagern sich kleinste Schmutzteilchen an.

Das gereinigte Wasser sieht relativ klar aus, sollte aber nicht getrunken werden. Zwar werden viele Schmutzpartikel herausgefiltert, mikroskopisch kleine Teilchen werden damit nicht gereinigt.

In einer Kläranlage wird Schmutzwasser in einem noch komplizierteren Verfahren gereinigt. Nachdem gröbste Teile schon mit einem Rechen aufgehalten wurden, fließt das Wasser langsam durch verschiedene große Becken. Dort bauen chemische Zusatzstoffe oder Bakterien die Verunreinigungen ab.

Kräfte wirken überall– Frühe Förderung in Technik und Physik

Katholischer Kindergarten Oberbalbach
Balbachtalstraße 33a
97922 Lauda-Oberbalbach

Ansprechpartner: Frau Silvia Schmieg und Herr Stefan Freitag
Telefon: 0 93 43 – 22 72

Das Projekt im Überblick

Um was geht es?

Das Projekt beschreibt die Zusammenarbeit der Einrichtung mit einer benachbarten Grundschule. Ziel dieser Zusammenarbeit ist die nachhaltige Umsetzung naturwissenschaftlicher und technischer Bildung. Sechs unterschiedliche Einheiten zu Versuchen zur Schwerkraft und zur Hebelwirkung werden detailliert beschrieben.

Was zeichnet das Projekt besonders aus?

Ko-Konstruktion – intensive Zusammenarbeit von Kindergarten und Grundschule

Verschiedene Forschungsarbeiten (vgl. Veröffentlichung von Wilfried Griebel und Renate Niesel unter weiterführender Literatur) geben wichtige Hinweise darauf, dass die Zusammenarbeit aufeinander folgender Bildungseinrichtungen besonders effektiv für schulische Entwicklung und das Lernen der Kinder ist. Dieser Einrichtung ist es gelungen, eine effektive Bildungspartnerschaft zwischen Kindergarten und Grundschule aufzubauen.

Ko-Konstruktion liegt dann vor, wenn die Partner (Erzieherinnen, Lehrerinnen und Eltern) sich intensiv hinsichtlich einer Aufgabe austauschen und dabei ihr individuelles Wissen so aufeinander beziehen (ko-konstruieren), dass sie dabei Wissen erwerben oder gemeinsame Aufgaben- oder Problemlösungen entwickeln. Für eine produktive Ko-Konstruktion kann Vertrauen als besonders wichtig erachtet werden: Alle Beteiligten müssen das Risiko eingehen Fehler anzusprechen, zu kritisieren und zu hinterfragen. Die Wichtigkeit und der Nutzen dieser Kooperation werden in Hinblick auf die Arbeit im Elementar- und Grundschulbereich vor allem darin gesehen, die Qualität des eigenen Arbeitens durch Anregungen und Reflexion zu verbessern und die eigenen Kompetenzen weiterzuentwickeln. Die gemeinsame Planung von „Bildungsfeldern“, das Erstellen von aufeinander aufbauenden Experimentierstunden oder die Reflexion der Arbeitsweisen können in ko-konstruktiven Prozessen durchgeführt werden.

Transition – Unterstützung bei der Übergangsbewältigung

Im Laufe des Lebens muss der Mensch mehrere Übergänge bewältigen. Je erfolgreicher und zufriedenstellender sie erlebt werden, desto mehr erwirbt er Kompetenzen im Umgang mit neuen Situationen im Leben und lernt, Angebote für ihn bestmöglich zu nutzen. Neben dem Übergang von der Familie in die erste Bildungseinrichtung, den Kindergarten, ist der Übertritt in die Grundschule ein einschneidendes Erlebnis. Die meisten Kinder sind hoch motiviert, sich auf den neuen Lebensraum einzustellen. Sie freuen sich auf die neue Herausforderung und verspüren Stolz. Dennoch sind Unsicherheiten und Ängste zu bewältigen. Je mehr der Zusammenschluss und der gegenseitige Austausch von Erzieherinnen, Lehrerinnen und Eltern in einer positiven Kommunikation erfolgt, desto eher kann davon ausgegangen werden, dass die Kinder diesen Schritt mit Erfolg meistern. Das Wissen beider Institutionen voneinander, der Dialog und die Kooperation ermöglichen einen strukturierten und kontinuierlichen Übergang. Die notwendige Anstrengung bei der Kooperation zwischen Grundschule und Kindergarten zahlt sich für den weiteren Lebensweg der Kinder mehrfach aus. Beide Bildungseinrichtungen können von ihrer Zusammenarbeit profitieren, sie erhalten Einblicke in die jeweils andere Bildungseinrichtung. Dadurch wachsen gegenseitiges Verständnis und Wertschätzung.

Selbstorganisiertes Lernen

Ein gleichermaßen zukunfts- wie auch leistungsorientierter pädagogischer Ansatz im Kindergarten stellt den aktiven selbstständigen und selbstverantwortlichen Lernenden – das wissbegierige und neugierige Kind – in den Mittelpunkt. Er zielt auf die Entwicklung einer nachhaltigen Lernfähigkeit und Lernbereitschaft ab. Unverzichtbare Elemente sind dabei, bereichsübergreifende Arrangements zum Beispiel in Lern- oder Themenfeldern zu gestalten und zu vernetztem Denken anzuregen. Die Kinder werden bei ihren Experimenten im Rahmen dieses Projekts angehalten, selbst Lösungen zu finden, sich in Kleingruppen zu organisieren und damit in der Gemeinschaft und im Austausch miteinander zu lernen.

Welche Ziele verfolgt das Projekt?

In Zusammenarbeit mit der benachbarten Grundschule soll durch regelmäßige „Experimentierstunden" frühe naturwissenschaftliche und technische Bildung umgesetzt werden und damit eine Förderung der Bildungsbereiche Sinne, Sprache und Denken erreicht werden. Die Kinder sollen im Rahmen des Projekts experimentieren und ihre eigenen naturwissenschaftlich-technischen Fragen verfolgen. Sie sollen dabei angeregt werden, ihre Umgebung genau zu beobachten. Ihre dabei gemachten Beobachtungen sollen die Kinder systematisieren und dokumentieren. Außerdem sollen die Kinder das Aufstellen und Überprüfen von Vermutungen erproben. Die Durchführung von Versuchen zur Schwerkraft bzw. zu Hebelgesetzen und die Suche nach passenden Erklärungen für die beobachteten Phänomene soll die Problemlösefähigkeit der Kinder herausfordern und sie dabei unterstützen, Regeln und Zusammenhänge zu reflektieren. Dabei sollen die Kinder sich selbst und ihrer Umwelt Fragen stellen und nach Antworten suchen. Die Freude der Kinder am Mitdenken soll geweckt werden.

Wie werden die Ziele des Projekts umgesetzt?

Leistungsfähigkeit und Interessen der Kinder berücksichtigen
Ein Kindergarten, der den Betreuungsaspekt in den Vordergrund stellt, wird den Interessen, der Lernbereitschaft und dem Leistungswillen der Kinder nicht gerecht. In den wichtigen Jahren der frühen Kindheit, in der die Zeitfenster für Lernen und Entwicklung offen stehen, dürfen die Lern- und Entwicklungschancen nicht vertan werden. Kinder fragen unentwegt, sie wollen sich mit ihrer Umwelt und deren mannigfachen Erscheinungen auseinandersetzen. Ihre Neugierde und Wissbegierde ist in dieser Altersstufe fast grenzenlos. Täglich entdecken Kinder Neues, das zum Ausprobieren und Erforschen anregt. Die Kinder stellen Fragen über Zusammenhänge, Wirkungsbereiche und sichtbare Veränderungen in ihrem Erfahrungskreis. Gerade Beobachtungen aus Technik und Physik regen ihren Forscherdrang an. Die Erzieherinnen werden diesem Streben der Kinder „Wissen zu wollen" durch das Projekt „Überall wirken Kräfte" gerecht, indem sie ihnen eine anregende, aufeinander aufbauende Lernumgebung schaffen, in der die Kinder Naturgesetze wie z. B. Hebelgesetz, Schwerkraft, usw. kindgerecht experimentell erfahren können.

Entwicklungsangemessenes Arbeiten
Um eine Kontinuität in der Bildungsbiographie eines jeden Kindes zu garantieren, müssen sich die Bildungs- und Lernfelder der Kindertageseinrichtungen an der Entwicklung und am individuellen Potenzial des Kindes orientieren. Zentral sind dabei die Fragen: „Was will das Kind?" und „Was braucht das Kind?" Im Rahmen dieses Projekts werden der Raum und das Material von den Erzieherinnen absichtsvoll zur anregenden Lernumgebung gestaltet. Das macht eine Beschäftigung der Kinder mit naturwissenschaftlichen und technischen Inhalten möglich. Die Kinder werden in ihrem Drang, die Welt zu entdecken und zu verstehen, unterstützt.

Für welches Alter ist das Projekt geeignet?

5–6 Jahre

Welche Bildungsbereiche werden besonders unterstützt?

Naturwissenschaftliches Verständnis
Technisches Verständnis

Welche anderen Bildungsbereiche berührt das Projekt noch?

Alltagsbezug
Die Experimente orientieren sich an Situationen des Alltags, z. B. „Wie kann ein schwerer Sack transportiert werden?“. Durch Experimente werden lebensbezogene Lösungswege aufgezeigt.

Sprache und Wortschatz
Eigene Hypothesen und Ideen werden während der Experimentierstunden von den Kindern geäußert und im Dialog mit anderen besprochen. Dies erweitert den entwicklungsangemessenen Ausbau des Wortschatzes der Kinder und unterstützt sie dabei, sich frei äußern zu können, andere Meinungen zu berücksichtigen und gemeinsam darüber zu diskutieren. Sprache ist das wichtigste Werkzeug für spätere Lernprozesse. Schwierigkeiten im Umgang mit der Sprache hemmen und erschweren die meisten anderen Lernprozesse nachhaltig. Wer die Sprache unzureichend beherrscht, wird sich nicht nur in der Kommunikation mit anderen schwer tun, sondern beim Verstehen aller Lerninhalte der Schule und der späteren Ausbildung im Nachteil sein.

Wie können die Eltern und Familien der Kinder am Projekt beteiligt werden?

Das Projekt wird den Eltern auf Elternabenden vorgestellt. Danach erfolgt eine Einbindung der Eltern, wenn es um die Beschaffung von Materialien und die Betreuung von Lernstationen geht.

Welchen Bezug hat das Projekt zur pädagogischen Konzeption der Einrichtung?

Die Einrichtung arbeitet nach dem Orientierungsplan für Bildung und Erziehung für die baden-württembergischen Kindergärten, der die Förderung verschiedener Bildungs- und Entwicklungsfelder vorsieht. Durch das Projekt sollen die Bildungs- und Entwicklungsfelder Sinne, Sprache und vor allem Denken besonders gestärkt werden. Außerdem wird den Kindern der Übergang in die Grundschule durch die Kooperation der beiden Einrichtungen im Rahmen des Projekts erleichtert.

Welche Erfahrungen hat die Einrichtung mit diesem Projekt gemacht?

Die Kinder sind neugierig und haben Spaß am Experimentieren. Mit Hilfe der Versuche schaffen es die Kinder, sich viele ihrer Fragen selbst zu beantworten. Eine Fortsetzung dieser Arbeitsweise im Sachkundeunterricht der Grundschule lässt auf eine nachhaltige Wirkung der frühen naturwissenschaftlichen und technischen Bildung hoffen.

Welche Kompetenzen der Kinder werden gestärkt?

Neben dem systematischen Erarbeiten der entdeckten Phänomene der Naturwissenschaften, insbesondere der Physik, werden im Sinne der Ganzheitlichkeit folgende Bereiche besonders gefördert:

Aktive Gestaltung von Handlungsabläufen
Im Rahmen des Projekts erhalten die Kinder Gelegenheit, sich aktiv mit Experimenten auseinanderzusetzen, die einen Alltagsbezug aufweisen. Dabei werden keine Lösungen vorgegeben. Aufgrund der Anhaltspunkte, die in den Geschichten gegeben werden, planen und konzipieren die Kinder als Team die Arbeitsvorgänge. Durch Ausprobieren erarbeiten sie Lösungen. Durch dieses eigenständige Tun gewinnen die Kinder Selbstvertrauen und Sicherheit im Handlungsablauf.

Stärkung aller Sinne
Durch das Entdecken, Erkunden und Wahrnehmen werden die Neugier und das Interesse der Kinder für die unbelebte Natur geweckt. Die Experimente werden mit allen Sinnen erlebt und geben den Kindern somit Gelegenheit, ihre Wahrnehmungsfähigkeit auszubauen.

Problemlösekompetenz – Gemeinsame Suche nach Problemlösestrategien
Ein Alltagsproblem wird durch eine Geschichte erläutert. Die Aufgabe der Kinder ist es dann, gemeinsam nach Lösungen zu suchen. Dieser Zugang fördert die Neugierde der Kinder, sich mit allen Sinnen den Entdeckungen in ihrer Umwelt zu nähern und zunächst unerklärbare Phänomene durch Nachdenken und Kreativität zu erforschen.

Entwicklung von Arbeitsverhalten
Mit Freude und Neugier lernen die Kinder bei diesem Projekt, sich auf Experimentierverläufe zu konzentrieren. Sie verknüpfen unter-

schiedliche Arbeitsfolgen, erkennen Zusammenhänge, kombinieren logische Abfolgen, stellen Bezüge her und gewinnen so einen Überblick. Diese komplexe Denkweise fördert ihr logisches Verständnis, hilft bei der Verknüpfung von Denkstrategien und ordnet ihr Handeln. Dabei gibt ihnen die Durchführung der Experimente Aufschluss über die Lösung der dargestellten Probleme. Lösungen werden also nicht nur durch Erklärungen deutlich.

Übertragung von Erfahrungen
Sowohl die Geschichten, als auch die Materialien sind der Erfahrungs- und Lebensumwelt der Kinder entnommen. Dadurch können die Kinder ihre Erfahrungen und Erkenntnisse durch eigenes Tun und Handeln auf andere Situationen übertragen. Sie haben ein eigenes Vorstellungsvermögen entwickelt, ziehen Rückschlüsse und reflektieren das Erfahrene. Dadurch erweitern die Kinder nicht nur ihr Wissen bzw. Detailwissen, sondern auch ihren Handlungsspielraum maßgeblich. Die Kinder erlangen eine selbst erworbene Sachkompetenz, die sie in ihrer weiteren Entwicklung bestärkt, sich mit der sichtbaren und unsichtbaren Welt und deren Gesetzmäßigkeiten aktiv auseinanderzusetzen.

Erkenntnisse mitteilen
Im Verlauf der Experimente lernen die Kinder, Materialien, Phänomene, Stoffe usw. zu benennen und erweitern dadurch ihre Ausdrucksfähigkeit. Ihre Sprache wird detaillierter und konkreter. Sie können ihre Erfahrungen anderen Kindern oder Erwachsenen mitteilen und Erlebtes mit anderen austauschen. Die Kinder gewinnen Sicherheit im verbalen Ausdruck und in der Vermittlung von selbst erworbenem Wissen.

Das Projekt – Ausführliche Beschreibung

Im Rahmen einer Kooperation zwischen der Einrichtung und der benachbarten Grundschule wird ein Projekt zur Stärkung der Bildungsbereiche Mathematik, Naturwissenschaften und Technik verwirklicht. Am Projekt nehmen die Vorschulkinder teil. Im Bereich der mathematischen Bildung wird nach dem Konzept „Entdeckungen im Zahlenland" von Gerhard Preiß vorgegangen (siehe weiterführende Literatur). Zur Förderung in den Bereichen Naturwissenschaften und Technik führen die Kinder eine Reihe von Versuchen zum Thema „Überall wirken Kräfte" durch. Die zeitliche Abfolge im Laufe eines Kindergartenjahrs wird so gestaltet, dass – aufgeteilt in eine Einheit pro Woche – zunächst Zahlenland 1, dann verschiedene naturwissenschaftlich-technische Versuche und danach Zahlenland 2 durchgeführt werden. Die einzelnen Einheiten dauern jeweils ca. eine Stunde.

Bei der Durchführung von Versuchen wird großer Wert auf eine gute Kooperation der Kinder untereinander gelegt. Ziel ist es, den Kindern zu verdeutlichen, dass eine Gruppe bessere Möglichkeiten hat, ein Problem zu lösen als ein Kind alleine. Auch Aspekte der Sprachförderung werden aufgegriffen, indem die Kinder angehalten werden, ihre Vermutungen und Feststellungen zu formulieren.

Der Teil des Projekts, der sich auf die Bildungsbereiche Naturwissenschaften und Technik bezieht, besteht aus sechs aufeinander aufbauenden Einheiten.

Die einzelnen Einheiten laufen grundsätzlich so ab, dass die Kinder zu Beginn in einem Stuhlkreis zusammensitzen. Dann wird an die letzte Einheit angeknüpft und gemeinsam überlegt, was alles gemacht wurde. Anschließend wird mit einer kurzen Geschichte ein zu lösendes Problem eingeführt. Diese Geschichte stellt gleichzeitig die Anleitung zu den Versuchen dar. Die Kinder Max und Susi sind die Hauptpersonen der Geschichte und sollen gleichzeitig als Identifikationsfiguren dienen. Zur Präsentation der Geschichten können zwei Handpuppen verwendet werden. Die Kinder überlegen sich, wie sie an Stelle von Max oder Susi das Problem lösen würden und formulieren einen Vorschlag. Danach probieren die Kinder nacheinander, ob sich das Problem auf ihre Weise lösen lässt. Am Ende der Einheit dokumentieren die Kinder die Lösung des Problems, indem sie eine Zeichnung anfertigen.

Die Materialen, die für die Versuche gebraucht werden, liegen schon zu Beginn der Einheit bereit. Auf diese Weise sollen die Kinder aufgefordert werden, ihre Ideen und Vorschläge zur Lösung der Probleme zu überprüfen.

Einheit 1: Thema „Erdanziehungskraft" (Schwerkraft)

Material:

- eine aufblasbare Erdkugel (z. B. ein Wasserball)
- eine Taschenlampe
- unterschiedlich schwere Alltagsgegenstände
- Stofftaschen

Eine aufblasbare Erdkugel hängt in der Mitte eines etwas abgedunkelten Zimmers an der Decke. Mit einer Taschenlampe, die die Sonne darstellt, wird die Erdkugel von einer Seite angestrahlt. Anschließend werden die Kinder gefragt, warum es auf der Erde im Wechsel hell und dunkel ist. Dass es sich so verhält, weil sich die Erde dreht und deshalb immer nur die der Sonne zugewandte Hälfte angestrahlt wird, kann durch das Drehen der aufgeblasenen Erdkugel gezeigt werden. Die Taschenlampe bleibt dabei immer an der gleichen Stelle. Die Kinder suchen und zeigen anschließend auf der Erdkugel Landflächen und Teile, die von Wasser bedeckt sind. Auch die Frage, wo wir wohnen und wie verschiedene Länder heißen, versuchen die Kinder zu beantworten. Außerdem ist die Erdkugel mit Nylonschnur umspannt, sodass sich Plastiktiere und Schiffchen festklemmen lassen. Die Kinder klemmen die Tiere, wie zum Beispiel Elefanten, Eisbären, Pinguine oder Giraffen, in die Länder, in denen diese Tiere in freier Wildbahn leben. Danach wird gefragt, weshalb Menschen, Tiere und Gegenstände nicht einfach ins Weltall „herunterfallen". Denn in Wirklichkeit sind Menschen, Tiere und Gegenstände nicht durch eine Schnur befestigt. Es muss etwas geben, das auf die Dinge wirkt.

Versuch:
Es werden einige Alltagsgegenstände aus der Lebenswelt der Kinder hinsichtlich der Erdanziehungskraft, die auf sie wirkt, untersucht. Man kann beispielsweise ein Stofftier, ein Spielzeugauto aus Holz, ein Bilderbuch oder einen großen Mauerstein verwenden. Die Gegenstände werden in jeweils eine Stofftasche gepackt und anschließend von den Kindern angehoben. Die Aufgabe der Kinder besteht darin, die Gegenstände so zu ordnen, dass an einem Ende der Reihe der schwerste und am anderen Ende der Reihe der leichteste Gegenstand liegt.

Einführende Geschichte:

Max: „Schau mal, Susi, was da liegt! Fünf Stofftaschen! Was da wohl drin ist?"

Susi: hebt eine der Stofftaschen an
„Die ist aber schwer! Hilfst du mir mal die Stofftasche anzuheben?"

Max hat inzwischen eine andere Stofftasche angehoben

Max: „Meine hier ist viel schwerer. Mir haben mal Kinder aus dem Kindergarten erzählt, dass Dinge sich so schwer hoch heben lassen, weil sie von der Erdanziehungskraft festgehalten werden."

Susi: „Max, lass uns die fünf Stofftaschen der Reihe nach anheben und fühlen, welche am stärksten und welche am wenigsten von der Erde angezogen wird. Am Ende können wir dann ja nachschauen, was in den Taschen drin ist!"

Max: „Kinder, vielleicht könnt ihr uns ja dabei helfen, das herauszufinden. Macht ihr mit?"

Lösung:
Durch Hochheben stellen die Kinder fest, dass die Sachen unterschiedlich stark von der Erdanziehungskraft angezogen werden. Man merkt das daran, dass es unterschiedlich viel Kraft kostet, die Gegenstände anzuheben und zu halten.

Einheit 2: Die Schwerkraft überlisten

Material:
- 15 kg schwerer Sack
- Kreide zur Markierung einer Linie
- eine Sperrholzplatte
- vier Rundhölzer

Versuch:
Die Kinder bekommen die Aufgabe zu überlegen, wie ein 15 kg schwerer Sack über eine 5 m entfernte Linie transportiert werden kann. Als zu transportierenden Gegenstand eignet sich z. B. ein Sack Hundefutter. Als Hilfsmittel stehen den Kindern eine Sperrholzplatte und vier Rundhölzer zur Verfügung.

Als Alternative kann der Versuch auch mit einem Rollbrett durchgeführt werden, auf das die Kinder den Sack zum Transport kippen. Die Kinder können feststellen, dass ein Kind alleine nicht in der Lage ist, den Sack zu tragen. Sobald sie aber den Sack auf das Rollbrett kippen, kann ein Kind alleine das Brett schieben oder ziehen und auf diese Weise den Sack transportieren (siehe Foto).

Einführende Geschichte:

In der Mitte des Stuhlkreises liegt ein 15 kg schwerer Sack (z. B. Hundefutter). Die übrigen Materialien liegen für die Kinder gut sichtbar bereit.

Max: versucht den Sack anzuheben
„Oh, Mann, ist der Sack schwer! Hilf mir mal Susi, der bewegt sich gar nicht von der Stelle."

Max und Susi versuchen gemeinsam den Sack anzuheben, schaffen es aber nicht.

Susi: „Was ist denn in dem Sack eigentlich drin?"

Max: „Hundefutter für meine Oma."

Susi: „Igitt. Isst deine Oma gerne Hundefutter?"

Max: „Nein, aber ihr Dackel Waldi. Ich hab Omi versprochen, das Hundefutter für Waldi vorbeizubringen."

Susi: „Tragen können wir den Sack nicht. Dazu ist er zu schwer. Wenn wir ihn über den Boden schieben, reißt er bestimmt auf."

Max: „Kinder, habt ihr eine Idee wie wir den Sack zu meiner Oma bringen können?"

Lösung:
Wenn man die Sperrholzplatte auf die Rundhölzer legt und die Konstruktion vor dem Sack platziert, kann man den Sack auf die Sperrholzplatte kippen und anschließend relativ leicht rollen. Während des Transports müssen die hinten frei werdenden Rundhölzer wieder vorne unter die Sperrholzplatte gelegt werden.

Einheit 3: Anheben eines schweren Sacks (Hebelgesetze)

Material:
- ein 15 kg schwerer Sack (z. B. Hundefutter)
- ein Bollerwagen
- eine Gymnastikbank
- ein langes Brett

Versuch:
Die Aufgabe der Kinder besteht darin, einen 15 kg schweren Sack anzuheben. Als Hilfsmittel stehen eine Gymnastikbank und ein langes Brett zur Verfügung.

Alternativ dazu kann auch eine selbstgebaute Wippe verwendet werden. Diese Wippe besteht aus einem Bock, auf den ein Brett in drei verschiedenen Positionen aufgelegt werden kann. Als Gewicht werden zwei durch Klebeband verbundene Ytongsteine genutzt, die zusammen etwa 15 kg wiegen (siehe Foto).

Einführende Geschichte:

In der Mitte des Stuhlkreises liegt ein 15 kg schwerer Sack (z. B. Hundefutter). Die übrigen Materialien liegen für die Kinder gut sichtbar bereit.

Susi: „Hallo Max, hast du wieder Hundefutter für Waldi gekauft?"

Max: „Ja, genau, und ich habe diesmal sogar einen Bollerwagen, mit dem ich den Sack zu Omi fahren kann."

Susi: „Aber warum schaust du denn dann so traurig?

Max: „Ich weiß nicht wie ich den Sack in den Bollerwagen bekommen soll. Er ist einfach zu schwer. Ich kann ihn nicht in den Wagen heben."

Susi: „Mach dir keine Sorgen, Max. Den Kindern fällt bestimmt was ein, oder?"

Lösung:
Das Brett wird im rechten Winkel auf die Gymnastikbank gelegt. Auf diese Weise soll ein Hebel hergestellt werden, mit dessen Hilfe der Sack angehoben werden kann. Anschließend wird der Sack auf das Brett gekippt. Am anderen Ende drückt ein Kind das Brett herunter und hebt so den Sack an. Im Hinblick auf die unterschiedliche Kraft, die zum Anheben des Sacks benötigt wird, können nun verschiedene Positionen des Bretts im Verhältnis zur Gymnastikbank erprobt werden.

Ebenso verhält es sich bei der Verwendung der Wippe: Je nachdem; in welcher Position man das Brett auf den Bock der Wippe auflegt, ist mehr oder weniger Kraft notwendig, um die Steine anzuheben.

Einheit 4: Transport mit einer Schubkarre

Material:
- eine Schubkarre mit drei Fächern
- ein ca. 15 kg schweren Ytongstein

Versuch:
In einem Schubkarren mit verschiedenen Fächern sollen die Kinder einen Ytongstein transportieren (siehe Foto). Dabei kann der Ytongstein in der Schubkarre in drei unterschiedliche Fächer gelegt werden. Die Kinder werden aufgefordert, den Stein nacheinander in alle drei Fächer zu legen und danach jeweils eine „Probefahrt" durchzuführen. Anschließend sollen die Kinder berichten, was ihnen aufgefallen ist. Es geht um die Frage, wo der Stein liegen muss, damit sich der Schubkarren einfacher schieben lässt.

Einführende Geschichte:

Max: „Hallo Susi, was machst du denn da mit dem Stein und der Schubkarre. Der liegt hier ja mitten im Hof."

Susi: „Deshalb möchte ich den Stein ja auch aus dem Weg räumen, aber ich bin total müde, weil ich gerade meinen Eltern geholfen habe, die Einkäufe aus dem Auto in die Wohnung zu tragen. Außerdem hat diese komische Schubkarre drei Fächer. Da kann man sich ja gar nicht entscheiden, in welches Fach man den Stein legen soll!"

Max: „Wir probieren einfach mal alle drei Fächer aus! Vielleicht helfen uns ja die Kinder."

Susi: „Das ist eine gute Idee. So finden wir bestimmt heraus, in welches Fach ich den Stein legen muss, um beim Schieben nicht so viel Kraft zu verbrauchen."

Einheit 5: Schiefe Ebene

Material:
- Federwaage
- Spielzeugauto
- Brett als schiefe Ebene

Versuch:
Um zu erkennen, dass das Hochziehen eines Gegenstands auf einer schiefen Ebene weniger Kraft kostet als das senkrechte Anheben des Gegenstands, stehen den Kindern Federwaagen und Spielzeugautos zur Verfügung (siehe Foto). Eine Federwaage ist ein Gerät, das auch als Kraftmesser bezeichnet wird. Die Kraft die auf einen bestimmten Gegenstand durch die Schwerkraft ausgeübt wird, zeigt sich bei der Federwaage durch eine entsprechende Ausdehnung einer mechanischen Feder. Die Kinder befestigen ein Spielzeugauto an der Federwaage und betrachten die Ausdehnung der Feder beim senkrechten

Anheben des Spielzeugautos im Gegensatz zur Ausdehnung beim Hochziehen des Autos auf einer schiefen Ebene. Als schiefe Ebene wird ein Brett verwendet, das an einen Tisch angestellt wird. Bevor die Kinder beginnen, äußern sie ihre Vermutungen, bei welcher Variante sich die Feder weiter ausdehnt und damit mehr Kraft eingesetzt werden muss, um das Spielzeugauto zu bewegen.

Einführende Geschichte:

Max: „Susi, schau mal, ein Spielzeugauto und noch so ein komisches Rohr."

Susi: „Schau mal genauer hin, Max. Da steckt noch ein anderes Rohr drin."

Max: probiert die Federwaage aus
„Man kann das eine Rohr ein Stück rausziehen. Aber man muss ganz schön kräftig ziehen, damit es raus geht. Da sind drei farbige Streifen auf dem inneren Rohr. Wenn man nur ein bisschen zieht, kommt nur ein Streifen heraus. Wenn man ganz fest zieht, sieht man alle drei Streifen."

Susi: „Wie viele Streifen sind wohl zu sehen, wenn wir das Spielzeugauto an dem Rohr befestigen und das Ganze hoch halten?

Max: „Das können ja die Kinder mal ausprobieren."

Susi: „Gute Idee! Mich würde auch interessieren, was passiert, wenn man das Spielzeugauto auf das Brett stellt und dann hochzieht. Vielleicht können wir das auch zusammen ausprobieren."

Lösung:
Beim senkrechten Anheben eines Gegenstands wird im Vergleich zum Ziehen des gleichen Gegenstands über eine schiefe Ebene mehr Kraft benötigt.

Einheit 6: Flaschenzug

Material:
- ein Flaschenzug
- ein Seil
- eine Rolle
- Karabinerhaken
- 2x3 Ytongsteine mit einem Loch in der Mitte

Versuch:
An einem Klettergerüst wird ein Flaschenzug angebracht und zum Vergleich ein Seil, das über eine einzelne Rolle läuft (siehe Foto). Das Ende der Seile ist jeweils mit einem Karabinerhaken versehen. Die Aufgabe der Kinder besteht darin, jeweils drei verbundene Ytongsteine, die man in den Karabinerhaken einhängen kann, mit Hilfe der Seilkonstruktionen anzuheben. Die Kinder erforschen den mit den unterschiedlichen Konstruktionen jeweils notwendigen Kraftaufwand, um die Steine anzuheben.

Einführende Geschichte:

Max: „Schau dir das an, Susi. Steine zum Hochziehen. Wir machen ein Spiel. Ich ziehe am rechten Seil und du, Susi, am linken.“

Susi: „Weißt du was, Max. Wir lassen das lieber die Kinder ausprobieren. Macht ihr mit?“

Lösung:
Bei dem Seil, das nur über eine Rolle läuft, müssen mehrere Kinder helfen, um die Steine hochzuziehen. Mit dem Flaschenzug dagegen lassen sich die Steine auch von einem Kind alleine anheben.

Wie lässt sich das Projekt erweitern?

Experimente aus der Physik rufen nicht nur das Erstaunen der Kinder hervor, sondern regen an, „hinter die Dinge zu kommen“ und Erklärungen zu erhalten. Weitere Experimente zum Staunen und Ausprobieren:

Die Schwerkraft
Alles, was wir loslassen, fällt zu Boden. Warum fallen Dinge, die man hochwirft, wieder herunter? Wie können wir die Schwerkraft überwinden?

Bau einer Luftrakete
Man bohrt ein Loch in den Deckel einer Plastikflasche, steckt einen Trinkhalm hinein, dessen Öffnung man mit Knetmasse abdichtet. Aus einem zweiten Trinkhalm wird eine Rakete gebaut, indem man am unteren Ende zwei Dreiecke für den besseren Flug befestigt. Die Spitze mit Knetmasse zu einer Pfeilspitze formen. Die Rakete wird auf den ersten Trinkhalm gesteckt. Wenn man auf die Flasche drückt schießt die Rakete los.

Material: weiche Plastikflasche, zwei Plastiktrinkhalme (unterschiedlicher Durchmesser), Knetmasse, Karton. (Erklärung: Durch den Druck auf die Flasche wird die Luft zusammengedrückt (komprimiert), dies ist die Kraft die nun auf die Rakete wirkt und sie aus der Abschussbahn hinauskatapultiert.)

Rotierende Kugel
Man legt eine Murmel in ein Wasserglas, hält dieses am Boden fest und beginnt es schnell zu drehen. Die Murmel rotiert im Glas und bewegt sich die Wände hoch zum Glasrand. Wenn man weiterdreht fliegt sie im hohen Bogen aus dem Glas. Dieses Phänomen machen sich auch die Sportler beim Hammerwerfen oder Diskus zu nutze. (Erklärung: Ein Gegenstand, der sich schnell dreht, bewegt sich nach außen – Zentrifugalkraft. Wenn die Murmel aber das Glas verlässt, bewegt sie sich geradlinig wie alle Körper weiter.)

Je „höher“, desto „größer“
Wir füllen eine Pipette mit blauer Tinte. Der Fußboden wird zuvor mit weißem Papier ausgelegt. Ein Kind lässt auf dem Boden stehend, ein anderes auf einem Stuhl stehend und ein drittes auf dem Tisch stehend, je einen Tropfen Tinte fallen. Je höher der Ausgangspunkt war, desto größer wird der Fleck auf dem Papier. Denn die Geschwindigkeit nimmt mit der Höhe zu.

Fliehkraft und Erdanziehung
Ein mit Wasser gefülltes Glas wird auf ein Brett gestellt, das wie eine Schaukel an Schnüren befestigt ist. Schwenkt man das Brett im Kreis, so fallen weder das Glas herunter, noch spritzt das Wasser heraus. Der Versuch mit einer Milchkanne, die mit Wasser gefüllt am ausgestreckten Arm im Kreis gedreht wird, ist noch sicherer.

Durch Zentrifugalkraft zum Künstler werden
Man benötigt eine sich drehende Scheibe (ein alter Plattenspieler wäre ideal), darauf wird ein Blatt Papier befestigt und verschiedene Farben in die Mitte getröpfelt. Setzt man nun die Scheibe in Bewegung treibt die Zentrifugalkraft die Farbe in interessanten Mustern nach außen. Je nach Geschwindigkeit entstehen unterschiedliche Bilder.

Welche Literatur wurde bei der Erarbeitung des Projekts verwendet?

Akademie für Lehrerfortbildung und Personalführung (Hrsg.). (2005). Naturwissenschaften in der Grundschule – Schwerpunkte Chemie und Physik. Dillingen, Akademie für Lehrerfortbildung und Personalführung.

Aulas, F. & Broutin, C. (2003). Erstaunliche Experimente: Spielerisch Wissen entdecken. München, Bassermann.

Köthe, R. & Friedl, P. (2001). Experimentier-Buch: 175 Experimente aus Physik, Chemie und Biologie. Nürnberg, Tessloff.

Weiterführende Literatur

Griebel, W., Niesel, R., et al. (2004). Transitionen: Fähigkeit von Kindern in Tageseinrichtungen fördern, Veränderungen erfolgreich zu bewältigen. Weinheim, Beltz.

Preiß, G. (2004). Leitfaden Zahlenland 1. Kirchzarten, Zahlenland.

Preiß, G. (2005). Leitfaden Zahlenland 2. Kirchzarten, Zahlenland.

3

Der Ausblick

Das Projekt „Natur-Wissen schaffen“ der Deutsche Telekom Stiftung

Mit dem Projekt „Natur-Wissen schaffen“ unterstützt die Deutsche Telekom Stiftung Erzieherinnen und Erzieher dabei, die Bildungsbereiche Mathematik, Naturwissenschaften, Technik und Medienkompetenz in ihrer täglichen pädagogischen Arbeit umzusetzen. Dazu werden Handreichungen zu diesen Bildungsbereichen und zur Dokumentation von Bildungsprozessen erarbeitet. Der Standort des Projekts ist die Universität Bremen.

Die Entwicklung der Handreichungen erfolgt in enger Zusammenarbeit mit bundesweit 25 Kindertageseinrichtungen, denen die erstellten Inhalte zur Begutachtung vorgelegt werden. Zudem wird die fachliche Qualität durch Stellungnahmen mehrerer, im jeweiligen Bildungsbereich ausgewiesener Experten sichergestellt.

Die Zielsetzung des Projekts ist die Verbesserung der Bildungsqualität in vorschulischen Einrichtungen und im Übergang zur Grundschule, mit Fokus auf die Bildungsbereiche Mathematik, Naturwissenschaften, Technik und Medienkompetenz. Diese Bildungsbereiche wurden bisher in der Frühpädagogik weitgehend vernachlässigt. In den Bildungsplänen, die die deutschen Bundesländer in den letzten Jahren für den Elementarbereich vorgelegt haben, werden diese Lernbereiche jedoch inzwischen als wichtige Lerngegenstände der frühen Bildung benannt. Der damit eingeleitete Einbezug dieser Bildungsbereiche in die vorschulische Bildung und Erziehung ist sinnvoll und angemessen, da er die große Lernfreude und -fähigkeit junger Kinder berücksichtigt und früh in ihrer individuellen Bildungs- und Lernbiographie nutzt.

Wie können die Bildungsbereiche Mathematik, Naturwissenschaften, Technik und Medienkompetenz in Kindertageseinrichtungen umgesetzt werden?

Frühpädagogische Einrichtungen stellt diese Situation jedoch vor die Herausforderung, den häufig nur allgemeinen Orientierungsrahmen der Bildungspläne in konkretes pädagogisches Handeln umzusetzen. Sie benötigen Materialien, die sie bei der Umsetzung der Bildungspläne unterstützen. Das Projekt „Natur-Wissen schaffen“ der Deutsche Telekom Stiftung an der Universität Bremen stellt diese Materialien bereit und leistet damit einen wichtigen Beitrag zur Umsetzung der Bildungspläne und zur Stärkung der Bildungsqualität im vorschulischen Bereich. Die länderübergreifende Relevanz dieser Handreichung wird gewährleistet, indem die Ausführungen der Bildungspläne aller deutschen Bundesländer zu den genannten Bereichen ausgewertet und in einen inhaltlichen Bezugsrahmen des jeweiligen Bereichs integriert werden. Dieser Rahmen wird zudem durch innovative internationale Curricula und Fachliteratur ergänzt und konkretisiert.

Die Handreichungen liefern den Fachkräften fundierte Informationen über die Ziele und Inhalte des Bildungsbereichs, seine psychologischen und erziehungswissenschaftlichen Grundlagen, geeignete didaktische Konzepte, Umsetzungsstrategien und Handlungskonzepte. Damit wird es für pädagogische Fachkräfte möglich, die Ziele und Inhalte der Bildungspläne in den Bereichen Mathematik, Medienkompetenz, Technik und Naturwissenschaften in ihrer täglichen Arbeit umzusetzen.

Wie können Lern- und Entwicklungsprozesse von Kindern sichtbar gemacht und unterstützt werden? Wie kann pädagogische Arbeit dokumentiert und reflektiert werden?

In der aktuellen bildungspolitischen Diskussion sowie in den nationalen Bildungs- und Erziehungsplänen wird der Stellenwert von Beobachtung und Dokumentation hervorgehoben. Es stellt sich aber die Frage, in welcher Weise kindliche Entwicklungs- und Bildungsprozesse beobachtet und dokumentiert werden können. Zudem geht es darum, wie frühpädagogische Fachkräfte ihre pädagogische Arbeit und die Förderung bestimmter Bildungsbereiche dokumentieren und reflektieren können.

Um diese Fragen zu beantworten, wird im Rahmen des Projekts „Natur-Wissen schaffen“ ein Portfoliokonzept entwickelt, das Fachkräften in frühpädagogischen Einrichtungen hilft, kindliche Lernprozesse in den Bereichen Mathematik, Naturwissenschaften, Technik und Medienkompetenz zu dokumentieren und das eigene pädagogische Handeln zu reflektieren. Das Portfolio ist ein Instrument, das Beobachtung und Dokumentation zusammenführt, für alle am Bildungsprozess beteiligten Personen nutzbar macht und deshalb geeignet ist, um kindliche Entwicklungsprozesse und pädagogische Arbeit zu dokumentieren.

Die Handreichung vermittelt Grundlagen der Portfolioarbeit und liefert didaktisch-pädagogische Anregungen zur Umsetzung des Portfoliokonzepts. Die Anregungen sollen die frühpädagogische Fachkraft befähigen, mit der Portfolioarbeit in ihrer Einrichtung zu beginnen und den Verlauf des Portfolioprozesses zu gestalten. Außerdem werden in der Handreichung Entwicklungsportfolios und Übergangsportfolios zur Dokumentation kindlicher Lern- und Entwicklungsprozesse in den Bereichen Mathematik, Medienkompetenz, Naturwissenschaften und Technik vorgestellt, mit denen unter anderem wichtige Fähigkeiten wie das Lernen lernen (lernmethodische Kompetenz) und das Nachdenken über das eigene Lernen (Metakognition) beim Kind gefördert werden können. Zudem wird ein Pädagogisches Portfolio entwickelt, das Erzieherinnen und Erzieher befähigt, pädagogische Arbeit zu dokumentieren und zu reflektieren und so eine Verbesserung pädagogischer Qualität zu erreichen.

Um die fachliche Fundierung der Handreichung zu gewährleisten, wird die internationale Literatur zum Thema Portfolio gesichtet und einbezogen. Zudem wird das Portfoliokonzept in enger Abstimmung mit der Praxis entwickelt und den kooperierenden Einrichtungen zur Begutachtung vorgelegt. Weiterhin wird die fachliche Qualität durch Stellungnahmen mehrerer Experten sichergestellt.

Die Handreichungen des Projekts „Natur-Wissen schaffen" erscheinen im Laufe des Jahres 2008 im Bildungsverlag Eins. Weiterführende Informationen zum Projekt „Natur-Wissen schaffen" der Deutsche Telekom Stiftung an der Universität Bremen finden sich auf der Projekt-Website: www.natur-wissen-schaffen.de.

Projekt „Natur-Wissen schaffen" der Deutsche Telekom Stiftung an der Universität Bremen

Projektleitung:	Prof. Dr. Dr. Dr. Wassilios E. Fthenakis
Sekretariat:	Andrea Baitz
Wissenschaftliche Mitarbeiter:	PD Dr. Annette Schmitt Dr. Astrid Wendell Dipl. Päd. Marike Daut Dipl. Päd. Andreas Eitel
Kontakt:	Universität Bremen Projekt „Natur-Wissen schaffen" – Sportturm – Postfach 33 04 40 28334 Bremen www.natur-wissen-schaffen.de www.uni-bremen.de
Projektleiter bei der Deutsche Telekom Stiftung:	Thomas Schmitt
Kontakt:	Deutsche Telekom Stiftung Projekt „Natur-Wissen schaffen" Postfach 2000 53105 Bonn www.telekom-stiftung.de

Glossar

Basiskompetenzen

→ „Als Basiskompetenzen werden grundlegende Fertigkeiten und Persönlichkeitscharakteristika bezeichnet, die das Kind befähigen, mit anderen Kindern und Erwachsenen zu interagieren und sich mit den Gegebenheiten in seiner dinglichen Umwelt auseinanderzusetzen" (Bayerischer Bildungs- und Erziehungsplan 2006, S. 55). Zu den Basiskompetenzen gehören personale Kompetenzen (Selbstwahrnehmung, motivationale, kognitive und physische Kompetenzen), Kompetenzen zum Handeln im sozialen Kontext (soziale Kompetenzen, Entwicklung von Werten und Orientierungskompetenz, Fähigkeit und Bereitschaft zur Verantwortungsübernahme und zur demokratischen Teilhabe), lernmethodische Kompetenz und der kompetente Umgang mit Veränderungen und Belastungen (Widerstandsfähigkeit/Resilienz) (vgl. Bayerischer Bildungs- und Erziehungsplan, 2006).

Dokumentation

→ Dokumentation macht Handlungen, Projekte, Erlebnisse, Entwicklungs- und Lernprozesse der Kinder sichtbar und hält sie fest. Sie dient dazu, die Menschen in der Kindertageseinrichtung an das Vergangene zu „erinnern" und Beobachtetes festzuhalten. Dokumentation kann Reflexion und Austausch der Fachkräfte, der Kinder und der Eltern anregen und zur Planung der pädagogischen Arbeit führen. Dokumentation ist ein Qualitätsmerkmal, da die Öffentlichkeit die Arbeit in der Einrichtung wahrnehmen und nachvollziehen kann.

Helm, Beneke und Steinheimer (1998) sehen den Nutzen von Dokumentation zusammenfassend darin, dass Lernen und Entwicklung der Kinder sichtbar und damit verstehbar werden.

Es gibt eine Vielzahl von Dokumentationsformen (z. B. „sprechende Wände" in der Reggiopädagogik, Portfolios).

egozentrisch

→ Jean Piaget benutzt den Begriff Egozentrismus, um die Ich-Bezogenheit des Kindes während der Phase des präoperationalen Denkens (ca. zweites bis siebtes Lebensjahr) zu beschreiben. Kinder, die sich in dieser Entwicklungsphase befinden, können sich noch nicht in andere Personen hineinversetzen (vgl. Montada, 2002).

entdeckendes Lernen

→ Entdeckendes Lernen ist eine Lernform, bei der sich das Individuum aktiv mit Problemen seiner Umwelt auseinandersetzt, Erfahrungen mit der Welt sammelt, experimentiert und exploriert und „auf diese Weise neue Einsichten in komplexe Sachverhalte und Prinzipien" gewinnt (vgl. Krapp & Weidenmann 2001, S. 622). Entdeckendes Lernen entsteht durch kindliche Neugier und wird durch Erfahrungen mit realen, lebensnahen Lernsituationen ermöglicht (vgl. Krapp & Weidenmann 2001).

Entwicklungsangemessenheit

→ Das Kind entwickelt sich, es lernt, erweitert seine Fähigkeiten und sein Wissen. Es ist wichtig, Bildungsangebote auf das jeweilige Kind und dessen Entwicklungsstand auszurichten, so dass diese der sozialen, kognitiven, emotionalen und körperlichen Entwicklung des Kindes entsprechen (vgl. Kapitel 1 in diesem Band: Kinder und Erzieherinnen konstruieren gemeinsam Welt und Wissen – wie Kinder in Tageseinrichtungen lernen).

explorieren

→ Das Explorieren ist eine Form Entdeckenden Lernens, das aus der Neugier des Kindes heraus entsteht (vgl. Holodynski & Oerter, 2002). Das Kind ist aktiv an seinem Lern- und Entdeckungsprozess beteiligt, indem es im wahrsten Sinne des Wortes in die Lebenswelt „eingreift" und diese somit erkundet. Explorieren und Experimentieren sind zwei verwandte Lernformen (vgl. Neber, 2006).

Ganzheitliches Lernen, ganzheitliche Entwicklung → Kinder lernen und entwickeln sich ganzheitlich. Das Kind wird als „ganze" Persönlichkeit, in seiner Gesamtheit gesehen: Alle Sinne und Lernbereiche wirken und entwickeln sich als Einheit und führen zusammen zu ganzheitlichem Lernen (vgl. Zitzelsperger, 1989). Kinder lernen am besten, wenn sie mit allen Sinnen und in vielen Bildungsbereichen gleichzeitig Erfahrungen machen können.

Hypothese → Eine Hypothese ist eine Aussage, die eine Vermutung ausdrückt. Hypothesen können in „Wenn-dann-Sätzen" formuliert werden. Beispiel: Wenn man eine Kerze unter Wasser taucht, dann geht sie aus. Eine Hypothese ist eine Behauptung, die über den Einzelfall hinausgeht (nicht nur diese bestimmte Kerze, sondern alle Kerzen gehen aus, wenn sie unter Wasser getaucht werden). Sie muss potentiell durch Erfahrungswerte widerlegbar sein (es könnte sein, dass ein Kerze unter bestimmten Umständen nicht ausgeht, wenn sie unter Wasser getaucht wird) (vgl. Bortz & Döring, 1995).

Interaktion → Interaktion wird als „wechselseitige Beziehung, aufeinander bezogenes Handeln, gegenseitige Beeinflussung" verstanden (vgl. Langenscheidts Fremdwörterbuch, 2007).

intrinsische Motivation → Motivation ist die Gesamtheit der Beweggründe (vgl. Vollmer 2006, S. 54), die ein Individuum zu einer bestimmten Handlung, zu einem bestimmten Verhalten führen, um ein bestimmtes, erwünschtes Ziel zu erreichen (vgl. Holodynski & Oerter, 2002). Von intrinsischer Motivation spricht man, wenn das erwünschte Ziel selbst gesetzt ist, während extrinsische Motivation die Summe der von außen festgelegten Beweggründe ist. Bei der intrinsischen Motivation wird eine Sache um ihrer selbst willen getan, bei der extrinsischen Motivation erfolgen Handlungen, weil Belohnungen oder Strafen erwartet werden (vgl. Wild, Hofer & Pekrun, 2001).

kausales Denken → Mit kausalem Denken ist das Herstellen einer Beziehung zwischen Ursache und Wirkung gemeint. Kindergartenkinder gehen bereits davon aus, dass ein Ereignis eine Ursache hat. Dabei werden als mögliche Ursache Ereignisse in Betracht gezogen, die zeitlich vor dem beobachteten Effekt stattgefunden haben. Kindergartenkinder stellen sich Fragen zu möglichen Ursachen für einen bestimmten beobachteten Effekt, sie begeben sich auf die Suche nach kausalen Mechanismen (Erklärungen) (vgl. Sodian, 2005).

kognitiv → Zu den kognitiven Fähigkeiten gehören Wahrnehmung, Denken, Sprache, Lernen, Gedächtnis, Erinnern und Vorstellen (vgl. Vollmer 2006, S.45). Unter den Begriffen „kognitiv" und „Kognitionen" werden also geistige Prozesse verstanden, mit dessen Hilfe sich das Individuum mit der Welt auseinandersetzt und dadurch Erkenntnisse gewinnt.

Ko-Konstruktion → Kinder und Erwachsene sind Ko-Konstrukteure von Wissen und Kultur (vgl. Dahlberg, 2004). Das Kind ist ein eigenständiges und einzigartiges Wesen, das fähig ist, sich aktiv mit seiner Lebensumwelt und mit anderen Menschen auseinander zu setzen. Kinder und Erwachsene treten über Wissen und Kultur miteinander in Austausch und ko-konstruieren so gemeinsam ihre Welt. Dabei sind Erwachsene nicht Lehrer, Wissende, „vollkommene Menschen", sondern sie können durch die Interaktion mit Kindern ebenfalls lernen, der Welt Sinn geben und ihr Wissen und ihre Kultur erweitern. Und das Kind ist kein „zukünftiger Erwachsener" (Honig, 1999, S. 158), sondern wird als gleichberechtigte, eigenständige Persönlichkeit anerkannt. Erwachsene und Kinder sind gleichwertig, verfügen über die gleichen Rechte und können gemeinsam zu Konstrukteuren ihres Wissens werden. Jeder einzelne verfügt über eigene Meinungen und Ideen. Gemeinsam entwickeln Kinder und Erwachsene Theorien und Ideen, Wissen und Weltverständnis.

lernmethodische Kompetenz → Die lernmethodische Kompetenz befähigt das Individuum, diejenigen Lern- und Lösungswege (Lernstrategien) für Probleme und Herausforderungen auszuwählen, mit denen das Individuum persönlich am besten lernt und Probleme bewältigt (vgl. Gisbert, 2004).

Lernstrategien → Als Lernstrategien oder auch Lernstile bezeichnet man Lern- und Lösungswege, die Lernende anwenden, um sich aktiv und konstruktiv Wissen anzueignen (vgl. Wild, 2006).

Metakognition → Metakognition bedeutet, sich des eigenen Wissens, Lernens, Gedächtnisses, Denkens und Verstehens bewusst zu sein. Das Wissen über diese kognitiven Funktionen macht eine Bedeutung von Metakognition deutlich. Zudem wird unter diesem Begriff auch die Kontrolle über Wissen, Lernen, Gedächtnis, Verstehen und Denken verstanden (vgl. Hasselhorn, 2006).

Partizipation → Unter Partizipation in Kindertageseinrichtungen versteht man „die ernst gemeinte, altersgemäße Beteiligung der Kinder am Einrichtungsleben im Rahmen ihrer Erziehung und Bildung“ (vgl. Vollmer 2006, S.88). Dabei werden alle am Bildungsprozess beteiligten Personen (Kinder, Familie, Fachkräfte) wertgeschätzt und mit ihren Ideen und Empfindungen am Kindergartenalltag aktiv beteiligt (vgl. Vollmer, 2006).

Portfolio → Das Portfolio ist eine zielgerichtete Sammlung von Dokumenten und dient der Reflexion. Die Dokumente werden in einer Mappe, einem Ordner oder Ähnlichem aufbewahrt und geordnet. Die Besitzerin/der Besitzer des Portfolios wählt, gegebenenfalls gemeinsam mit anderen, die Dokumente aus und nutzt sie zur Selbstreflexion. Ein Portfolio zeigt Prozesse, Entwicklungen und Fortschritte. Durch authentische Belege wird gezeigt, was das Individuum tut, kann und wie es sich entwickelt. Portfolios regen zum Austausch zwischen allen am Bildungsprozess beteiligten Personen an (vgl. Fthenakis, Daut et al., 2007).

Projektarbeit → Vgl. Kapitel 1 in diesem Band: Wie können Projekte geplant und durchgeführt werden? – Projektarbeit in Kindertageseinrichtungen.

reflektieren → Reflexionen sind gedankliche Auseinandersetzungen mit etwas, das abgeschlossen wurde. Reflektieren bezeichnet das Nachdenken über vergangene Phänomene, Ereignisse und Aktivitäten (vgl. Vollmer, 2006). Bei Selbstreflexionen findet eine Auseinandersetzung des Individuums mit sich selbst und seinem in der Vergangenheit liegenden Verhalten statt.

selbstgesteuertes Lernen → Bei selbstgesteuertem Lernen handelt es sich um eine Lernform, bei der das lernende Individuum selbst entscheidet, ob, was, wann, wie und mit welchem Ziel es lernt (vgl. Reiserer & Mandl 2002).

Selbstreflexion → siehe „reflektieren“

Verwendete Literatur:

Bayerisches Staatsministerium für Arbeit und Sozialordnung, Familie und Frauen & Staatsinstitut für Frühpädagogik (2006). Der Bayerische Bildungs- und Erziehungsplan für Kinder in Tageseinrichtungen bis zur Einschulung. Weinheim, Beltz.

Bortz, J. & Döring, N. (1995). Forschungsmethoden und Evaluation für Sozialwissenschaftler. Berlin, Springer.

Dahlberg, G. (2004). Kinder und Pädagogen als Co-Konstrukteure von Wissen und Kultur: Frühpädagogik in postmoderner Perspektive. In: W. E. Fthenakis und P. Oberhuemer (Hrsg.) *Frühpädagogik international. Bildungsqualität im Blickpunkt.* (S. 13-30). Wiesbaden, VS Verlag für Sozialwissenschaften.

Fremdwörterbuch, L. (2007). „Interaktion". Zugriff am: 27.09.2007, auf: http://services.langenscheidt.de/fremdwb/fremdwb.html.

Fthenakis, W. E., Daut, M., et al. (2007). Portfolios im Elementarbereich. Unveröffentlichtes Manuskript, Projekt Natur-Wissen schaffen.

Gisbert, K. (2004). Lernen lernen. Lernmethodische Kompetenzen von Kindern in Tageseinrichtungen fördern. Weinheim und Basel, Beltz.

Hasselhorn, M. (2006). Metakognition. In: D. H. Rost (Hrsg.) *Handwörterbuch Pädagogische Psychologie.* (S. 480-485). Weinheim, Basel, Berlin, Beltz PVU.

Helm, J. H., Beneke, S., et al. (1998). Windows on Learning. Documenting Young Children's Work. New York, Teachers College Press.

Holodynski, M. & Oerter, R. (2002). Motivation, Emotion, Handlungsregulation. In: R. Oeter und L. Montada (Hrsg.) *Entwicklungspsychologie.* (S. 418-442). Weinheim, Basel, Berlin, Beltz PVU.

Honig, M.-S. (1999). Entwurf einer Theorie der Kindheit. Frankfurt am Main, Suhrkamp.

Montada, L. (2002). Die geistige Entwicklung aus der Sicht Jean Piagets. In: R. Oeter und L. Montada (Hrsg.) *Entwicklungspsychologie.* (S. 418-442). Weinheim, Basel, Berlin, Beltz PVU.

Neber, H. (2006). Entdeckendes Lernen. In: D. Rost (Hrsg.) *Handwörterbuch Pädagogische Psychologie.* (S. 115-120). Weinheim, Basel, Berlin, Beltz PVU.

Reiserer, M. & Mandl, H. (2002). Individuelle Bedingungen lebensbegleitenden Lernens. In: R. Oerter und L. Montada (Hrsg.) *Entwicklungspsychologie.* (S. 923-939). Weinheim, Basel, Berlin Beltz PVU.

Sodian, B. (2005). Entwicklung des Denkens im Alter von vier bis acht Jahren – was entwickelt sich? In: B. Hauser und T. Guldimann (Hrsg.) *Bildung 4- bis 8-jähriger Kinder.* (S. 9-28). Münster, Waxmann.

Vollmer, K. (2006). Das Fachwörterbuch für Erzieherinnen und pädagogische Fachkräfte. Freiburg, Herder.

Wild, E., Hofer, M., et al. (2001). Psychologie des Lernens. In: A. Krapp und B. Weidenmann (Hrsg.) *Pädagogische Psychologie. Ein Lehrbuch.* (S. 207-270). Weinheim, Beltz PVU.

Wild, K.-P. (2006). Lernstrategien und Lernstile. In: D. H. Rost (Hrsg.) *Handwörterbuch Pädagogische Psychologie.* (S. 427-432). Weinheim, Basel, Berlin, Beltz PVU.

Zitzelsperger, H. (1989). Ganzheitliches Lernen. Welterschließung über alle Sinne mit Beispielen aus dem Elementarbereich. Weinheim, Basel, Beltz Verlag.